# 冲压工艺及模具——设计与实践

## （第 2 版）

主　编　洪　奕
副主编　夏　源　白　莉
主　审　吴公明

重庆大学出版社

# 内 容 提 要

本书根据高职高专模具专业学生的定位,按照冲压和模具企业对高职模具专业学生上岗就业的基本要求,用新颖的教学方法和丰富的经验数据,全面介绍了冲压工艺及模具设计的方法和技能。同时,根据企业实际情况,重点地介绍了高职模具专业学生到冲压及模具生产现场必须掌握的知识结构。

本书根据作者长期从事冲压和模具专业工作的经历,大量引用生产和科研实际中的经验数据,将专业教学大纲和企业实际需求有机结合起来,注重教会学生掌握适合自身特点的学习方法,强调掌握技能的系统性、实用性和实践性。

本书可作为高职院校模具和材料成型专业的教材,也可作为冲压及模具企业员工培训教材和相关专业人士的参考书。

**图书在版编目(CIP)数据**

冲压工艺及模具:设计与实践/洪奕主编. —2 版
. —重庆:重庆大学出版社,2019.7(2022.8 重印)
高职模具专业系列规划教材
ISBN 978-7-5624-6921-6

Ⅰ.①冲…  Ⅱ.①洪…  Ⅲ.①冲压—工艺—高等职业
教育—教材②冲模—设计—高等职业教育—教材  Ⅳ.
①TG38

中国版本图书馆 CIP 数据核字(2019)第 150641 号

**冲压工艺及模具——设计与实践**
(第 2 版)

主 编 洪 奕
副主编 夏 源 白 莉
主 审 吴公明
策划编辑:彭 宁 何 梅

责任编辑:李定群 高鸿宽  版式设计:彭 宁
责任校对:秦巴达  责任印制:张 策

\*

重庆大学出版社出版发行
出版人:饶帮华
社址:重庆市沙坪坝区大学城西路 21 号
邮编:401331
电话:(023)88617190  88617185(中小学)
传真:(023)88617186  88617166
网址:http://www.cqup.com.cn
邮箱:fxk@ cqup.com.cn(营销中心)
全国新华书店经销
POD:重庆市圣立印刷有限公司

\*

开本:787mm×1092mm  1/16  印张:21.75  字数:543 千
2019 年 7 月第 2 版  2022 年 8 月第 3 次印刷
ISBN 978-7-5624-6921-6  定价:49.80 元

# 高职模具专业系列教材

# 领导小组

组　　长　　武兵书

执行组长　　赵青陵

组　　员　　（按姓氏笔画为序）

王　冲　刘德普　邹　强　周　杰

洪　奕　赵　勇　郝福春　黄国顺

曾令维　彭　宁　廖宏谊　谭绍华

模具是制造业中零部件精密成形的重要工艺装备,使用模具批量生产制件具有高生产效率、高一致性,具有较高的精度和复杂程度,且节能节材,因此广泛应用于机械、电子、汽车、信息、轻工、建材、医疗器械,以及航空航天、军工、交通、生物、能源等制造领域。模具工业是产品制造业产业升级和技术进步的重要保障,其水平已经成为衡量一个国家制造业水平的重要标志,也是一个国家的工业产品保持国际竞争力的重要保证之一。

　　现代模具工业的产业关联度高,技术、资金、人才密集,模具生产过程集精密制造、计算机技术、智能控制和绿色制造为一体,既是高新技术载体,又是高新技术产品,是高端装备制造业的重要组成部分。模具工业在为我国经济发展、国防现代化和高端技术服务中起到了十分重要的支撑作用,为我国经济运行中的节能降耗、建设资源节约型社会,做出了重要贡献。

　　我国模具工业受到各级政府扶持和制造业快速发展的拉动,技术水平和产业规模都有了极大提高,不仅在模具类型和模具数量方面基本满足了我国制造业发展对模具的需求,近10年来还形成了批量出口的能力,因此可以毫不夸张地说,我国已是世界模具制造大国,但我们也必须清醒地认识到,我国模具工业的综合水平与工业发达国家相比,仍有10~15年的差距,主要表现在模具设计制造技术的研发和模具企业信息化建设和应用水平上。这种"大而不强"的局面,需要我国模具行业百万员工发扬艰苦奋斗的传统,开拓创新、推动转型升级,争取早日实现世界模具强国的夙愿。

　　我国模具工业的振兴发展和由大转强,人才是关键。培养和造就一支包括工程技术人员、技术工人和管理人员在内的高素质的员工队伍,是我国模具行业所面临的一个重要而艰巨的任务,需要教育部门、模具行业和模具企业协调配合、共同努力,利用各自的优势和资源,开展以提高技能和知识更新为重点的继续教育培训工作,加大对技能人才在岗培训和继续教育力度,努力建设模具技能培训网络和技能鉴定体系,加快培养一大批结构合理,素质优良的技术技能型、复合技能型、知识技能型的模具专门人才,包括高级人才和优秀企业家队伍,逐步形成与我国模具行业发展相适应的、比例结构合理的人才格局。

大力发展模具专业职业教育是解决模具行业人才需求的重要途径。模具行业要加强与职业院校的联系和合作,积极参与和指导模具专业职业教育,鼓励、引导优秀的青年人才进入模具行业,为我国模具工业的健康和可持续发展培养后备力量。同时,模具行业要按照国家的要求,提高指导和服务职业教育的意识、能力和水平,切实发挥行业指导在职业教育中的作用。

当前,我国职业院校使用的模具专业教材大多还沿用20世纪的版本,已不能全面反映世界模具技术和我国模具工业快速发展的实际,因此难以适应我国模具产业结构调整和升级对模具人才培养的要求。重庆模协按照《国家中长期教育改革和发展规划纲要》提出的"建立健全政府主导、行业指导、企业参与的办学机制"要求,根据当前模具行业发展状况对职业教育教材的需要,组织职教界专家和企业一线的工程技术人员编写了这套行业教材,并根据国内模具行业专家审定中提出的意见进行多次修稿,最终出版。相信这套教材的编辑出版会对提高我国模具专业职业教育水平起到积极作用。

此为序,与矢志我国模具事业之青年才俊们共勉。

中国模具工业协会常务副会长兼秘书长

2012 年 7 月 12 日

# 前　言

　　高度发达的制造业和先进的制造技术已经成为衡量一个国家综合经济实力和科技水平的重要指标之一。中国目前已经成为世界性的制造业大国,而且在近50年内中国制造业仍然还将担当"世界工厂"的角色,制造业将是未来我国国民经济增长的主要源泉,而冲压技术则是现代制造业中一个重要组成部分。冲压技术具有产品质量好、一致性高、少无切削、节约材料、节省能源、降低成本等优点,故在制造业中得以广泛应用。但是,冲压生产的技术含量高,需要从业者具备较高的技术要求和水平。因此,制造业和冲压技术要发展,人才是关键。而高等职业教育则担负着培养高技能人才的主要和根本任务。

　　目前,有关冲压工艺及模具设计的书籍较多,但是普遍存在着一些不足。不但内容偏重于理论教学,而且不是按照企业设计规范进行排序。同时,涉及冲压工厂现场管理的图书就更为少见了。

　　本书是作者积多年企业生产实践和课堂教学之经验,在掌握大量资料数据的基础上编写的。本书的撰写按照两条主线进行:1—7章为冲压工艺及模具设计部分;8—11章为冲压现场操作和管理部分。本书根据技术工人的理论以够用为准的原则,强化应用,突出实践。按照高职学生的认知规律和水平,将理论课程与项目设计同步进行,培养学生的综合运用能力。本书一方面采用了与企业相同步的设计规范和程序,另一方面,为方便设计者和操作者,书中收集整理了大量的图表,将设计过程和生产实践中的常见数据和问题以及相应解决措施都总结归纳其中。

　　本书可作为高等职业技术院校、高等工程专科院校和成人院校材料成型和模具专业或相关专业的教科书或参考书,也可作为冲压及模具企业的设计、生产、操作和管理人员的参考资料和培训教材。

全书由重庆工业职业技术学院洪奕统稿和定稿。重庆工贸职业技术学院夏源、重庆轻工业学校赵勇和重庆工业职业技术学院白莉参加编写。上海交通大学吴公明教授主审。作者特别要感谢重庆市模具工业协会、重庆长安汽车渝北模具工厂、重庆大江至信模具公司、重庆平伟汽车模具公司、重庆一弘模具设计公司等模具行业同仁的鼎力支持和帮助。

由于编者水平有限,错误及不妥之处在所难免,敬请读者不吝赐教。

编　者

2012 年 6 月

# 目录

# 第 **1** 章
# 冲压工艺和冲压模具概述

## 1.1 本课程学习的方法和要求

冲压工艺与模具设计是一门实践性和实用性很强的学科。它以金属学与热处理、塑性力学、金属塑性成形原理以及许多技术基础学科为基础,与模具制造技术紧密相关。因此,学习时不但要注意系统学好本学科的基础理论知识,而且要密切联系生产实际,认真参加实验、实训、课程设计等实践性教学环节,同时还要注意沟通与基础学科和相关学科知识间的联系,培养综合运用所学知识分析解决实际问题的能力。

本课程融合了冲压成形原理、冲压工艺与冲模设计、冲压成形设备等内容,是模具设计与制造专业的一门主干专业课。通过本课程的学习,应初步掌握冲压工艺过程设计及模具设计的基本方法,合理选择、使用和维护冲压设备,具有设计中等复杂程度冲压件的冲压工艺及模具的能力,并能应用相关知识分析解决冲压生产中常见的产品质量及模具方面的技术问题,了解冲压新工艺、新模具、新设备及冲压技术的发展动向。

## 1.2 冲压工艺及模具的概念及特点

冲压是利用安装在冲压设备(主要是压力机)上的模具对材料施加压力,使其产生分离或塑性变形,从而获得所需零件(俗称冲压件或冲件)的一种压力加工方法。冲压通常是在常温下对材料进行冷变形加工,且主要采用板料来加工成所需零件,故也称冷冲压或板料冲压。冲压是材料压力加工或塑性加工的主要方法之一,是一种材料成形工程技术。

冲压所使用的模具称为冲压模具,简称冲模。冲模是将材料(金属或非金属)批量加工成所需冲件的专用工具。冲模在冲压中至关重要,没有符合要求的冲模,批量冲压生产就难以进行;没有先进的冲模,先进的冲压工艺就无法实现。

冲压工艺与模具、冲压设备以及冲压材料构成冲压加工的三要素,它们之间的相互关系如图 1.1 所示。

与机械加工及塑性加工的其他方法相比,冲压加工无论在技术方面还是经济方面都具有许多独特的优点。其主要表现如下:

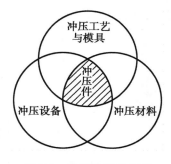

图 1.1　冲压加工的要素

①冲压加工的生产效率高,且操作方便,易于实现机械化与自动化。这是因为冲压是依靠冲模和冲压设备来完成加工,普通压力机的行程次数为每分钟几十次,高速压力机每分钟可达数百次甚至千次以上,而且每次冲压行程可能得到一个甚至多个冲压件。

②冲压时由模具保证了冲压件的尺寸与形状精度,且一般不破坏冲压材料的表面质量,而模具的寿命一般较长,因此冲压件的质量稳定,互换性好,具有"一模一样"的特征。

③冲压可加工出尺寸范围较大、形状较复杂的零件,如小到钟表的秒针,大到汽车纵梁、覆盖件等,加上冲压时材料的冷变形硬化效应,冲压件的强度和刚度均较高。

④冲压一般没有切屑碎料生成,材料的消耗较少,且绝大多数在室温下工作,不需其他加热设备,因而是一种省料、节能的加工方法,冲压件的成本较低。

但是,冲压加工所使用的模具一般具有专用性,有时一个复杂零件需要数套模具才能加工成形,且模具制造的精度高,技术要求高,是技术密集型产品。因此,只有在冲压件生产批量较大的情况下,冲压加工的优点才能充分体现,从而获得较好的经济效益。

冲压在现代工业生产中,尤其是大批量生产中应用十分广泛。相当多的工业部门越来越多地采用冲压方法加工产品零部件,如汽车、农机、仪器、仪表、电子、航空、航天、家电及轻工等行业。

在这些工业部门中,冲压件所占的比重都相当大,少则 60% 以上,多则 90% 以上。不少过去用锻造、铸造和切削加工方法制造的零件,现在大多数也被质量小、刚度好的冲压件所代替,如果生产中不广泛采用冲压工艺,许多工业部门要提高生产效率和产品质量、降低生产成本、加速产品更新换代等都是难以实现的。

## 1.3　冲压工艺基本工序及模具

由于冲压加工的零件种类繁多,各类零件的形状、尺寸和精度要求又各不相同,因而生产中采用的冲压工艺方法也是多种多样的。概括起来,它可分为分离工序和成形工序两大类。分离工序是指使坯料沿一定的轮廓线分离而获得一定形状、尺寸和断面质量的冲压件(俗称冲裁件)的工序;成形工序是指使坯料在不破裂的条件下产生塑性变形而获得一定形状和尺寸的冲压件的工序。

分离工序和成形工序,按基本变形方式不同又可分为冲裁、弯曲、拉深、成形及冷挤压 5 种基本工序。主要冲压工序名称、工序简图、工序特征及相应模具简图如表 1.1 所示。

**表 1.1 常用冲压工序及相应模具简图**

| 类别 | 工序名称 | | 工序简图 | 工序特征 | 模具简图 |
|---|---|---|---|---|---|
| 分离工序 | 冲裁 | 切断 | 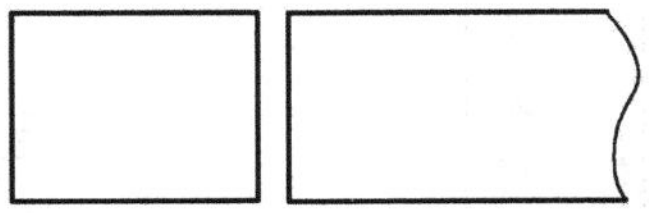 | 用剪刀或者模具切掉板料或条料部分周边,并使其分离 | 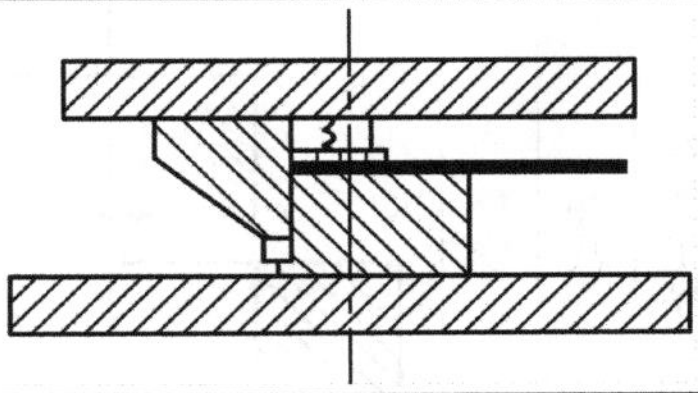 |
| | | 落料 | 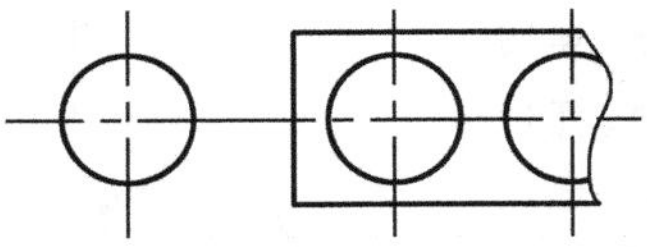 | 用落料模沿封闭轮廓冲裁板料或条料,冲掉部分是制件 | 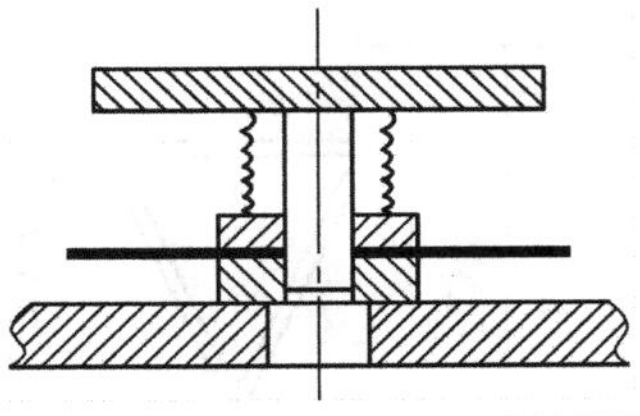 |
| | | 冲孔 | 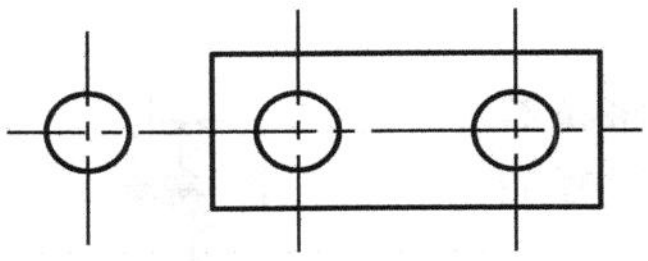 | 用冲孔模沿封闭轮廓冲裁工件或毛坯,冲掉部分是废料 | 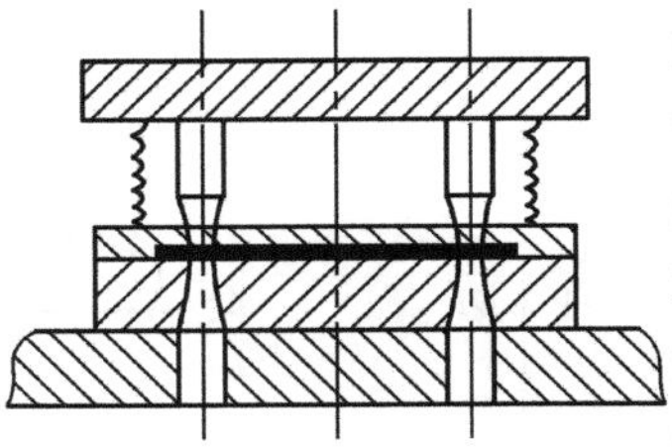 |
| | | 切口 | 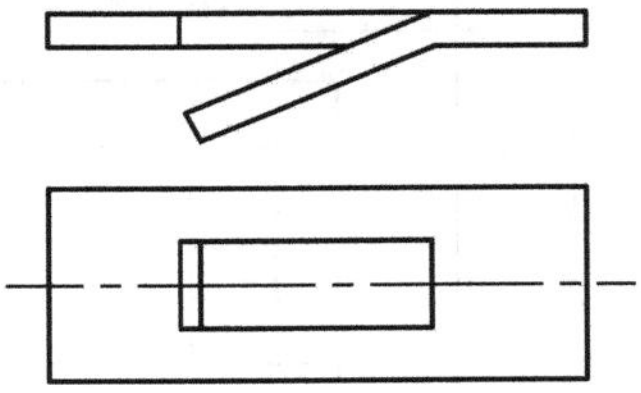 | 用切口模将部分材料切开,但并不使它完全分离,切开部分材料发生弯曲 | 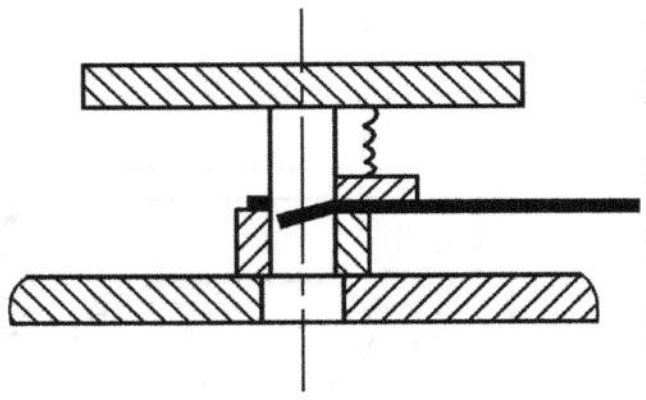 |
| | | 切边 | 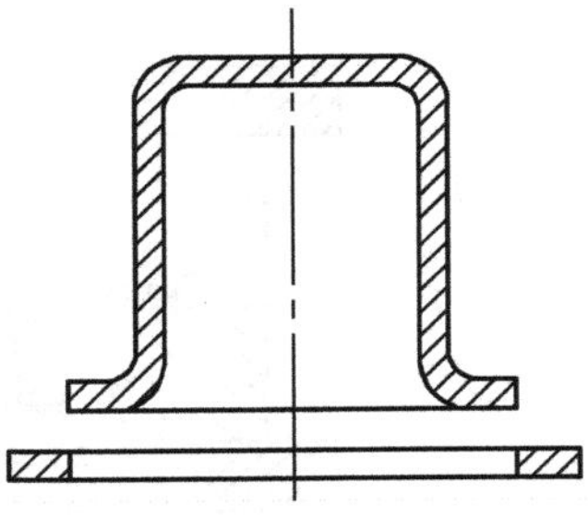 | 用切边模将坯件边缘的多余材料冲切下来 | 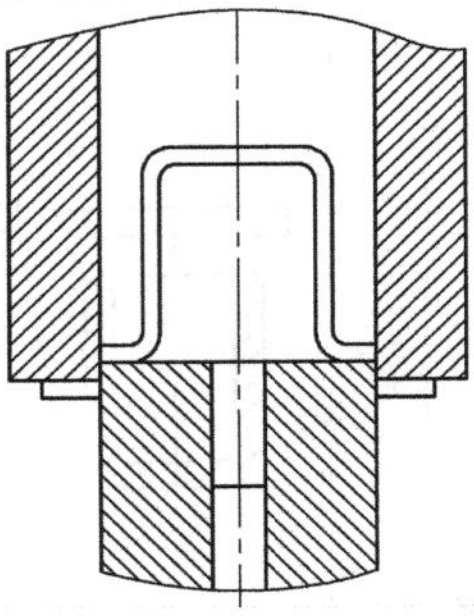 |
| | | 剖切 | 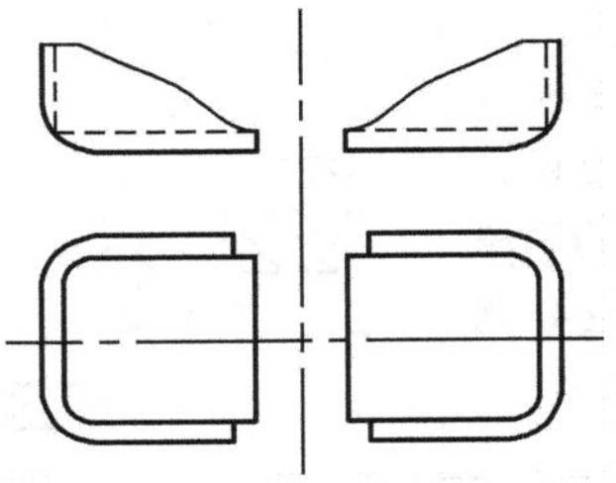 | 用剖切模将坯件弯曲件或拉深件剖成两部分或几部分 | 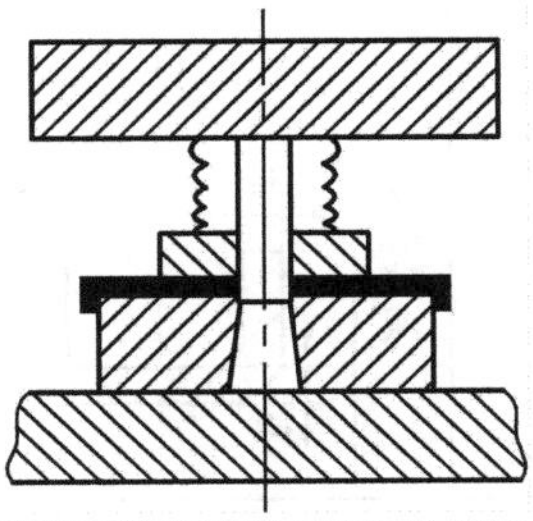 |

3

续表

| 类别 | 工序名称 | | 工序简图 | 工序特征 | 模具简图 |
|------|--------|------|---------|---------|---------|
| 分离工序 | 冲裁 | 整修 | 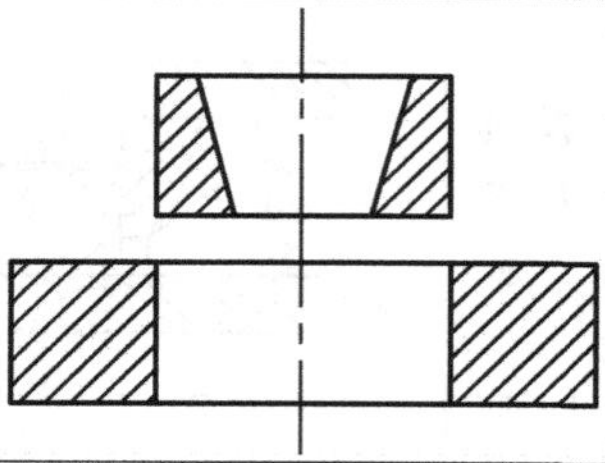 | 用整修模去掉坯件外圆或内孔的余量,以得到光滑的断面和精确的尺寸 | 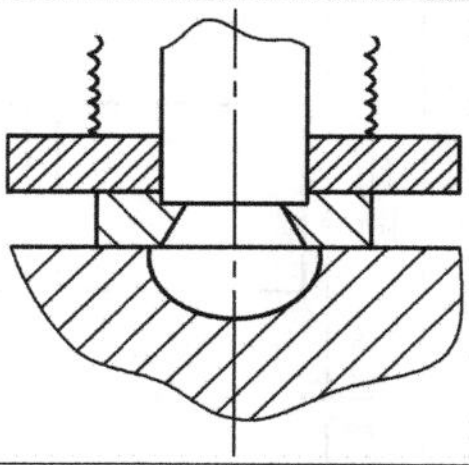 |
| 成形工序 | 弯曲 | 压弯 | 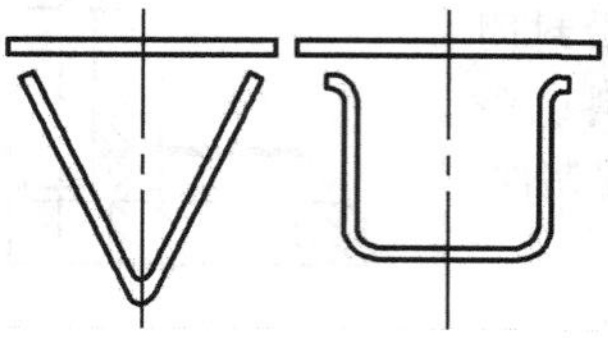 | 用弯曲模将平板毛坯(或丝料、杆件毛坯)压弯成一定尺寸和角度,或将已弯曲件作进一步弯曲 | 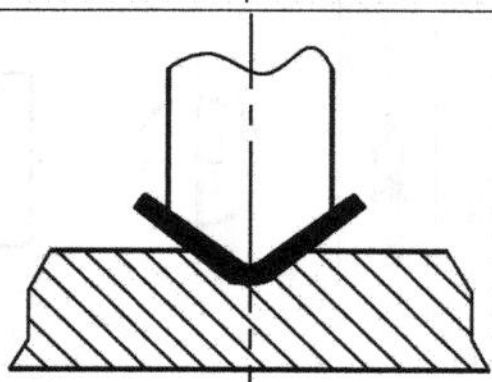 |
| | | 卷边 |  | 用卷边模将条料端部按一定半径卷成圆形 | 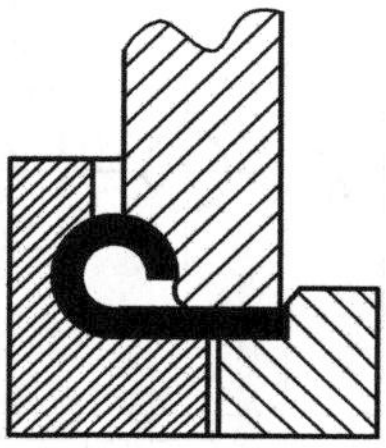 |
| | | 扭弯 | 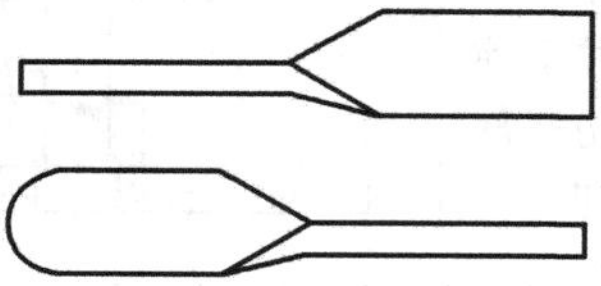 | 用扭曲模将平板毛坯的一部分相对另一部分扭转成一定的角度 | 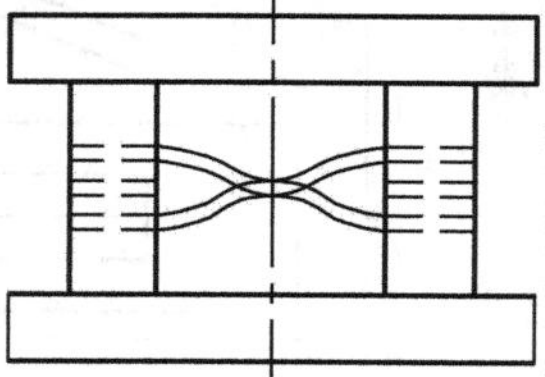 |
| | 拉深 | 拉深 | 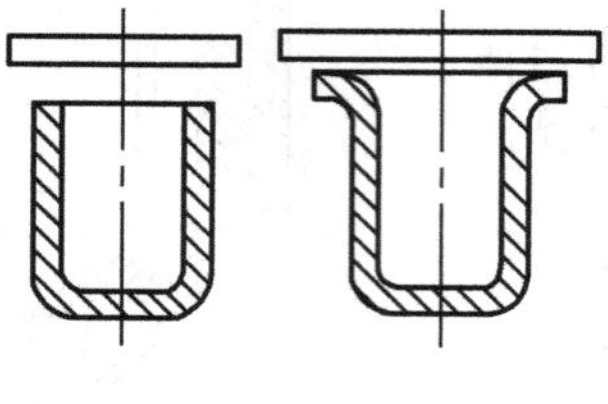 | 用拉深模将平板毛坯拉深成空心件,或使空心毛坯作进一步变形 | 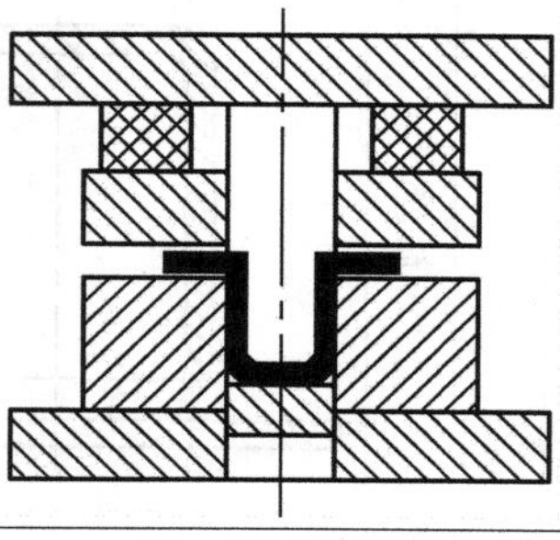 |
| | | 变薄拉深 | 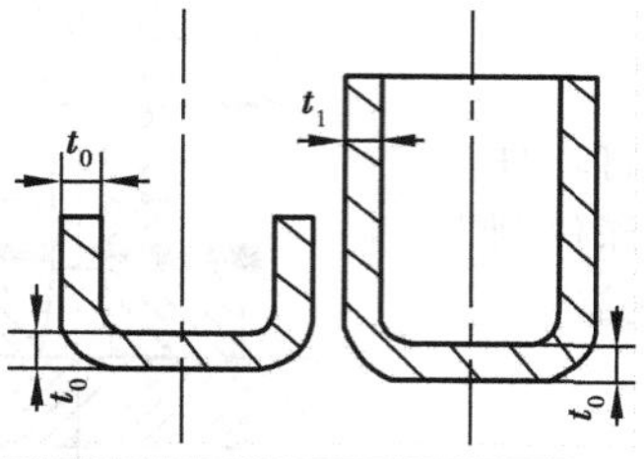 | 用变薄拉深模减小空心毛坯的直径与壁厚,以得到底厚大于壁厚的空心制件 | 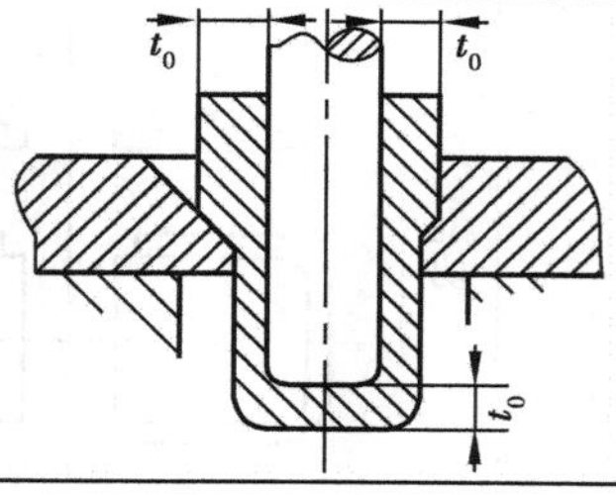 |

续表

| 类别 | 工序名称 | 工序简图 | 工序特征 | 模具简图 |
|---|---|---|---|---|
| 成形工序 | 成形 起伏成形 | | 用成形模使平板毛坯或制件产生局部拉深变形,以得到起伏不平的制件 | |
| | 翻边 | | 用翻边模在有孔或无孔的板件或空心件上翻出直径更大且成一定角度的直壁 | |
| | 胀形 | | 从空心件内部施加径向压力使局部直径胀大 | |
| | 缩口 | | 在空心件外部施加压力,使局部直径缩小 | |
| | 整形 | | 用整形模将弯曲件或拉深件不准确的地方压成准确形状 | |
| | 冷挤压 | | 用冷挤模使金属沿凸、凹模间隙流动,从而使厚毛坯转变成薄壁空心件或横截面小的制件 | |

在冲压的一次行程过程中,只能完成一个冲压工序的模具,称为单工序模。

在冲压的一次行程过程中,在不同的工位上同时完成两道或两道以上冲压工序的模具,称为级进模。

在冲压的一次行程过程中,在同一工位上完成两道或两道以上冲压工序的模具,称为复合模。

## 1.4 冲压技术的发展历程、现状及方向

随着科学技术的不断进步和工业生产的迅速发展,冲压和模具技术也在不断革新与发展,主要表现在以下 5 个方面。

**(1)冲压成形理论及冲压工艺方面**

冲压成形理论的研究是提高冲压技术的基础。目前,国内外对冲压成形理论的研究非常重视,在材料冲压性能研究、冲压成形过程应力应变分析、板料变形规律研究及坯料与模具之间的相互作用研究等方面均取得了较大的进展。特别是随着计算机技术的飞跃发展和塑性变形理论的进一步完善,近年来国内外已开始应用塑性成形过程的计算机模拟技术,即利用有限元(FEM)等数值分析方法模拟金属的塑性成形过程。根据分析结果,设计人员可预测某一工艺方案成形的可行性及可能出现的质量问题,并通过在计算机上选择修改相关参数,来实现工艺及模具的优化设计。这样既节省了昂贵的试模费用,也缩短了制模周期。

研究推广能提高劳动生产率及产品质量、降低成本和扩大冲压工艺应用范围的各种冲压新工艺,也是冲压技术的发展方向之一。目前,国内外相继涌现出了精密冲压工艺、软模成形工艺、高能高速成形工艺、超塑性成形工艺及无模多点成形工艺等精密、高效、经济的冲压新工艺。其中,精密冲裁是提高冲裁件质量的有效方法,它扩大了冲压加工范围。目前精密冲裁加工零件的厚度可达 25 mm,精度可达 IT6 级—IT7 级;用液体、橡胶、聚氨酯等作柔性凸模或凹模来代替刚性凸模或凹模的软模成形工艺,能加工出用普通加工方法难以加工的材料和复杂形状的零件,在特定生产条件下具有明显的经济效果;采用爆炸等高能高效成形方法对于加工各种尺寸大、形状复杂、批量小、强度高及精度要求较高的板料零件,具有很重要的实用意义;利用金属材料的超塑性进行超塑性成形,可以用一次成形代替多道普通的冲压成形工序,这对于加工形状复杂和大型板料零件具有突出的优越性;无模多点成形工艺是用高度可调的凸模群体代替传统模具进行板料曲面成形的一种先进工艺技术,它以 CAD/CAM/CAT 技术为主要手段,能快速经济地实现三维曲面的自动化成形。我国已自主设计制造了具有国际领先水平的无模多点成形设备,解决了多点压机成形法,从而可随意改变变形路径与受力状态,提高了材料的成形极限,同时利用反复成形技术可消除材料内残余应力,实现无回弹成形。

**(2)冲模设计与制造方面**

冲模是实现冲压生产的基本条件。在冲模的设计和制造上,目前正朝着以下两方面发展:一方面,为了适应高速、自动、精密、安全等大批量现代生产的需要,冲模正向高效率、高精度、高寿命及多工位、多功能方向发展,与此相适应的新型模具材料及其热表处理技术,各种高效、精密、数控、自动化的模具加工机床和检测设备以及模具 CAD/CAM 技术也正在迅速发

展;另一方面,为了适应产品更新换代和试制或小批量生产的需要,锌基合金冲模、聚氨酯橡胶冲模、薄板冲模、钢带冲模、组合冲模等各种简易冲模及其制造技术也得到了迅速发展。

精密、高效的多工位及多功能级进模和大型复杂的汽车覆盖件冲模代表了现代冲模的技术水平。目前,50 个工位以上的级进模进距精度可达 2 μm,多功能级进模不仅可完成冲压全过程,还可完成焊接、装配等工序。我国已能自行设计制造出达到国际水平的精密多工位级进冲模,如某机电一体化的铁芯精密自动化多功能级进模,其主要零件的制造精度达 2 ~ 5 μm,进距精度 2 ~ 3 μm,总寿命达 1 亿次。我国主要汽车模具企业,已能生产成套轿车覆盖件模具,在设计制造方法、手段方面已基本达到了国际先进水平,模具结构、功能方面也接近该水平,但在制造质量、精度、制造周期及成本方面,与国外相比还存在一定差距。

(3)冲压设备与冲压生产自动化方面

性能良好的冲压设备是提高冲压生产技术水平的基本条件,高精度、高寿命、高效率的冲模需要高精度、高自动化的冲压设备相匹配。为了满足大批量高速生产的需要,目前冲压设备也由单工位、单功能、低速压力机朝着多工位、多功能、高速及数控方向发展,加之机械手乃至机器人的大量使用,使冲压生产效率得到大幅度提高,各式各样的冲压自动线和高速自动压力机纷纷投入使用。例如,在数控四边折弯机中送入板料毛坯后,在计算机程序控制下便可依次完成四边弯曲,从而大幅度提高精度和生产率;在高速自动压力机上冲压电动机定、转子冲片时,1 min 可冲几百片,并能自动叠成定、转子铁芯,生产效率比普通压力机提高几十倍,材料利用率高达 97%;标称压力为 250 kN 的高速压力机的滑块行程次数已达 2 000 次/min。在多功能压力机方面,日本会田公司生产的 2 000 kN"冲压中心"采用 CNC 控制,只需 5 min 就可完成自动换模、换料和调整工艺参数等工作;美国惠特尼(Whitney)公司生产的 CNC 金属板材加工中心,生产能力为普通压力机的 4 ~ 10 倍,并能进行冲孔、分段冲裁、弯曲及拉深等多种作业。

近年来,为了适应市场的激烈竞争,对产品质量的要求越来越高,且其更新换代的周期大为缩短。冲压生产为适应这一新的要求,开发了多种适合批量生产的工艺、设备和模具。其中,无须设计专用模具、性能先进的转塔数控多工位压力机、激光切割和成形机、CNC 万能折弯机等新设备已投入使用。特别是近几年来在国外已经发展起来、国内也开始使用的冲压柔性制造单元(FMC)和冲压柔性制造系统(FMS)代表了冲压生产新的发展趋势。FMS 系统以数控冲压设备为主体,包括板料、模具、冲压件分类存放系统,自动上料与下料系统,生产过程完全由计算机控制,车间实现 24 小时无人控制生产;同时,根据不同使用要求,可以完成各种冲压工序,甚至焊接、装配等工序,更换新产品方便迅速,冲压件精度也高。

(4)冲压新材料方面

目前,工业发达国家不断研制出冲压性能良好的板料,以提高冲压成形能力和使用效果。

近年来,由于环保意识的加强和汽车安全要求的日益提高,世界各国对汽车安全和环保法规的控制越来越严格,各大汽车公司纷纷把工作重点转向新材料、新工艺的应用。先进高强度钢(AHSS)和超高强度钢(UHSS)越来越得到重视,并大量应用于车身冲压制造。以美国通用公司为例,15 年前高强度钢的使用很有限,其车身材料 78% 采用低碳钢;到 2004 年高强度钢的使用率大幅度上升,已开始采用 AHSS 和 UHSS,其使用率达到 12%,2006 年使用率增至 18%。

### （5）冲模标准化及专业化生产方面

模具的标准化及专业化生产已得到模具行业的广泛重视。因为冲模属单件小批量生产，冲模零件既具有一定的复杂性和精密性，又具有一定的结构典型性。因此，只有实现了冲模的标准化，才能使冲模和冲模零件的生产实现专业化、商品化，从而降低模具成本，提高模具质量和缩短制造周期。目前，国外先进工业国家模具标准化生产程度已达70%～80%，模具厂只需设计制造工作零件，大部分模具零件均从标准件厂购买，使生产效率大幅度提高。模具制造厂专业化程度越来越高，分工越来越细，如目前有模架厂、顶杆厂、热处理厂等，甚至某些模具厂仅专业化制造某类产品的冲裁模或弯曲模，这样更有利于制造水平的提高和制造周期的缩短。我国冲模标准化与专业化生产近年来也有较大进展，除反映在标准件专业化生产厂家有较多增加外，标准件品种也有扩展，精度也有提高。但总体情况还满足不了模具工业发展的要求，这主要体现在标准化程度还不高（一般在40%以下），标准件的品种和规格较少，大多数标准件厂家未形成规模化生产，标准件质量也还存在较多问题。另外，标准件生产的销售、供货、服务等都还有待进一步提高。

# 第**2**章
# 冲压成形工艺及模具设计的基本理论基础

## 2.1　金属塑性变形及其对金属性能的影响

### 2.1.1　金属塑性与塑性变形基本概念

在金属材料中,在没有其他外力作用的条件下,物体将保持自身的形状和尺寸。当物体受到其他外力作用后,物体的形状和尺寸将发生变化,这种现象称为变形。

若作用于物体的外力卸载后,由外力引起的变形随之消失,物体能完全恢复到原有的形状和尺寸,这样的变称为弹性变形。若作用于物体的外力卸载后,物体并不能完全恢复到原有的形状和尺寸,这样的变形称为塑性变形。

金属的弹性变形与塑性变形一样,都是在变形体不破坏的条件下进行的。金属材料在外力作用下,既能产生弹性变形,又能从弹性变形发展到塑性变形,是一种具有弹塑性的工程材料。

金属塑性是指金属在外力作用下产生永久变形而不破坏其完整性的能力。塑性不仅与材料本身的性质有关,还与变形方式和变形条件有关。因此,不同材料在同一变形条件下有不同的塑性,而同一材料在不同变形条件下也会出现不同的塑性。

金属塑性的大小通常用塑性指标来衡量。塑性指标以材料临近开始破坏时的变形量来表示,通过各种试验方法(如拉伸试验、冲击试验等)来测定。目前应用广泛的是拉伸试验,对应于拉伸试验的塑性指标通常用延伸率 $\delta$ 和断面收缩率 $\psi$ 表示。

### 2.1.2　影响金属塑性的因素

金属的塑性不是固定不变的,影响因素很多,主要包括金属本身的内在因素和变形时的外部条件。金属本身的内在因素主要有化学成分、晶格结构和金相组织等,外在因素主要有变形温度、变形速度和应力状态等。从冲压工艺角度分析,冲压材料已经给定,因此着重分析外部条件的影响,充分发挥材料的变形能力,尽可能地优化工艺,提高经济效益。

**（1）金属的成分和组织结构**

组成金属的晶格类型，杂质的性质、数量及分布情况，晶粒大小、形状及晶界强度等不同，金属的塑性就不同。一般面心立方结构的金属塑性优于体心立方结构的金属，密排六方结构的金属塑性最差；组成金属的元素越少（如纯金属和固熔体）、晶粒越细小、组织分布越均匀，则金属的塑性越好。

**（2）变形温度**

变形温度对金属的塑性有很大影响。就大多数金属而言，其总的趋势是随着温度的升高，塑性增加，变形抗力降低。

在板料成形中，有时采用加热成形的方法，使金属加热软化，以增加板料的变形程度，降低板料的变形抗力，提高工件的成形准确度。

加热软化趋势并不是绝对的。有些金属在温升过程中的某些区间，由于过剩相的析出或相变等原因，可能会使金属的塑性降低和变形抗力增加。如碳钢加热到 $200 \sim 400 ℃$ 时，因为时效作用（夹杂物以沉淀的形式在晶界滑移面上析出）使塑性降低，变形抗力增加，脆性增大，这个温度范围称为蓝脆区。而在 $800 \sim 950 ℃$ 内，又会出现热脆，使塑性降低，原因是铁与硫形成的化合物 $FeS$ 几乎不溶于固体铁中，形成低熔点的共晶体（$Fe + FeS + FeO$），如果处在晶粒边界的共晶体熔化，就会破坏晶粒间的结合。因此，选择变形温度时，碳钢应避开蓝脆区和热脆区。

**（3）变形速度**

所谓变形速度，是指单位时间内应变的变化量（即应变速率），塑性成形设备的加载速度在一定程度上反映了金属的变形速度。变形速度对塑性变形的影响是多方面的。一方面，在高速变形下，金属晶体的临界切应力升高，变形抗力增加，塑性降低；另一方面，由于变形速度大，变形体迅速吸收变形能并转化为热能，使变形体温度升高，这种"温度效应"又可使金属软化。

上述两方面的影响在高速变形条件下，又随金属的种类和变形温度的不同而有所变化，情况十分复杂，需要具体问题具体分析。

目前，常规冲压使用的压力机工作速度较低，对金属塑性变形性能的影响不大，对于小零件的冲压工序，如冲裁、弯曲、拉深、翻边等，可不必考虑速度因素；对于大型复杂零件的成形，宜用低速。因为大尺寸复杂零件成形时，各部分的变形极不均匀，易于局部拉裂和起皱，为了便于塑性变形的扩展，有利于金属的流动，以采用低速压力机或液压机为宜。

另外，对于不锈钢、耐热合金、钛合金等对变形速度比较敏感的材料，也宜用低速成形，加载速度可控制在 $0.25~m/s$ 以下。

**（4）应力状态**

压应力有利于封闭裂纹，阻止其继续扩展，减小或阻止晶间变形，有利于增加晶间结合力，消除由于塑性变形引起的各种破坏；与此相反，拉应力则易于材料的裂纹扩展，加快材料的破坏。因此，金属变形时，压应力的个数越多，数值越大，则金属越不易破坏，其塑性也就越好；反之，拉应力的个数越多，数值越大，则金属塑性也就越差。

### 2.1.3 塑性变形对金属组织和性能的影响

金属受到外力作用发生塑性变形，不仅形状和尺寸发生变化，内部组织和性能也发生了变化。

**(1) 组织变化**

1) 显微组织发生变化,产生了纤维组织

金属经塑性变形以后,晶粒形状发生了变化,随着变形方式和变形量的不同,晶粒形状的变化也不一样。当变形量很大时,晶粒呈现出一片如纤维状的条纹,称为纤维组织,纤维的分布方向即为金属变形时的伸展方向。形成的纤维组织会产生明显的各向异性。

2) 亚结构细化

金属塑性变形过程中,当变形很小时,晶粒内部位错分布相对比较均匀。随着变形程度的增加,在切应力的作用下,大量位错沿着滑移面运动,遇到各种阻碍造成位错的缠结和堆积,继续变形时,在纠缠处的位错越来越多,越来越密。密集的位错纠结在晶粒内围成细小的粒状组织,称为胞状组织或亚组织。例如,铸态金属的亚结构直径约为 $10^{-2}$cm,冷塑性变形后,亚结构直径将细化至 $10^{-6} \sim 10^{-4}$cm。

3) 出现变形织构

金属在塑性变形时,伴随着晶体的转动过程。当变形量较大时,原为任意取向的各个晶粒会逐渐调整其取向而彼此趋向于一致。这种由于塑性变形使晶粒具有择优取向的组织称为“变形织构”。根据材料加工方式的不同,变形织构通常表现为丝织构和板织构两种类型。

**(2) 性能变化**

1) 出现加工硬化现象

在塑性变形过程中,随着金属内部组织的变化,金属的机械性能也发生变化。随着变形程度的增加,金属的强度、硬度增加,而塑性和韧性降低,这种现象称为加工硬化或形变强化。

加工硬化的原因,目前普遍认为是与位错的交互作用有关。金属在塑性变形过程中,位错密度不断增加,导致位错在运动时的相互交割加剧,使位错运动的阻力增大,引起变形抗力增加。这样,金属的塑性变形就变得困难,要继续变形就必须增大外力,因此就提高了金属的强度。

加工硬化现象在生产过程中有重要的实际意义。例如,对于用热处理方法不能强化的材料来说,可通过加工硬化方法提高其强度,如塑性很好而强度较低的铝、铜及某些不锈钢等,在生产上往往制成冷拔棒材或冷轧板材供用户使用。如图 2.1 所示,金属薄板在冲压过程,弯角处变形最严重,首先产生加工硬化,因此该处变形到一定程度后,随后的变形就转移到其他部分,这样便可得到厚薄均匀的冲压件。但是,加工硬化也有不利的一面。例如,由于塑性降低,可能给金属材料成形带来困难;某些物理、化学性能变差;也会影响到一些零件的使用等。

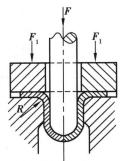

图 2.1　冲压示意图

2) 物理性能和化学性能发生变化

金属材料经塑性变形后,其物理性能和化学性能也将发生明显变化。如使金属及合金的比电阻增加,导电性能和电阻温度系数下降,导热系数也略为下降。塑性变形还使磁导率、磁饱和度下降,但磁滞和矫顽力增加。塑性变形提高金属的内能,使其化学活性提高,腐蚀速度增快。塑性变形后由于金属中的晶体缺陷(位错及空位)增加,扩散激活能减少,扩散速度增加。

**(3)残余应力**

金属在塑性变形时,每个晶粒都有不同程度的变形,为了保持金属晶体处于平衡状态,必然会在不同变形程度的晶粒之间和每个晶粒内部存在一些保持平衡的内应力,即附加应力。变形终止后,附加应力残留在金属内部形成残余应力。

残余应力的存在对金属材料的性能来说是有害的,它导致金属材料及工件的变形、开裂和应力腐蚀。例如,当工件表面存在的是拉应力时,它即与外加应力叠加起来,引起工件的变形和开裂。深冲黄铜弹壳的季裂就是应力腐蚀的突出例子。但是,当工件表面残留一薄层压应力时,反而对使用寿命有利。例如,采用喷丸和化学热处理方法使工件表面产生一压应力层,可以有效地提高零件(如弹簧和齿轮等)的疲劳寿命。对于承受单向扭转载荷的零件(如某些汽车中的扭力轴)沿载荷方向进行适量的超载预扭,可以使工件表面层产生相当数量的与载荷方向相反的残余应力,从而在工作时抵消部分外加载荷,提高使用寿命。

## 2.2 金属塑性变形时的应力应变状态及其对金属变形的影响

### 2.2.1 金属塑性变形时的应力应变状态

在冲压加工过程中,外力通过模具作用于材料,使之产生塑性变形,同时在材料内部引起反抗变形的内力。一定的力的作用方式和大小都对应着一定的变形,因此,材料各处的应力和应变都有所不同。为了研究和分析金属材料的变形性质和变形规律,控制材料变形的发展,就必须了解材料各个点的应力和应变状态以及它们之间的相互关系。

**(1)点的应力状态**

材料在外力的作用下,各部各个质点间就会产生相互作用的力,称为内力。单位面积上内力称为应力。材料内某一点的应力大小与分布称为该点的应力状态。

一点的应力状态是通过在该点沿某种坐标系所取的单元体上各个互相垂直表面上的应力来表示的,一般情况下每个面上都有应力,如图2.2(a)所示。这些应力又可沿坐标方向分解为9个应力分量,其中包括3个正应力和6个剪应力,如图2.2(b)所示。写成矩阵形式为

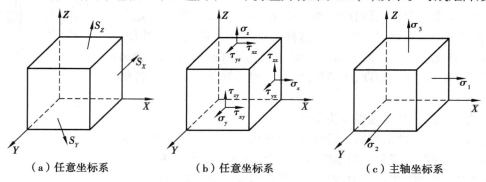

（a）任意坐标系　　　（b）任意坐标系　　　（c）主轴坐标系

**图2.2　点的应力状态**

$$\begin{bmatrix} \sigma_x & \tau_{xy} & \tau_{xz} \\ \tau_{yx} & \sigma_y & \tau_{yz} \\ \tau_{zx} & \tau_{zy} & \sigma_z \end{bmatrix}$$

其中,3个正应力和6个剪应力互等,即 $\tau_{xy} = \tau_{yx}$, $\tau_{xz} = \tau_{zx}$, $\tau_{yz} = \tau_{zy}$ ,因此,只要知道3个正应力和3个剪应力,该点的应力状态就可确定。写成矩阵形式为

$$\begin{bmatrix} \sigma_x & \cdot & \cdot \\ \tau_{yx} & \sigma_y & \cdot \\ \tau_{zx} & \tau_{zy} & \sigma_z \end{bmatrix}$$

需要注意的是,图2.2(a)和图2.2(b)中的坐标系 *XYZ* 是任意的。对于不同的坐标系,该点的应力状态并没有改变,但是单元体上表示该点应力状态的9个应力分量就会与原来的数值不同。不过,对任何一种应力状态来说,总存在这样一种坐标系,使得单元体各表面上只出现正应力,而没有剪应力。如图2.2(c)所示,1,2,3这3个坐标轴称为主轴;3个坐标轴的方向就称为主方向;3个正应力就称为主应力,一般按其代数值大小依次用 $\sigma_1$,$\sigma_2$ 和 $\sigma_3$ 表示,即 $\sigma_1 \geqslant \sigma_2 \geqslant \sigma_3$。值可正可负,正值表示拉应力,负值表示压应力。3个主应力的作用面称为主平面。

一般情况下,单元体的3个主方向都有应力,这种应力状态称为三向应力状态或空间应力状态。

在板料成形中,厚度方向的应力与其他两个方向的应力比较,往往可以忽略不计,即将厚度方向应力看做零。这种应力状态可视为两向应力状态或平面应力状态,这为研究冲压成形提供了方便。

如果3个主应力中有两个为零,只在一个方向有应力,这就称为单向应力状态。

如果3个主应力大小都相等,即 $\sigma_1 = \sigma_2 = \sigma_3$,则称为球应力状态。这种应力状态不产生剪应力,故所有方向都可看做是主方向,而且所有方向的主应力都相同。深水中微小物体承受的就是这样一种应力状态(三向等压),通常将三向等压应力称为静水压力。在冲裁工序中,静水压力的大小对极限塑性变形值和裂纹的产生都有很大影响。

单元体上3个正应力的平均值称为平均应力,用 $\sigma_m$ 表示。平均应力的大小取决于该点的应力状态,而与坐标系的选取无关,平均应力为

$$\sigma_m = \frac{\sigma_1 + \sigma_2 + \sigma_3}{3}$$

如图2.3所示,任何一种应力状态都可以看成是球应力状态和偏应力状态两种应力状态的叠加。其中,球应力状态不改变物体的形状,只能改变物体的体积,而偏应力状态不改变物体的体积,只能改变物体的形状。

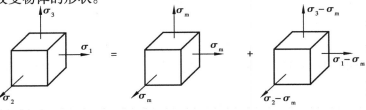

图2.3　应力状态的分解

在单元体中,主平面不存在切应力,其他方向的截面上都有切应力,而且在与主平面成45°的截面上切应力达到极大值,称为主切应力。主切应力的作用面称为主切应力面。主切应力及其作用面共有3组,如图2.4所示。其主切应力值分别为

$$\tau_{12} = \pm \frac{\sigma_1 - \sigma_2}{2}$$

$$\tau_{23} = \pm \frac{\sigma_2 - \sigma_3}{2}$$

$$\tau_{31} = \pm \frac{\sigma_3 - \sigma_1}{2}$$

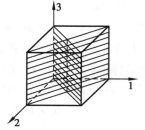 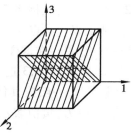 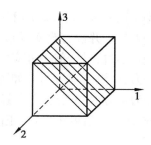

图2.4 主切应力及主切应力面(阴影部分)

其中,绝对值最大的主切剪应力称为该点的最大切应力,用 $\tau_{\max}$ 表示。若 $\sigma_1 \geqslant \sigma_2 \geqslant \sigma_3$,则

$$\tau_{\max} = \pm \frac{\sigma_1 - \sigma_3}{2}$$

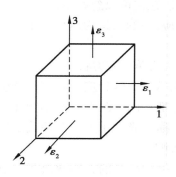

图2.5 点的应变状态

**(2)点的应变状态**

变形体内存在应力必伴随有应变,点的应变状态也是通过单元体的变形来表示的。与点的应力状态一样,当采用主轴坐标系时,单元体就只有3个主应变分量 $\varepsilon_1$,$\varepsilon_2$ 和 $\varepsilon_3$,而没有切应变分量,如图2.5所示。

任何一种主应变状态与应力状态一样,可分解为以平均主应变 $\varepsilon_m$(其中,$\varepsilon_m = (\varepsilon_1 + \varepsilon_2 + \varepsilon_3)/3$)为应变值的三向等应变状态和以各向主应变与应变的平均主应变差值为应变值构成的偏应变状态,如图2.6所示。

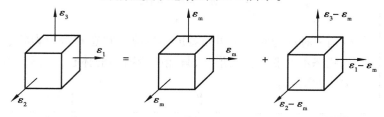

图2.6 应变状态的分解

通过实践证明,塑性变形时,变形体主要发生了形状和尺寸的改变,而无体积大小的变化,即

$$\varepsilon_1 + \varepsilon_2 + \varepsilon_3 = 0$$

这即为塑性变形的体积不规则定律,反映了3个主应变值之间的关系。

根据体积不变定律,可以得出如下结论:

①塑性变形时,物体只有形状和尺寸发生变化,而体积保持不变。

②不论应变状态如何,其中必有一个主应变的符号与其他两个主应变的符号相反,这个主应变的绝对值最大,称为最大主应变。

③当已知两个主应变数值时,便可求出第三个主应变。

④任何一种物体的塑性变形方式只有 3 种,与此相应的主应变状态图也只有 3 种,如图 2.7 所示。

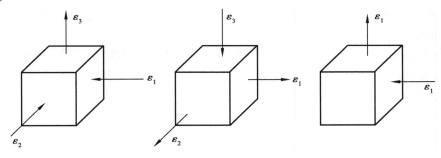

图 2.7　3 种主应变图

**(3)应力和应变之间的关系**

由单向拉伸试验可知,金属在弹性变形阶段,应力与应变之间的关系是线性的、可逆的,与加载无关;而塑性变形阶段,应力与应变之间的关系则是非线性的、不可逆的,与加载有关。应变不仅与应力大小有关,而且还与加载有着密切的关系。

目前,常用的塑性变形应力与应变关系的理论主要有两类:一类简称增量理论,它着眼于每一加载瞬间,认为应力状态确定的不是塑性应变分量的全量而是它的瞬时增量;另一类简称全量理论,它认为在简单加载(即在塑性变形发展的过程中,只加载,不卸载,各应力分量一直按同一比例系数增长,又称比例加载条件下,应力状态可确定塑性应变分量。

全量理论除用于简单加载的情况以外,一般用来研究小变形问题。对于非简单加载的大变形问题,只要变形过程中主轴方向的变化不是太大,应用全量理论也不会引起太大的误差,而且使用方便,故在冲压加工中通常应用全量理论。

全量理论认为在简单加载条件下,塑性变形的每一瞬间,主应力差与主应变差成比例,比例系数为一常量,称为非负比例系数,用 $C$ 来表示,则

$$C = \frac{\sigma_1 - \sigma_2}{\varepsilon_1 - \varepsilon_2} = \frac{\sigma_2 - \sigma_3}{\varepsilon_2 - \varepsilon_3} = \frac{\sigma_3 - \sigma_1}{\varepsilon_3 - \varepsilon_1}$$

式中　$\sigma_1$,$\sigma_2$,$\sigma_3$——主应力;

　　　$\varepsilon_1$,$\varepsilon_2$,$\varepsilon_3$——主应变;

　　　$C$——非负比例系数,是一个与材料性质和变形程度有关的函数,与变形体所处的应力状态无关,由单向拉伸试验求出。

了解塑性变形时应力-应变关系有助于分析冲压成形时板材的应力与应变。通过塑性变形时应力-应变关系的分析,可得出以下结论:

①应力分量与应变分量符号不一定一致,即拉应力不一定对应拉应变,压应力不一定对应压应变。

②某方向应力为零其应变不一定为零。

③在任何一种应力状态下,应力分量的大小与应变分量的大小次序是相对应的,即 $\sigma_1 \geqslant \sigma_2 \geqslant \sigma_3$,则有 $\varepsilon_1 \geqslant \varepsilon_2 \geqslant \varepsilon_3$。

④若有两个应力分量相等,则对应的应变分量也相等,即若 $\sigma_1 = \sigma_2$,则有 $\varepsilon_1 = \varepsilon_2$。

### 2.2.2 应力应变状态对金属塑性变形的影响

实践证明,同一种材料在不同应力状态下反映出不同的塑性。例如,单向压缩获得的塑性变形比单向拉伸大得多;实心件正挤压比拉丝(拉拔)能发挥更大的塑性。大理石是脆性材料,在单向压缩时缩短率不到 1% 就会破坏,但在 7 650 个大气压力(1 at = 98.066 kPa)的静水压力下压缩时,缩短率可达 9% 左右才破坏。

上述结果表明,强化三向压应力状态,能充分发挥材料的塑性,这实质上是应力状态中的静水压力分量在起作用。应力状态中的压应力个数越多、压应力越大,则其静水压力越大,因而塑性越好;反之,静水压力越小,则塑性就越差。

# 2.3 冲压成形中的变形趋向性及其控制

在冲压成形过程中,板料的各个部分在模具的作用下,可能发生不同形式的变形,即具有不同的变形趋向性。在这种情况下,判断板料各部分是否变形以及以什么方式变形,能否通过正确设计冲压工艺和模具等措施来保证在进行和完成预期变形的同时,排除其他有害的变形等,则是获得合格的高质量冲压件的根本保证。因此,分析研究冲压成形中的变形趋向及控制方法,对制订冲压工艺过程、确定工艺参数、设计冲压模具以及分析冲压过程中出现的某些产品质量问题等,都有非常重要的实际意义。

### 2.3.1 工件冲压成形时区域划分

一般情况下,冲压加工过程中,正在变形的板料分为变形区和非变形区两大部分。变形区是正在进行特定变形的部分。非变形区包含 4 种情况,即已变形区(已经变形的区域)、待变形区(尚未参与变形的区域)、不变形区(冲压全过程中都不参与变形的区域)及传力区(在变形过程中,仅起传递变形力作用的区域)。如图 2.8 所示为冲压成形时板料各区域划分举例,具体划分情况如表 2.1 所示。

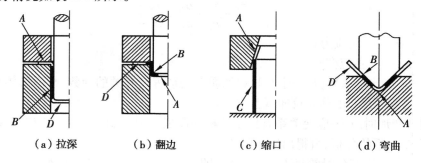

(a)拉深      (b)翻边      (c)缩口      (d)弯曲

图 2.8 冲压成形时板料各区域划分举例

表 2.1　冲压成形时板料各区域划分情况

| 成形工序 | 变形区 | 非变形区 | | | |
|---|---|---|---|---|---|
| | | 已变形区 | 待变形区 | 不变形区 | 传 力 区 |
| 拉深 | $A$ | $B$ | — | $D$ | $B$ |
| 翻边 | $A$ | $B$ | — | $D$ | $B$ |
| 缩口 | $A$ | — | $C$ | $C$ | — |
| 弯曲 | $A$ | $B$ | — | $D$ | — |

在同一个变形力作用下,变形区已屈服,开始塑性变形,非变形区则没有屈服变形,因此变形区通常被称为弱区,非变形区称为强区。

### 2.3.2　冲压成形时的变形趋向性

在冲压过程中,弱区所需塑性变形力最小,故弱区一般先进行塑性变形。为了保证冲压过程的顺利进行,必须保证冲压工序中变形区成为弱区,以便在把塑性变形局限于变形区的同时,排除传力区产生任何不必要的塑性变形的可能。由此可以得出一个十分重要的结论:在冲压成形过程中,需要最小变形力的区是个相对的弱区,而且弱区必先变形,因此变形区应为弱区,即为冲压成形时的变形趋向性。

如图 2.9 所示,毛坯在同一个模具中加工,当改变其外径 $D_0$、内孔 $d_0$ 及凸模直径 $d_凸$ 的相互比例时,就可能出现多种互不相同的变形方式,即具有不同的变形趋向性。

**(1)拉深**

如图 2.9(b)所示,当 $D_0/d_凸$ 和 $d_0/d_凸$ 都较小时,外环(凸缘)宽度不大,成为弱区,于是出现拉深变形。

**(2)翻边**

如图 2.9(c)所示,当 $D_0/d_凸$ 和 $d_0/d_凸$ 都较大时,外环(凸缘)宽度较大,成为强区,而内环(底孔周围)宽度较小,成为弱区,于是出现翻边变形。

**(3)胀形**

如图 2.9(d)所示,当 $D_0/d_凸$ 较大而 $d_0/d_凸$ 很小,甚至等于零(没有底孔)时,外环拉深和底孔翻边的变形阻力都较大,而凸、凹模圆角附近的变形阻力较小,于是出现胀形变形。

### 2.3.3　冲压成形时变形趋向性的控制

冲压过程中,毛坯上的弱区、强区以及变形方式都是由应力状态和材料性能决定的。而应力状态和材料性能又与很多因素有关,改变上述这些因素,就可实现对变形趋向性的控制。因此,为了使毛坯能"按需变形"(即按制件所需的变形部位及变形方式来变形,不需变形的部位不得变形),经常采取下述工艺措施来实现对变形趋向性的控制。

**(1)改变毛坯各部分的相对尺寸**

实践证明,变形坯料各部分的相对尺寸关系,是决定变形趋向性的最重要因素,因而改变坯料的尺寸关系,是控制坯料变形趋向性的有效方法。如图 2.9 所示为带底孔的圆形板坯,

当 $D_0/d_凸 < 1.5 \sim 2, d_0/d_凸 < 0.15$ 时，环形部分产生塑性变形所需的力最小而成为弱区，因而产生外径收缩的拉深变形，得到拉深件，如图 2.9(b)所示；当 $D_0/d_凸 > 2.5, d_0/d_凸 > 0.2 \sim 0.3$ 时，内环形部分产生塑性变形所需的力最小而成为弱区，因而产生内孔扩大的翻孔变形，得到翻孔件，如图 2.9(c)所示；当 $D_0/d_凸 > 2.5, d_0/d_凸 < 0.15$ 时，外环的拉深变形和内环的翻孔变形阻力都很大，结果使凸、凹模圆角及附近的金属成为弱区而产生厚度变薄的胀形变形，得到胀形件，如图 2.9(d)所示。

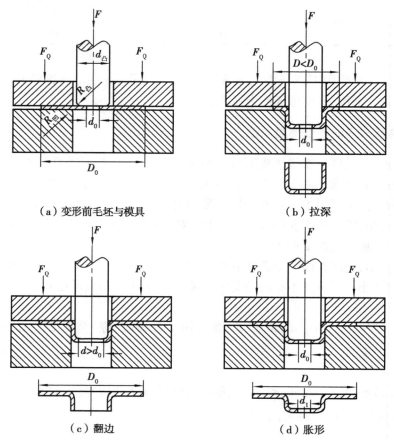

（a）变形前毛坯与模具　　　　　　　（b）拉深

（c）翻边　　　　　　　　　　　（d）胀形

**图 2.9　环形毛坯的变形趋势**

**（2）改变模具工作部分的几何形状与尺寸**

增大凸、凹模圆角半径，可减少材料流动的阻力，因此，增大拉深凹模圆角半径有利于拉深变形，增大翻孔凸模圆角半径有利于翻孔变形。

盒形件拉深时，为了防止角部材料的堆聚和拉裂，必须改善角部材料的流动条件，为此，除增大凸、凹模角部圆角半径外，还要增大凸、凹模角部间隙。

在图 2.9(a)中，如果增大凸模圆角半径 $R_凸$、减小凹模圆角半径 $R_凹$ 可使翻孔变形的阻力减小，拉深变形阻力增大，故有利于翻孔变形的实现。

**（3）改变毛坯和模具间的摩擦阻力**

加大压边力，增设拉深筋，不用润滑剂，均可增大摩擦力，有利于阻流；反之，降低模具表面粗糙度，采用压边限位装置，采用润滑剂则可减小摩擦力，有利于导流。

**（4）改变毛坯局部区域的温度**

该方法主要是指局部加热或局部冷却的方法。例如，在拉深和缩口时，采用局部加热变形区的方法使变形区材料软化，从而有利于变形的进行。又如，在不锈钢工件拉深时，采用局部深冷传力区的方法，来增大该处材料的承载能力，防止大变形下拉裂。

# 第3章
# 冲压工艺及模具设计的准备工作

## 3.1 冲压工艺及模具设计的基本要求和流程

### 3.1.1 冲压工艺设计的基本要求和流程

**(1)冲压工艺设计的基本要求**

冲压设计包括冲压工艺设计、冲压模具设计及冲压设备选用等。为了使冲压设计最大限度地适合于生产实际,保证冲压出质量与尺寸精度均满足图样要求的产品零件,既要做到技术上先进可行,又要在经济上合理,因此在冲压设计过程中,要考虑多方面的问题。概括起来包括以下主要内容:

①产品零件的质量及尺寸精度要求。

②产品零件对冲压加工的适应性。

③产品零件的生产批量。

④冲压设备条件。

⑤模具制造条件及技术水平。

⑥冲压原材料性能、规格及供应状况。

⑦操作方便与安全生产。

⑧企业管理水平。

由于冲压设计涉及的问题较多,因此在具体进行冲压工艺设计时,应该综合考虑各方面的因素,通过认真的分析比较,最终确定出最佳设计方案。

**(2)冲压工艺设计流程**

冲压设计一般按以下工作程序进行:

①收集冲压设计必需的原始资料。冲压设计的原始资料主要包括产品零件图样(或样件)及技术要求、产品零件的生产批量、车间冲压设备及模具制造条件、有关冲模标准化资料等。

②分析产品零件的冲压工艺性,如了解零件的功用及使用要求、分析工件对冲压方法的

适用性及经济性等。

③确定冲压工艺方案,如确定冲压加工的方法、加工工序的顺序及组合方式等。

④确定模具结构方案,如确定冲模的类型、操作定位方式、卸料出件方式、模架类型等。

⑤进行有关工艺计算。如计算坯料尺寸、排样、材料利用率、工序尺寸、模具工作部分尺寸、冲压力及压力中心等。

⑥选择冲压设备,如选择冲压设备的类型及规格。

⑦编写冲压工艺过程卡。如编写冲压工艺过程卡片或冲压工序卡。

⑧进行模具的总体设计,如设计模具总装结构草图。

⑨进行模具的主要零部件设计,如设计或选用模具零部件。

⑩校核冲压设备,如校核冲压设备的装模尺寸及操作的安全性。

⑪绘制模具总装图和零件图,如绘制完整的模具总装图及非标准模具零件图。

⑫计算机仿真模拟。对于复杂的冲压成形工件,应进行计算机仿真模拟。

⑬校核模具图样,如全面审核模具图样。

⑭编写设计说明书。

应当说明的是,上述冲压设计的工作程序并非一成不变,在某些情况下需要交叉进行,因此设计过程要视具体情况灵活掌握。

### 3.1.2　冲压模具设计和制造的基本内容和要求

**(1)冲模设计基本内容**

冲压模具设计的基本内容就是依据制定的冲压工艺规程,在认真考虑毛坯的定位、出件、废料排除等诸因素以及模具的制造维修方便、操作安全可靠等因素后,设计计算并构思出与冲压设备相适应的模具总体结构,然后绘制出模具图。

**(2)冲模设计基本要求**

①模具结构及其尺寸参数应保证能冲压出形状、尺寸、精度均符合图样要求的零件。

②模具结构应尽可能简单,加工精度合理,制造维修方便,制造成本经济合理。

③模具要结构合理、选材得当,具有足够的寿命,能满足大批量生产的要求。

④模具结构应方便操作、工作安全可靠,尽可能降低操作者的劳动强度。

⑤具有尽可能短的生产准备周期。

**(3)冲模制造基本内容**

根据模具结构、模具材料、尺寸精度、形位精度、工作特性和使用寿命等项要求,综合考虑各方面的特点,并充分发挥现有设备的一切特长,正确选择加工方法和装配方法,选出最佳加工方案,制订出合理的冲模加工工艺规程。

**(4)冲模制造基本要求**

①必须具有较高而合理的精度。

②具有较长的使用寿命。

③具有较短的制造周期。

④具有尽可能低的制造成本。

# 3.2 冲压材料及其冲压成形性能

### 3.2.1 对冲压材料的要求

冲压所用的材料,不仅要满足产品设计的技术要求,还应当满足冲压工艺的要求和冲压后续的加工要求(如切削加工、焊接、电镀等)。冲压工艺对材料的基本要求主要有以下 3 个方面。

**(1)对冲压成形性能的要求**

为了有利于冲压变形和制件质量的提高,材料应具有良好的冲压成形性能。而冲压成形性能与材料的力学性能密切相关,通常要求材料应具有良好的塑性,屈强比小,弹性模量高,板厚方向性系数大,板平面方向性系数小。不同冲压工序对板材性能的具体要求见表 3.1。

表 3.1  不同冲压工序对板材性能的具体要求

| 工序名称 | 性能要求 |
|---|---|
| 冲裁 | 具有足够的塑性,在进行冲裁时板料不开裂;材料的硬度一般应低于冲模工作部分的硬度 |
| 弯曲 | 具有足够的塑性、较低的屈服极限和较高的弹性模量 |
| 拉深 | 高塑性、屈服极限低和板厚方向性系数大,板料的屈强比 $\sigma_s / \sigma_b$ 小,板平面方向性系数小 |

**(2)对材料厚度公差的要求**

材料的厚度公差应符合国家标准规定。因为一定的模具间隙适用于一定厚度的材料,材料厚度公差太大,不仅直接影响制件的质量,还可能导致模具的损坏。

**(3)对表面质量的要求**

材料的表面应光洁平整,无分层和机械性质的损伤,无锈斑、氧化皮及其他附着物。表面质量好的材料,冲压时不易破裂,不易擦伤模具,工件表面质量好。

### 3.2.2 常用冲压材料及其种类

冲压用材料的形状有各种规格的板料、带料和块料。板料的尺寸较大,一般用于大型零件的冲压,对于中小型零件,多数是将板料剪裁成条料后使用。带料(又称卷料)有各种规格的宽度,展开长度可达几千米,适用于大批量生产的自动送料,材料厚度很小时也是做成带料供应。块料只用于少数钢号和价格昂贵的有色金属的冲压。

冲压常用材料如下:

①黑色金属:普通碳素结构钢、优质碳素钢、合金结构钢、碳素工具钢、不锈钢、电工硅钢等。

对厚度在 4 mm 以下的轧制薄钢板,按国家标准 GB/T 708—1991 规定,钢板的厚度精度可分为 A(高级精度)、B(较高精度)、C(普通精度)级。

对优质碳素结构钢薄钢板,根据 GB/T 710—1991 规定,钢板的表面质量可分为 I (特别高级的精整表面)、Ⅱ(高级的精整表面)、Ⅲ(较高的精整表面)、Ⅳ(普通的精整表面)组;每组按拉深级别又可分为 z(最深拉深)、s(深拉深)、p(普通拉深)级。

②有色金属:铜及铜合金、铝及铝合金、镁合金、钛合金等。

③非金属材料:纸板、胶木板、塑料板、纤维板和云母等。

关于各类材料的牌号、规格和性能,可查阅有关手册和标准。表 3.2 给出了常用冲压材料的力学性能,从表中数据,可近似地判断材料的冲压性能。

表 3.2 常用冲压材料的力学性能

| 材料名称 | 牌 号 | 材料状态及代号 | 力学性能 | | | |
|---|---|---|---|---|---|---|
| | | | 抗剪强度 $\tau$/MPa | 抗拉强度 $\sigma_b$/MPa | 屈服点 $\sigma_s$/MPa | 伸长率 $\delta$/% |
| 普通碳素钢 | Q195 | 未经退火 | 255 ~ 314 | 315 ~ 390 | 195 | 28 ~ 33 |
| | Q235 | | 303 ~ 372 | 375 ~ 460 | 235 | 26 ~ 31 |
| | Q237 | | 239 ~ 490 | 490 ~ 610 | 275 | 15 ~ 20 |
| 碳素结构钢 | 08F | 已退火 | 230 ~ 310 | 275 ~ 380 | 180 | 27 ~ 30 |
| | 08 | | 260 ~ 360 | 215 ~ 410 | 200 | 27 |
| | 10F | | 220 ~ 340 | 275 ~ 410 | 190 | 27 |
| | 10 | | 260 ~ 340 | 295 ~ 430 | 210 | 26 |
| | 15 | | 270 ~ 380 | 335 ~ 470 | 230 | 25 |
| | 20 | | 280 ~ 400 | 355 ~ 500 | 250 | 24 |
| | 35 | | 400 ~ 520 | 490 ~ 635 | 320 | 19 |
| | 45 | | 400 ~ 560 | 530 ~ 685 | 360 | 15 |
| | 50 | | 400 ~ 580 | 540 ~ 715 | 380 | 13 |
| 不锈钢 | 1Cr13 | 已退火 | 320 ~ 380 | 440 ~ 470 | 120 | 20 |
| | 1Cr18Ni9Ti | 经热处理 | 460 ~ 520 | 560 ~ 640 | 200 | 40 |
| 铝 | 1060,1050A,1200 | 已退火 | 80 | 70 ~ 110 | 50 ~ 80 | 28 ~ 20 |
| | | 冷作硬化 | 100 | 130 ~ 140 | | 3 ~ 4 |
| 硬铝 | 2A12 | 已退火 | 105 ~ 125 | 150 ~ 220 | | 12 ~ 14 |
| | | 淬硬并经自然时效 | 280 ~ 310 | 400 ~ 435 | 368 | 10 ~ 13 |
| | | 淬硬后冷作硬化 | 280 ~ 320 | 400 ~ 465 | 340 | 8 ~ 10 |
| 纯铜 | T1,T2,T3 | 软 | 160 | 210 | 70 | 29 ~ 48 |
| | | 硬 | 240 | 300 | | 25 ~ 40 |

续表

| 材料名称 | 牌　号 | 材料状态及代号 | 力学性能 | | | |
|---|---|---|---|---|---|---|
| | | | 抗剪强度 $\tau/MPa$ | 抗拉强度 $\sigma_b/MPa$ | 屈服点 $\sigma_s/MPa$ | 伸长率 $\delta/\%$ |
| 黄铜 | H62 | 软 | 260 | 294～300 | | 3 |
| | | 半硬 | 300 | 343～460 | 200 | 20 |
| | | 硬 | 420 | ≥12 | | 10 |
| | H68 | 软 | 240 | 294～300 | 100 | 40 |
| | | 半硬 | 280 | 340～441 | | 25 |
| | | 硬 | 400 | 392～400 | 250 | 13 |

各种板料的性能和规格还可参看相关资料和手册。

### 3.2.3　冲压用新材料

汽车、电子家用电器及日用五金等工业的发展,极大地推动了现代金属薄板的发展,要求具有不同新特征的冲压用板材不断出现,下面介绍几种新型冲压板材。

**(1)高强度钢板**

高强度钢板是指对普通钢板进行强化处理而得到的钢板。其中包括固熔强化、析出强化、结晶强化、组织强化(固态强化及复合组织强化)、时效强化及加工强化等,前5种是通过添加合金成分和热处理工艺来控制板材性质的。

高强度钢板的高强度有以下两方面的含义:

①屈服强度高。$\sigma_s$ 为 260～420 MPa,比一般铝镇静钢要高 50%～100%。

②强度极限高。目前一般为 $\sigma_b$ >400 MPa,有的高强度钢板的强度极限可达 600～800 MPa,有的通过组织强化处理成为超高强度钢板。其强度极限可达到 980 MPa(热轧)和 1 470 MPa(冷轧)。而对应的普通冷轧软钢板的抗拉强度仅为 300 MPa 左右。

高强度钢板的应用,可在同样受力状态下减薄料厚,减轻冲压件的质量,节省能源。如汽车车身零件板料厚度由原来的 1.0～1.2 mm 减薄到 0.7～0.8 mm,车身质量可减轻 20%～40%。节约汽油 20% 以上。

高强度钢板主要包括以下两种:

①加磷高强度钢板,也称 P1 板。这种钢板为固熔强化型的高强度钢板,是汽车工业应用较早的、比较成熟的品种。加磷后可提高钢板的抗拉强度,达到 350～440 MPa,$r$ 值与 $n$ 值降低不多,分别为 $r$ = 1.4～1.8,$n$ = 0.20～0.24。

②烘烤硬化钢板,简称 BH(bake harden)型钢板。它具有良好的近于低碳钢板的冲压性能。但在冲压成形后经喷漆和低温烘烤,可得到新的强化,称为低温硬化性能或 BH 性。

**(2)耐腐蚀钢板**

为了增强普通钢板的耐腐蚀能力,开发出新的抗腐蚀类钢板,主要有两类:

①加入有铜、镍和铬等新元素的耐腐蚀钢板,如 10CuPCrNi(冷轧)和 9CuPCrNi(热轧),其

耐腐蚀性与普通碳素钢板相比,可提高 3～5 倍。

②耐腐蚀钢板是涂复合镀层的钢板,如镀铝钢板、镀锌铝钢板以及镀锡钢板等。

**(3)双相钢板**

双相高强度钢板,简称 DP(dual phase)型钢板,也称为复合组织钢板,属于高强度钢板的一种。它含有软的铁素体和硬的马氏体,故具有较高的强度和较好的塑性。双相钢的抗拉强度与伸长率基本上成负相关关系,而与屈服点成正相关关系。

**(4)涂层板**

为了防止钢板制件产生腐蚀,在钢板冷轧或热轧后,一般需经电镀或在 450～500 ℃耐腐蚀金属溶液中进行热浸镀加工,制成表面处理钢板。常用的有镀锡钢板、镀锌钢板和镀铝钢板等。如电镀锌钢板—SE 类、合金化镀锌钢板—GA 类等。

此外,除了提高冲压性能之外,有时还要增加板料的其他性能,如砧弹性、抗振性、轻量化、摩擦磨损性能和装饰美化性能等,因此研究出了复合板,如涂覆塑料的钢板,不同金属板叠合在一起的板材等。

## 3.3　冲压模具材料选用及模具寿命

### 3.3.1　冲压对模具材料的要求

不同冲压方法,其模具类型不同,模具工作条件有差异,对模具材料的要求也有所不同。表 3.3 为不同模具工作条件及对模具工作零件材料的性能要求。

**表 3.3　模具工作条件及对模具工作零件材料的性能要求**

| 模具类型 | 工作条件 | 模具工作零件材料的性能要求 |
| --- | --- | --- |
| 冲裁模 | 主要用于各种板料的冲切成形,其刃口在工作过程中受到强烈的摩擦和冲击 | 具有高的耐磨性、冲击韧性以及耐疲劳断裂性能 |
| 弯曲模 | 主要用于板料的弯曲成形,工作负荷不大,但有一定的摩擦 | 具有高的耐磨性和断裂抗力 |
| 拉深模 | 主要用于板料的拉深成形,工作应力不大,但凹模入口处承受强烈的摩擦 | 具有高的硬度及耐磨性,凹模工作表面粗糙度值比较低 |

### 3.3.2　冲压模具材料的选用原则

模具材料的选用,不仅关系到模具的使用寿命,而且也直接影响到模具的制造成本,因此是模具设计中的一项重要工作。在冲压过程中,模具承受冲击负荷且连续工作,使凸、凹模受到强大压力和剧烈摩擦,工作条件极其恶劣。因此,选择模具材料应遵循以下原则:

①根据模具种类及其工作条件,选用材料要满足使用要求,应具有较高的强度、硬度、耐磨性、耐冲击、耐疲劳性等。

②根据冲压材料和冲压件生产批量选用材料。

③满足加工要求,应具有良好的加工工艺性能,便于切削加工,淬透性好、热处理变形小。

④满足经济性要求。

### 3.3.3 冲压模具常见材料及热处理要求

模具材料的种类很多,应用也极为广泛。冲压模具所用材料主要有碳钢、合金钢、铸铁、铸钢、硬质合金、钢基硬质合金以及锌基合金、低熔点合金、环氧树脂、聚氨酯橡胶等。冲压模具中凸、凹模等工作零件所用的材料主要是模具钢,常用的模具钢包括碳素工具钢、合金工具钢、轴承钢、高速工具钢、基体钢、硬质合金和钢基硬质合金等(可参见 GB/T 699—1999,GB/T 1298—1986,GB/T 1299—2000,JB/T 5826—1991,JB/T 5825—1981,JB/T 5827—1991 等)。

常用模具钢的性能比较如表 3.所示 4。常用冷作模具钢国内、外牌号对照如表 3.5 所示。

表 3.4　常用模具钢的性能比较

| 类　别 | 牌　号 | 耐磨性 | 耐冲击性 | 淬火不变形性 | 淬硬深度 | 红硬性 | 脱碳敏感性 | 切削加工性 |
|---|---|---|---|---|---|---|---|---|
| 碳素工具钢 | T8 | 差 | 较好 | 较差 | 浅 | 差 | 大 | 好 |
| | T9—T13 | 较差 | 中等 | 较差 | 浅 | 差 | 大 | 好 |
| 合金工具钢 | Cr12 | 好 | 差 | 好 | 深 | 较好 | 较小 | 较差 |
| | Cr12MoV | 好 | 差 | 好 | 深 | 较好 | 较小 | 较差 |
| | 9Mn2V | 中等 | 中等 | 好 | 浅 | 差 | 较大 | 较好 |
| | Cr6WV | 较好 | 较差 | 中等 | 深 | 中等 | 中等 | 中等 |
| | CrWMn | 中等 | 中等 | 中等 | 浅 | 较差 | 较大 | 中等 |
| | 9CrWM | 中等 | 中等 | 中等 | 浅 | 较差 | 较大 | 中等 |
| | Cr4W2MoV | 较好 | 较差 | 中等 | 深 | 中等 | 中等 | 中等 |
| | 6W4Mo5Cr4V | 较好 | 较好 | 中等 | 深 | 中等 | 中等 | 中等 |
| | 5CrMnMo | 中等 | 中等 | 中等 | 中 | 较差 | 较大 | 较好 |
| | 5CrNiMo | 中等 | 较好 | 中等 | 中 | 较差 | 较大 | 较好 |
| | 3Cr2W8V | 较好 | 中等 | 较好 | 深 | 较好 | 较小 | 较差 |
| 高速工具钢 | W18Cr4V | 较好 | 较差 | 中等 | 深 | 好 | 小 | 较差 |
| | W6Mo5Cr4V2 | 较好 | 中等 | 中等 | 深 | 好 | 中等 | 较差 |
| | W6Mo5Cr4V3 | 好 | 差 | 中等 | 深 | 好 | 较小 | 差 |

表 3.5　冷作模具钢国内、外牌号对照

| 中国(GB/T 1299—2000 等) | 日本(JISG 4404—1983 等) | 美国(ASTM A681—1984 等) |
|---|---|---|
| T9/T10 | SK4 | W1/WZ |
| Cr12 | SKD1 | D3 |

续表

| 中国（GB/T 1299—2000 等） | 日本（JISG 4404—1983 等） | 美国（ASTM A681—1984 等） |
|---|---|---|
| Cr12Mo1V1 | SKD11 | D2 |
| Cr12MoV | SKD11 | |
| 9Mn2V | | 02 |
| CrWMn | SKS31 | |
| 9CrWMn | SKS3 | 01 |
| W6Mn5Cr4V2 | SKH51 | M2 |

模具工作零件的常用材料及热处理要求如表 3.6 所示。

**表 3.6　模具工作零件的常用材料及热处理要求**

| 模具类型 | | 零件名称及使用条件 | 材料牌号 | 热处理硬度/HRC | |
|---|---|---|---|---|---|
| | | | | 凸模 | 凹模 |
| 冲裁模 | 1 | 冲裁料厚 $t \leqslant 3$ mm，形状简单的凸模、凹模和凸凹模 | T8A,T10A,9Mn2V | 58～62 | 60～64 |
| | 2 | 冲裁料厚 $t \leqslant 3$ mm，形状复杂或冲裁厚 $t > 3$ mm 的凸模、凹模和凸凹模 | CrWMn,Cr6WV,9Mn2V,Cr12,Cr12MoV,GCr15 | 58～62 | 62～64 |
| | 3 | 要求高度耐磨的凸模、凹模和凸凹模，或生产量大、要求特长寿命的凸、凹模 | W18Cr4V, 120Cr4W2MoV | 60～62 | 61～63 |
| | | | 65Cr4Mo3W2VNb(65Nb) | 56～58 | 58～60 |
| | | | YG15，YG20 | | |
| | 4 | 材料加热冲裁时用凸、凹模 | 3Cr2W8,5CrNiMo,5CrMnMo | 48～52 | |
| | | | 6Cr4Mo3Ni2WV（CG-2） | 51～53 | |
| 弯曲模 | 1 | 一般弯曲用的凸、凹模及镶块 | T8A,T10A,9Mn2V | 56～60 | |
| | 2 | 要求高度耐磨的凸、凹模及镶块；形状复杂的凸、凹模及镶块；冲压生产批量特大的凸、凹模及镶块 | CrWMn,Cr6WV,Cr12,Cr12MoV,GCr15 | 60～64 | |
| | 3 | 材料加热弯曲时用的凸、凹模及镶块 | 5CrNiMo,5CrNiTi,5CrMnMo | 52～56 | |
| 拉深模 | 1 | 一般拉深用的凸模和凹模 | T8A,T10A,9Mn2V | 58～62 | 60～64 |
| | 2 | 要求耐磨的凹模和凸凹模，或冲压生产批量大、要求特长寿命的凸、凹模 | Cr12,Cr12MoV,GCr15 | 60～62 | 62～64 |
| | | | YG8，YG15 | | |
| | 3 | 材料加热拉深用的凸模和凹模 | 5CrNiMo,5CrNiTi | 52～56 | |

模具一般零件的常用材料及热处理要求如表 3.7 所示。

表 3.7　模具一般零件的常用材料及热处理要求

| 零件名称 | 使用情况 | 材料牌号 | 热处理硬度/HRC |
|---|---|---|---|
| 上、下模板（座） | 一般负荷 | HT200,HT250 | |
| | 负荷较大 | HT250,Q235 | |
| | 负荷较大,受高速冲击 | 45 | |
| | 用于滚动式导柱模架 | QT400-18,ZG310-570 | |
| | 用于大型模具 | HT250,ZG310-570 | |
| 模柄 | 压入式、旋入式和凸缘式 | Q235 | |
| | 浮动式模柄及球面垫块 | 45 | 43～48 |
| 导柱、导套 | 大量生产 | 20 | 58～62（渗碳） |
| | 单件生产 | T10A,9Mn2V | 56～60 |
| | 用于滚动配合 | Cr12,GGr15 | 62～64 |
| 垫块 | 一般用途 | 45 | 43～48 |
| | 单位压力大 | T8A,9Mn2V | 52～56 |
| 推板、顶板 | 一般用途 | Q235 | |
| | 重要用途 | 45 | 43～48 |
| 推杆、顶杆 | 一般用途 | 45 | 43～48 |
| | 重要用途 | Cr6WV,CrWMn | 56～60 |
| 导正销 | 一般用途 | T10A,9Mn2V | 56～62 |
| | 高耐磨 | Cr12MoV | 60～62 |
| 固定板、卸料版 | | Q235,45 | |
| 定位板 | | 45 | 43～48 |
| | | T8 | 52～56 |
| 导料板 | | 45 | 43～48 |
| 托料板 | | Q235 | |
| 挡料销、定位销 | | 45 | 43～48 |
| 废料切刀 | | T10A,9Mn2V | 56～60 |
| 定距侧刀 | | T8A,T10A,9Mn2V | 56～60 |
| 侧压板 | | 45 | 43～48 |
| 侧刃挡板 | | T8A | 54～58 |
| 拉深模压边圈 | | T8A | 54～58 |
| 斜楔、滑块 | | T8A,T10A | 58～62 |
| | | 45 | 43～48 |
| 限位圈 | | 45 | 43～48 |
| 弹簧 | | 65Mn,60SiMnA | 40～48 |

模具零件加工常见热处理方法有退火、调质、淬火、回火、渗碳、渗氮等,如表 3.8 所示。

表 3.8　模具零件加工常见热处理方法

| 热处理方法 | 定　义 | 目的及应用 |
|---|---|---|
| 退火 | 将钢件加热到临界温度以上,保温一定时间后随炉温或在土灰、石英中缓慢冷却的操作过程 | 消除模具零件毛坯或冲压件的内应力,改善组织,降低硬度,提高塑性 |
| 正火 | 将钢件加热到临界温度以上,保温一定时间后,放在空气中自然冷却的操作过程 | 其目的与退火基本相同 |
| 淬火 | 将钢件加热到临界温度以上,保温一定时间,随后放在淬火介质(水或油等)中快速冷却的操作过程 | 改变钢的力学性能,提高钢的硬度和耐磨性,增加模具的使用寿命 |
| 回火 | 将淬火钢件重新加热到临界温度以下的一定温度(回火温度),保温一定时间,然后在空气或油中冷却到室温的操作过程 | 它是在淬火后马上进行的一道热处理工序,其目的是消除淬火后的内应力和脆性,提高塑性与韧性,稳定零件尺寸 |
| 调质 | 将淬火后的钢件进行高温回火 | 使钢件获得比退火、正火更好的力学综合性能,可作为最终热处理,也可作为模具零件淬火及软氮化前的预先热处理 |
| 渗碳 | 将钢件放在含碳的介质即渗碳剂中,使其加热到一定温度(850 ~ 900 ℃),使碳原子渗入钢件表面层内的操作过程 | 使模具零件表面具有高硬度和耐磨性,而心部仍保留原有的良好韧性和强度,属于表面强化处理 |
| 渗氮 | 将钢件放在含氮的气氛中,加热至 500 ~ 600 ℃使氮渗入钢件表面层内的操作过程 | 使模具零件表面具有高硬度和耐磨性,用于工作负荷不大,但耐磨性要求高及要求耐蚀的模具零件 |

凸模和凹模加工过程中热处理工序安排如表 3.9 所示。

表 3.9　凸、凹模热处理工序安排

| 模具性能 | 工艺路线安排 |
|---|---|
| 一般冲模 | 锻造→退火→机械加工成形→淬火回火→钳工修正、装配 |
| 采用成形磨削或电加工工艺制造的冲模 | 锻造→退火→机械粗加工→淬火回火→精加工(成形磨削或电加工)→钳工修正、装配 |
| 复杂冲模 | 锻造→退火→机械粗加工→调质→机械加工成形→淬火回火→成形磨削或电加工→钳工修正、装配 |
| 旧模具翻新 | 高温回火或退火→机械加工成形→淬火回火→钳工修正、装配 |

### 3.3.4　影响模具寿命的因素

**(1)被加工材料性能的影响**

材料的强度、硬度越高,模具磨损越快。材料硬而黏(如不锈钢),冲压时发热量大,易黏模,清理不及时会加快模具磨损。

一般冲压低碳钢材料的模具比冲压高碳钢、合金钢材料的模具寿命长。

冲压有色金属的模具比冲压黑色金属的模具寿命长。

**(2)冲压工艺类别和模具结构形式的影响**

各种冲压工艺中,冷挤压模具受力最大,解决模具强度问题是主要矛盾;拉深工艺模具受力次之;冲裁凸、凹模刃口保持锋利,相对受力较小。

**(3)冲压件形状的影响**

冲压件的形状复杂会加大局部磨损,锐角处尤为严重。

**(4)模具材料及热处理的影响**

模具材料强度高、韧性好、耐磨性好,模具寿命长,反之则寿命短。

**(5)压力机状况的影响**

压力机导向精度低,润滑轴线对工作台面不垂直会使模具受力不均匀。极易发生啃模现象,加速模具磨损。

**(6)模具使用状况的影响**

模具安装使用间隙调整不合理、安装不正确、模具保管不好造成生锈、润滑不合理等均会影响模具使用寿命。

### 3.3.5　提高模具使用寿命的措施

**(1)拟订合理的冲压工艺**

拟订合理的冲压工艺,包括下列几个方面:工艺的结构设计要符合冲压工艺性的要求;选择合理的工艺搭边;合理分配各工序的变形量;合理安排工序间的软化热处理;合理润滑;合理控制毛坯尺寸和形状误差。

1)合理设计冲压件的结构工艺性

所谓冲压件结构工艺性好,就是指能用一般的冲压方法,在模具寿命较高、生产率较高、成本较低的条件下得到质量合格的冲压件。具体包括冲压件精度等级、冲压件的形状特点、冲压件的尺寸限制等。

2)合理设计间隙和搭边

一般要求搭边值大于料厚。详见有关设计手册。

3)合理分配工序变形量

合理分配各工序的变形量,保证各工序受力的均匀性,使受力不致过大。拉深和冷挤压工序,由于会出现冷作硬化现象,可安排中间软化工序,以减小后续工序的变形抗力,提高模具的使用寿命。

材料无须中间退火所能完成的拉深次数:

| | |
|---|---|
| 钢 08,10,15 | 可拉深 3~4 次 |
| 铝 | 可拉深 4~5 次 |
| 黄铜 H68 | 可拉深 2~4 次 |
| 紫铜 | 可拉深 1~2 次 |
| 不锈钢 1Cr18Ni9Ti | 可拉深 1 次 |
| 镁合金、钛合金 | 可拉深 1 次 |

一般材料经退火后,都需要用酸洗的方法去除材料表面的氧化皮。

4)合理选择润滑剂

合理润滑,提高润滑质量,可提高模具使用寿命。冲压过程中,凸、凹模承受的压力和摩擦力是产生磨损的主要原因。使用润滑剂后,可在板料与凸、凹模表面之间形成一层薄膜,将两者之间的滑动表面相互隔离,因而可以有效地减小摩擦力和磨损现象,提高模具的使用寿命。

在冲裁次数相同的情况下,采用机油润滑几乎没有磨损。实践证明,在冲裁硅钢片时,有润滑模具寿命大约是无润滑模具寿命的 10 倍。冲压时选用润滑剂要求耐高压、高速,摩擦系数小,黏度较高,化学性质稳定,易于清除掉,对人体没有毒害。

5)严格控制毛坯尺寸和毛坯表面质量

合理控制毛坯尺寸和形状误差,可以保证工序受力的均匀性。保持毛坯表面清洁和高的表面质量(包括厚薄的均匀性,无划伤和裂纹、毛刺等)都能提高模具的使用寿命。

**(2)选择合理的模具结构和几何参数**

1)增大承力结构件的厚度

对于一些受力比较大的冲压模具,增大上、下模座的厚度,加大导柱、导套直径,以提高模架的刚性。

2)高导向性

提高模具的导向性,可增加导柱、导套的数量,如大模具采用 4 导柱模架。采用卸料板作为凸模导向和支承部件(卸料板自身也有导向作用)。

3)选取合理的模具凸、凹模间隙

间隙对模具磨损有极大的影响,是影响模具寿命的重要因素之一。一般规律是间隙减小,冲裁力 $F$ 与摩擦力 $\mu F$ 都增大,造成刃口变形与端面磨损加剧,甚至出现崩刃。因此,过小间隙对模具寿命的提高是不利的。采用较大的间隙有利于减小凸、凹模的磨损,但过大间隙有时也会造成磨损加快。

4)防止废料回升和堵塞措施

模具结构上采取防止废料回升与堵塞的措施,以防止模具意外损坏。

5)保持中心一致

保持压力机的压力中心和模具中心基本一致,使模具各结构件受力均匀。

6)控制和减小冲压时的振动

提高模架钢性,缩短凸模工作部分的长度,增大其固定部分的直径和尾端的承压面积。细长凸模设置保护套。

7)增加凸、凹模直筒部分高度

为了增加凸、凹模刃口的刃磨次数,以提高磨具使用寿命。可以在设计凸、凹模时适当增加其高度(一般工具钢 5 ~ 8 mm,硬质合金 12 ~ 14 mm)。

8)凸、凹模的结构设计

凸、凹模应避免尖角的过渡,以减小应力集或延缓磨损,同时还要避免截面的急剧变化,整体凸、凹模应以较大的圆角半径和锥度过渡。

对于因应力集中而易于开裂的凸、凹模,可在易于开裂处,分开设计成组合式或镶拼式结构。对于重负载凹模应设计成多层预应力组合式凹模。成形工序中,凸、凹模的几何参数应有利于金属的变形和流动,应尽可能地减小模具工作零件的表面粗糙度数值。

9)合理的定位方式和支承方式

设计合理的定位方式与支承方式,以减小毛坯的定位误差,保证各工序受力的均匀性。

**（3）合理选择模具材料**

根据加工材料和工序性质，合理选择模具材料。

1）注意凸、凹模材料的匹配

磨损快的零件选择好材料，如凸、凹模分别用工具钢和硬质合金匹配，以保证各零件的寿命均等。

2）选用新型材料

根据冲压要求和生产批量的大小，选用耐磨性高的材料和进行必要的热处理。好的材料如 Cr4W2MoV（即 120Cr4W2MuV）与 Cr12 钢相比，有较高的淬透性、淬硬性，还具有较高的力学性能。

选取微晶粒（小于 2 μm）的硬质合金制造要求耐磨性高的模具；选取粗晶粒（大于 5 μm）的硬质合金制造高冲击工作条件下的模具。硬质合金硬度高，可达 68~72HRC 以上，耐磨性好，比一般工具钢寿命高 30~50 倍。

钢结构硬质合金综合了工具钢和硬质合金的特点，是优良的耐磨材料，退火后可进行机械加工（32~43HRC），淬火后硬度可达 68~72HRC，与合金钢模相比，可提高寿命 10 倍以上，适于大批量生产。

**（4）改善模具热处理工艺**

完善和严格控制热处理工艺。采取真空热处理，防止脱碳、氧化、渗碳，加热要适当，回火要充分。

采用表面强化处理，使模具的成形零件"内柔外刚"，以提高模具的耐磨性、抗黏性和抗疲劳强度。

表面强化处理包括电火花强化、化学强化、离子注入、淬火后气相沉积碳化物（如 TiC，VC）等。

采用高频淬火、喷丸机械滚压等表面强化处理方法，使表面产生压应力，以提高抗疲劳强度。

在热处理中，增加冰冷（低于 −78 ℃）或超低温（低于 −130 ℃）处理，可提高耐磨性。

模具采用电火花强化时使用硬质合金等导电材料作电极，与金属工件表面之间产生火花放电，在工件表面构成强化层，提高金属表面的硬度、耐磨性、耐蚀性，模具寿命可延长 2~3 倍。也可采用电火花仪对金属表面进行电火花强化。强化后的表面硬度可达 68~72HRC。

化学强化有渗氮、渗硼处理等。

采用液体渗氮、气体渗氮、辉光离子渗氮等方法，可使金属表面形成硬的氮化层，硬度可达 65~69HRC。渗氮后的模具，寿命可提高 2~3 倍。

渗硼处理可使模具寿命提高 3~4 倍，主要用于拉深模具上。

模具使用一个阶段后要进行一次应力退火，以消除内应力。

上述热处理措施不能在一副模具上全部采用。要根据模具特点，注意强韧匹配，柔硬兼顾，采取适合的热处理方法，方可得到满意的效果。

**（5）完善模具加工工艺**

采用三方六面镦拔法反复锻造凸、凹模毛坯，把碳化物不均匀度控制在 3 级以内。

消除电加工表面不稳定硬碎层（可用机械或电解、腐蚀、喷射、超声波等方法去除）；调整电加工参数，以便减小硬碎层深度和硬度；电加工后进行回火，以消除内应力。

磨削时要防止磨削烧伤和产生磨削裂纹（可采用小进给量）。磨削后进行一次补充回火，以消除内应力。

注意研磨、抛光。抛光方向与变形金属流动方向保持一致,注意保持形状的准确性,使表面粗糙度 $R_a$ 值在 0.01 μm 之内。

采用挤压、珩磨工艺,可提高表面质量。选材时要使模具材料的纤维方向与受拉应力的方向一致。

**(6)正确使用,合理刃磨**

模具使用中要保持正确的安装位置,合理润滑,正确送料,严格控制凸模进入凹模的深度,以免加剧磨损。防止冲叠片,严格控制校正弯曲、整形、冷挤压等工序中上模的下止点位置,以防止模具超负荷。

选择刚性好、导向准确的压力机。保证冲压工艺力在压力机额定压力的 60% 以内。

模具使用中,当出现 0.1 mm 的钝口磨损时应立即刃磨,刃磨后要抛光,使 $R_a \leqslant 0.10$ μm。

刃口模具储藏时,应使上、下模保持一定的空隙,以保护刃口,模具储藏期间,最好使用弹性元件保持松弛(自由)状态。

## 3.4　冲压设备选用以及模具在设备上的安装

### 3.4.1　冲压设备类型

冲压变形工序是在冲压设备上完成的。冲压设备按驱动方式分为两大类:一类是机械压力机,如最常用的曲柄压力机;另一类是液压机,如四柱式万能液压机等。

机械压力机和液压机,在使用性能方面有很大的差别,因此在设备选定之后,必须按冲压设备的特点,进行冲模设计。

液压机可在全行程范围内给出它的名义吨位,用以完成变形工序。机械压力机受其本身传动系统强度的限制,可能给出的滑块力(许用的滑块力)随曲轴的转角位置而变化,只有在接近滑块的下死点位置时,才可能给出名义吨位的滑块力。机械压力机与液压机可能给出的力与行程关系曲线的对比,如图 3.1 所示。表 3.10 为机械压力机与液压机在性能方面的比较。

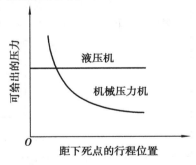

**图 3.1　力与行程的关系曲线**

**表 3.10　机械压力机与液压机的比较**

| 性　能 | 机械压力机 | 液压机 |
|---|---|---|
| 加工速度 | 比液压压力机快 | 很慢 |
| 行程长度 | 不能够太长(600～1 000 mm) | 做成 1 000 mm 以上比较容易 |
| 行程长度的变化 | 一般小型压力机的行程做成不可调的,因为行程长度调节会使机构复杂 | 行程长度变化容易 |
| 行程终端的位置 | 终端位置能够准确地确定 | 就压力机本身来说不能准确确定 |

续表

| 性　能 | 机械压力机 | 液压机 |
|---|---|---|
| 所产生的压力与行程位置的关系 | 离下死点越远,所产生的压力越小 | 公称压力与行程位置没有关系 |
| 加压力的调节 | 一般难于做到,即使做到也不能准确调节 | 容易调节 |
| 保压作用 | 不能 | 能 |
| 锤击作用 | 有一定的锤击作用 | 没有 |
| 过载的可能性 | 会产生,但大中型压力机均有过载保护装置 | 不会产生 |
| 维修的难易 | 较易 | 较为麻烦 |

### 3.4.2　常用冲压设备规格

**(1)压力机型号规格表示方法**

冲压机械的基本型号是由一个汉语拼音字母(以下简称字母)和几个阿拉伯数字(以下简称数字)组成。字母代表冲压机械的大类,称为类别。同一类冲压机械中分为若干列,称为列别,由第一位数字(自左向右)代表。同一列中又分为若干组,由第二位数字代表。在第二位数字之后的数字代表冲压机械的主要规格。第二位数字与规格部分的数字之间以半字线"-"隔开。

在类、列、组和主要规格完全相同,只是次要参数与机型不同的冲压机械,按变形处理,即在原型号的字母后(第一位数字前)加一个字母 A,B,C,…,依次表示第一、第二、第三、……种变型。

对型号已确定的冲压机械,如在结构和性能上有所改进时,按改进处理,即在原型号的末端加一个字母 A,B,C,…,依次表示第一、第二、第三、……次改进。

例如,经第一次变型、第一次改进后的 800 kN 曲柄压力机

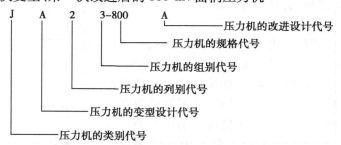

冲压机械共分 8 类,各类分别以一个相应的字母代表,见表 3.11。

**表 3.11　冲压机械类别代号表**

| 序号 | 类别名称 | 汉语简称 | 拼音代号 | 序号 | 类别名称 | 汉语简称 | 拼音代号 |
|---|---|---|---|---|---|---|---|
| 1 | 机械压力机 | 机 | J | 5 | 锻机 | 锻 | D |
| 2 | 液压机 | 液 | Y | 6 | 剪切机 | 切 | Q |
| 3 | 自动锻压机 | 自 | Z | 7 | 弯曲校正机 | 弯 | W |
| 4 | 锤 | 锤 | C | 8 | 其他 | 他 | T |

每一大类分成 10 列,分别以 0,1,2,…,8,9 表示。每列又分成 10 组,也以 0,1,2,…,8,9 表示,如表 3.12 所示。

表 3.12　锻压机械类别、组别划分表

| 类别 | 拼音代号 | 组别代号 | 0 其他 | 1 单柱偏心压力机 | 2 开式双柱曲轴压力机 | 3 闭式曲轴压力机 | 4 拉深压力机 |
|---|---|---|---|---|---|---|---|
| 机械压力机 | J | 0 |  |  |  |  |  |
|  |  | 1 |  | 单柱固定台压力机 | 开式双柱固定台压力机 | 闭式单点压力机 | 闭式单动拉深压力机 |
|  |  | 2 |  | 单柱活动台压力机 | 开式双柱活动台压力机 |  | 开式双动拉深压力机 |
|  |  | 3 |  | 单柱柱形台压力机 | 开式双柱可倾压力机 | 闭式侧滑块压力机 | 闭式双动拉深压力机 |
|  |  | 4 |  | 单柱台式压力机 | 开式双柱转台压力机 |  | 底传动双动拉深压力机 |
|  |  | 5 |  |  | 开式双柱双点压力机 | 闭式双点压力机 | 闭式双点双动拉深压力机 |
|  |  | 6 |  |  |  |  | 闭式双点双动拉深压力机 |
|  |  | 7 |  |  |  |  | 闭式四点双动拉深压力机 |
|  |  | 8 |  |  |  |  | 闭式三动拉深压力机 |
|  |  | 9 |  |  |  | 闭式四点压力机 |  |

| 类别 | 拼音代号 | 组别代号 | 5 摩擦压力机 | 6 粉末制品压力机 | 7 | 8 模锻精压、挤压用压力机 | 9 专用压力机 |
|---|---|---|---|---|---|---|---|
| 机械压力机 | J | 0 |  |  |  |  |  |
|  |  | 1 | 无盘摩擦压力机 | 单面冲压粉末制品压力机 |  |  | 分度台压力机 |
|  |  | 2 | 单盘摩擦压力机 | 双面冲压粉末制品压力机 |  |  | 冲模回转头压力机 |
|  |  | 3 | 双盘摩擦压力机 | 轮转式粉末制品压力机 |  |  | 摩擦式压砖机 |
|  |  | 4 | 三盘摩擦压力机 |  |  | 精压机 |  |
|  |  | 5 | 上移式盘摩擦压力机 |  |  |  |  |
|  |  | 6 |  |  |  | 热模锻压力机 |  |
|  |  | 7 |  |  |  | 曲轴式金属挤压机 |  |
|  |  | 8 |  |  |  | 肘杆式金属挤压机 |  |
|  |  | 9 |  |  |  |  |  |

**（2）常用冲压设备规格**

常用冲压设备规格如表3.13—表3.15所示。

表3.13　闭式单点压力机基本参数

| 公称压力/kN | 公称压力行程/mm | 滑块行程/mm | | 滑块行程次数/mm⁻¹ | | 最大封闭高度/mm | 封闭高度调节量/mm | 导轨间距离/mm | 滑块底面前后尺寸/mm | 工作台板尺寸/mm | |
|---|---|---|---|---|---|---|---|---|---|---|---|
| | | Ⅰ型 | Ⅱ型 | Ⅰ型 | Ⅱ型 | | | | | 左右 | 前后 |
| 1 600 | 13 | 250 | 200 | 20 | 32 | 450 | 200 | 880 | 700 | 800 | 800 |
| 2 000 | 13 | 250 | 200 | 20 | 32 | 450 | 200 | 980 | 800 | 900 | 900 |
| 2 500 | 13 | 315 | 250 | 20 | 28 | 500 | 250 | 1 080 | 900 | 1 000 | 1 000 |
| 3 150 | 13 | 400 | 250 | 16 | 28 | 500 | 250 | 1 200 | 1 020 | 1 120 | 1 120 |
| 4 000 | 13 | 400 | 315 | 16 | 25 | 550 | 250 | 1 330 | 1 150 | 1 250 | 1 250 |
| 5 000 | 13 | 400 | | 12 | | 550 | 250 | 1 480 | 1 300 | 1 400 | 1 400 |
| 6 300 | 13 | 500 | | 12 | | 700 | 315 | 1 580 | 1 400 | 1 500 | 1 500 |
| 8 000 | 13 | 500 | | 10 | | 700 | 315 | 1 680 | 1 500 | 1 600 | 1 600 |
| 10 000 | 13 | 500 | | 10 | | 850 | 400 | 1 680 | 1 500 | 1 600 | 1 600 |
| 12 500 | 13 | 500 | | 8 | | 850 | 400 | 1 880 | 1 700 | 1 800 | 1 800 |
| 16 000 | 13 | 500 | | 8 | | 950 | 400 | 1 880 | 1 700 | 1 800 | 1 800 |
| 20 000 | 13 | 500 | | 8 | | 950 | 400 | 1 880 | 1 700 | 1 800 | 1 800 |

表3.14　开式压力机的基本参数

| 名　称 | | 量　值 | | | | | | | | | | | | | |
|---|---|---|---|---|---|---|---|---|---|---|---|---|---|---|---|
| 公称压力/kN | | 40 | 63 | 100 | 160 | 250 | 400 | 630 | 800 | 1 000 | 1 250 | 1 600 | 2 000 | 2 500 | 3 150 | 4 000 |
| 发生公称压力时下死点位置/mm | | 3 | 3.5 | 4 | 5 | 6 | 7 | 8 | 9 | 10 | 10 | 12 | 12 | 13 | 13 | 15 |
| 滑块行程/mm | | 40 | 50 | 60 | 70 | 80 | 100 | 120 | 130 | 140 | 140 | 160 | 160 | 200 | 200 | 250 |
| 标准行程次数/mm | | 200 | 200 | 160 | 135 | 115 | 100 | 80 | 70 | 60 | 50 | 40 | 40 | 30 | 30 | 25 |
| 最大封闭高度/mm | | 160 | 170 | 180 | 220 | 250 | 300 | 360 | 380 | 400 | 430 | 450 | 450 | 500 | 500 | 550 |
| 封闭高度调节量/mm | | 35 | 40 | 50 | 60 | 70 | 80 | 90 | 100 | 110 | 120 | 130 | 130 | 150 | 150 | 170 |
| 工作台板尺寸/mm | 左右 | 280 | 315 | 360 | 450 | 560 | 630 | 710 | 800 | 900 | 970 | 1 120 | 1 120 | 1 250 | 1 250 | 1 400 |
| | 前后 | 180 | 200 | 240 | 300 | 360 | 420 | 480 | 540 | 600 | 650 | 710 | 710 | 800 | 800 | 900 |

| 名　称 | | 量　值 | | | | | | | | | | | | | | |
|---|---|---|---|---|---|---|---|---|---|---|---|---|---|---|---|---|
| 工作台孔尺寸 /mm | 左右 | 130 | 150 | 180 | 220 | 260 | 300 | 340 | 380 | 420 | 460 | 530 | 530 | 650 | 650 | 700 |
| | 前后 | 60 | 70 | 90 | 110 | 130 | 150 | 180 | 210 | 230 | 250 | 300 | 300 | 350 | 350 | 400 |
| | 直径 | 100 | 110 | 130 | 160 | 180 | 200 | 230 | 260 | 300 | 340 | 400 | 400 | 460 | 460 | 530 |
| 支柱距离（不小于）/mm | | 130 | 150 | 180 | 220 | 260 | 300 | 340 | 380 | 420 | 460 | 530 | 530 | 650 | 650 | 700 |
| 模柄孔尺寸（直径 × 深度）/mm × mm | | $\phi 30 \times 50$ | | | | $\phi 50 \times 70$ | | | | $\phi 60 \times 75$ | | | $\phi 70 \times 80$ | | T 形槽 | |
| 工作台板厚度/mm | | 35 | 40 | 50 | 60 | 70 | 80 | 90 | 100 | 110 | 120 | 130 | 130 | 150 | 150 | 170 |
| 倾斜角（不小于）/(°) | | 30 | 30 | 30 | 30 | 30 | 30 | 30 | 30 | 25 | 25 | 25 | | | | |

**表 3.15　四柱万能液压机**

| 主要技术规格 | 型　号 | | | | | | | |
|---|---|---|---|---|---|---|---|---|
| | Y32-50 | YB32-63 | Y32-100A | Y32-200 | Y32-300 | YA32-315 | Y32-500 | Y32-2000 |
| 公称压力/kN | 500 | 630 | 1 000 | 2 000 | 3 000 | 3 150 | 5 000 | 200 000 |
| 滑块行程/mm | 400 | 400 | 600 | 700 | 800 | 800 | 900 | 1 200 |
| 顶出力/kN | 75 | 95 | 165 | 300 | 300 | 630 | 1 000 | 1 000 |
| 工作台孔尺寸（前后 × 左右 × 距地面高）/(mm × mm × mm) | 490 × 520 × 800 | 490 × 520 × 800 | 600 × 600 × 700 | 760 × 710 × 900 | 1 140 × 1 210 × 700 | 1 160 × 1 260 | 1 400 × 1 400 | 2 400 × 2 000 |
| 工作行程速度/(mm·s$^{-1}$) | 16 | 6 | 20 | 6 | 4.3 | 8 | 10 | 5 |
| 活动横梁至工作台最大距离/mm | 600 | 600 | 850 | 1 100 | 1 240 | 1 250 | 1 500 | 800~2 000 |
| 液体工作压力/(N·mm$^{-1}$) | 2 000 | 2 500 | 2 100 | 2 000 | 2 000 | 2 500 | 2 500 | 2 600 |

### 3.4.3　冲压设备类型的选用

机械压力机的选用主要是确定机械压力机的类型和规格。

**（1）压力机类型的选用**

机械压力机类型的选定依据是冲压的工艺性质、生产批量的大小、冲压件的几何尺寸和精度要求等。现将机械压力机类型选定的一般原则综述如下：

1）按冲压的工艺性质

①中小型冲压件生产中，主要应用开式机械压力机。单柱机械压力机具有方便操作条件，容易安装机械化附属装置，成本低廉；开式机械压力机具有左右方向送料、出料的优点。但是，这类机械压力机刚度差，在冲压变形力的作用下床身的变形会破坏冲模间隙分布，降低模具的寿命或冲裁件的表面质量。

②在大中型冲压件生产中，多用闭式机械压力机。其中，有一般用途的通用压力机，也有台面较小而刚度大的专用挤压压力机、精压机等。在大型拉深件生产中，可选用双动压力机，所用模具结构简单，调整方便。

2）按生产批量、冲压件的几何尺寸和精度要求

大量生产或形状复杂零件的大批量生产，应选用高速压力机或多工位自动压力机；在小批量生产中，尤其在大型厚板冲压件弯曲成形生产中，多采用高速压力机或摩擦压力机。

液压机没有固定行程，不会因为板料厚度变化而超载，在需要很大的施力行程时，与机械压力机相比具有明显的优点。但是，液压机的生产效率低，而且冲压件的尺寸精度有时因操作因素的影响而不十分稳定。摩擦压力机结构简单、造价低廉，不易发生超负荷损坏，常用来完成弯曲等冲压工作。由于摩擦压力机的行程不是固定的，因而在冲压件的校平或校形中，不受板材厚度波动的影响，能保持比较稳定的校形精度。但是，摩擦压力机的行程次数较少，生产效率低，操作不方便。

3）必须充分注意机械压力机的刚度和精度

机械压力机的刚度由床身刚度、传动刚度和导向刚度3部分组成。只有当压力机的刚度足够时，其静态精度（空载时测得的精度）才能在受负荷作用的条件下保持下来，否则，其静态精度也就失去了意义。压力机的刚度直接影响模具的寿命和冲裁件的质量。

薄板零件冲裁应尽量选用精度高而刚度大的机械压力机。

校正弯曲、校平、校形用机械压力机应该具有较大的刚度，以获得较高的冲压件尺寸精度。

值得指出的是，提高机械压力机的结构刚度和传动刚度虽然可以降低由于板材性能的波动、操作因素和前一道工序的不稳定等因素引起的成品零件的尺寸偏差，但是，只有厚度公差较小的高精度板材才适用于精度高而刚度大的机械压力机，否则，板材厚度的波动能够引起冲压变形力的急剧增大，这时，过大的设备刚度反而容易造成模具或设备的超负荷损坏。

**（2）压力机规格的选用**

机械压力机的规格指机械压力机的主参数——公称压力。所选机械压力机的公称压力和功率必须大于冲压作业所需的压力和功率，以避免压力和功率的超载。机械压力机的负载包括压力负载和功率负载。机械压力机的压力负载主要受机械压力机曲轴和齿轮传动系统强度的限制，而功率负载则受飞轮的动能、电动机功率和允许的超载限度等因素的限制。因而为了正确选择机械压力机，首先应弄清机械压力机的超载问题。

1）机械压力机的超载问题简述

机械压力机的超载有强度超载（冲压工序抗力超过机械压力机允许压力而发生的超载）、

动力超载(曲轴上输入的扭矩不足以克服抗力所产生的扭矩而发生的超载)和平均功率超载(机械压力机滑块一次往复行程所需的平均功率超过电动机的额定功率而发生的超载)之分。

强度超载一般是在滑块离下止点很近的时候发生的,出现强度超载会损坏机械压力机的主要零件(如使曲轴变形、床身破裂等)。因此,机械压力机上一般都有压力超载保险装置。

动力超载在整个滑块行程中都可能发生,出现动力超载将使飞轮转速降低,严重时会导致电动机被烧毁。有的机械压力机设置了动力超载保险装置。

平均功率超载的后果是使电动机持续减速,轻则缩短电动机的使用年限,重则烧坏电动机。

2)机械压力机压力和功率的选定

机械压力机压力和功率的选择,实质上是为了使机械压力机在加工过程中不发生超载问题。

机械压力机说明书上通常都有如图3.2所示的压力-行程曲线。选择机械压力机时,必须保证工序抗力不超过曲线中的 ABC 线,这样才能避免发生强度超载和动力超载,一般情况下也不至于发生平均功率超载,但在有些施力行程较长的作业中也有可能发生平均功率超载。

在图3.2中,曲线 ABC 是机械压力机的许用压力-行程曲线;抗力曲线是变形力-行程的关系曲线。由图3.2(a)、图3.2(b)可知,在进行冲裁、弯曲加工时,所选机械压力机完全可以保证在全部行程里工序抗力都低于机械压力机的许用压力,故是合理的。而从图3.2(c)可见,虽然所选机械压力机的公称压力 $F_{max}$ 等于或大于拉深变形所需的最大力,但在全部行程中,许用压力-行程曲线 ABC 不能全部遮盖工序抗力-行程曲线。因而在这种情况下应选公称压力更大的机械压力机才合理。

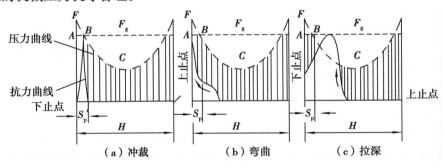

图3.2　压力-行程曲线

应该指出,由于准确绘制工序抗力-行程曲线的工作较复杂,因而在实际生产中,通常是以变形力的计算结果和实际经验为依据来选择机械压力机的。假定 $F_{max}$ 为冲压加工时作用于滑块上力的总和,包括冲压变形力、推件力、卸料力、弹簧压缩力、气垫压缩力等。在进行冲裁或弯曲加工时,由于其施力行程较小,一般可按 $F_{max}$ 选取机械压力机吨位;当考虑众多波动因素时,可按比 $F_{max}$ 大 10% ~20% 选取机械压力机吨位;为了保证冲压件尺寸精度、提高模具寿命也可按 $2F_{max}$ 选取机械压力机吨位。在进行拉深等冲压加工或采用复合模成形时,由于施力行程较大,这时不能单纯地按 $F_{max}$ 选用机械压力机,而应该以在机械压力机全部行程中工序变形力都不超过机械压力机允许压力曲线的范围为条件进行选择。如图3.2(c)所示已超载。

3)按冲压零件和模具尺寸选定机械压力机规格

选定机械压力机类型和规格后,还应进一步根据冲压零件和模具的尺寸来复核所选机械压力机是否合理。这时主要应考虑以下几点:

①机械压力机应有足够的行程,以保证毛坯能放进和工件在高度上能获得所需的尺寸,并使工件能方便地从模具中取出来。如拉深工序,要求滑块行程大于工序中零件高度的2倍以上。

②压力机的台面尺寸应大于冲模的平面尺寸,要留有模具固定安装的余地,压力机工作台尺寸最小应大于冲模相应尺寸 50～70 mm。但在过大的工作台面上安装小尺寸的冲模时,工作台的受力将会不利。

③压力机的闭合高度应与冲模的闭合高度相适应,即满足冲模的闭合高度介于压力机的最大闭合高度和最小闭合高度之间的要求。此外,压力机装模柄的孔尺寸也应与冲模的模柄尺寸适应。

除上述因素外,还要考虑机械压力机工作台或垫板上漏料孔的尺寸以及缓冲器的位置和尺寸是否满足冲模的要求。

### 3.4.4　模具在冲压设备上的安装与拆卸

**(1)安装冲模前的准备工作**

安装冲模前,应做好以下准备工作:

①看清冲压工艺过程卡及工序图,明确加工任务及工艺要求。

②熟悉所用模具的种类、结构、使用特点,并检查模具是否合格。

③确认压力机,掌握所使用压力机的结构特点及性能,并进行各项日常的保养检查工作,清理工作台面,准备好模具安装工具。

**(2)冲模的安装与调整**

冲模的安装方法主要有两种:一种是上、下模同时装到工作台面上,用于带有导向装置的模具;另一种是先安装上模,后安装下模。

冲模安装与调整的一般步骤如下:

①切断总电源开关。

②卸下打料横杆。如不卸下来,应将挡头螺钉拧到最上位置,如图3.3(a)所示。

③将滑块下降到下止点,如图3.3(b)所示。对刚性离合器的压力机,用手工扳动飞轮转动,将滑块降到下止点。确认下止点时,应尽量看着刻度定位。对摩擦离合器的压力机,将运转选择开关置"点动"挡,接通总电源开关,按下主电动机启动按钮,点动运转,看着曲柄角度指针,将滑块降到下止点,切断电源。

④调节压力机的装模高度,使其略大于模具的闭合高度,如图3.3(c)所示。如模具使用垫板、安全销等,应将相应的高度值计入模具高度中。

⑤卸下模具夹持块(小型压力机),如图3.3(d)所示。

⑥如使用拉深垫,将选定长度的顶杆放入需要的顶杆孔内(大型压力机)。

⑦将模具放到工作台上,使模柄进入滑块的模柄孔内。先安装上模时,可用垫铁或木块先将上模垫起放到工作台上,如图3.3(e)所示。上、下模同时安装时,上、下模之间也要用垫铁或木块垫起,如图3.3(f)所示。

⑧插入模具夹持块,如图3.3(e)所示。

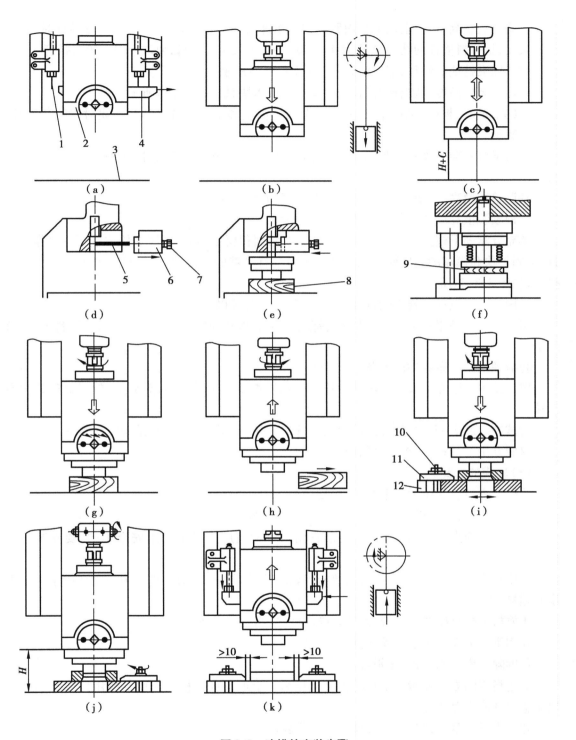

**图 3.3　冲模的安装步骤**

1—挡头螺栓;2—滑块;3—工作台板;4—打料横杆;5—夹持块锁紧螺栓;6—模具夹持块;
7—模柄锁紧螺钉;8,9—木块;10—紧固螺栓;11—紧固压板;12—紧固垫块

⑨调节装模高度,使上模上平面紧贴滑块底平面,如图3.3(g)所示。如有推杆时,要注意其长度,从打料横杆的孔中窥视,太短了看不见,太长了也不行,要取下模具更换推杆。

⑩紧固夹持块的螺母,把模柄夹紧,如图3.3(g)所示。

⑪调节装模高度,适当抬升滑块,拿掉垫铁或木块,如图3.3(h)所示。

⑫(先安装上模时)放好下模,仔细调节装模高度和下模位置,使上、下模对中闭合,如图3.3(i)所示。

⑬将下模轻轻紧固在工作台上,紧固的位置应考虑送料方便和操作安全,如图3.3(i)所示。

⑭调整装模高度,使上、下模闭合高度适当,如图3.3(j)所示。

⑮锁紧装模高度调节装置,如图3.3(j)所示。

⑯充分紧固下模具。紧固压板与模座的接触面积要足够大,紧固螺栓位置要尽量靠近模具,紧固垫块和模座的高度要一致。紧固压板要有足够的厚度,紧固螺栓不要太长以免影响操作,如图3.3(j)所示。

⑰用手动或点动正转飞轮,使滑块上升到上止点,如图3.3(k)所示。

⑱(需要时)安装打料横杆,将挡头螺钉旋转下移并固定在正确的位置上,如图3.3(k)所示。

⑲清理模具。做好冲压准备。

⑳空试车。用点动或手动旋转一周。认真检查压力机、模具有无异常,然后进行数次空运转。

㉑试冲。冲2~3件正式冲件,检验质量是否符合要求,确认废料是否准确落下。

㉒做好生产准备,检查安全措施。

**(3)冲模的拆卸**

冲模用完后要从压力机上卸下,其步骤如下:

①清理模具,检查模具,上油,为下次生产做准备。

②用手动或点动将滑块下降、使模具闭合。大型压力机中使用安全销的,要先装好安全销。

③放松模具夹紧块的固定螺钉,放松夹紧块的紧固螺母。对大型压力机则要拆下固定上模的螺栓、压板等。

④放松装模高度调节装置,调节装模高度,适当抬高滑块。

⑤用手工扳动飞轮或点动,使滑块上升到上止点。

⑥拆除下模紧固螺栓、压板等。

⑦用指定的方法和搬运工具将模具从压力机上取下放入模具库内。使用拉深垫的要将拉深垫顶杆取出存放好。

⑧将模具夹紧块锁紧。将装模高度调节装置锁紧。

⑨清理压力机及工作场地。

## 3.5　冲压及模具成本分析

在冷冲压工艺和模具设计中,常常要提到冲压成本问题,即经济性。所谓经济性,就是以最小的消耗取得最大的经济效果。在冲压生产中,既要保证产品质量,完成所需的产品数量,又要降低模具的制造费用,这样才能使整个冷冲压的成本得到降低。

在模具设计中主要考虑的问题是如何降低模具的制造成本。因为产品的成本不仅与材料费(包括原材料费、外购件费)、加工费(包括工人工资、能源消耗、设备折旧费、车间经费等)有关,而且与模具费有关。一副模具少则几万,多则上百万。因此,必须采取有效措施降低制造成本。

**(1)小批生产中的成本问题**

试制和小批量冲压生产中,降低模具费是降低成本的有效措施。除制件质量要求严格,必须采用价高的正规模具外,一般采用工序分散的工艺方案。选择结构简单、制造快且价格低廉的简易模具,用焊接、机械加工及钣金等方法制成,这样可降低成本。

**(2)工艺合理化**

冲压生产中,工艺合理是降低成本的有力手段。由于工艺的合理化能降低模具费,节约加工工时,降低材料费,故必然降低零件总成本。

在制订工艺时,工序的分散与集中是比较复杂的问题。它取决于零件的批量、结构(形状)、质量要求、工艺特点等。一般情况下,大批量生产时应尽量把工序集中起来,采用复合模或级进模冲压,很小的零件,采用复合或连续冲压加工,既能提高生产率,又能安全生产。而小批量生产时,则以采用单工序模分散冲压为宜。

根据实践经验,集中到一副模具上的工序数量不宜太多,对于复合模,一般为 2~3 个工序,最多 4 个工序,对于级进模,集中的工序可以多些。

**(3)多个工件同时成形**

产量较大时,采用多件同时冲压,可使模具费、材料费和加工费降低,同时有利于成形表面所受拉力均匀化。

**(4)冲压过程的自动化及高速化**

从安全和降低成本两方面来看,自动化生产将成为冲压加工的发展方向,今后不仅大批量生产中采用自动化,在小批量生产中也可采用自动化。在大批量生产中采用自动化时,虽然模具费用较高,但生产率高,产量大,分摊到每个工件上的模具折旧费和加工费比单件小批量生产时要低。从生产安全性考虑,在小批量多品种生产中采用自动化也是可取的,但自动化的经济性问题亟待研究。

**(5)提高材料利用率、降低材料费**

在冲压生产中,工件的原材料费占制造成本的 60% 左右,故节约原材料,利用废料具有非常重要的意义。提高材料利用率是降低冲压件制造成本的重要措施之一。特别是材料单价高的工件,此点尤为重要。

降低材料费的方法如下:

①在满足零件强度和使用要求的情况下,减小材料厚度。

②降低材料单价。

③改进毛坯形状,合理排样。

④减少搭边,采用少废料或无废料排样。

⑤由单列排样改为多列排样。

⑥多件同时成形,成形后再切开。

⑦组合排样。

⑧利用废料。

**(6)节约模具费**

模具费在工件制造成本中占有一定比例。对于小批量生产,采用简易模具,因其结构简单、制造快速、价廉,故能降低模具费,从而降低工件制造成本。

在大批量生产中,应尽可能采用高效率、长寿命的级进冲模及硬质合金冲模。硬质合金冲模的刃模寿命和总寿命比钢模具大得多。总寿命为钢模具的 20～40 倍,而模具制造费用仅为钢模具的 2～4 倍。

而对中批量生产,首先应尽量使冲模标准化,大力发展冲模标准件的品种,推广冲模典型结构,最大限度地缩短冲模设计与制造周期。

# 3.6　冲压工艺和模具设计中的安全措施

冲压生产具有效率高、质量好和成本低的优点。但是由于冲压生产所采用的设备通常是曲柄压力机,滑块行程次数高,操作频繁,动作单一重复,加之噪声和振动的影响,使操作工人极易疲劳,造成精力分散,稍不慎便会造成残、伤事故。因此,冲压生产中防止发生人身、设备和模具损坏事故一直是冲压技术人员研究的课题。

由于涉及冲压安全的因素很多,因此将在第 11 章中对冲压过程中的安全问题进行了专门详细的探讨,在此仅着重讨论冲压模具设计时应该考虑的安全措施。

### 3.6.1　冲压生产中发生事故的原因及预防措施

冲压生产发生事故的原因很多,大体归纳起来主要有操作者、模具、设备及车间环境等方面的原因。

**(1)操作者的原因**

操作者对冲压设备的性能和结构缺乏了解,操作时疏忽大意或违反操作规程。为防止发生上述现象,一方面应对操作工人加强安全意识和操作规程的教育,另一方面应加强安全生产管理。此外操作工人应了解所使用设备的结构性能,做到正确使用和保养设备。

**(2)模具的原因**

模具结构设计不合理或模具制造不符合要求,模具安装调整不当。针对这些因素,设计模具时应严格按照国家标准设计、制造和验收,模具安装调整时应仔细正确,使用中随时检查并调整模具。

**(3)设备的原因**

冲压压力机状态不良,使用中造成动作误差或压力机结构性能老化,动作不可靠。为防止发生安全事故,应加强设备的保养和维修,使设备处于良好的技术状态。此外,还应加强设备的改造换代,先进的设备配以先进的模具是防止发生事故的重要措施之一。

**(4) 车间环境的原因**

车间的作业环境噪声太大,环境温度过高以及车间照明设施不好都会造成操作工人疲劳、精力不集中而发生安全事故。为保证操作者有良好的工作环境,车间的噪声、环境温度及工位器具的摆放和照明均应符合国家有关规定。

### 3.6.2　冲压模具设计时应该考虑的安全措施

为防止发生冷冲压安全事故,除在冲压车间需要配制必要的安全设施外(内容详见第 11章),这里着重介绍冲模设计方面必须考虑的常见安全措施。

**(1) 冲压模具安全化措施**

1) 常用标准冲模

常用标准冲模一般必须按 GB/T 2851—1990,GB/T 2852—1990,GB/T 2855—1990,GB/T 2856—1990,GB/T 2861—1990 及 JB/T 7642—1994—JB/T 8069—1995 等冲压模具标准制造。冲模零件的材料和热处理规范必须符合设计规定的要求。新冲模验收必须在有安全技术部门参加,经调试验收合格后使用。

2) 模具结构设计

模具结构设计,必须采取使用中能确保操作者人身安全和设备安全的措施。

①除使用模柄安装的模具外,模具在压力机上安装时,其上模板不允许用压板螺栓压紧固定,必须直接用螺栓、螺母固定于压力机滑块上。因此,上模板设计时应留有安装螺栓的槽孔尺寸。

②使用封闭式顶件器的冲裁模,在模具闭合时,顶件器上部应有 2 倍于料厚的空隙,但最小不得小于 5 mm,如图 3.4 所示。

③固定导板式冲模中,为避免压手的危险,在导板(或卸料板)与凸模固定板之间,应保持有 15 ~ 20 mm 的间隙,如图 3.5 所示。

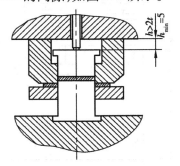
图 3.4　封闭式顶件器的冲裁模

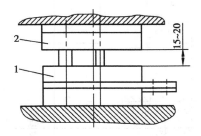
图 3.5　固定导板式冲模
1—导板(卸料板);2—凸模固定板

④安装在压力机上的模具,其下模板上平面到上模板下平面或压力机滑块底平面之间的距离不得小于 50 mm,如图 3.6 所示。

⑤废料切刀的设备应尽可能远离操作区。

⑥所有模具零件的非工作部分有凸出尖角处均应倒角,特别是上模外侧面棱角处。

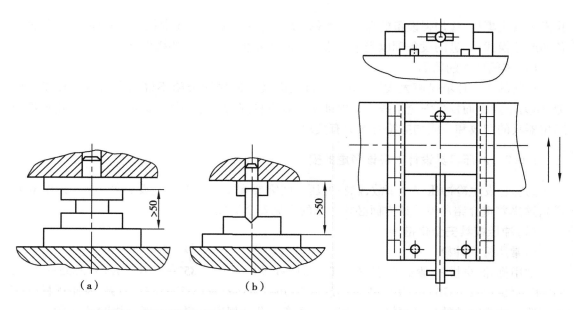

图 3.6　模具安装在压力机上　　　　图 3.7　可抽出式凹模

⑦条件允许时,将凹模做成可抽出式,可防止操作者在危险区域中装卸工件,如图 3.7 所示。

⑧导向元件的配置应离操作者远些。导柱一般应设在下模,否则应加保护罩,不仅可防止操作者的手进入危险区,还可防止冲压件、毛坯或废料误入导向部分。

⑨25 kg 以上的模具零件都应有起重孔(或螺孔),同一套模具上的起重孔孔径应一致。大型模具上的吊柱是与模具零件同时铸出的,吊柱或起重臂应设置在模具(或零件)长度方向的两端,这样便于模具翻转,在压力机上装卸模具也方便。

⑩如图 3.8 所示介绍了常用的冲模结构的安全措施。

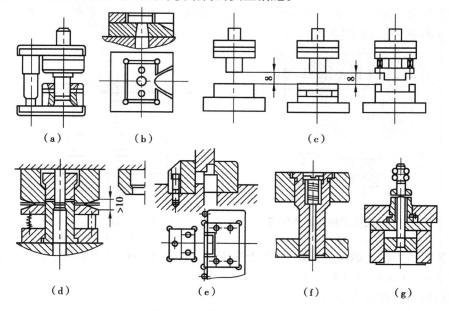

图 3.8　冲模结构的安全要求

图 3.8 中所示的安全措施主要是为了减少危险因素,减少操作者的手进入危险区的可能性。

图 3.8(a)表示,凡与冲压工序无关的模具零件角部都应倒角或有一定的铸造圆角。

图 3.8(b)表示,当手工放置工序件时,定位板和凹模应加工出工具让位槽。

图 3.8(c)表示,当冲裁模具的上模位于压力机滑块上死点时,应使凸模(或弹压卸料板)与下模上平面之间的空隙小于 8 mm,否则最好加上防护罩。

图 3.8(d)表示,卸料板与凹模要加工出斜面以扩大安全区。

图 3.8(e)表示,单面冲裁或弯曲时,应将侧面挡块安置在模具的后面或侧面。

图 3.8(f)表示,薄料冲裁时在凸模上设置顶料销,防止薄板黏附在凸模端面上而损坏刃口。

图 3.8(g)表示,为避免在冲压过程中因零件松动脱落引发事故,应设置防松装置,如防松螺母、防转销等。

3)在模具上设置高度限位支承和安装块

①无弹压卸料板的冲裁模应有高度限位支承。

②有弹压卸料板,但上模质量超出弹簧或橡胶的弹压力。大型模具多属此情况。

③大型模具闭合时,上下模间无刚性接触面,为保证叠放时不损伤模具零件,应设置限制器。

④为了限制模具闭合高度的调节量而设置高度限位支承。

如图 3.9 所示为安置在导柱上的限位套和安装块结构形式。大型模具设置安装块,不仅能使模具的安装、调整方便、安全,而且在模具存放期间,不会因上模倾斜而碰伤刃口和型面。设置限位套则可限制冲压工作行程,控制凸模进入凹模刃口的深度,减少磨损和损坏。

4)冲模的安全保护装置

①设置防护板和防护罩。为防止操作时手指误入冲模危险区,可在模具周围安装安全板或安全围杆。

如图 3.10 所示为敞开式活动压料板的模具,设置防护板。

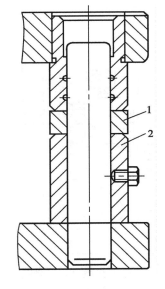

图 3.9 冲模设置安装块和限位支承

1—安装块;2—限位套

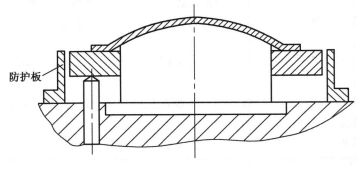

图 3.10 加防护板的敞开式模具

如图3.11(a)所示为冲模工作区防护板结构形式,如图3.11(b)所示为冲模运动部分防护罩的设置形式。

②为避免操作者的手进入冲模危险区,半成品上料可采用如图3.12所示的结构形式。

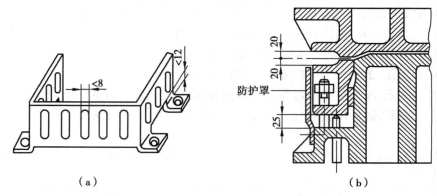

（a）　　　　　　　　　　　　　　　（b）

图3.11　防护板和防护罩

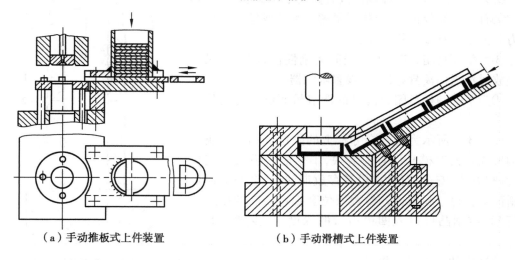

（a）手动推板式上件装置　　　　　（b）手动滑槽式上件装置

图3.12　冲模工作区之外的手工上件装置

**(2)冲压模具的起吊结构形式**

大、中型冲模,应设有起吊用钩。吊钩应能承受上、下模的总重。为便于模具组装、搬运和维修时翻转,上、下模都应设有吊钩。原则上一个模具上、下模分别配置4个吊钩,在模具上、下模座长边部分两侧配置,其间隔为长边长度的60%。常用吊钩结构形式如图3.13所示。

如图3.13(a)所示为整体铸造结构,吊钩和模具本体同时铸出。它适用于大型铸造结构的模具。

如图3.13(b)所示为螺钉吊钩,可用于中型的铸造结构和钢板焊接结构的模具。吊钩可用普通碳钢加工或锻造成形后经调质使用。

如图3.13(c)所示为焊接吊钩形式,用于中小型钢板焊接结构的模具。吊钩用普通碳钢加工,调质后用螺钉紧固并焊接。

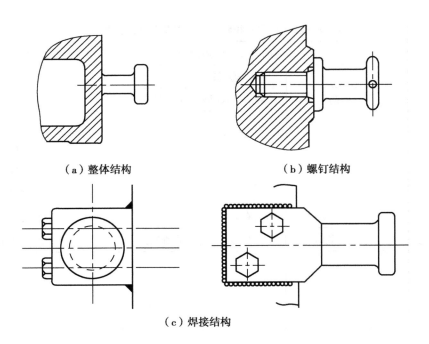

（a）整体结构　　　　　　　　（b）螺钉结构

（c）焊接结构

**图 3.13　吊钩结构形式**

对大型模具,只在上、下模安装吊钩是不够的,在凸、凹模等零件上加工螺纹孔,需用时用吊环螺钉来起吊、翻转,如图 3.14 所示。

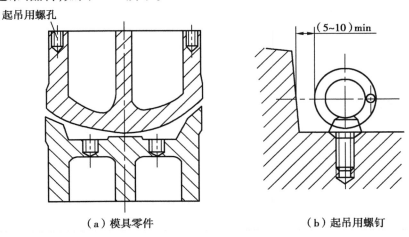

（a）模具零件　　　　　　　　（b）起吊用螺钉

**图 3.14　模具零件起吊用钩**

**（3）冲压模具技术安全状态**

冲压模具制造完毕之后,冲模技术安全状态必须按照《安全色》(GB 2893—2001)第 2.1 条和第 4.2 条有关规定,在上下模板正面和后面应涂以安全色,以示区别。安全模具为绿色,一般模具为黄色,必须使用手动送料的模具为蓝色,危险模具为红色,否则模具不得验收使用。

冲压模具涂色的含义和防护措施以及允许的行程操作规范如表 3.16 所示。

表 3.16　冲模涂色、含义和防护措施以及允许的行程操作规范

| 涂色标志 | 相应的含义和防护措施 | 允许的行程操作规范 |
|---|---|---|
| 绿色 | 安全状态 | 连续行程 |
| | 有防护装置或双手无进入操作危险区的可能 | 单次行程 |
| 蓝色 | 指令,必须采用手动工具 | 连续行程 |
| | | 单次行程 |
| 黄色和绿色 | 注意,有防护装置 | 连续行程 |
| | | 单次行程 |
| 黄色 | 警告,有防护装置 | 单次行程 |
| 红色 | 危险,无防护装置且不能使用手动工具 | 禁止使用 |

# 第**4**章
# 冲裁工艺与冲裁模具设计

## 4.1 冲裁变形过程分析

### 4.1.1 冲裁件断面特征及其形成过程

**(1) 冲裁件断面特征**

冲裁件理想的断面是断面平直、表面光洁、边缘整齐。但实际的剪切断面质量达不到这种要求。观察实际冲裁件的剪切断面可以发现,其形状如图 4.1 所示,整个断面可以明显地分为 4 个特征区。

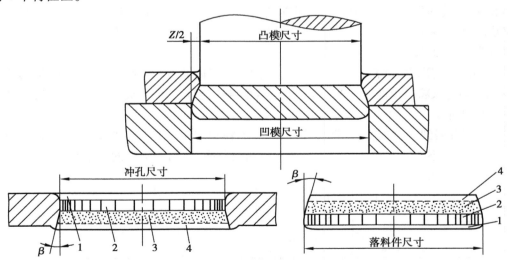

**图 4.1　冲裁件剪切断面特征**
1—圆角带;2—光亮带;3—断裂带;4—毛刺

①圆角带(塌角)。出现在板料上不与凸模或凹模接触的自由面一侧,板材塑性越好,冲裁间隙越大,则塌角也越大。

②光亮带。与塌角相邻,光亮带垂直于底面,平整光洁,其高度范围占板料总厚度的 $\frac{1}{3}$ ~ $\frac{1}{2}$。板材塑性越好,冲裁间隙越小,则光亮带的高度范围越大。

③断裂带。与光亮带相邻,断裂带表面粗糙,并带有 4°~6°(即图 4.1 中的 β 角)的斜角。冲裁间隙越大,则断裂带的范围也越大,且斜角也越大。

④毛刺。落料件的毛刺出现在凸模刃口附近。冲孔件的毛刺出现在凹模刃口附近,若冲裁间隙合适且模具刃口锋利,则毛刺较短;若冲裁间隙过大或过小,且模具刃口已磨钝,则毛刺较长。

由上述可知,实际冲裁件的断面并不整齐,仅光亮带一小段为比较平直的圆柱面,一般就以该圆柱面直径代表落料件的外径或冲孔件的孔径。若不计弹性变形的影响,可以近似地认为

$$落料尺寸 = 凹模尺寸$$
$$冲孔尺寸 = 凸模尺寸$$

这一关系式是计算凸模和凹模尺寸的主要依据。

**(2)特征区的形成过程**

冲裁过程是在瞬间完成的。如果研究冲裁过程的高速摄像记录可以看出,整个冲裁过程大致可分为 3 个阶段。

1)翘曲变形阶段

当凸模接触板料后,凸、凹模作用在板料上的力逐渐分别向各自的刃口附近集中。由于这两个力之间相距一个冲裁间隙,故沿刃口轮廓除剪力外,还有一个力矩存在,它使凸模下面的材料发生弯曲,使凹模上面的材料向上翘起,如图 4.2(a)所示。间隙越大,则弯曲和上翘越严重(如果此时停止变形,板料已不可能恢复到原来的平直状态,可见这个阶段已经开始塑性变形)。如果采用弹性卸料及弹性顶件装置,这种翘曲变形可以大为减少。

2)剪切变形阶段

凸模继续下压,凸、凹模刃口切入板料,使冲裁间隙内的材料产生塑性剪切滑移,形成一段光亮带,同时它又将自由面上靠近刃口的材料向间隙中拖带,因而形成塌角,如图 4.2(b)所示。

3)断裂阶段

光亮带发展到一定程度后,就会分别在凸、凹模刃口附近产生斜向裂纹。随着凸模的继续下压,裂纹将不断向材料内部延伸。若冲裁间隙合适,则相向延伸的两个裂纹正好会合,材料完全分离,如图 4.2(c)所示。

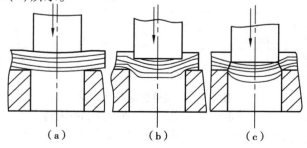

(a)　　　　　　(b)　　　　　　(c)

**图 4.2　冲裁时板料的变形过程**

4）毛刺的生成

凸、凹模刃口在长期使用过程中不断钝化，不但对材料切入处产生应力集中的效应明显减弱，而且使该处的静水压力明显提高，因而提高了材料的塑性，不容易开裂。于是，裂纹产生的位置并非正对着刃口，而是在静水压力较小、塑性较差、相对容易产生裂纹的离刃口不远的侧面上，如图4.3所示，而这就是出现毛刺的根本原因。由此可知，毛刺在开始发生裂纹时就已经生成，在裂纹扩展过程中，已形成的毛刺也不断被拉长，最后残留在冲裁件上。

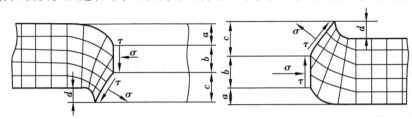

图4.3　毛刺的生成机理

### 4.1.2　冲裁件断面质量及其影响因素

冲裁间隙对断面质量有决定性影响。若冲裁间隙合理，则分别由凸模和凹模刃口处出发的裂纹将会重合，冲裁件断面上的塌角也微小，并能获得正常的既光亮又与板平面垂直的光亮带，其断裂带虽然粗糙但比较平坦，斜度也不大，毛刺也不明显。虽然这样的断面质量也不尽如人意，但从冲裁的变形机理分析，这样的断面质量已属正常。

当间隙过大或过小时，就会使上、下裂纹不能重合。

如间隙过大，如图4.4（a）所示，凸模产生的裂纹相对于凹模产生的裂纹将向里移动一个距离。剪切断面塌角加大，光亮带的高度缩短，断裂带的高度增加，锥度也加大并有明显的拉长毛刺，冲裁件可能产生穹弯现象。

如间隙过小，如图4.4（b）所示，凸模产生的裂纹将向外移动一个距离。上、下裂纹不重合，产生第二次剪切，从而在剪切面上形成了略带倒锥的第二个光亮带。在第二个光亮带下面存在着潜伏的裂纹。由于间隙过小，板料与模具的挤压作用加大，在最后被分离时，冲裁件上有较尖锐的挤出毛刺。

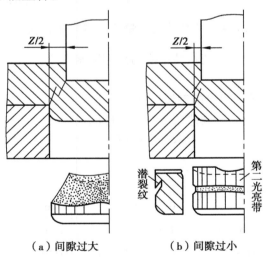

（a）间隙过大　　　　（b）间隙过小

图4.4　间隙对断面质量的影响

由上可知，观察与分析断面质量是判断冲裁过程是否合理、冲模的工作情况是否正常的主要手段。

### 4.1.3　冲裁件的毛刺及其影响因素

由毛刺生成机理可知，冲裁件产生微小的毛刺是不可避免的。若产品不允许有微小毛刺,则在冲裁后应增加一道去除毛刺的辅助工序。正常冲裁中允许的毛刺高度如表4.1所示。

表4.1　毛刺的允许高度/mm

| 料　厚 | 生产时 | 试模时 |
|---|---|---|
| <0.3 | ≤0.05 | ≤0.015 |
| 0.5 ~ 0.1 | ≤0.10 | ≤0.03 |
| 1.5 ~ 1.2 | ≤0.15 | ≤0.05 |

如前所述,凸模和凹模刃口磨钝是冲裁件产生毛刺的根本原因,如图4.5所示。当凸模刃口磨钝时,则会在落料件上端产生毛刺(见图4.5(a));当凹模刃口磨钝时,则会在冲孔件的孔口下端产生毛刺(见图4.5(b));当凸模和凹模刃口同时磨钝时,则冲裁件上、下端都会产生毛刺。

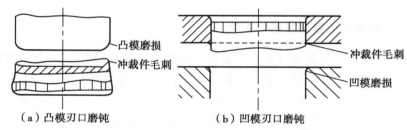

（a）凸模刃口磨钝　　　　（b）凹模刃口磨钝

图4.5　凸模和凹模刃口磨钝时毛刺的形成情况

### 4.1.4　冲裁件尺寸精度及其影响因素

冲裁件的尺寸精度与许多因素有关,如模具的制造精度、材料性质、冲裁间隙及冲裁件的形状等。

**（1）模具的制造精度**

模具的制造精度对冲裁件的尺寸精度有直接影响。模具的精度越高,冲裁件的精度也越高。如表4.2所示为当冲模具有合理间隙与锋利刃口时,其制造精度与冲裁件精度的关系。

表4.2　冲裁件的精度

| 冲模制造精度 | 材料厚度/mm | | | | | | | | | | |
|---|---|---|---|---|---|---|---|---|---|---|---|
| | 0.5 | 0.8 | 1.0 | 1.6 | 2 | 3 | 4 | 5 | 6 | 8 | 10 | 12 |
| IT6—IT7 | IT8 | IT8 | IT9 | IT10 | IT10 | | | | | | | |
| IT7—IT8 | | IT9 | IT10 | IT10 | IT12 | IT12 | IT12 | | | | | |
| IT9 | | | IT12 | IT12 | IT12 | IT12 | IT12 | IT12 | IT14 | IT14 | IT14 | IT14 |

**（2）材料性质**

由于冲裁力引起的材料的总变形中包含一定的弹性变形,当材料分离,应力卸除后冲裁件会产生"回弹"现象,导致冲裁件的尺寸与凸模和凹模尺寸不符,从而影响其精度。

材料的性质对该材料在冲裁过程中的弹性变形量有很大的影响。对于比较软的材料,弹性变形量较小,冲裁后的回弹值也少,因而零件精度较高。而硬的材料,情况正好与此相反。

**(3)冲裁间隙**

冲裁间隙对于冲裁件精度也有很大的影响。当间隙适当时,在冲裁过程中,板料的变形区在比较纯的剪切作用下被分离,冲裁后的回弹较小,冲裁件相对于凸模和凹模尺寸的偏差也较小。

如间隙过大,在冲裁过程中剪切断面上除受剪切外还产生较大的拉应力。冲裁后拉应力释放,由于回弹作用,将使冲裁件的尺寸向实体方向收缩。于是落料件的尺寸将会小于凹模尺寸,冲孔件的尺寸将会大于凸模尺寸。

如间隙过小,则在冲裁过程中剪切断面上除受剪切外会受到较大的压应力。冲裁后压应力释放,由于回弹作用,将使冲裁件的尺寸向实体的反方向胀大。于是落料件的尺寸将会大于凹模尺寸,冲孔件的尺寸将会小于凸模尺寸。

**(4)冲裁件的形状**

冲裁件的形状越简单其精度越高。一般情况下,冲裁件越小,料越薄,则其精度也愈高。

综上所述,用普通冲裁方法所能得到的冲裁件,其尺寸精度与断面质量都不太高。金属冲裁件所能达到的经济精度一般为 IT14—IT10 级;要求高的可达到 IT10—IT8 级。厚料比薄料的精度更低。若要进一步提高冲裁件的质量,则要在普通冲裁后加一道整修工序,或采用精密冲裁方法。

# 4.2　冲裁工艺设计

## 4.2.1　零件的冲裁工艺性分析

冲裁件的工艺性是指零件对冲裁工艺的适应性,即确定该零件是否适合进行冲裁加工以及冲裁加工的难易程度。良好的冲裁工艺性是指在满足冲裁件使用要求的前提下,能以最简单、最经济的冲裁方式加工出来。因此,在编制冲压工艺规程和设计模具之前,应从工艺角度分析冲件设计得是否合理,是否符合冲裁的工艺要求。

冲裁件的工艺性主要包括冲裁件的批量和材料、结构与尺寸、精度与断面粗糙度 3 个方面。

**(1)冲裁件的批量和材料**

批量也称生产纲领,就是产品的年生产量,它直接决定所采用的工艺方案、设备配置等,对投资、成本、产品技术要求和质量都有较大影响。冲压件必须要达到一定的生产批量,冲压工艺才具有其技术优势。原则上,冲压件的批量越大其优势越明显,即冲压工艺性越好。

冲裁件所用的材料,不仅要满足其产品使用性能的技术要求,还应满足冲裁工艺对材料的基本要求。冲裁工艺对冲压材料的基本要求已在第 3 章 3.2 节中介绍。此外,材料的品种与厚度还应尽量采用国家标准,同时尽可能采取"廉价代贵重,薄料代厚料,黑色代有色"等措施,以降低冲裁件的成本。

**(2)冲裁件的结构与尺寸**

①冲裁件的形状应力求简单、规则,有利于材料的合理利用,以便节约材料,减少工序数

目,提高模具寿命,降低冲件成本。

②冲裁件的内、外形转角处要尽量避免尖角,应以圆弧过渡,以便于模具加工。减少热处理开裂,减少冲裁时尖角处的崩刃和过快磨损。冲裁件的最小圆角半径可参照表4.3选取。

表4.3 冲裁件最小圆角半径

| 冲件种类 | | 最小圆角半径 | | | |
|---|---|---|---|---|---|
| | | 黄铜、铝 | 合金钢 | 软钢 | 备注 |
| 落料 | 交角≥90° | 0.18$t$ | 0.35$t$ | 0.25$t$ | ≥0.25 |
| | 交角<90° | 0.35$t$ | 0.70$t$ | 0.50$t$ | ≥0.50 |
| 冲孔 | 交角≥90° | 0.20$t$ | 0.45$t$ | 0.30$t$ | ≥0.30 |
| | 交角<90° | 0.40$t$ | 0.90$t$ | 0.60$t$ | ≥0.60 |

注:$t$为料厚。

③尽量避免冲裁件上过于窄长的凸出悬臂和凹槽,否则会降低模具寿命和冲裁件质量。如图4.6所示,一般情况下,悬臂和凹槽的宽度$B≥1.5t$($t$为料厚,当料厚$t<1$时,按$t=1$ mm时计算);当冲件材料为黄铜、铝、软钢时,$B≥1.2t$;当冲件材料为高碳钢时,$B≥2t$。悬臂和凹槽的深度$L≤5B$。

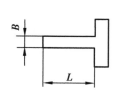 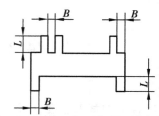

图4.6 冲裁件的悬臂和凹槽

④冲孔时,因受凸模强度的限制,孔的尺寸不应太小。冲孔的最小尺寸取决于材料性能、凸模强度和模具结构等。用无导向凸模和带护套凸模所能冲制的孔的最小尺寸可分别参考表4.4、表4.5。

表4.4 无导向凸模冲孔的最小尺寸

| 冲件材料 | 圆形孔（直径$d$） | 方形孔（孔宽$b$） | 矩形孔（孔宽$b$） | 长圆形孔（孔宽$b$） |
|---|---|---|---|---|
| 钢 $\tau_b>700$ MPa | 1.5$t$ | 1.35$t$ | 1.2$t$ | 1.1$t$ |
| 钢 $\tau_b=400\sim700$ MPa | 1.3$t$ | 1.2$t$ | 1.0$t$ | 0.9$t$ |
| 钢 $\tau_b=700$ MPa | 1.0$t$ | 0.9$t$ | 0.8$t$ | 0.7$t$ |
| 黄铜、铜 | 0.9$t$ | 0.8$t$ | 0.7$t$ | 0.6$t$ |
| 铝、锌 | 0.8$t$ | 0.7$t$ | 0.6$t$ | 0.5$t$ |

注:$\tau_b$为剪切强度,$t$为料厚。

表 4.5　带护套凸模冲孔的最小尺寸

| 冲件材料 | 圆形孔(直径 $d$) | 矩形孔(孔宽 $b$) |
|---|---|---|
| 硬钢 | $0.5t$ | $0.4t$ |
| 软钢及黄铜 | $0.35t$ | $0.3t$ |
| 铝、锌 | $0.3t$ | $0.28t$ |

注:$t$ 为料厚。

⑤冲裁件的孔与孔之间、孔与边缘之间的距离,受模具强度和冲裁件质量的制约,其值不应过小,一般要求 $c \geqslant (1 \sim 1.5)t$,$c' \geqslant (1.5 \sim 2)t$,如图 4.7(a)所示。在弯曲件或拉深件上冲孔时,为避免冲孔时凸模受水平推力而折断,孔边与直壁之间应保持一定的距离,一般要求 $L \geqslant R + 0.5t$,如图 4.7(b)所示。

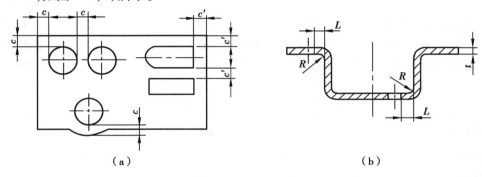

（a） （b）

图 4.7　冲件上的孔距及孔边距

**(3)冲裁件的精度与断面粗糙度**

①冲裁件的经济公差等级不高于 IT11 级,一般落料件公差等级最好低于 IT10 级,冲孔件公差等级最好低于 IT9 级。冲裁可达到的冲裁件公差如表 4.6、表 4.7 所示。如果冲裁件要求的公差值小于表中数值时,则应在冲裁后进行整修或采用精密冲裁。此外,冲裁件的尺寸标注及基准的选择往往与模具设计密切相关,应尽可能使设计基准与工艺基准一致,以减小误差。

表 4.6　冲裁件外形与内孔尺寸公差/mm

| 料厚 $t$/mm | 冲裁件尺寸 | | | | | | | |
|---|---|---|---|---|---|---|---|---|
| | 一般精度的冲裁 | | | | 较高精度的冲裁 | | | |
| | <10 | 10~50 | 50~150 | 150~300 | <10 | 10~50 | 50~150 | 150~300 |
| 0.2~0.5 | $\dfrac{0.08}{0.05}$ | $\dfrac{0.10}{0.08}$ | $\dfrac{0.14}{0.12}$ | 0.20 | $\dfrac{0.025}{0.02}$ | $\dfrac{0.03}{0.04}$ | $\dfrac{0.05}{0.08}$ | 0.08 |
| 0.5~1 | $\dfrac{0.12}{0.05}$ | $\dfrac{0.16}{0.08}$ | $\dfrac{0.22}{0.12}$ | 0.30 | $\dfrac{0.03}{0.02}$ | $\dfrac{0.04}{0.02}$ | $\dfrac{0.06}{0.06}$ | 0.10 |
| 1~2 | $\dfrac{0.24}{0.08}$ | $\dfrac{0.22}{0.10}$ | $\dfrac{0.30}{0.16}$ | 0.05 | $\dfrac{0.04}{0.03}$ | $\dfrac{0.06}{0.06}$ | $\dfrac{0.08}{0.10}$ | 0.12 |
| 2~4 | $\dfrac{0.08}{0.05}$ | $\dfrac{0.28}{0.12}$ | $\dfrac{0.40}{0.20}$ | 0.70 | $\dfrac{0.06}{0.04}$ | $\dfrac{0.08}{0.08}$ | $\dfrac{0.10}{0.12}$ | 0.15 |
| 4~6 | $\dfrac{0.30}{0.10}$ | $\dfrac{0.35}{0.15}$ | $\dfrac{0.50}{0.25}$ | 1.0 | $\dfrac{0.10}{0.06}$ | $\dfrac{0.12}{0.10}$ | $\dfrac{0.15}{0.15}$ | 0.20 |

注:1. 分子为外形尺寸公差,分母为内孔尺寸公差。

2. 一般精度的冲裁件采用 IT8—IT7 级精度的普通冲裁模;较高精度的冲裁件采用 IT7—IT6 级精度的高级冲裁模。

表 4.7　冲裁件孔中心距公差/mm

| 料厚 $t$/mm | 普通冲裁模 | | | 精密冲裁模 | | |
|---|---|---|---|---|---|---|
| | 孔距基本尺寸 | | | 孔距基本尺寸 | | |
| | <50 | 50~150 | 150~300 | <50 | 50~150 | 150~300 |
| <1 | ±0.10 | ±0.15 | ±0.20 | ±0.03 | ±0.05 | ±0.08 |
| 1~2 | ±0.12 | ±0.20 | ±0.30 | ±0.04 | ±0.06 | ±0.10 |
| 2~4 | ±0.15 | ±0.25 | ±0.35 | ±0.06 | ±0.08 | ±0.12 |
| 4~6 | ±0.20 | ±0.30 | ±0.40 | ±0.08 | ±0.10 | ±0.15 |

注:表中所列孔距公差适用于两孔同时冲出的情况。

②冲裁件的断面粗糙度及毛刺高度与材料塑性、材料厚度、冲裁间隙、刃口锋利程度、冲模结构及凸、凹模工作部分表面粗糙度值等因素有关。用普通冲裁方式冲裁厚度为 2 mm 以下的金属板料时,其断面粗糙度值 $R_a$ 一般可达 3.2~12.5 μm。毛刺的允许高度如表 4.8 所示。

表 4.8　普通冲裁毛刺的允许高度/mm

| 料厚 $t$/mm | ≤0.3 | >0.3~0.5 | 0.5~1.0 | 1.0~1.5 | 1.5~2.0 |
|---|---|---|---|---|---|
| 试模时 | ≤0.015 | ≤0.02 | ≤0.03 | ≤0.04 | ≤0.05 |
| 生产时 | ≤0.05 | ≤0.08 | ≤0.10 | ≤0.13 | ≤0.15 |

必须指出,当冲裁件的结构、尺寸、精度、断面粗糙度等要求与冲裁工艺性发生矛盾时,应与产品设计人员协商研究,并作必要、合理的修改,力求做到既满足使用要求,又便于冲裁加工,以达到良好的技术经济效果。

### 4.2.2　冲裁工艺方案分析和优化

#### (1)冲压工艺设计的内容和设计原则

确定工艺方案就是确定冲压件的工艺路线,主要包括冲压工序类型、数量、工序的组合和顺序等。冲裁工艺方案如何确定,首先应在工艺分析的基础上,根据冲裁件的生产批量、尺寸精度的高低、尺寸大小、形状复杂程度、材料的厚薄、冲模制造条件与冲压设备条件等多方面的因素,拟订出多种可能的不同工艺方案,然后对各种工艺方案进行分析与研究,比较其综合的经济技术效果,从中选择一个合理的冲压工艺方案。

确定工艺方案的主要原则概括起来有以下 3 点。

1)保证冲裁件质量

通常情况下,用复合模冲出的工件精度高于连续模,而连续模又高于单工序模。这是因为用单工序模冲压多工序的冲裁件时,要经过多次定位和变形,产生积累误差大,冲裁件精度较低。复合模是在同一位置一次冲出,不存在定位误差。因此,对于精度较高的冲裁件宜用复合工序进行冲裁。

2）经济性原则

在保证质量的前提下，应尽可能降低成本，提高经济效益。因此，对于中批大量的冲裁件，应尽量采用高效率的多工序模，而在试制与小批量生产时应尽可能采用单工序模与各种形式的简易模具。

3）安全性原则

工人操作是否安全、方便，在确定工艺方案时要考虑的一个十分重要的问题。例如，对于一些形状复杂、需要进行多道工序冲压的小型冲裁件，有时即使批量不大，也采用比较安全的连续模进行冲压。

**（2）冲裁工艺方案的确定**

经过对冲压件的工艺性分析后，综合产品图进行必要的工艺计算，并在分析冲压工序类型、冲压次数、冲压顺序和工序组合方式的基础上，提出各种可能的冲压工艺方案，然后通过对产品质量、生产率、设备条件、模具制造和寿命、操作、安全以及经济效益等方面的综合分析、比较，确定出一种合适于本企业和本部门生产的最佳工艺方案。

确定冲压工艺方案时，需要考虑的主要内容和路径如下：

1）确定冲压工艺类型

剪切、落料、冲孔、切边、弯曲、翻边、成形等是常见的冲压工序，各种冲压工序有不同的性质、特点和用途。编制冲压工艺时，可根据产品图和生产批量等要求，合理选择这些工序。

①一般要求。通常冲压件可从产品图上直观地看出冲压该零件所需工序的类型。例如，带有各种型孔的平板件只需要剪切或落料、冲孔工序；多角弯曲件只需要剪切或落料、弯曲工序。但是有些零件所需工序的类型要经过仔细计算才能最后确定。如图 4.8（a）、图 4.8（b）所示分别为油封内夹圈和外夹圈的零件图，两个零件形状相同，只是直边高度不同，分别为 8.5 m 和 13.5 mm，图 4.8（a）选用落料冲孔和翻边两道工序，翻边系数为 0.8。而图 4.8（b）若采用与图 4.8（a）相同的冲压工序，则翻边前的孔径很小，翻边系数只有 0.68，超过了圆孔翻边的极限变形程度，工艺上是不允许的。通过计算和分析，图 4.8（b）应选用落料、拉深、冲孔和翻边 4 道工序。可知，两个形状相同的零件，由于尺寸上的差异会导致不同的工艺过程。

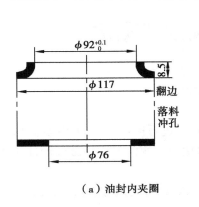　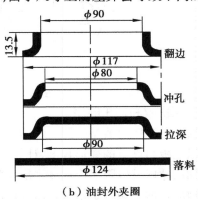

（a）油封内夹圈　　　　　　　（b）油封外夹圈

**图 4.8　油封内夹圈、外夹圈的冲压工艺过程（材料：08 钢，厚度 0.8 mm）**

②特殊要求。在某些情况下，为了保证零件的质量要求，常需要增加一些附加的冲压工序。如图 4.9 所示的零件为带有加强筋的平板件，冲压该零件所需的工序为剪切或落料、冲

孔与压筋 3 种工序。但是由于变形不均匀,成形后零件产生较大的翘曲和皱摺,为避免或减轻翘曲程度,使零件平整、光洁,可增加一道拉深工序(见图 4.9 双点画线表示的部分),在零件的周围形成一道筋,以防止压筋时产生翘曲和皱褶,最后进行切边。于是冲压该零件的工序变成剪切或落料、拉深、压筋和切边。其中,拉深和切边就是增加的附加冲压工序。

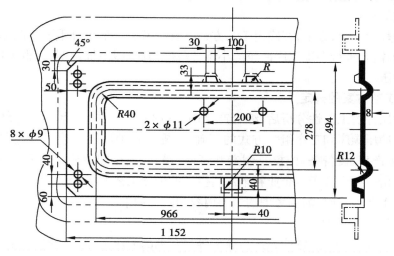

图 4.9 带有加强筋的平板件

③其他要求。为了有利于变形,有时也需要增加一些附加的冲压工序。如图 4.10 所示为一个联接盘示意图,为了增加成形高度,预先在毛坯上冲出 4 个孔,使底部和外部都是可产生一定变形的弱区,成形时孔扩大,补偿了外部材料的不足,从而增大了成形高度。在这里冲孔工序便是一个附加的冲压工序,像这样预先冲出的孔称为变形减轻孔,在冲压拉深件和成形件时,经常采用这类变形减轻孔或者工艺切口。

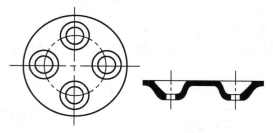

图 4.10 联接盘示意图

2)确定冲压次数和冲压顺序

①冲压次数。冲压次数是指同一性质的工序重复进行的次数。对于拉深件,可根据它的形状和尺寸以及板料许可的变形程度,计算出拉深次数。弯曲件或冲裁件的冲压次数也是根据具体形状和尺寸以及极限变形程度来决定的。

②冲压顺序。冲压顺序是指各冲压工序的先后顺序,主要根据工序的变形特点和零件的质量要求等安排的,一般可按下列原则进行:

a. 所有的孔,只要其形状和尺寸不受后续工序变形的影响,都应该在平板毛坯上冲出,因为在成形后冲孔模具结构复杂,定位困难,操作也不方便,先冲出的孔有时还能够作为后续工序的定位孔使用。

　　b. 凡所有位置都受到以后某工序变形影响的孔(拉深件的底部孔径要求不高和变形减轻孔除外)都应在有关的成形工序完成后再冲出。

　　c. 两孔靠近或者孔距边缘较小时,如果模具强度足够,最好同时冲出,否则应先冲大孔和一般精度孔,后冲小孔和高精度孔;或者先落料后冲孔,力求把可能产生的畸变限制在小范围内。

　　d. 多角弯曲件主要从材料变形和弯曲时材料移动两方面安排弯曲的先后顺序,一般情况下,先弯外部弯角后弯内部弯角。

　　e. 对于形状复杂的拉深件,为便于材料变形和流动,应先成形内部形状,再拉深外部形状。

　　f. 整形或校平工序,应在冲压件基本成形以后进行。

　　3)工序的组合方式

　　一个冲压件往往需要经过多道工序才能完成,编制工艺方案时必须考虑两种情况:单工序分散冲压或将工序组合采用复合模(连续模)冲压,这主要取决于冲压件的生产批量、尺寸大小和精度等因素。生产批量大,冲压工序应尽可能地组合在一起,选用复合模或连续模生产;小批量生产常选用单工序简单模。但对于尺寸过小的冲压件,考虑到单工序模上料不方便和生产率低,也常选用复合模或连续模生产。当选用的几个单工序模制造费用比复合模还高时,尽管生产批量不大,也可以考虑将工序组合起来,选用复合模生产。对于有精度要求的零件,为了避免多次冲压的定位误差,应选用复合模生产。

　　工序的组合方式,可以选用复合模或连续模。一般来说,复合模的冲压精度比连续模高,操作安全,若装有自动送料装置,可适用于小件的自动冲压。

　　工艺方案设计中的一个主要内容就是采用什么类型的模具,用单工序模还是用连续模或复合模。如表 4.9 所示列出了生产批量与模具类型的关系。

表 4.9　生产批量与模具类型的关系

| 项　目 | 生产批量/万件 | | | | |
|---|---|---|---|---|---|
| | 单　件 | 小　批 | 中　批 | 大　批 | 大　量 |
| 大型件 | <1 | 1~2 | >2~20 | >20~300 | >300 |
| 中型件 | <1 | 1~5 | >5~50 | >50~100 | >1 000 |
| 小型件 | <1 | 1~10 | >10~100 | >100~5 000 | >5 000 |
| 模具类型 | 单工序模<br>组合模<br>简易模 | 单工序模<br>组合模<br>简易模 | 单工序模<br>连续模、复合模<br>半自动模 | 单工序模<br>连续模、复合模<br>自动模 | 硬质合金<br>连续模、复合模<br>自动模 |

　　如表 4.10 所示列出了普通连续模与复合模的性能比较。

表 4.10　普通连续模与复合模的性能比较

| 项　目 | | 连续模 | 复合模 |
|---|---|---|---|
| 工作情况 | 尺寸精度 | 可达 IT13—IT10 级 | 可达 IT9—IT8 级 |
| | 工件形状 | 可加工复杂零件,如宽度极小的异形件、特殊形件 | 形状与尺寸要受模具结构与强度的限制 |
| | 孔与外形的位置精度 | 较差 | 较高 |
| | 工件的平整性 | 较差,易弯曲 | 推板上落料、平整 |
| | 工件尺寸 | 宜较小零件 | 可加工较大零件 |
| | 工件料厚 | 0.6 ~ 6 mm | 0.05 ~ 3 mm |
| 工艺性能 | 操作性能 | 方便 | 不方便,要手动进行卸料 |
| | 安全性 | 比较安全 | 不太安全 |
| | 生产率 | 可采用高生产率高速压力机 | 不宜高速冲裁 |
| 条料宽度 | | 要求严格 | 要求不严格,可利用边角余料 |
| 模具制造 | | 形状简单的工件比复合模容易 | 形状复杂工件比连续模容易 |

上述两个表格从各个方面比较了各种工序组合方式的各自特点,在确定工艺方案时可供参考。

4)确定其他辅助工序

对于某些组合冲压件或有特殊要求的冲压件,在分析了上述冲压类型、冲压次数、冲压顺序以及工序组合方式后,尚需考虑非冲压辅助工序,如倒角、钻孔、铰孔、车削等机械加工工序,以及焊接、铆合、热处理、表面处理、去毛刺等非机械加工工序,这些辅助工序应根据冲压件结构特点和使用要求选用,可安排在各冲压工序之间进行,也可安排在冲压工序前或后进行。

# 4.3　冲裁工艺参数计算

## 4.3.1　冲裁排样设计的方法和选择

冲裁件在条料、带料或板料上的布置方法称为排样。合理的排样是提高材料利用率、降低成本,保证冲件质量及模具寿命的有效措施。

排样设计的原则:

①提高材料利用率。对冲裁件来说,材料费用常占冲裁件总成本的 60% 以上,故材料利用率是一项很重要的经济指标。

②使工人操作方便、安全,减轻工人的劳动强度。

③使模具结构简单、模具寿命较高。

④排样应保证冲裁件的质量。

**(1)材料的合理利用**

1)材料利用率

冲裁件的实际面积与所用板料面积的百分比称为材料利用率,它是衡量合理利用材料的经济性指标。

一个步距内的材料利用率 $\eta$(见图4.11)可表示为

$$\eta = \frac{A}{Bs} \times 100\%$$

式中　$A$——一个步距内冲裁件的实际面积;

　　　$B$——条料宽度;

　　　$s$——步距。

若考虑到料头、料尾和边余料的材料消耗,则一张板料(或带料、条料)上总的材料利用率 $\eta_{总}$ 为

$$\eta_{总} = \frac{nA_1}{LB} \times 100\%$$

式中　$n$——一张板料(或带料、条料)上冲裁件的总数目;

　　　$A_1$——一个冲裁件的实际面积;

　　　$L$——板料长度;

　　　$B$——板料宽度。

$\eta$ 值越大,材料的利用率就越高,在冲裁件的成本中材料费用一般占60%以上,可见材料利用率是一项很重要的经济指标。

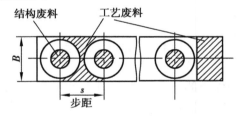

**图4.11　废料的种类图**

2)提高材料利用率的方法

冲裁所产生的废料可分为两类(见图4.11):一类是结构废料,是由冲件的形状特点产生的;另一类是由于冲件之间和冲件与条料侧边之间的搭边以及料头、料尾和边余料而产生的废料,称为工艺废料。

要提高材料利用率,主要应从减少工艺废料着手。减少工艺废料的有力措施是设计合理的排样方案,选择合适的板料规格和合理的裁板法(减少料头、料尾和边余料),或利用废料作小零件等。

对一定形状的冲件,结构废料是不可避免的,但充分利用结构废料是可能的。当两个不同冲件的材料和厚度相同时,在尺寸允许的情况下,较小尺寸的冲件可在较大尺寸冲件的废料中冲制出来。如电机转子硅钢片,就是在定子硅钢片的废料中取出的,这样就使结构废料得到了充分利用。另外,在使用条件许可下,当取得零件设计单位同意后,也可以改变零件的结构形状,提高材料利用率,如图4.12所示。

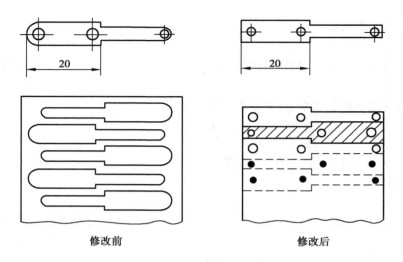

**图4.12 零件形状不同材料利用情况的对比**

**（2）排样方法**

根据材料的合理利用情况,条料排样方法可分为3种,如图4.13所示。

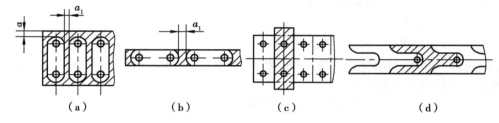

**图4.13 排样方法分类**

1）有废料排样

如图4.13（a）所示,沿冲件全部外形冲裁,冲件与冲件之间、冲件与条料之间都存在搭边废料。冲件尺寸完全由冲模来保证,因此精度高,模具寿命也高,但材料利用率低。

2）少废料排样

如图4.13（b）所示,沿冲件部分外形切断或冲裁,只在冲件与冲件之间或冲件与条料侧边之间留有搭边。因受剪裁条料质量和定位误差的影响,其冲件质量稍差,同时边缘毛刺被凸模带入间隙也影响模具寿命,但材料利用率稍高,冲模结构简单。

3）无废料排样

如图4.13（c）所示,冲件与冲件之间或冲件与条料侧边之间均无搭边,沿直线或曲线切断条料而获得冲件。冲件的质量和模具寿命更差一些,但材料利用率最高。另外,如图4.13（d）所示,当送进步距为两倍零件宽度时,一次切断便能获得两个冲件,有利于提高劳动生产率。

采用少、无废料的排样可以简化冲裁模结构,减小冲裁力,提高材料利用率。但是,因条料本身的公差以及条料导向与定位所产生的误差影响,冲裁件公差等级低。同时,由于模具单边受力（单边切断时）,不但会加剧模具磨损,降低模具寿命,而且也直接影响冲裁件的断面质量。为此,排样时必须统筹兼顾、全面考虑。

对有废料和少、无废料排样还可以进一步按冲裁件在条料上的布置方法加以分类,其主要形式如表4.11所示。

表4.11　有废料排样和少、无废料排样主要形式的分类

| 排样形式 | 有废料排样 | | 少、无废料排样 | |
|---|---|---|---|---|
| | 简图 | 应用 | 简图 | 应用 |
| 直排 | 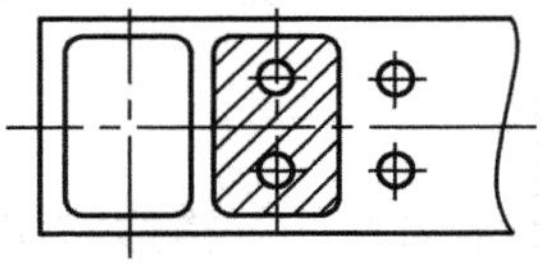 | 用于简单几何形状(方形、圆形、矩形)的冲件 | 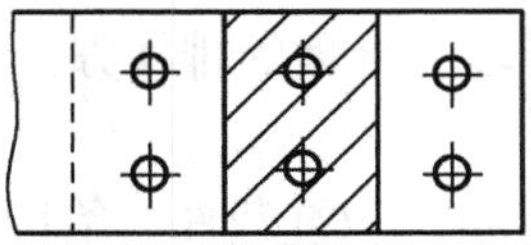 | 用于矩形或方形冲件 |
| 斜排 | 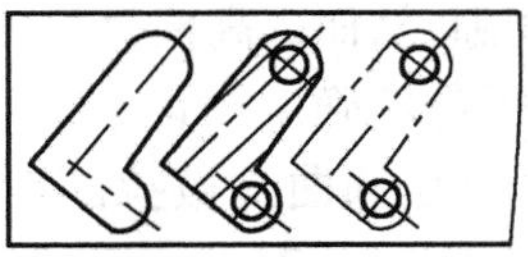 | 用于 T 形、L 形、S 形、十字形、椭圆形冲件 | 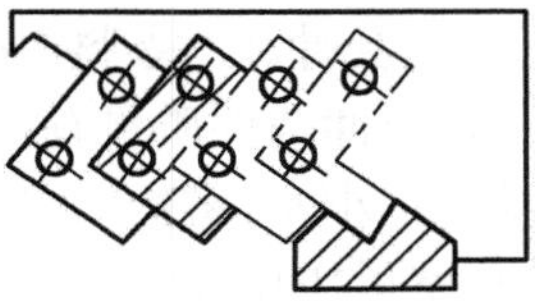 | 用于 L 形或其他形状的冲件,在外形上允许有不大的缺陷 |
| 直对排 | 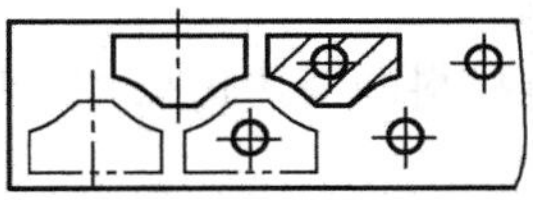 | 用于 T 形、门形、山形、梯形、三角形、半圆形的冲件 | 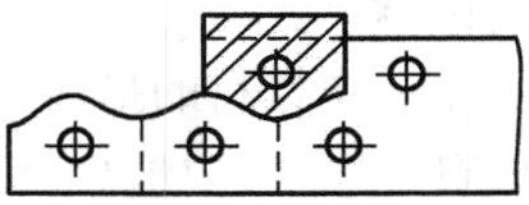 | 用于 T 形、门形、山形、梯形、三角形冲件,在外形上允许有少量的缺陷 |
| 斜对排 | 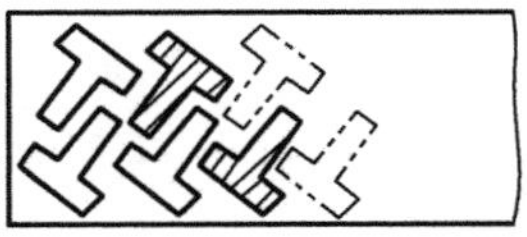 | 用于材料利用率比直对排高时的情况 | 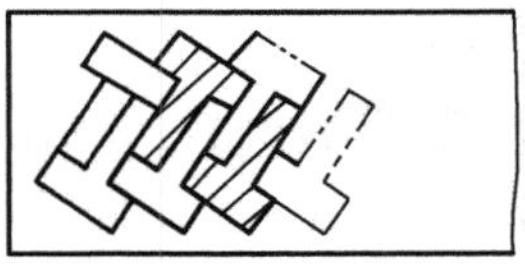 | 多用于 T 形冲件 |
| 混合排 | 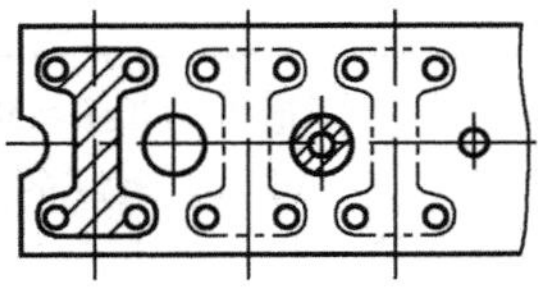 | 用于材料和厚度都相同的两种以上的冲件 | 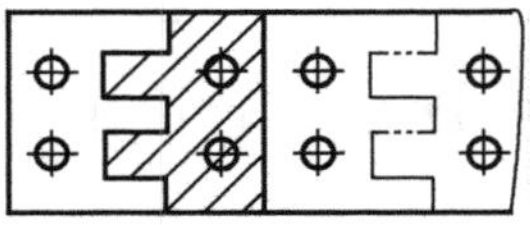 | 用于两个外形互相嵌入的不同冲件(铰链等) |
| 多排 | 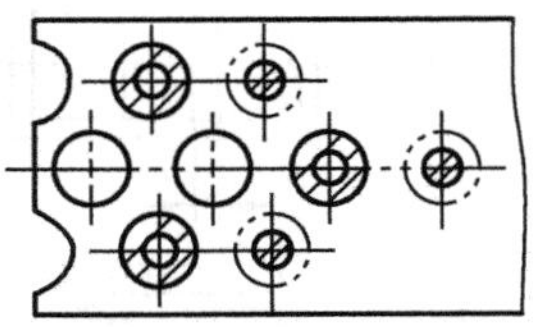 | 用于大批生产中尺寸不大的圆形、六角形、方形、矩形冲件 | 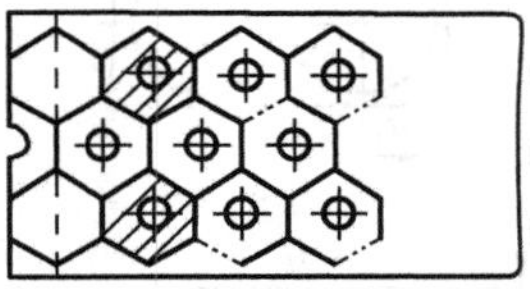 | 用于大批量生产中尺寸不大的方形、矩形及六角形冲件 |
| 冲裁搭边 | 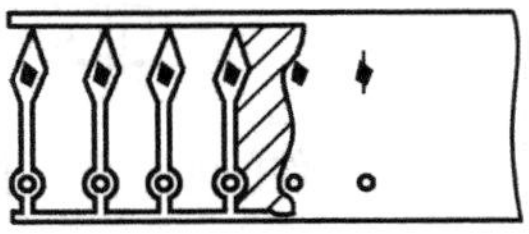 | 大批生产中用于小窄冲件(表针及类似的件)或带料连续拉深 | 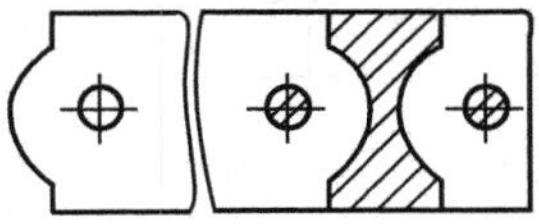 | 用于以宽度均匀的条料或带料冲裁长形件 |

对于形状复杂的冲件,通常用纸片剪成 3 ~ 5 个样件,然后排出各种不同的排样方法,经过分析和计算选出合理的排样方案。

在冲压生产实践中,由于零件的形状、尺寸、精度要求、批量大小和原材料供应等方面的不同,不可能提供一种固定不变的合理排样方案。但在决定排样方案时应遵循的原则是保证在最低的材料消耗和最高的劳动生产率的条件下得到符合技术条件要求的零件,同时要考虑方便生产操作、冲模结构简单、寿命长以及车间生产条件和原材料供应情况等,总之要从各方面权衡利弊,以选择较为合理的排样方案。

**(3)搭边**

排样时冲裁件之间以及冲裁件与条料侧边之间留下的工艺废料称搭边。搭边的作用:一是补偿定位误差和剪板误差,确保冲出合格零件;二是增加条料刚度,方便条料送进,提高劳动生产率;同时,搭边还可以避免冲裁时条料边缘的毛刺被拉入模具间隙,从而提高模具寿命。

搭边值对冲裁过程及冲裁件质量有很大的影响,因此一定要合理确定搭边数值。搭边过大,材料利用率低;搭边过小时,搭边的强度和刚度不够,冲裁时容易翘曲或被拉断,不仅会增大冲裁件毛刺,有时甚至单边拉入模具间隙,造成冲裁力不均,损坏模具刃口。根据生产的统计,正常搭边比无搭边冲裁时的模具寿命高 50% 以上。

1)影响搭边值的因素

①材料的力学性能。硬材料的搭边值可小一些;软材料、脆材料的搭边值要大一些。

②材料厚度。材料越厚,搭边值也越大。

③冲裁件的形状与尺寸。零件外形越复杂,圆角半径越小,搭边值取大些。

④送料及挡料方式。用手工送料,有侧压装置的搭边值可以小一些;用侧刃定距比用挡料销定距的搭边小一些。

⑤卸料方式。弹性卸料比刚性卸料的搭边小一些。

2)搭边值的确定

搭边值是由经验确定的。如表 4.12 所示为最小搭边值的经验数表之一,供设计时参考。

表 4.12　最小搭边值/mm

| 材料厚度 $t$ | 圆形或圆角 $r>2t$ 的工件 | | 矩形件边长 $L<50$ mm | | 矩形件边长 $L\geqslant50$ mm 或圆角 $r\leqslant2t$ 的工件 | |
|---|---|---|---|---|---|---|
| | 工件间 $a_1$ | 侧面 $a$ | 工件间 $a_1$ | 侧面 $a$ | 工件间 $a_1$ | 侧面 $a$ |
| 0.25 以下 | 1.8 | 2.0 | 2.2 | 2.5 | 2.8 | 3.0 |

|  | 圆形或圆角 $r>2t$ 的工件 |  | 矩形件边长 $L<50$ mm |  | 矩形件边长 $L \geqslant 50$ mm 或圆角 $r \leqslant 2t$ 的工件 |  |
| --- | --- | --- | --- | --- | --- | --- |
| 0.25 ~ 0.5 | 1.2 | 1.5 | 1.8 | 2.0 | 2.2 | 2.5 |
| 0.5 ~ 0.8 | 1.0 | 1.2 | 1.5 | 1.8 | 1.8 | 2.0 |
| 0.8 ~ 1.2 | 0.8 | 1.0 | 1.2 | 1.5 | 1.5 | 1.8 |
| 1.2 ~ 1.6 | 1.0 | 1.2 | 1.5 | 1.8 | 1.8 | 2.0 |
| 1.6 ~ 2.0 | 1.2 | 1.5 | 1.8 | 2.5 | 2.0 | 2.2 |
| 2.0 ~ 2.5 | 1.5 | 1.8 | 2.0 | 2.2 | 2.2 | 2.5 |
| 2.5 ~ 3.0 | 1.8 | 2.0 | 2.2 | 2.5 | 2.5 | 2.8 |
| 3.0 ~ 3.5 | 2.2 | 2.2 | 2.5 | 2.8 | 2.8 | 3.2 |
| 3.5 ~ 4.0 | 2.5 | 2.5 | 2.5 | 3.2 | 3.2 | 3.5 |
| 4.0 ~ 5.0 | 3.0 | 3.5 | 3.5 | 4.0 | 4.0 | 4.5 |
| 5.0 ~ 12 | 0.6t | 0.7t | 0.7t | 0.8t | 0.8t | 0.9t |

**（4）条料宽度与导料板间距离的计算**

在排样方案和搭边值确定之后，就可确定条料的宽度，进而确定导料板间的距离。由于表 4.12 所列侧面搭边值 $a$ 已经考虑了剪料公差所引起的减小值，故条料宽度的计算一般采用下列的简化公式：

1）有侧压装置时条料的宽度与导料板间距离（见图 4.14）

有侧压装置的模具，能使条料始终沿着导料板送进，故按下式计算：

条料宽度

$$B^0_{-\Delta} = (D_{\max} + 2a)^0_{-\Delta}$$

导料板间距离

$$A = B + C = D_{\max} + 2a + C$$

2）无侧压装置时条料的宽度与导料板间距离（见图 4.15）

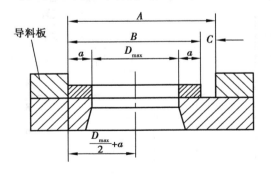

图 4.14　有侧压板的冲裁

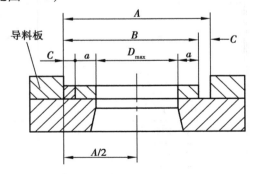

图 4.15　无侧压板的冲裁

无侧压装置的模具，应考虑在送料过程中因条料的摆动而使侧面搭边减少。为了补偿侧面搭边的减少，条料宽度应增加一个条料可能的摆动量，故按下式计算：

条料宽度

$$B^0_{-\Delta} = (D_{max} + 2a + C)^0_{-\Delta}$$

导料板间距离

$$A = B + C = D_{max} + 2a + 2C$$

式中　$D_{max}$——条料宽度方向冲裁件的最大尺寸;

　　　$a$——侧搭边值,可参考表 4.12;

　　　$\Delta$——条料宽度的单向(负向)偏差,如表 4.13、表 4.14 所示;

　　　$C$——导料板与最宽条料之间的间隙,其最小值如表 4.15 所示。

表 4.13　条料宽度偏差 $\Delta/\text{mm}$

| 条料宽度 B | 材料厚度 t | | | |
|---|---|---|---|---|
| | ~ 1 | 1 ~ 2 | 2 ~ 3 | 3 ~ 5 |
| ~ 50 | 0.4 | 0.5 | 0.7 | 0.9 |
| 50 ~ 100 | 0.5 | 0.6 | 0.8 | 1.0 |
| 100 ~ 150 | 0.6 | 0.7 | 0.9 | 1.1 |
| 150 ~ 220 | 0.7 | 0.8 | 1.0 | 1.2 |
| 220 ~ 300 | 0.8 | 0.9 | 1.1 | 1.3 |

表 4.14　条料宽度偏差 $\Delta/\text{mm}$

| 条料宽度 B | 材料厚度 t | | |
|---|---|---|---|
| | ~ 0.5 | > 0.5 ~ 1 | > 1 ~ 2 |
| ~ 20 | 0.05 | 0.08 | 0.10 |
| > 20 ~ 30 | 0.08 | 0.10 | 0.15 |
| > 30 ~ 50 | 0.10 | 0.15 | 0.20 |

表 4.15　导料板与条料之间的最小间隙 $C_{min}/\text{mm}$

| 材料厚度 t | 无侧压装置 | | | 有侧压装置 | |
|---|---|---|---|---|---|
| | 条料宽度 B | | | 条料宽度 B | |
| | 100 以下 | 100 ~ 200 | 200 ~ 300 | 100 以下 | 100 以上 |
| ~ 0.5 | 0.5 | 0.5 | 1 | 5 | 8 |
| 0.5 ~ 1 | 0.5 | 0.5 | 1 | 5 | 8 |
| 1 ~ 2 | 0.5 | 1 | 1 | 5 | 8 |
| 2 ~ 3 | 0.5 | 1 | 1 | 5 | 8 |
| 3 ~ 4 | 0.5 | 1 | 1 | 5 | 8 |
| 4 ~ 5 | 0.5 | 1 | 1 | 5 | 8 |

3)用侧刃定距时条料的宽度与导料板间距离(见图4.16)

当条料的送进步距用侧刃定位时,条料宽度必须增加侧刃切去的部分,故按下式计算:

条料宽度

$$B^0_{-\Delta} = (L_{\max} + 2a' + nb)^0_{-\Delta} = (L_{\max} + 1.5a + nb_1)^0_{-\Delta}$$

导料板间距离

$$B' = B + C = L_{\max} + 1.5a + nb_1 + C$$

$$B'_1 = L_{\max} + 1.5a + nb_1 + y$$

式中　$L_{\max}$——条料宽度方向冲裁件的最大尺寸;

$a$——侧搭边值,可参考表4.12;

$n$——侧刃数;

$b_1$——侧刃冲切的料边宽度,如表4.16所示;$a' = 0.75a$;

$C$——冲切前的条料宽度与导料板间的间隙,如表4.15所示;

$y$——冲切后的条料宽度与导料板间的间隙,如表4.16所示。

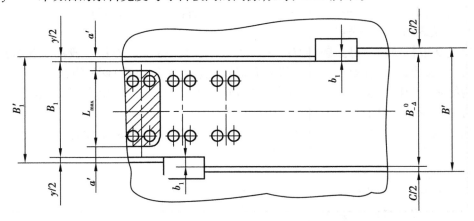

**图4.16　有侧刃的冲裁**

**表4.16　$b_1$,$y$值/mm**

| 材料厚度 $t$ | $b_1$ | | $y$ |
|---|---|---|---|
| | 金属材料 | 非金属材料 | |
| <5 | 1.5 | 2 | 0.10 |
| >1.5~2.5 | 2.0 | 3 | 0.15 |
| >2.5~3 | 2.5 | 4 | 0.20 |

**(5)排样设计中的注意事项**

1)排样中的几点注意事项

在冷冲压生产中,排样的合理性一般可以用材料利用率来衡量。不过,排样设计除了要考虑提高材料利用率以外,还必须注意以下11点:

①公差要求较严的零件,排样时工步不宜太多,否则累积误差大,零件公差要求不易保证。

②对孔间距较小的冲裁件,其孔可以分步冲出,以保证凹模孔壁的强度。

③零件孔距公差要求较严格时,应尽量在同一工步冲出或在相邻工步冲出。

④当凹模壁厚太小时,应增设空步,以提高凹模孔壁的强度。

⑤尽量避免复杂型孔,对复杂外形零件的冲裁,可分步冲出,以减小模具制造难度。

⑥当零件小而批量大时,应尽可能采用多工位级进模成形的排样法。

⑦在零件较大的大量生产中,为了缩短模具的长度,可采用连续-复合成形的排样法。

⑧对于要求较高或工步较多的冲件,为了减小定位误差,排样时可在条料两侧设置工艺定位孔,用导正销定位。

⑨在级进模的连续成形排样中,如有切口翘角、起伏成形、翻边等成形工步时,一般应安排在落料前完成。

⑩当材料塑性较差时,在有弯曲工步的连续成形排样中,必须使弯曲线与材料纤维方向成一定夹角。

⑪条料在冲裁过程中翻动要少,在材料利用率相同或相近时,应尽可能选条料宽、进距小的排样方法,它不仅可减少每次的送进量,还可减少板料裁切次数,节省剪裁备料时间。

2)板料纵裁和横裁的选择

条料是从板料剪裁而得。条料宽度一经决定,就可以裁板。板料一般都是长方形的,故就有纵裁(沿长边裁,也就是沿轧制纤维方向裁)和横裁(沿短边裁)两种方法。

因为纵裁裁板次数少,冲压时调换条料次数少,工人操作方便,生产率高,故在通常情况下应尽可能纵裁。在以下情况下可考虑用横裁:

①板料纵裁后的条料太长,受冲压车间压力机排列的限制,移动不便时。

②条料太重,超过 12 kg 时(工人劳动强度太高)。

③横裁的板料利用率显著高于纵裁时。

④纵裁不能满足弯曲件坯料对纤维方向要求时。

**(6)冲压工步排样图的绘制**

在冲压加工过程中,同一工位上所连续完成的那一部分内容,称为一个冲压工步。冲压工步排样图是冲压工序设计最终的表达形式,通常应绘制在冲压工艺规程的相应卡片上和冲裁模总装图的右上角。排样图的内容应反映出排样方法、冲件的冲裁方式、用侧刃定距时侧刃的形状与位置、材料利用率等。

绘制冲压工步排样图时应注意以下3点:

①排样图上应标注条料宽度 $B_{-\Delta}^0$、条料长度 $L$、板料厚度 $t$、端距 $l$、步距 $s$、工件间搭边 $a_1$,侧搭边 $a$ 和侧刃定距时侧刃的位置及截面尺寸等,如图 4.17 所示。

②用剖切线表示出冲裁工位上的工序件形状(也即凸模或凹模的截面形状),以便能从排样图上看出是单工序冲裁(见图 4.17(a))还是复合冲裁(见图 4.17(b))或级进冲裁(见图 4.17(c))。

③采用斜排时,应注明倾斜角度的大小。必要时,还可用双点画线画出送料时定位元件的位置。对有纤维方向要求的排样图,应用箭头表示条料的纹向。

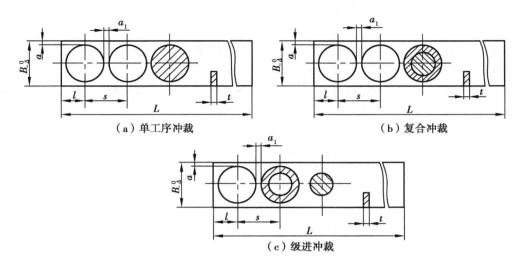

（a）单工序冲裁　　　　　　　　（b）复合冲裁

（c）级进冲裁

图 4.17　冲压工步排样图画法

### 4.3.2　模具压力中心确定

模具的压力中心就是冲压力合力的作用点。为了保证压力机和模具的正常工作,应使模具的压力中心与压力机滑块的中心线相重合。否则,冲压时滑块就会承受偏心载荷,导致滑块导轨和模具导向部分不正常的磨损,还会使合理间隙得不到保证,从而影响冲压件质量和降低模具寿命甚至损坏模具。在实际生产中,可能由于冲件的形状特殊或排样特殊,会出现从模具结构设计与制造考虑不宜使压力中心与模柄中心线相重合,这时应注意使压力中心的偏离不致超出所选用压力机允许的范围。

**（1）简单几何图形压力中心的位置**

①对称冲件的压力中心,位于冲件轮廓图形的几何冲裁直线段时,其压力中心位于直线段的中心。

②冲裁圆弧线段时,其压力中心的位置,如图 4.18 所示按下式计算为

$$y = \frac{180R \sin \alpha}{\pi \alpha} = \frac{Rs}{b}$$

式中　$b$——弧长;

其他符号意义如图 4.18 所示。

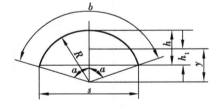

图 4.18　圆弧线段的压力中心

**（2）确定多凸模模具的压力中心**

确定多凸模模具的压力中心,是将各凸模的压力中心确定后,再计算模具的压力中心(见图 4.19)。计算其压力中心的步骤如下:

①按比例画出每一个凸模刃口轮廓的位置。

②在任意位置画出坐标轴 $x, y$。坐标轴位置选择适当可使计算简化。在选择坐标轴位置时,应尽量把坐标原点取在某一刃口轮廓的压力中心,或使坐标轴线尽量多地通过凸模刃口轮廓的压力中心,坐标原点最好是几个凸模刃口轮廓压力中心的对称中心。

③分别计算凸模刃口轮廓的压力中心及坐标位置 $x_1, x_2, x_3, \cdots, x_n$ 和 $y_1, y_2, y_3, \cdots, y_n$。

④分别计算凸模刃口轮廓的冲裁力 $F_1, F_2, F_3, \cdots, F_n$ 或每一个凸模刃口轮廓的周长 $L_1, L_2, L_3, \cdots, L_n$。

⑤对于平行力系,冲裁力的合力等于各力的代数和,即

$$F = F_1 + F_2 + F_3 + \cdots + F_n$$

⑥根据力学定理,合力对某轴的力矩等于各分力对同轴力矩的代数和,则可得压力中心坐标 $(x_0, y_0)$ 计算公式为

$$x_0 = \frac{F_1 x_1 + F_2 x_2 + \cdots + F_n x_n}{F_1 + F_2 + \cdots + F_n} = \frac{\sum\limits_{i=1}^{n} F_i x_i}{\sum\limits_{i=1}^{n} F_i}$$

$$y_0 = \frac{F_1 y_1 + F_2 y_2 + \cdots + F_n y_n}{F_1 + F_2 + \cdots + F_n} = \frac{\sum\limits_{i=1}^{n} F_i y_i}{\sum\limits_{i=1}^{n} F_i}$$

因为冲裁力与周边长度成正比,所以式中各冲裁力 $F_1, F_2, F_3, \cdots, F_n$ 可分别用冲裁周边长度 $L_1, L_2, L_3, \cdots, L_n$ 代替,即

$$x_0 = \frac{L_1 x_1 + L_2 x_2 + \cdots + L_n x_n}{L_1 + L_2 + \cdots + L_n} = \frac{\sum\limits_{i=1}^{n} L_i x_i}{\sum\limits_{i=1}^{n} L_i}$$

$$y_0 = \frac{L_1 y_1 + L_2 y_2 + \cdots + L_n y_n}{L_1 + L_2 + \cdots + L_n} = \frac{\sum\limits_{i=1}^{n} L_i y_i}{\sum\limits_{i=1}^{n} L_i}$$

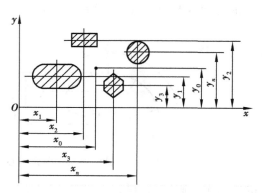

图 4.19　多凸模压力中心

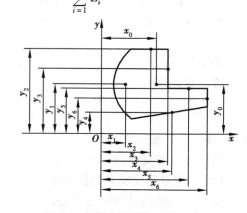

图 4.20　复杂冲裁件的压力中心

**(3)复杂形状零件模具压力中心的确定**

复杂形状零件模具压力中心的计算原理与多凸模冲裁压力中心的计算原理相同(见图 4.20)。其具体步骤如下:

①选定坐标轴 $x$ 和 $y$。

②将组成图形的轮廓线划分为若干简单的线段,求出各线段长度 $L_1, L_2, L_3, \cdots, L_n$。

③确定各线段的重心位置 $x_1, x_2, x_3, \cdots, x_n$ 和 $y_1, y_2, y_3, \cdots, y_n$。

④按公式算出压力中心的坐标 $(x_0, y_0)$。

**(4)用作图法和悬挂法确定冲裁模具的压力中心**

冲裁模压力中心的确定,除上述的解析法外,在生产实际中还可用作图法和悬挂法。但因作图法精确度不高,方法也不简单,因此在应用中受到一定限制。

用悬挂法确定冲裁模压力中心在企业中广泛应用,悬挂法的理论根据是用匀质金属丝代替均布于冲裁件轮廓的冲裁力,该模拟件的重心就是冲裁的压力中心。具体做法是,用匀质细金属丝沿冲裁轮廓弯制成模拟件,然后用缝纫线将模拟件悬吊起来。并从吊点作铅垂线;再取模拟件的另一点,以同样的方法作另一铅垂线,两垂线的交点即为压力中心。悬挂法多用于确定复杂零件的模具压力中心。

### 4.3.3 冲压力计算和冲裁设备确定

**(1)冲裁力的计算**

冲裁是使板料沿冲切面分离,但实现分离必须通过凸、凹模对材料施加足够的外力,通常称为冲裁力。冲裁力是选用压力机吨位(标称压力)的主要依据,也是模具强度、刚度设计时所必需的数据。

对于普通平刃口凸、凹模的冲裁,其冲裁力 $F$ 可计算为

$$F = KLt\tau$$

式中　$F$——冲裁力,N;

　　　$L$——冲裁轮廓线长度,mm;

　　　$t$——板料厚度,mm;

　　　$\tau$——材料抗剪强度,MPa(见表4.17);

　　　$K$——考虑刃口磨损钝化,冲裁间隙不均匀,材料力学性能与厚度尺寸波动等因素而增加的安全系数,常取 $K = 1.3$。

表4.17　钢在加热状态的抗剪强度

| 钢的牌号 | 加热到以下温度时的抗剪强度/MPa | | | | | |
|---|---|---|---|---|---|---|
| | 200 ℃ | 500 ℃ | 600 ℃ | 700 ℃ | 800 ℃ | 900 ℃ |
| Q195,Q215,10,15 | 353 | 314 | 196 | 108 | 59 | 29 |
| Q235,Q255,20,25 | 441 | 411 | 235 | 127 | 88 | 59 |
| 30,35 | 520 | 511 | 324 | 157 | 88 | 69 |
| 40,45,50 | 588 | 569 | 373 | 186 | 88 | 69 |

因一般情况下,材料的抗拉强度 $\sigma_b \approx 1.3\tau$,故也可通过抗拉强度来计算冲裁力,即

$$F = Lt\sigma_b$$

**(2)降低冲裁力的措施**

当板料较厚或冲裁件较大,所产生的冲裁力过大或压力机吨位不够时,可采用以下3种方法来降低冲裁力:

1)加热冲裁

把材料加热后冲裁,可大大降低其抗剪强度。将材料加热到 700 ~ 900 ℃,冲裁力只及常温的 $\frac{1}{3}$ 甚至更小。

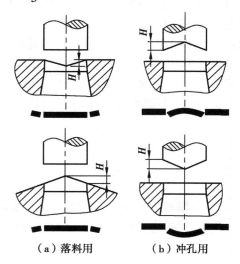

（a）落料用　　　（b）冲孔用

图 4.21　斜刃冲裁

加热冲裁的优点是冲裁力降低显著。缺点是冲裁件断面质量较差(圆角大、有毛刺),精度低,冲裁件上会产生氧化皮;加热冲裁的劳动条件也差,只用于精度要求不高的厚料冲裁。

2)斜刃冲裁

将凸模和凹模二者的刃口一个做成斜刃口,一个仍保持平刃口,则冲裁件沿轮廓线不是同时切离,而是逐步切入,所以冲裁力可以减小,如图 4.21 所示。由图可知,斜刃冲裁时,材料会翘曲变形。为了获得平整的冲裁件,落料时应将斜刃做在凹模上(见图 4.21(a)),冲孔时应将斜刃做在凸模上(见图 4.21(b))。

刃口倾斜程度 H 越大则冲裁力越小,但凸模需进入凹模越深,板料的弯曲越严重,故一般取 H 值为当 t < 3 mm 时,H = 2t;t = 3 ~ 10 mm 时,H = t。

斜刃口冲裁时,冲裁力可计算为

$$F_{斜} = K_{斜} L t \tau$$

式中　$F_{斜}$——斜刃冲裁力,N;

　　　$K_{斜}$——降低冲裁力系数,其值与斜刃高度 H 有关。当 H = t 时,$K_{斜}$ = 0.4 ~ 0.6;当 H = 2t 时,K = 0.2 ~ 0.4;

　　　L——冲裁轮廓线长度,mm。

斜刃冲裁的优点是压力机能在柔和条件下工作,特别是当冲裁件很大时,降低冲裁力很显著。缺点是模具制造难度提高,刃口修磨也困难,有些情况下模具刃口形状还要修正。冲裁时,废料的弯曲在一定程度上也会影响冲裁件的平整,这在冲裁厚料时更为严重。因此,它只适用于形状简单、精度要求不高、板料不太厚的大件冲裁。在汽车、拖拉机等大型覆盖件的落料中应用较多。

3)阶梯冲裁

在多凸模的冲模中,将凸模做成不同高度,采用阶梯布置,可使各凸模冲裁力的最大值不同时出现,从而降低了冲裁力,如图 4.22 所示。

各凸模间的高度相差量与板料厚度有关。对于薄料,取 H = t;对于厚料(t > 3 mm),取 H = 0.5t。各层凸模的布置要尽量对称,使模具受力平衡。

阶梯冲裁的优点是不但可降低冲裁力,而且还能适当减少振动,使工件精度不受影响,还可避免与大凸

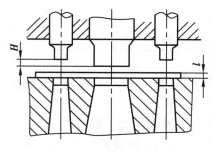

图 4.22　用阶梯凸模冲裁

模相距其近的小凸模受大凸模冲裁所引起的材料流动的影响而出现的倾斜或折断(因为小凸模可以略短一些)。缺点是修磨刃口比较麻烦。阶梯冲裁主要用于有多个凸模而其位置又较对称的模具。

### (3)卸料力、推件力和顶件力

冲裁时材料存在着弹性变形,冲裁后弹性变形恢复,使工件或冲孔废料梗塞在凹模内,而板料则紧箍在凸模上。为了使冲裁工作继续进行,必须将箍在凸模上的板料卸下,将梗塞在凹模内的工件或废料向下推出或向上顶出。从凸模上卸下板料所需的力称为卸料力 $F_{卸}$;从凹模内向下推出工件或废料所需的力称为推件力 $F_{推}$;从凹模内向上顶出工件或废料所需的力称为顶件力 $F_{顶}$,如图 4.23 所示。

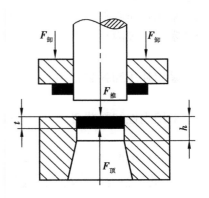

图 4.23　卸料力、推件力和顶件力

$F_{卸}$,$F_{推}$ 和 $F_{顶}$ 与冲件轮廓的形状、冲裁间隙、材料种类和厚度、润滑情况、凹模洞口形状等因素有关。在实际生产中常按冲裁力的大小,用以下经验公式计算为

$$F_{卸} = K_{卸}F$$

$$F_{推} = nK_{推}F$$

$$F_{顶} = K_{顶}F$$

式中　$F$——冲裁力;

　　　$K_{卸}$——卸料力系数;

　　　$K_{推}$——推件力系数;

　　　$K_{顶}$——顶件力系数;

　　　$n$——梗塞在凹模内的冲件数($n = h/t$);

　　　$h$——凹模直壁洞口的高度。

$F_{卸}$,$F_{推}$ 和 $F_{顶}$ 可分别由表 4.18 查取。当冲裁件形状复杂、冲裁间隙较小、润滑较差、材料强度高时应取较大的值;反之,则应取较小的值。

表 4.18　卸料力、推件力和顶件力系数

| | 料厚/mm | $K_{卸}$ | $K_{推}$ | $K_{顶}$ |
|---|---|---|---|---|
| 钢 | ≤1.0 | 0.06 ~ 0.09 | 0.1 | 0.14 |
| | >0.1 ~ 0.5 | 0.04 ~ 0.07 | 0.065 | 0.08 |
| | >0.5 ~ 2.5 | 0.025 ~ 0.06 | 0.05 | 0.06 |
| | >2.5 ~ 6.5 | 0.02 ~ 0.05 | 0.045 | 0.05 |
| | >6.5 | 0.015 ~ 0.04 | 0.025 | 0.03 |
| 铝、铝合金 | | 0.03 ~ 0.08 | 0.03 ~ 0.07 | |
| 紫铜、黄铜 | | 0.02 ~ 0.06 | 0.03 ~ 0.09 | |

注:卸料力系数 $K_{卸}$ 在冲多孔、大搭边和轮廓复杂时取上限。

$F_卸$ 与 $F_顶$ 是选择卸料装置和弹顶器的橡皮或弹簧的依据。

**（4）压力机所需总冲压力的计算**

在计算冲裁所需的总冲压力时，应先根据模具结构的具体情况，分析总冲压力究竟包含上述 $F$ 和 $F_卸$，$F_推$ 与 $F_顶$ 等中的哪几项。

采用弹压卸料装置和下出件模具时，上模在冲裁的同时还要克服卸料弹簧阻力 $F_卸$ 和推动梗塞在凹模内材料的推力 $F_推$，于是

$$F_Q = F + F_卸 + F_推$$

采用弹压卸料装置和上出件模具时

$$F_Q = F + F_卸 + F_顶$$

采用刚性卸料装置和下出件模具时

$$F_Q = F + F_推$$

**（5）压力机公称压力和设备型号的选择**

冲裁时，压力机的公称压力必须大于或等于各工艺力的总和 $F_\Sigma$，即

$$F_压 \geq F_\Sigma$$

式中　　$F_压$——所选压力机的吨位；

　　　　$F_\Sigma$——冲裁时的总工艺力，即

$$F_\Sigma = F + F_卸 + F_推 + F_顶$$

$F_卸$，$F_推$，$F_顶$ 并不是与 $F$ 同时出现，计算总力只加与 $F$ 同一瞬间出现的力即可。

例如，当采用弹压卸料装置和下出件的模具时

$$F_\Sigma = F + F_卸 + F_推$$

当采用弹压卸料装置和上出件的模具时

$$F_\Sigma = F + F_卸 + F_顶$$

当采用刚性卸料装置和下出件的模具时

$$F_\Sigma = F + F_推$$

当采用弹压顶件装置的倒装式复合模时

$$F_\Sigma = F + F_卸 + F_推 + F_顶$$

考虑到压力机的使用安全，选择压力机的吨位时，总工艺力 $F_\Sigma$ 一般不应超过压力机额定吨位的 80%。

计算出所需压力机吨位后，可由第 3 章表 3.14 中所列相应设备参数表选取对应标准设备型号。

# 4.4　冲裁模具参数计算

### 4.4.1　冲裁模具间隙的选用和确定

**（1）冲裁模具间隙的影响**

1）冲裁间隙对冲裁件断面的影响

冲裁件断面上的 4 个带在整个断面上所占的比例随着板料的性能、厚度、冲裁间隙、模具

结构等不同而变化。其中,冲裁间隙即凸、凹模之间的间隙对其影响最大。

冲裁间隙对剪裂纹重合的影响如图 4.24 所示。

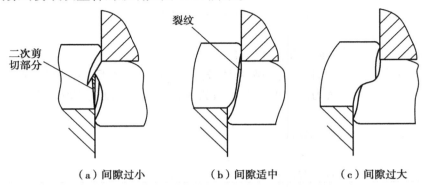

（a）间隙过小　　　　　（b）间隙适中　　　　　（c）间隙过大

**图 4.24　冲裁间隙对剪裂纹重合的影响**

间隙对冲裁断面的影响如图 4.25 所示。

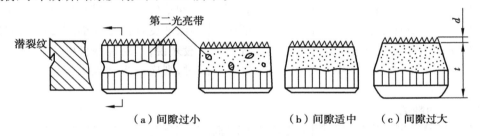

（a）间隙过小　　　　　　　（b）间隙适中　　　　　　（c）间隙过大

**图 4.25　冲裁间隙对冲裁断面的影响**

间隙过大或过小均将导致上、下剪裂纹不能相交重合于一线,如图 4.24（a）、图 4.24（c）所示。间隙太小时,凸模刃口附近的裂纹比正常间隙时向外错开一些,上、下两裂纹中间的材料随着冲裁的进行将被第二次剪切,并在断面上形成第二个光亮带,如图 4.25（a）所示,毛刺也增大。由于材料中拉应力成分减少,静水压效果增强,裂纹的产生受到抑制,故光亮带变大,而塌角斜度、翘曲等现象均减小。间隙过大时,凸模刃口附近的剪裂纹比正常间隙时向里错开一些,材料受到很大的拉伸,光亮带小,毛刺、塌角、斜度都增大,如图 4.25（c）所示。由于材料中的拉应力将增大,容易产生剪裂纹,塑性变形阶段较早结束,因此光亮带要小一些,而剪裂带、塌角和毛刺都比较大,冲裁件的翘曲现象也较显著。间隙过大或过小时均使冲裁件尺寸与冲模刃口尺寸的偏差增大。

间隙合适,如图 4.24（b）、图 4.25（b）所示,即在合理间隙范围内时,上、下剪裂纹基本重合于一线,这时光亮带约占板厚的 $\frac{1}{3}$,塌角、毛刺和斜度满足冲裁件质量的要求。

2）冲裁间隙对模具寿命的影响

间隙是影响模具寿命的各种因素中最主要的一个。冲裁过程中,凸模与被冲的孔之间,凹模与落料件之间均有摩擦,而且间隙越小,摩擦越严重。在实际生产中模具受到制造误差和装配精度的限制,凸模不可能绝对垂直于凹模平面,而且间隙也不会绝对均匀分布,合理的间隙均可使凸模、凹模侧面与材料间的摩擦减小,并减缓间隙不均匀的不利影响,从而提高模具的使用寿命。

3）冲裁间隙对冲裁力的影响

虽然冲裁力随冲裁间隙的增大有一定程度的降低，但是当单边间隙介于材料厚度的20%～50%范围内时，冲裁力的降低并不显著（仅降低5%～10%）。因此，在正常情况下，间隙对冲裁力的影响不大。

4）冲裁间隙对卸料力、推件力、顶件力的影响

间隙对卸料力、推件力和顶件力的影响比较显著。间隙增大后，从凸模上卸料、从凹模孔口中推出或顶出零件都将省力。一般当单边间隙增大到材料厚度的15%～25%时，卸料力几乎减到零。

5）冲裁间隙对尺寸精度的影响

间隙对于冲孔和落料的影响规律是不同的，并且与材料轧制的纤维方向有关。

通过以上分析可知，冲裁间隙对断面质量、模具寿命、冲裁力、卸料力、推件力、顶件力及冲裁件尺寸精度的影响规律均不相同。因此，并不存在一个能够同时满足断面质量最佳，尺寸精度最高，冲模寿命最长，冲裁力、卸料力、推件力、顶件力最小等各个方面要求的绝对合理间隙数值。在冲压的实际生产中，间隙的选用主要考虑冲裁件断面质量和模具寿命这两个主要的因素。但许多研究结果和实际生产经验证明，能够保证良好冲裁断面质量的间隙数值和可以获得较高冲模寿命的间隙数值也不是一致的。一般来说，当对冲裁件断面质量要求较高时，应选取较小的间隙值，而当冲裁件的质量要求不高时，则应适当地加大间隙值以利于提高冲模的使用寿命。

**（2）冲裁间隙的确定**

冲裁模的凸、凹模刃口部分尺寸之差称为冲裁间隙，其双面间隙用 $Z$ 表示，单面间隙为 $Z/2$，如图 4.26所示。从冲裁过程分析中可知，它对冲裁件断面的质量有决定性的影响；此外，它还影响模具寿命、冲裁力、卸料力、推件力、顶件力及冲裁件的尺寸精度，是一个非常重要的工艺参数。设计模具时一定要选择合理的间隙，才能使冲裁件断面质量较好，所需冲裁力较小，模具寿命较长。

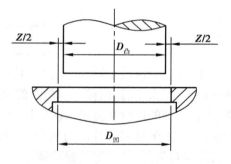

图 4.26　冲裁间隙

冲裁模间隙值的确定由前面的分析可见，间隙对冲裁件品质、冲裁力、模具寿命等都有很大的影响。但很难找到一个固定的间隙值能同时满足冲裁件品质最佳、冲模寿命最长，冲裁力最小等各方面的要求。因此，在冲压实际生产中，主要根据冲裁件断面品质、尺寸精度和模具寿命这3个因素综合考虑，给间隙规定一个范围值。只要间隙在这个范围内，就能得到品质合格的冲裁件和较长的模具寿命。这个间隙范围就称为合理间隙，这个范围的最小值称为最小合理间隙 $Z_{\min}$，最大值称为最大合理间隙 $Z_{\max}$。考虑到在生产过程中的磨损使间隙变大，故设计与制造新模具时应采用最小合理间隙 $Z_{\min}$。确定合理间隙值有理论方法和经验确定方法两种。

1）冲裁间隙的理论确定

冲裁件合理间隙数值应使冲裁时板料中上、下两剪裂纹重合，正好相交于一条连线上，如图 4.27 所示。根据图上的几何关系可得

$$Z/2 = (t - b)\tan \beta = t(1 - b/t)\tan \beta$$

式中　$Z/2$——单边间隙；

$\quad\quad t$——材料厚度；

$\quad\quad b$——光亮带宽度，即产生裂纹时凸模挤入的
深度；

$\quad\quad b/t$——产生裂纹时凸模挤入材料的相对深度；

$\quad\quad \beta$——剪裂纹与垂线间的夹角。

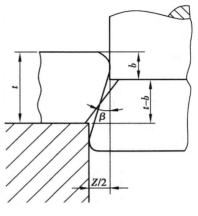

**图 4.27　冲裁件合理间隙**

由上式可知，合理间隙值取决于 $t,1-b/t,\tan\beta$ 3 个
因素。由于角度 $\beta$ 值的变化不大，故间隙数值主要决定
于前两个因素的影响。由前式可以分析出：

①材料厚度增大，间隙数值应正比地增大，反之
亦然。

②比值 $b/t$ 是产生剪裂纹时的相对挤入深度，它与
材料有关。材料塑性好，光亮带 $b$ 大，间隙数值就小。塑性低的硬脆材料，间隙数值就大一
些。另外，$b/t$ 还与材料的厚度有关，对同一种材料来说，$b/t$ 不是一个常数。例如，薄料冲裁
时，光亮带 $b$ 的宽度增大，$b/t$ 的比值也大。因此，薄料冲裁的合理间隙要小一些；而厚料的 $b/t$
数值小，合理间隙则应取得大一些。

综合上述两个因素的影响可知，材料厚度对间隙的综合影响并不是简单的正比关系。因
此，按材料厚度的百分比来确定合理间隙时，这个百分比应根据材料厚度本身来选取。

2)冲裁间隙的经验确定

上述确定间隙的方法可以用来说明材料性能、厚度等几个因素对间隙数值的一些影响，
由于理论计算法在生产中使用不方便，故在实际工作中都采用比较简便的，由实验方法制定
的表格来确定合理间隙的数值。

考虑到模具制造中的偏差及使用中的磨损，生产中通常是选择一个适当的范围作为合理
间隙，只要间隙在这个范围内，就可以冲出良好的零件。这个范围的最小值成为最小合理间
隙，最大值成为最大合理间隙。鉴于模具在使用过程中的磨损使间隙增大，故设计与制造新
模具时，建议采用较小的合理间隙值。

如表 4.19 所示提供的经验数据为落料、冲孔模的初始间隙，可用于一般条件下的冲裁。

**表 4.19　落料、冲孔模具初始间隙**

| 材料名称 | 45，T7，T8（退火），65Mn（退火），磷青铜（硬），铍青铜（硬） | 10，15，20 冷轧钢带，30 钢板，H62，H58（硬），LY12（硬铝），硅钢片 | Q215，Q235 钢板，08，10，15 钢板，H62，H68（半硬），纯铜（硬），磷青铜（软），铍青铜（软） | H52,H58(软)，纯铜（软），防锈铝，LF21,LF2软铝，L2—L6，LY12（退火），铜母线，铝母线 | 酚醛环氧层压玻璃布板，酚醛层压纸板，酚醛层压希板 | 钢纸板（反白板），绝缘纸板，云母板，橡胶板 |
|---|---|---|---|---|---|---|
| 力学性能 | HBS≥190 $\sigma_b$≥600 MPa | HBS = 140～160 $\sigma_b$ = 400 MPa～600 MPa | HBS = 7～140 $\sigma_b$ = 300 MPa～400 MPa | HBS≤70 $\sigma_b$≤300 MPa | | |

续表

| 厚度 | 初始间隙 Z/mm | | | | | | | | | | | |
|---|---|---|---|---|---|---|---|---|---|---|---|---|
| $t$/mm | $Z_{min}$ | $Z_{max}$ | $Z_{min}$ | $Z_{max}$ | $Z_{min}$ | $Z_{max}$ | $Z_{min}$ | $Z_{max}$ | $Z_{min}$ | $Z_{max}$ | $Z_{min}$ | $Z_{max}$ |
| 0.1 | 0.015 | 0.035 | 0.01 | 0.03 | * | | * | | * | | | |
| 0.2 | 0.025 | 0.045 | 0.015 | 0.035 | 0.01 | 0.03 | * | | * | | | |
| 0.3 | 0.04 | 0.06 | 0.03 | 0.05 | 0.02 | 0.04 | 0.01 | 0.03 | * | | * | |
| 0.5 | 0.08 | 0.10 | 0.06 | 0.08 | 0.04 | 0.06 | 0.025 | 0.045 | 0.01 | 0.02 | | |
| 0.8 | 0.13 | 0.16 | 0.10 | 0.13 | 0.07 | 0.10 | 0.045 | 0.075 | 0.015 | 0.03 | | |
| 1.0 | 0.17 | 0.20 | 0.13 | 0.16 | 0.10 | 0.13 | 0.065 | 0.095 | 0.025 | 0.04 | | |
| 1.2 | 0.21 | 0.24 | 0.16 | 0.19 | 0.13 | 0.16 | 0.075 | 0.105 | 0.035 | 0.05 | | |
| 1.5 | 0.27 | 0.31 | 0.21 | 0.25 | 0.15 | 0.19 | 0.10 | 0.14 | 0.04 | 0.05 | 0.01 ～ 0.03 | 0.015 ～ 0.045 |
| 1.8 | 0.34 | 0.38 | 0.27 | 0.31 | 0.20 | 0.24 | 0.13 | 0.17 | 0.05 | 0.07 | | |
| 2.0 | 0.38 | 0.42 | 0.30 | 0.34 | 0.22 | 0.26 | 0.14 | 0.18 | 0.06 | 0.08 | | |
| 2.5 | 0.49 | 0.55 | 0.39 | 0.45 | 0.29 | 0.35 | 0.18 | 0.24 | 0.07 | 0.10 | | |
| 3.0 | 0.62 | 0.68 | 0.49 | 0.55 | 0.36 | 0.42 | 0.23 | 0.29 | 0.10 | 0.13 | | |
| 3.5 | 0.73 | 0.81 | 0.58 | 0.66 | 0.43 | 0.51 | 0.27 | 0.35 | 0.12 | 0.16 | 0.04 | 0.06 |
| 4.0 | 0.86 | 0.94 | 0.68 | 0.76 | 0.50 | 0.58 | 0.32 | 0.40 | 0.14 | 0.18 | | |
| 4.5 | 1.0 | 1.08 | 0.78 | 0.86 | 0.58 | 0.66 | 0.37 | 0.45 | 0.6 | 0.20 | | |
| 5.0 | 1.13 | 1.23 | 0.90 | 1.00 | 0.65 | 0.75 | 0.42 | 0.52 | 0.18 | 0.23 | 0.05 | 0.07 |
| 6.0 | 1.40 | 1.50 | 1.10 | 1.20 | 0.82 | 0.92 | 0.53 | 0.63 | 0.24 | 0.29 | | |
| 8.0 | 2.0 | 2.12 | 1.60 | 1.72 | 1.17 | 1.29 | 0.76 | 0.88 | | | | |
| 10 | 2.60 | 2.72 | 2.10 | 2.22 | 1.56 | 1.68 | 1.02 | 1.14 | | | | |
| 12 | 3.30 | 3.42 | 2.60 | 2.22 | 1.97 | 2.09 | 1.30 | 1.42 | | | | |

注:有 * 号处均系无间隙。

　　根据研究与实际生产经验,间隙值还可按要求分类查表确定。对于尺寸精度、断面品质要求高的冲裁件应选用较小间隙值(见表4.20),这时冲裁力与模具寿命作为次要因素考虑。对于尺寸精度和断面品质要求不高的冲裁件,在满足冲裁件品质要求的前提下,应以降低冲裁力、提高模具寿命为主,选用较大的双面间隙值(见表4.21),详见 GB/T 16743—1997。

表4.20　冲裁模初始双面间隙 $Z$(高要求)/mm

| 材料厚度 | 软铝 | | 纯铜,黄铜,软铜 $W_C = (0.08 \sim 0.2)\%$ | | 杜拉铝,中等硬钢 $W_C = (0.3 \sim 0.4)\%$ | | 硬钢 $W_C = (0.5 \sim 0.6)\%$ | |
|---|---|---|---|---|---|---|---|---|
| $t$/mm | $Z_{min}$ | $Z_{max}$ | $Z_{min}$ | $Z_{max}$ | $Z_{min}$ | $Z_{max}$ | $Z_{min}$ | $Z_{max}$ |
| 0.2 | 0.008 | 0.012 | 0.010 | 0.014 | 0.012 | 0.016 | 0.014 | 0.018 |
| 0.3 | 0.012 | 0.018 | 0.015 | 0.021 | 0.018 | 0.024 | 0.021 | 0.027 |

| 材料厚度 $t$/mm | 软 铝 | | 纯铜,黄铜,软铜 $W_C = (0.08 \sim 0.2)\%$ | | 杜拉铝,中等硬钢 $W_C = (0.3 \sim 0.4)\%$ | | 硬钢 $W_C = (0.5 \sim 0.6)\%$ | |
|---|---|---|---|---|---|---|---|---|
| | $Z_{min}$ | $Z_{max}$ | $Z_{min}$ | $Z_{max}$ | $Z_{min}$ | $Z_{max}$ | $Z_{min}$ | $Z_{max}$ |
| 0.4 | 0.016 | 0.024 | 0.020 | 0.028 | 0.024 | 0.032 | 0.028 | 0.036 |
| 0.5 | 0.020 | 0.030 | 0.025 | 0.035 | 0.030 | 0.040 | 0.035 | 0.045 |
| 0.6 | 0.024 | 0.036 | 0.030 | 0.042 | 0.036 | 0.048 | 0.042 | 0.054 |
| 0.7 | 0.028 | 0.042 | 0.035 | 0.049 | 0.042 | 0.056 | 0.049 | 0.063 |
| 0.8 | 0.032 | 0.048 | 0.040 | 0.056 | 0.048 | 0.064 | 0.056 | 0.072 |
| 0.9 | 0.036 | 0.054 | 0.045 | 0.063 | 0.054 | 0.072 | 0.063 | 0.081 |
| 1.0 | 0.040 | 0.060 | 0.050 | 0.070 | 0.060 | 0.080 | 0.070 | 0.090 |
| 1.2 | 0.050 | 0.084 | 0.072 | 0.096 | 0.084 | 0.108 | 0.096 | 0.120 |
| 1.5 | 0.075 | 0.105 | 0.090 | 0.120 | 0.105 | 0.135 | 0.120 | 0.150 |
| 1.8 | 0.090 | 0.126 | 0.108 | 0.144 | 0.126 | 0.162 | 0.144 | 0.180 |
| 2.0 | 0.100 | 0.140 | 0.120 | 0.160 | 0.140 | 0.180 | 0.160 | 0.200 |
| 2.2 | 0.132 | 0.176 | 0.154 | 0.198 | 0.176 | 0.220 | 0.198 | 0.242 |
| 2.5 | 0.150 | 0.200 | 0.175 | 0.225 | 0.200 | 0.250 | 0.225 | 0.275 |
| 2.8 | 0.168 | 0.225 | 0.196 | 0.252 | 0.224 | 0.280 | 0.252 | 0.308 |
| 3.0 | 0.180 | 0.240 | 0.210 | 0.270 | 0.240 | 0.300 | 0.270 | 0.330 |
| 3.5 | 0.245 | 0.315 | 0.280 | 0.350 | 0.315 | 0.385 | 0.350 | 0.420 |
| 4.0 | 0.280 | 0.360 | 0.320 | 0.400 | 0.360 | 0.440 | 0.400 | 0.480 |
| 4.5 | 0.315 | 0.405 | 0.360 | 0.450 | 0.405 | 0.490 | 0.450 | 0.540 |
| 5.0 | 0.350 | 0.450 | 0.400 | 0.500 | 0.450 | 0.550 | 0.500 | 0.600 |
| 6.0 | 0.480 | 0.600 | 0.540 | 0.660 | 0.600 | 0.720 | 0.660 | 0.780 |
| 7.0 | 0.560 | 0.700 | 0.630 | 0.770 | 0.700 | 0.840 | 0.770 | 0.910 |
| 8.0 | 0.720 | 0.880 | 0.800 | 0.960 | 0.880 | 1.040 | 0.960 | 1.120 |
| 9.0 | 0.870 | 0.990 | 0.900 | 1.080 | 0.990 | 1.170 | 1.080 | 1.260 |
| 10.0 | 0.900 | 1.100 | 1.000 | 1.200 | 1.100 | 1.300 | 1.200 | 1.400 |

表 4.21　冲裁模初始双面间隙 $Z$(低要求)/mm

| 材料厚度 $t$/mm | 08,10,35,Q235,Q235A | | Q345 | | 40,50 | | 65Mn | |
|---|---|---|---|---|---|---|---|---|
| | $Z_{min}$ | $Z_{max}$ | $Z_{min}$ | $Z_{max}$ | $Z_{min}$ | $Z_{max}$ | $Z_{min}$ | $Z_{max}$ |
| <0.5 | 最小间隙 | | | | | | | |
| 0.5 | 0.040 | 0.060 | 0.040 | 0.060 | 0.040 | 0.060 | 0.040 | 0.060 |

续表

| 材料<br>厚度 $t$/mm | 08,10,35,Q235,Q235A | | Q345 | | 40,50 | | 65Mm | |
|---|---|---|---|---|---|---|---|---|
| | $Z_{min}$ | $Z_{max}$ | $Z_{min}$ | $Z_{max}$ | $Z_{min}$ | $Z_{max}$ | $Z_{min}$ | $Z_{max}$ |
| 0.6 | 0.048 | 0.720 | 0.048 | 0.720 | 0.048 | 0.720 | 0.048 | 0.720 |
| 0.7 | 0.064 | 0.092 | 0.064 | 0.092 | 0.064 | 0.092 | 0.064 | 0.092 |
| 0.8 | 0.072 | 0.104 | 0.072 | 0.104 | 0.072 | 0.104 | 0.064 | 0.092 |
| 0.9 | 0.090 | 0.126 | 0.090 | 0.126 | 0.090 | 0.126 | 0.090 | 0.126 |
| 1.0 | 0.100 | 0.140 | 0.100 | 0.140 | 0.100 | 0.140 | 0.090 | 0.126 |
| 1.2 | 0.126 | 0.180 | 0.132 | 0.180 | 0.132 | 0.180 | | |
| 1.5 | 0.132 | 0.240 | 0.170 | 0.240 | 0.170 | 0.240 | | |
| 1.75 | 0.220 | 0.320 | 0.220 | 0.320 | 0.220 | 0.320 | | |
| 2.0 | 0.246 | 0.360 | 0.260 | 0.380 | 0.260 | 0.380 | | |
| 2.1 | 0.260 | 0.380 | 0.280 | 0.400 | 0.280 | 0.400 | | |
| 2.5 | 0.360 | 0.500 | 0.380 | 0.540 | 0.380 | 0.540 | | |
| 2.75 | 0.400 | 0.560 | 0.420 | 0.600 | 0.420 | 0.600 | | |
| 3.0 | 0.460 | 0.640 | 0.480 | 0.660 | 0.480 | 0.660 | | |
| 3.5 | 0.540 | 0.740 | 0.580 | 0.780 | 0.580 | 0.780 | | |
| 4.0 | 0.640 | 0.880 | 0.680 | 0.920 | 0.680 | 0.920 | | |
| 4.5 | 0.720 | 1.000 | 0.680 | 0.960 | 0.780 | 1.040 | | |
| 5.5 | 0.940 | 1.280 | 0.780 | 1.100 | 0.980 | 1.320 | | |
| 6.0 | 1.080 | 1.440 | 0.840 | 1.200 | 1.140 | 1.500 | | |
| 6.5 | | | 0.940 | 1.300 | | | | |
| 8.0 | | | 1.200 | 1.680 | | | | |

3）冲裁间隙确定的其他实用方法

冲裁间隙值的选用，可根据不同情况灵活掌握。例如，冲孔直径较小而导板导向又较差时，为防止凸模受力大而折断，间隙可取大一些。这时废料易带出凹模表面，凸模上应装上弹性推杆或采取以压缩空气从凸模端部小孔吹出冲下的废料等措施。凹模孔形式为锥形时，其间隙应比圆柱形小。采用弹顶装置向上出件时，其间隙值可比下出件时大50%左右。高速冲压时，模具温度增高，间隙应适当增大，如行程超过200次/min，间隙值可约增大10%。硬质合金冲模由于热膨胀系数小，其间隙值可比钢模大30%，在同样条件下，非圆形应比圆形的间隙大，冲孔所取间隙可比落料略大。

对于冲裁件精度低于IT14级，断面无特殊要求的冲裁件，还可采用大的间隙，以利于提高冲模寿命。

### 4.4.2 冲裁模具刃口尺寸计算

#### (1)尺寸计算原则

在确定冲模凸模和凹模刃口尺寸时,必须遵循以下原则:

①根据落料和冲孔的特点,落料件的尺寸取决于凹模尺寸,因此落料模应先决定凹模尺寸,用减小凸模尺寸来保证合理间隙;冲孔件尺寸取决于凸模尺寸,故冲孔模应先决定凸模尺寸,用增大凹模尺寸来保证合理间隙。

②根据凸、凹模刃口的磨损规律,凹模刃口磨损后使落料尺寸变大,其刃口基本尺寸应取接近或等于工件的最小极限尺寸;凸模刃口磨损后使冲孔件孔径减小,其刃口基本尺寸应取接近或等于工件的最大极限尺寸。

③考虑工件精度与模具精度间的关系。在确定模具制造公差时,既要保证工件的精度要求,又要保证有合理的间隙数值。一般冲模精度较工件精度高2~3级。

#### (2)尺寸计算方法

由于模具加工和测量方法的不同,可分为凸模与凹模分开加工和配合加工两类。

1)凸模与凹模分开加工

这种加工方法适用于圆形或简单形状的冲裁件。其尺寸计算公式如表4.22所示。

表4.22 分开加工法凸、凹模工作部分尺寸和公差计算公式

| 工作性质 | 工件尺寸 | 凸模尺寸 | 凹模尺寸 |
|---|---|---|---|
| 落料 | $D_{-\Delta}^{0}$ | $D_{凸} = (D - \chi\Delta - Z_{\min})_{-\delta_{凸}}^{0}$ | $D_{凹} = (D - \chi\Delta)_{0}^{+\delta_{凹}}$ |
| 冲孔 | $d_{0}^{+\Delta}$ | $d_{凸} = (d + \chi\Delta)_{-\delta_{凸}}^{0}$ | $d_{凹} = (d + \chi\Delta + Z_{\min})_{0}^{+\delta_{凹}}$ |

注:计算时,需先将工件尺寸化成 $D_{-\Delta}^{0}$,$d_{0}^{+\Delta}$ 的形式。

表中 $D_{凸}$,$D_{凹}$——落料凸、凹模的刃口尺寸,mm;

$\quad$ $d_{凸}$,$d_{凹}$——冲孔凸、凹模刃口尺寸,mm;

$\quad$ $D$——落料件外形的最大极限尺寸,mm;

$\quad$ $d$——冲孔件孔径的最小极限尺寸,mm;

$\quad$ $\chi$——磨损系数,可查表4.24;

$\quad$ $\delta_{凸}$,$\delta_{凹}$——凸、凹模的制造公差,mm,如表4.23所示;

$\quad$ $\Delta$——零件(工件)的公差,mm;

$\quad$ $Z_{\min}$——最小合理间隙。

表4.23 圆形凸凹模的极限偏差/mm

| 材料厚度 $t$/mm | 基本尺寸 | | | | | | | | | |
|---|---|---|---|---|---|---|---|---|---|---|
| | ~10 | | >10~50 | | >50~100 | | >100~150 | | >150~200 | |
| | $\delta_{凹}$ | $\delta_{凸}$ | $\delta_{凹}$ | $\delta_{凸}$ | $\delta_{凹}$ | $\delta_{凸}$ | $\delta_{凹}$ | $\delta_{凸}$ | $\delta_{凹}$ | $\delta_{凸}$ |
| 0.4 | +0.006 | -0.004 | +0.006 | -0.004 | | | | | | |
| 0.5 | +0.006 | -0.004 | +0.006 | -0.004 | +0.008 | -0.005 | | | | |
| 0.6 | +0.006 | -0.004 | +0.008 | -0.005 | +0.008 | -0.005 | +0.010 | -0.007 | | |

续表

| 材料厚度 $t/mm$ | 基本尺寸 | | | | | | | | | |
|---|---|---|---|---|---|---|---|---|---|---|
| | ~10 | | >10~50 | | >50~100 | | >100~150 | | >150~200 | |
| | $\delta_凹$ | $\delta_凸$ | $\delta_凹$ | $\delta_凸$ | $\delta_凹$ | $\delta_凸$ | $\delta_凹$ | $\delta_凸$ | $\delta_凹$ | $\delta_凸$ |
| 0.8 | +0.007 | −0.005 | +0.008 | −0.006 | +0.010 | −0.007 | +0.012 | −0.008 | | |
| 1.0 | +0.008 | −0.006 | +0.010 | −0.007 | +0.012 | −0.008 | +0.015 | −0.010 | +0.017 | −0.012 |
| 1.2 | +0.010 | −0.007 | +0.012 | −0.008 | +0.015 | −0.010 | +0.017 | −0.012 | +0.022 | −0.014 |
| 1.5 | +0.012 | −0.008 | +0.015 | −0.010 | +0.017 | −0.012 | +0.020 | −0.014 | +0.025 | −0.017 |
| 1.8 | +0.015 | −0.010 | +0.017 | −0.012 | +0.020 | −0.014 | +0.025 | −0.017 | +0.029 | −0.019 |
| 2.0 | +0.017 | −0.012 | +0.020 | −0.014 | +0.025 | −0.017 | +0.029 | −0.019 | +0.032 | −0.031 |
| 2.5 | +0.023 | −0.014 | +0.027 | −0.017 | +0.030 | −0.020 | +0.035 | −0.023 | +0.040 | −0.037 |
| 3.0 | +0.027 | −0.017 | +0.030 | −0.020 | +0.035 | −0.023 | +0.040 | −0.027 | +0.045 | −0.030 |
| 4.0 | +0.030 | −0.020 | +0.035 | −0.023 | +0.040 | −0.027 | +0.045 | −0.030 | +0.050 | −0.035 |
| 5.0 | +0.035 | −0.023 | +0.040 | −0.027 | +0.045 | −0.030 | +0.050 | −0.035 | +0.060 | −0.040 |
| 6.0 | +0.045 | −0.030 | +0.050 | −0.035 | +0.060 | −0.040 | +0.070 | −0.045 | +0.080 | −0.050 |
| 8.0 | +0.060 | −0.040 | +0.070 | −0.045 | +0.080 | −0.050 | +0.090 | −0.055 | +0.100 | −0.060 |

注：本表适用于电器仪表行业，当冲裁件精度要求不高时，表中数值可增大25%~30%。

为了保证新冲模的间隙小于最大合理间隙（$Z_{max}$），凸模和凹模制造公差必须保证：

$$|\delta_凸| + |\delta_凹| > Z_{max} - Z_{min}$$

当 $\delta_凸$, $\delta_凹$ 无现成资料时，一般可取

$$\delta_凸 = \frac{1}{4}\Delta; \qquad \delta_凹 = 2\delta_凸$$

表4.24　磨损系数 $\chi$

| 材料厚度 $t/mm$ | 非圆形 | | | 圆　形 | |
|---|---|---|---|---|---|
| | 工件公差 $\Delta/mm$ | | | | |
| ~1 | <0.16 | 0.17~0.15 | ≥0.36 | <0.16 | ≥0.16 |
| 1~2 | <0.20 | 0.21~0.41 | ≥0.42 | <0.20 | ≥0.20 |
| 3~4 | <0.24 | 0.25~0.49 | ≥0.50 | <0.24 | ≥0.24 |
| >4 | <0.30 | 0.31~0.59 | ≥0.60 | <0.30 | ≥0.30 |
| $\chi$ | 1 | 0.75 | 0.5 | 0.75 | 0.5 |

2）凸模与凹模配合加工

对冲制复杂或薄材料工件的模具，其凸、凹模通常采用配合加工的方法。

此方法是先做凸模或凹模中的一件，然后根据制作好的凸模或凹模的实际尺寸配做另一

件,使它们之间达到最小合理间隙值。落料时,先做凹模,并以它作为基准配制凸模,保证最小合理间隙;冲孔时,先做凸模,并以它作为基准配制凹模,保证最小合理间隙。因此,只需在基准件上标注尺寸和公差,另一件只标注基本尺寸,并注明"凸模尺寸按凹模实际尺寸配制,保证间隙××"(落料时);或"凹模尺寸按凸模实际尺寸配制,保证间隙××"(冲孔时)。这种方法,可放大基准件的制造公差,使其公差大小不再受凸、凹模间隙的限制,制造容易。对一些复杂的冲裁件,由于各部分尺寸的性质不同,凸、凹模刃口的磨损规律也不相同,故基准件刃口尺寸计算方法也不同。

如表 4.25 所示列有凸、凹模刃口尺寸计算公式,落料件按凹模磨损后尺寸变大(见图 4.28 中 A 类尺寸)、变小(见图 4.28 中 B 类尺寸)和不变(见图 4.28 中 C 类尺寸)的规律分为 3 种;冲孔件按凸模磨损后尺寸变小(见图 4.29 中 A 类尺寸)、变大(见图 4.29 中 B 类尺寸)和不变(见图 4.29 中 C 类尺寸)的规律分为 3 种。

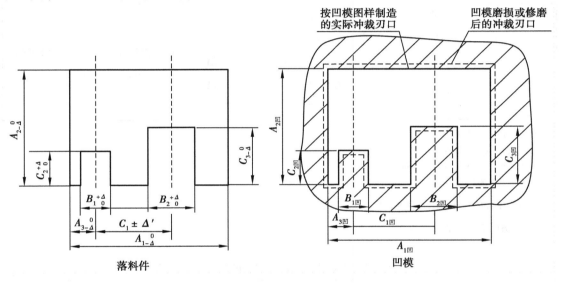

图 4.28　落料件与凹模尺寸

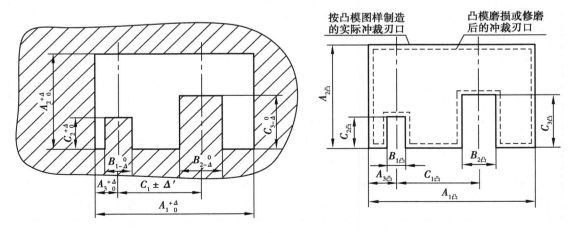

图 4.29　冲孔件与凸模尺寸

工件为非圆形时,冲裁凸、凹模的制造公差如表 4.26 所示。曲线形状的冲裁凸、凹模的制造公差如表 4.27 所示。

表 4.25　配合加工法凸、凹模尺寸及其公差的计算公式

| 工件性质 | 制件尺寸(见图 4.28)(见图 4.29) | | 凸模尺寸 | 凹模尺寸 |
|---|---|---|---|---|
| 落料 | $A_{-\Delta}^0$ | | 按凹模尺寸配制,其双面间隙为 $Z_{min} \sim Z_{max}$ | $A_{凹} = (A - \chi\Delta)_0^{+0.25\Delta}$ |
| | $B_0^{+\Delta}$ | | | $B_{凹} = (B + \chi\Delta)_{-0.25\Delta}^0$ |
| | $C$ | $C_0^{+\Delta}$ | | $C_{凹} = (C + 0.5\Delta) \pm 0.125\Delta$ |
| | | $C_{-\Delta}^0$ | | $C_{凹} = (C - 0.5\Delta) \pm 0.125\Delta$ |
| | | $C \pm \Delta'$ | | $C_{凹} = C \pm 0.125\Delta$ |
| 冲孔 | $A_{-\Delta}^0$ | | 按凸模尺寸配制,其双面间隙为 $Z_{min} \sim Z_{max}$ | $A_{凹} = (A - \chi\Delta)_0^{+0.25\Delta}$ |
| | $B_0^{+\Delta}$ | | | $B_{凹} = (B + \chi\Delta)_{-0.25\Delta}^0$ |
| | $C$ | $C_0^{+\Delta}$ | $C_{凹} = (C + 0.5\Delta) \pm 0.125\Delta$ | |
| | | $C_{-\Delta}^0$ | $C_{凹} = (C - 0.5\Delta) \pm 0.125\Delta$ | |
| | | $C \pm \Delta'$ | $C_{凹} = C \pm 0.125\Delta$ | |

注:$A_{凸}$,$B_{凸}$,$C_{凸}$——凸模刃口尺寸,mm;

$A_{凹}$,$B_{凹}$,$C_{凹}$——凹模刃口尺寸,mm;

$A$,$B$,$C$——工件基本尺寸,mm;

$\Delta$——工件的公差,mm;

$\Delta'$——工件的偏差,mm,对称偏差时,$\Delta' = \frac{1}{2}\Delta$;

$\chi$——磨损系数,可查表 4.24。

表 4.26　工件为非圆形时,冲裁凸、凹模的制造公差/mm

| 工件基本尺寸及公差等级 | | $\Delta$ | $\chi\Delta$ | 制造公差 | | 工件基本尺寸及公差等级 | | $\Delta$ | $\chi\Delta$ | 制造公差 | |
|---|---|---|---|---|---|---|---|---|---|---|---|
| IT10 | IT11 | | | 凸模 | 凹模 | IT13 | IT14 | | | 凸模 | 凹模 |
| 1 ~ 3 | | 0.040 | 0.040 | 0.010 | | 1 ~ 3 | | 0.140 | 0.105 | 0.030 | |
| 3 ~ 6 | | 0.048 | 0.048 | 0.012 | | 3 ~ 6 | | 0.180 | 0.135 | 0.040 | |
| 0 ~ 10 | | 0.058 | 0.058 | 0.014 | | 0 ~ 10 | | 0.220 | 0.160 | 0.050 | |
| | 1 ~ 3 | 0.045 | 0.060 | 0.015 | | | 1 ~ 3 | 0.270 | 0.200 | 0.060 | |
| 10 ~ 18 | | 0.070 | 0.070 | 0.018 | | 10 ~ 18 | | 0.250 | 0.130 | 0.060 | |
| | 3 ~ 6 | 0.050 | 0.075 | 0.020 | | | 3 ~ 6 | 0.330 | 0.250 | 0.070 | |
| 18 ~ 30 | | 0.080 | 0.084 | 0.021 | | 18 ~ 30 | | 0.300 | 0.150 | 0.075 | |
| 30 ~ 50 | | 0.100 | 0.100 | 0.023 | | 30 ~ 50 | | 0.390 | 0.290 | 0.085 | |
| | 6 ~ 10 | 0.060 | 0.090 | 0.025 | | | 6 ~ 10 | 0.360 | 0.180 | 0.090 | |
| 50 ~ 80 | | 0.120 | 0.120 | 0.030 | | 50 ~ 80 | | 0.460 | 0.340 | 0.100 | |

续表

| 工件基本尺寸及公差等级 | | Δ | χΔ | 制造公差 | | 工件基本尺寸及公差等级 | | Δ | χΔ | 制造公差 | |
|---|---|---|---|---|---|---|---|---|---|---|---|
| IT10 | IT11 | | | 凸模 | 凹模 | IT13 | IT14 | | | 凸模 | 凹模 |
| | 10～18 | 0.080 | 0.110 | 0.035 | | 80～120 | 10～18 | 0.430 | 0.220 | 0.110 | |
| 80～120 | | 0.140 | 0.140 | 0.040 | | 120～180 | | 0.540 | 0.400 | 0.115 | |
| | 18～30 | 0.090 | 0.130 | 0.042 | | 180～250 | 18～30 | 0.520 | 0.260 | 0.130 | |
| 120～180 | | 0.160 | 0.160 | 0.046 | | 250～315 | | 0.630 | 0.470 | 0.130 | |
| | 30～50 | 0.120 | 0.160 | 0.050 | | | 30～50 | 0.720 | 0.540 | 0.150 | |
| 180～250 | | 0.185 | 0.185 | 0.054 | | 315～400 | | 0.620 | 0.310 | 0.150 | |
| | 50～80 | 0.140 | 0.190 | 0.057 | | | 50～80 | 0.810 | 0.600 | 0.170 | |
| 250～315 | | 0.210 | 0.210 | 0.062 | | | | 0.740 | 0.370 | 0.185 | |
| | 80～120 | 0.170 | 0.220 | 0.065 | | | 80～120 | 0.890 | 0.660 | 0.190 | |
| 315～400 | | 0.230 | 0.230 | 0.075 | | | | 0.870 | 0.440 | 0.210 | |
| | 120～180 | 0.180 | 0.250 | 0.085 | | | 120～180 | 1.000 | 0.500 | 0.250 | |
| | 180～250 | 0.210 | 0.290 | 0.095 | | | 180～250 | 1.150 | 0.570 | 0.290 | |
| | 250～315 | 0.240 | 0.320 | | | | 250～315 | 1.300 | 0.650 | 0.340 | |
| | 315～400 | 0.270 | 0.360 | | | | 315～400 | 1.400 | 0.700 | 0.350 | |

注：本表适用于电器行业。

**表 4.27　曲线形状的冲裁凸、凹模的制造公差/mm**

| 工作要求 | 工作部分最大尺寸 | | |
|---|---|---|---|
| | ≤150 | >150～500 | >500 |
| 普通精度 | 0.2 | 0.35 | 0.5 |
| 高精度 | 0.1 | 0.2 | 0.3 |

注：1. 本表序列公差,只在凸模或凹模一个零件上标注,而另一件则注明配制间隙。

2. 本表适用于汽车、拖拉机行业。

**(3)分别加工的可行性判断**

凸模和凹模并不是在任何情况均可采用分别加工的,只有在满足一定的条件时才能分别加工。这个条件由图 4.30 可直接看出,即凸、凹模最大间隙 $Z'_{max}$ 应小于合理间隙的最大值 $Z_{max}$,凸、凹模最小间隙 $Z'_{min}$ 应大于合理间隙的最小值 $Z_{min}$。

由此可知,凸、凹模的最大最小间隙差(即间隙变动范围)小于合理间隙的变动范围,即

$$Z'_{max} - Z'_{min} \leqslant Z_{max} - Z_{min}$$

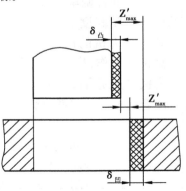

**图 4.30　凸模和凹模分别加工时的间隙变动范围**

87

但由图 4.30 可知

$$Z'_{max} - Z'_{min} = \delta_{凸} + \delta_{凹}$$

于是得到

$$\delta_{凸} + \delta_{凹} \leqslant Z_{max} - Z_{min}$$

或者写成为

$$\delta_{凸} + \delta_{凹} + Z_{min} \leqslant Z_{max}$$

这就是凸、凹模采用分别加工必须满足的条件。否则,模具的初始间隙就会超出合理间隙的允许变动范围,因而影响模具的使用寿命。

在按分别加工方法计算凸、凹模尺寸之前,首先要根据这个条件来判断,是否允许凸、凹模分别加工。

由上述表示的条件可知,采用分别加工方式的缺点就是模具制造公差($\delta_{凸} + \delta_{凹}$)必须受合理间隙范围($Z_{max} - Z_{min}$)的限制。当合理间隙变动范围较小时,就只好提高模具加工精度,以减小 $\delta_{凸}$ 和 $\delta_{凹}$,使上式的条件得到满足。这就增加了模具的制造难度。因此,分别加工方式主要用于下述情况:

①冲裁件形状简单,加工容易,提高模具精度不是太难。

②凸、凹模合理间隙变动范围($Z_{max} - Z_{min}$)较大,对模具精度要求不苛刻。

③有高精度的模具加工设备,加工后的凸、凹模精度已很高,$\delta_{凸}$ 和 $\delta_{凹}$ 已很小,即使合理间隙变动范围不大,上式的条件经常也能满足。

### 4.4.3 模具闭合高度确定

模具的闭合高度 $H_{模}$ 是指滑块在下止点即模具在最低工作位置时,上模座下平面与下模座上平面之间的距离。模具的闭合高度必须与压力机的封闭高度相适应。压力机的封闭高度是指滑块在下止点位置时,滑块下端面至压力机工作台上平面之间的距离。压力机的调节螺杆可以上下调节(调节量为 $M$),当连杆调至最短时,此距离为压力机的最大封闭高度 $H_{max}$;连杆调至最长时,此距离为压力机的最小封闭高度 $H_{min}$。为使模具正常工作,模具的闭合高度 $H_{模}$ 应介

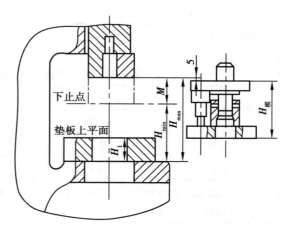

**图 4.31　模具闭合高度与压力机封闭高度**

于压力机最大闭合高度 $H_{max}$ 和最小闭合高度 $H_{min}$ 之间,如图 4.31 所示。正常条件下模具与压力机闭合高度间的关系应满足如下条件,即

$$H_{max} - 5 \text{ mm} \geqslant H_{模} \geqslant H_{min} + 10 \text{ mm}$$

式中,5 mm 和 10 mm 为装配时的安全裕量。

当模具的闭合高度高于压力机的最大封闭高度时,模具不能在该压力机上使用;反之,小于压力机的最小封闭高度时,可加经过磨平的垫板,其厚度为 $H_1$,则上式改写为

$$H_{max} - H_1 - 5 \text{ mm} \geqslant H_{模} \geqslant H_{min} - H_1 + 10 \text{ mm}$$

## 4.5 冲模结构分析、选取和确定

### 4.5.1 模具结构选取和确定的基本要求

①模具结构的工作原理能满足零件成形过程的要求。
②能冲出合格的冲件。
③难易程度要适应批量与精度要求。
④容易制造,操作方便,生产安全。
⑤模具寿命长,成本低。

### 4.5.2 冲模的结构类型与合理选用

#### (1)冲模的主要类型及适用生产范围

冲模的主要类型及适用生产范围如表4.28所示。简易冲模的类型、结构特点及适用范围如表4.29所示。通用与组合冲模的类型、结构特点及适用范围如表4.30所示。按冲压零件生产性质选用冲模类型如表4.31所示。

**表4.28 冲模的主要类型及适用生产范围**

| 冲模类型 | 冲模分类名称与结构形式 | 适合生产规模 | 备 注 |
|---|---|---|---|
| 简易冲模<br>(也称经济冲模) | 低熔点合金冲模 | 小批小量生产 | 结构简单,制造简便,制造周期短,成本低、但模具寿命低 |
| | 钢带冲模 | | |
| | 橡胶冲模 | | |
| | 薄板冲模 | | |
| 通用冲模<br>(也称多用冲模) | 通用剪切模 | 既可用于单件、小批生产,也可用于成批生产 | 比常规全钢冲模结构简单,多为敞开式,操作欠安全 |
| | 通用冲孔模 | | |
| | 万能弯曲模 | | |
| | 多用切半圆弧模 | | |
| 组合冲模 | 分解式组合冲模 | 适于小批量生产 | 将复杂形状工件分解成多工序加工,按加工件冲压需要,临时组装冲模卸料、定位、支承等组件 |
| | 积木式组合冲模 | | |
| | 配套式组合冲模 | | |
| 普通(专用)全钢冲模 | 分离(刃口)类冲模 | 适于成批和大量生产 | 更详细的按结构形式分类,如表4.32所示 |
| | 变形(型腔)类冲模 | | |
| 精冲模 | 普通压力机上的精冲模 | 适于成批和大量生产 | 小型冲件使用较多,进入推广普及阶段 |
| | 专用精冲机上的精冲模 | | |

表 4.29　简易冲模的类型、结构特点及适用范围

| 简易冲模类型 | 名称与结构形式 | 模具结构特点 | 适用冲压工序 | 加工范围 | 技术经济效果 | 备　注 |
|---|---|---|---|---|---|---|
| 低熔点合金冲模 | 铋基低熔点合金 | 采用铋-锡二元共晶合金,设置钢压边圈与凹模板,使用电加热管加热,用铸造法制模 | 拉深、压筋、弯曲等成形工序 | 大、中型成形件,$t \leqslant 1$ mm | 制模工时仅为 $4 \sim 6$ h,冲压件成本低,质量可达钢模水平 | $t$ 为冲压件料厚 |
| | 锌基低熔点合金成形模 | 采用锌-铝-镁四元合金,铸造法制模 | 拉深、压筋、弯曲等成形工序 | 中、小型成形件,$t \leqslant 1.5$ mm | 制模简单,制模周期短,费用小,冲压件成本低 | |
| | 锌基低熔点合金冲裁模 | 采用锌-铝-镁四元合金,铸造法制模 | 冲孔、落料、切口、冲槽孔等 | 中、小型成形件,$t < 3$ mm | 制模简单,制模周期短,费用小。冲压件成本低 | |
| 钢带冲模 | 常规式钢带冲模 | 凸、凹模刃口都用钢带制造,模体用硬木 | 冲孔、落料 | $L \times B \geqslant$ 50 mm × 30 mm,$t < 3$ mm | 与普通全钢冲模相比,节省模具钢90%,节省制模工时80%,制模成本节省80% | $L$ 和 $B$ 分别为冲压零件的长与宽,钢带嵌入硬木作刃口 |
| | 切口式钢带冲模 | 钢带嵌入硬木作刃口,钢带最佳刃口角为45°,下模板用厚度 20 mm 的 2A12 铝合金板 | 冲孔、落料 | 中、小型冲裁件,$t < 1.2$ mm | 与普通全钢冲模相比,节省模具钢90%,节省制模工时80%,制模成本节省80% | |
| | 样板式钢带冲模 | 凸模用厚 20 mm 的钢板制造,凹模用钢带嵌入硬木制成 | 冲孔、落料 | 大尺寸型冲裁件,$t < 6$ mm | 与普通全钢冲模相比,节省模具钢90%,节省制模工时80%,制模成本节省80% | |
| 橡胶冲模 | 普通橡胶冲模 | 钢凸模,普通橡胶板作凹模,进行无凹模冲制 | 冲孔、落料 | 薄、小尺寸型冲裁件,$t < 0.2$ mm | 制模周期短,费用少,冲裁件成本低 | 冲裁件质量较差,精度低 |
| | 聚氨酯橡胶冲模 | 利用装在钢容框中的聚氨酯橡胶作凸模或凹模,容框与钢刃口有 0.5 ~ 1.5 mm 的间隙 | 冲孔、落料 | 薄、小尺寸型冲裁件,$t < 0.3$ mm | 凸、凹模不必修配间隙,制模简便,冲裁成本低 | |
| | 橡胶冲裁模 | 聚氨酯凹模通用配钢凸模,采用敞开成形法 | 成形（弯形） | 中、小尺寸弯曲成形件,$t < 2$ mm | 凸、凹模不必修配间隙,制模简便,弯曲件成本低 | 弯曲件回弹小,甚至无回弹 |

| 简易冲模类型 | 名称与结构形式 | 模具结构特点 | 适用冲压工序 | 加工范围 | 技术经济效果 | 备　注 |
|---|---|---|---|---|---|---|
| 薄板冲模 | 换装式薄板冲模 | 通用快换模架,模芯元件系列化,模板厚约 15 mm。用斜楔或夹板固定装入模架 | 与普通全钢冲模相同 | 同全钢冲模 | 制模周期短,换装模芯方便,冲压件成本低 | 装模芯、调校时间长,要求技术高,仅适用于较小尺寸冲压件 |
| | 夹板式薄板冲模 | 凸、凹模用薄板制造,模芯装在用弹簧钢板制的开口夹板支架内 | 冲孔、落料 | 小尺寸冲裁件,$t<2$ mm | 制模简便,周期短,冲裁件成本低 | |
| | 电磁式薄板冲模 | 凸、凹模用 8 ~ 15 mm厚钢板制造,模具安装在磁力模座上 | 冲孔、落料 | 小尺寸冲裁件,$t<2$ mm | 制模容易,换模方便,生产成本低 | |
| | 通用薄板式冲模 | 模架通用,凹模用 0.5 ~ 0.8 mm 薄钢板制成,多层重叠 | 冲孔、落料 | 小型复杂冲裁件,$t<3$ mm | 制模方便,成本低,模具寿命稍高 | |

**表 4.30　通用与组合冲模的种类、结构特点及应用范围**

| 冲模类型 | 名称与结构形式 | 模具结构特点 | 适用冲压工序 | 加工范围 | 技术经济效果 | 备　注 |
|---|---|---|---|---|---|---|
| 多用途通用冲模 | 通用冲孔模 | 结构形式较多,通用模架,凸、凹模可换;凹模多孔,凸模可换;专用模架,凸模为快换结构 | 冲孔、圆片落料 | 孔径为 $\phi 1.5 \sim \phi 30$ mm,$t<3$ mm | 冲模工作元件可以系列化,制模简便,冲孔质量好,成本低,使用广泛 | 可利用通用冲孔模冲制凹入圆角、圆弧;厚料冲深孔通用冲孔模;还可在管材、型材上冲深孔 |
| | 通用切边、切角、切半圆弧冲模 | 无导向敞开式结构;矩形落料刃口用于切边和切角;直角敞开刃口仅用于切角;半圆刃口可按需要设置 | 非封闭落料,剪截、切角、切边、切圆角与半圆弧 | 边长 $L\leqslant 100$ mm,的直角及剪截,$t<1.5$ mm | 冲模结构简单,制造方便,成本低。在开关板制造中应用效益尤为显著 | |
| | 通用弯曲模 | 通用模架,可换凸、凹模结构;可换凸模,软凹模采用聚氨酯橡胶装入钢凹模容框的结构 | 弯曲,主要弯 V,L 形件 | 弯边长 $L\leqslant 100$ mm,$t<3$ mm | 冲模结构简单,制造费用小,冲弯工件质量好且成本低 | 软凹模仅用于 $t<2$ mm 的情况下 |

续表

| 冲模类型 | 名称与结构形式 | 模具结构特点 | 适用冲压工序 | 加工范围 | 技术经济效果 | 备注 |
|---|---|---|---|---|---|---|
| 组合冲模 | 分解式组合冲模 | 采用通用切圆弧、冲孔、弯曲等8~12种一整套冲模,将复杂冲压件按几何形状分解成多工序组合冲压 | 冲孔、落料,剪截、弯曲、拉深、成形等 | 中、小型冲压件,$t<3$ mm | 全套通用冲模均可重复使用,减少多品种冲压件生产用冲模数量,大幅度降低冲压件生产成本,冲模结构也较简单 | |
| | 积木式组合冲模 | 配备成系列的各种凸、凹模工作元件,按冲压零件分解冲压,临时组装冲模,类似组合夹具 | 冲孔、落料、弯曲、成形等 | 中、小型冲压件,$t<2$ mm | 工作元件可重复使用,并可按需要随时组装成各类冲模,一次投资稍大,常年用于多品种单件小批生产,冲压件成本低 | |
| | 配套式组合冲模 | 用标准通用组合模架或快换模架,通用卸料、定位、支承元件及专用刃口件组装冲模 | 同常规普通钢冲模,如导柱模架复合模 | 小型精密冲压件,$t<2$ mm | 制模周期短,适于中、小批生产,冲压件质量好,精度高,成本低 | |

**表4.31　按冲压零件生产性质选用冲模类型**

| 冲压零件的类别 | 冲压零件的生产性质 | | | | | |
|---|---|---|---|---|---|---|
| | 单件小批 | 小批量 | 成批、中批 | 大批 | 大量 | 常年大量 |
| | 数量/件 | | | | | |
| 大型件（>500 mm） | <250 | 2 500 | 25 000 | 250 000 | 2 500 000 | >2 500 000 |
| 中型件（250~500 mm） | <500 | 500 | 5 000 | 50 000 | 500 000 | >500 000 |
| 小型件（<250 mm） | <1 000 | 10 000 | 100 000 | 1 000 000 | 10 000 000 | >10 000 000 |
| | 推荐选用冲模 | | | | | |
| 冲模类型 | 各种简易冲模,组合冲模 | 组合冲模、寿命较高的简易冲模、结构简单的敞开式冲模 | 单工序冲模、导板式冲模、工位不多的简单结构连续模、复合模 | 多工位连续模、复合模及小型半自动冲模 | 用多工位连续模、复合模、硬质合金及其他高寿命冲模、自动冲模 | 用多工位连续模、硬质合金及其他高寿命冲模、自动冲模 |

续表

| 冲压零件<br>的类别 | 冲压零件的生产性质 | | | | | |
|---|---|---|---|---|---|---|
| | 单件小批 | 小批量 | 成批、中批 | 大批 | 大量 | 常年大量 |
| | 数量/件 | | | | | |
| 生产方式 | 板裁条料或单个片料、半成品坯料手工送料，分工序间断冲压 | 板裁条料或带料，单个坯料手工送料，间断冲压 | 板裁条料、带料，手工送料 | 带料或卷料自动或半自动送料；用板裁条料手工送料也常用 | 用卷料自动送进，全自动冲压，建立多机联动专用生产线或多工位专用压力机自动冲压 | 用卷料自动送进，全自动冲压，建立多机联动专用生产线或多工位专用压力机自动冲压 |

**（2）普通全钢冲模的类型**

普通全钢冲模组成的主要零部件如图4.32所示。普通全钢冲模的类型及其制造与冲压精度如表4.32所示。

表4.32　普通全钢冲模的类型及其制造与冲压精度

| 普通全钢冲模的<br>结构类型 | 制模精度 | | 冲压精度 | | 说　明 |
|---|---|---|---|---|---|
| | 冲模制造精度（IT） | 刃口、模腔表面粗糙度 $R_a$/μm | 冲压件尺寸精度（IT） | 冲压件形位精度（同轴度、位置度、对称度）/mm | |
| 一、单工序冲模（单冲模） | 在压力机的一次行程中只完成一个冲压工序（步）的冲模 | | | | 无导向敞开式冲裁模有用橡胶套在凸模上卸料，以及凹模刃口旁装卸料钩或卸料块卸料的多种形式 |
| 1. 分离（刃口类）冲模 | 在压力机上，用模具刃口使材料分离的冲模 | | | | |
| （1）无导向敞开式冲裁模 | 12~14 | 1.6~0.8 | <14 | 0.20~0.50 | |
| （2）无导向固定卸料冲裁模 | 10~12 | 1.6~0.8 | <14 | 0.20~0.50 | |
| （3）固定卸料导板式冲裁模 | 9~10 | 0.8~0.4 | 11~12 | 0.10~0.15 | |
| （4）导柱模架固定卸料冲裁模 | 9~10 | 0.8~0.4 | 11~12 | 0.08~0.10 | |
| （5）导柱模架弹压卸料冲裁模 | 8~10 | 0.4~0.2 | 10~12 | 0.05~0.10 | |
| 2. 变形（成形类）冲模 | 在压力机上，用模具型腔使材料按模腔形状变形的冲模 | | | | 大多为弯曲，拉深、卷边、压边、胀形、缩口，压印等成形翻边模，其他成形模较少 |
| （1）无导向开式成形模 | 12~14 | 0.8~0.4 | <14 | 0.20~0.50 | |
| （2）无导向固定卸料成形模 | 11~13 | 0.8~0.4 | 13~14 | 0.20~0.50 | |
| （3）固定卸料导板式成形模 | 9~10 | 0.4~0.1 | 11~12 | 0.10~0.25 | |
| （4）导柱模架固定卸料成形模 | 9~10 | 0.4~0.1 | 11~12 | 0.10~0.20 | |
| （5）导柱模架弹压卸料成形模 | 8~10 | 0.4~0.1 | 10~12 | 0.05~0.12 | |

续表

| 普通全钢冲模的结构类型 | 制模精度 | | 冲压精度 | | 说　明 |
|---|---|---|---|---|---|
| | 冲模制造精度（IT） | 刃口、模腔表面粗糙度 $R_a$/μm | 冲压件尺寸精度（IT） | 冲压件形位精度（同轴度、位置度、对称度）/mm | |
| 二、多工位连续模 | 在压力机的一次行程中，在模具的不同工位上完成数个冲压工步的冲模 | | | | 连续模也称级进模、跳步模、顺序模等，称连续模更符合实际，更科学一些 |
| 1. 多工位连续冲裁模 | 仅有冲孔、切口、落料等分离工步的连续模 | | | | |
| （1）无导向固定卸料连续冲裁模 | 10～12 | 0.8～0.4 | 12～14 | 0.20～0.50 | |
| （2）固定卸料导板式连续冲裁模 | 9～10 | 0.4～0.2 | 11～12 | 0.10～0.25 | |
| （3）导柱模架固定卸料连续冲裁模 | 9～10 | 0.4～0.2 | 11～12 | 0.10～0.20 | |
| （4）导柱模架弹压卸料连续冲裁模 | 8～10 | 0.4～0.1 | 10～12 | 0.08～0.15 | |
| （5）导柱模架弹压卸料导板式连续冲裁模 | 7～9 | 0.2～0.1 | 9～11 | 0.05～0.12 | |
| 2. 多工位连续复合模 | 含有拉深或弯曲或其他成形工步及含复合冲压工位的连续模 | | | | 考虑冲压动作的复合，也兼顾不同工位上工艺作业性质的复合而命名的连续复合模 |
| （1）无导向固定卸料连续复合模 | 10～12 | 0.8～0.4 | 12～14 | 0.20～0.50 | |
| （2）导柱模架固定卸料连续复合模 | 9～10 | 0.4～0.1 | 11～12 | 0.10～0.20 | |
| （3）固定卸料导板式连续复合模 | 9～10 | 0.4～0.1 | 11～12 | 0.10～0.25 | |
| （4）导柱模架弹压卸料连续复合模 | 8～10 | 0.4～0.1 | 10～12 | 0.08～0.15 | |
| （5）导柱模架弹压卸料导板式连续复合模 | 7～9 | 0.4～0.1 | 9～11 | 0.05～0.15 | |
| 三、单工位复合模（简称复合模） | 在压机力的一次行程中，在模具的同一工位上完成两个以上工步的冲模 | | | | 参照 VGI 及相关 DIN 标准划分 |
| （1）冲裁式复合模（复合冲裁模） | 7～8 | 0.2～0.1 | 9～10 | 0.05～0.10 | |
| （2）综合式复合模（含拉深或翻边等成形工步） | 8～9 | 0.4～0.1 | 10～11 | 0.05～0.15 | |

### 4.5.3　普通全钢冲裁模具典型结构

**(1)单工序冲模典型结构**

通常单工序冲模,都以冲模完成的工艺工序命名。所有的冲压工艺作业工序都可用单工序冲模实施完成。因此,单工序冲模使用较为广泛。在分离作业中,除了大量的冲裁作业(较简单的冲孔、落料)外,拉深件的切边与剖切虽属分离作业,其单工序切边模、剖切模结构要比一般冲孔模、落料模复杂得多。故单工序模不意味着结构简单、制造容易。单工序冲模典型结构如图 4.32—图 4.39 所示。

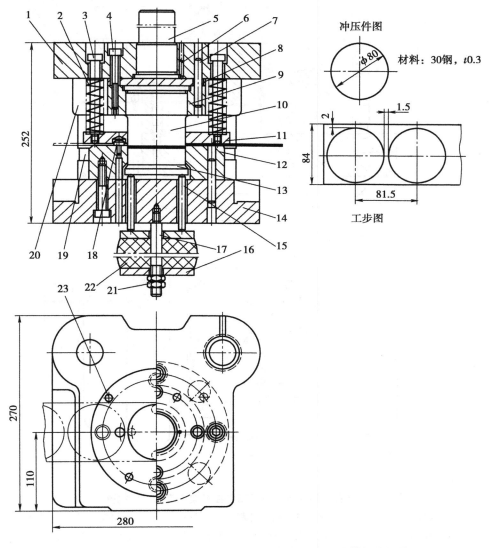

冲压件图

材料:30钢,$t0.3$

工步图

**图 4.32　滑动导向后侧导柱模架弹压卸料弹顶出件薄板落料模**

1—上模座;2—弹簧;3—卸料螺钉;4—螺钉;5—模柄;6,7—销钉;8—垫板;9—固定板;
10—凸模;11—卸料板;12—凹模;13—顶件器;14—下模座;15—顶杆;16—托盘;17—拉杆;
18—固定挡料销;19—导柱;20—导套;21—螺母;22—橡胶;22—导料销

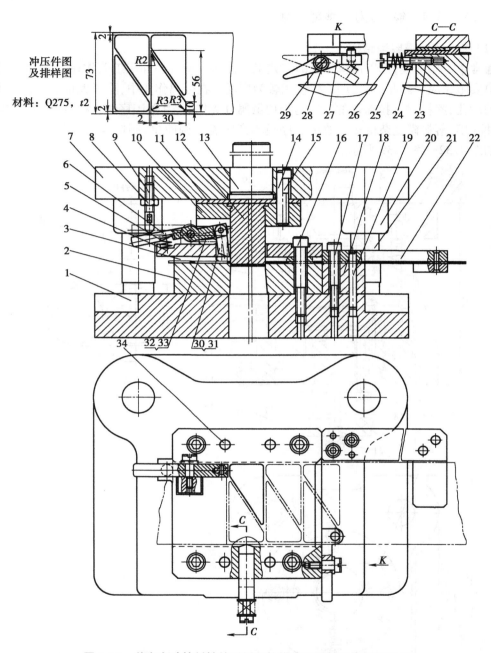

**图4.33 装有自动挡料销的后侧导柱模架固定卸料结构落料模**

1—下模座;2—凹模;3—导料板;4—固定卸料板;5,25—弹簧;6—挡料销杆;7—上模座;
8—螺母;9—压杆;10—固定板;11—垫板;12—凸模;13—模柄;14,19,34—销钉;
15,16,17—内六角螺钉;18—垫块;20—导套;21—导柱;22—托料架;23—螺钉;
24—侧压块;26,29—垫圈;27—始用挡料销;28—特种螺钉;30—挡料销头;
31—轴;32—片簧;33—沉头螺钉

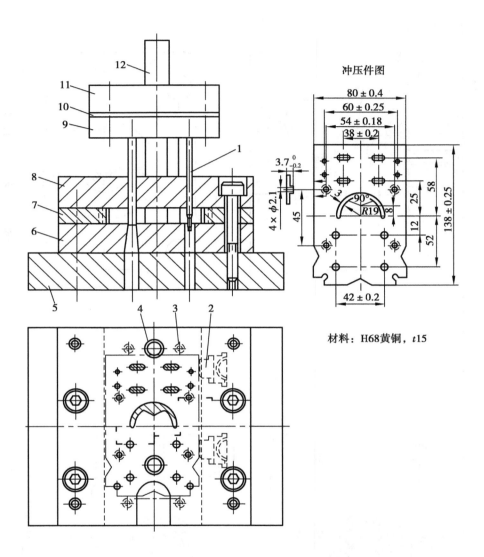

材料：H68黄铜，$t15$

图4.34 固定卸料导板式冲孔模

1—穿孔翻边凸模；2—侧压装置；3—螺钉孔；
4—固定挡料销；5—下模座；6—凹模；
7—导料板；8—导板；9—固定板；
10—垫板；11—上模座；12—模柄

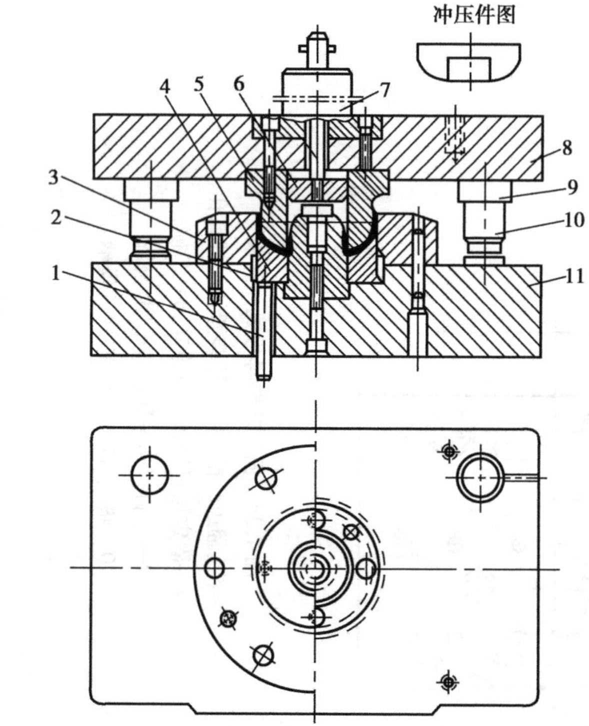

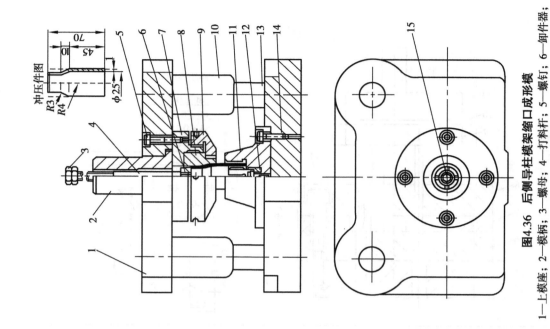

图4.36 后侧导柱模架缩口成形模
1—上模座；2—模柄；3—螺母；4—打料杆；5—螺钉；6—卸件器；
7—固定座；8—缩口凸模；9—夹持套；10—导套；11—凹模；
12—弹簧夹头；13—导柱；14,15—内六角螺钉

图4.35 后侧导柱模架内外缘翻边模
1—顶杆；2—翻孔凸模；3—凹模；4—顶件器；5—凸模；
6—卸件器；7—模柄；8—上模座；9—导套；10—导柱；11—下模座

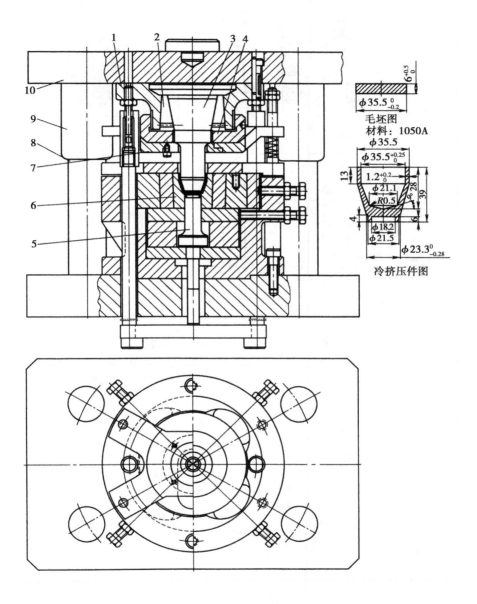

**图 4.37　扩音器话筒四导柱模架冷挤压模**
1—凸模座;2—弹簧夹头;3—凸模;4—大螺纹套;5—顶件器;6—凹模;
7—卸件器;8—导柱;9—导套;10—模座

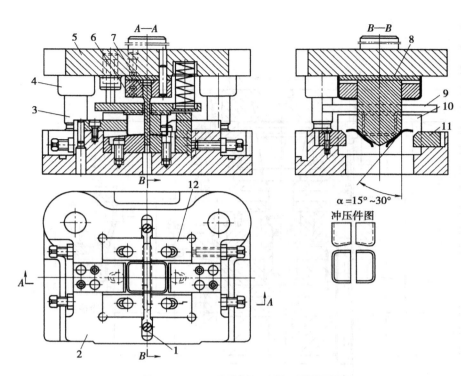

**图 4.38 后侧导柱模架拉深件剖切模**

1—凸模夹座；2—下模座；3—导柱；4—导套；5—上模座；6—凸模固定板；7—剖切凸模；
8—垫板；9—弹压卸料板；10—凹模框；11—凹模夹座；12—可调凹模板

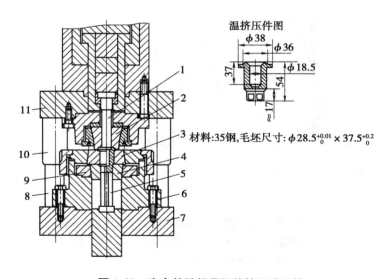

**图 4.39 汽车轮胎螺母温热挤压成形模**

1—凸模；2—凸模组件；3—凹模；4—下凹模组件；5—顶件器；6—凸模座；
7—下模座；8—导柱；9—下凹模座圈；10—导套；11—上模座

**(2)连续模典型结构**

连续模生产效率高,操作安全,在成批与大量生产中应用日益广泛。连续模有多工位连续冲裁模和连续式复合模两种类型。连续模典型结构如图4.40—图4.48所示。

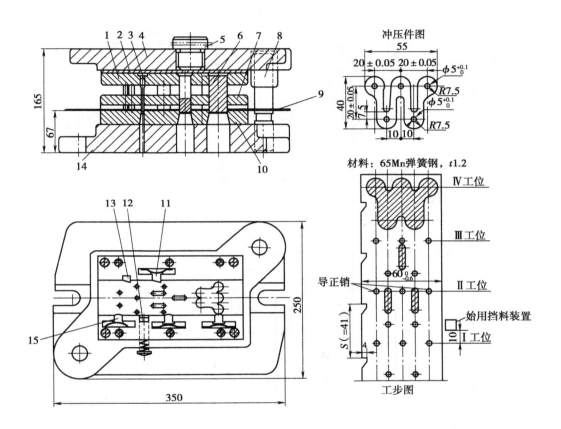

**图4.40　锁垫冲孔落料四工位连续冲裁模**

1—凸模固定板;2—垫板;3—冲孔凸模;4—上模座;5—模柄;6—落料凸模;7—固定卸料板;

8—导套;9—废料栅;10—凹模;11—挡料销;12—始用挡料装置;

13—侧刃;14—下模座;15—侧压装置

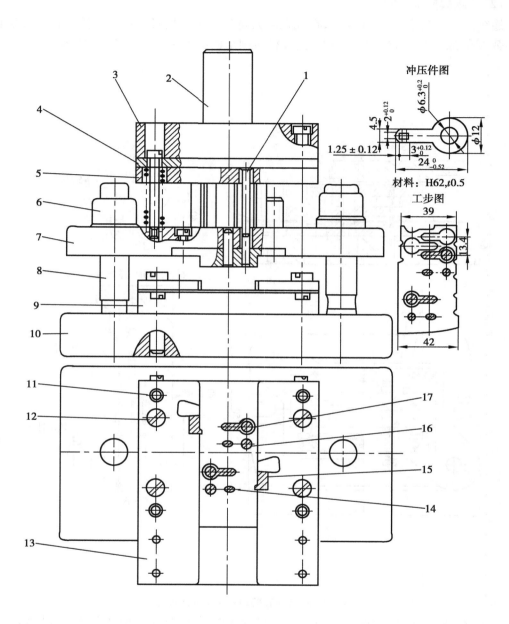

**图 4.41 中间导柱模架弹压卸料导板式连续冲裁模**

1—凸模;2—模柄;3—上模座;4—垫板;5—固定板;6—导套;7—导板;8—导柱;
9—凹模;10—下模座;11—销钉;12—螺钉;13—导料板;14—冲孔凸模;15—侧刃;
16—冲孔凸模;17—导正销

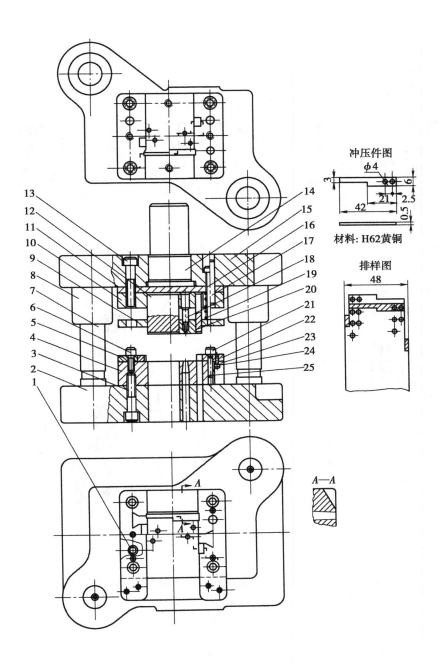

**图 4.42　对角导柱模架用双边侧刃的连续冲裁模**

1,3,6,13,16,21,24—螺钉;2—下模座;4—凹模;5—导料板;7—导柱;

8—导套;9—卸料板;10—固定板;11—垫板;12,18—凸模;14—模柄;

15—上模座;17,25—销钉;19—弹簧;20—侧刃;22—导料板;23—垫圈

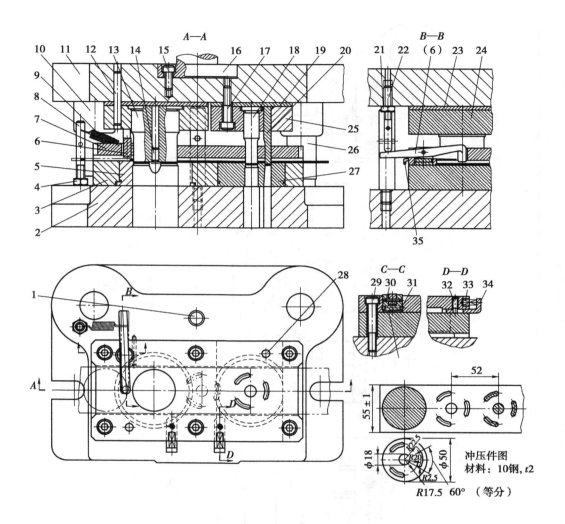

**图 4.43　用自动挡料销和始用挡料装置的冲孔、落料连续冲裁模**

1—限位柱;2—下模座;3—凹模固定板;4,21—螺母;5—落料凹模;6—自动挡料销;

7—卸料板;8—螺栓;9—拉簧;10—导套;11—上模座;12,28—圆柱销;

13—落料凸模;14—导正销;15,17,29—内六角螺钉;16—模柄;18—冲孔凸模;

19,23—垫板;20—冲孔凸模;22—碰杆;24,25—凸模固定板;26—导柱;

27—冲孔凹模;30—小销轴;31—限位销;32—限位螺钉;

33—弹簧;34—始用挡料销;35—挡料销座

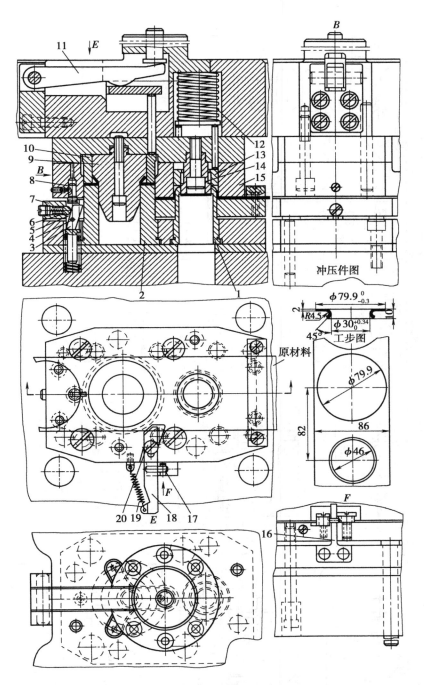

**图 4.44　四导柱模架弹压卸料连续式复合模**

1—翻边凸模;2—落料凸模;3—活动挡料销销体;4—挡销轴;5—销槽;
6—弹顶销;7—卸料板;8—顶销;9—压弯成形凸模;10—卸件器;11—杠杆;
12—压簧;13—卸件器;14—冲孔凸模;15—翻边凹模;16—始用挡销支架;
17—转轴;18—始用挡销体;19—拉簧;20—调节螺钉

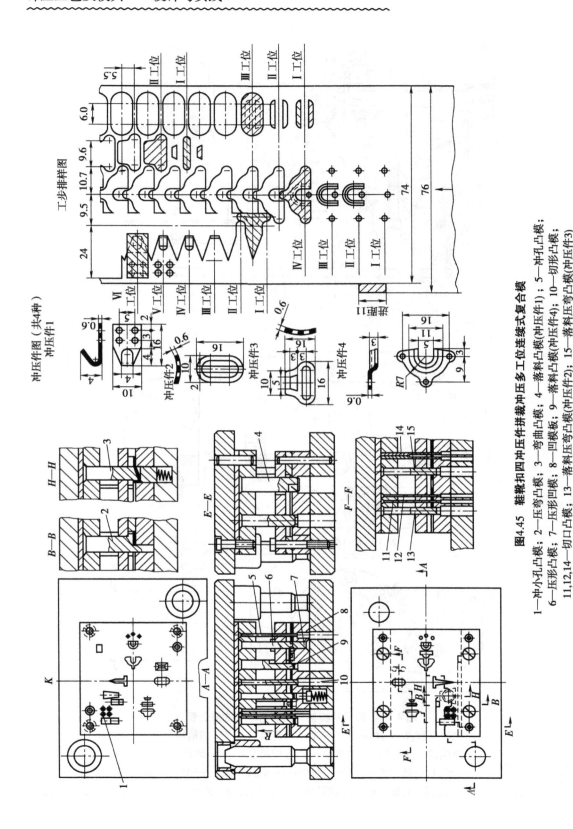

图4.45 鞋靴扣四冲压件拼裁冲压多工位连续式复合模

1—冲小孔凸模；2—压弯凸模；3—弯曲凸模；4—落料凸模(冲压件1)；5—冲孔凸模；
6—压形凸模；7—压形凹模；8—凹模板；9—落料凹模(冲压件4)；10—切形凸模；
11,12,14—切口凸模；13—落料压弯凸模(冲压件2)；15—落料弯凸模(冲压件3)

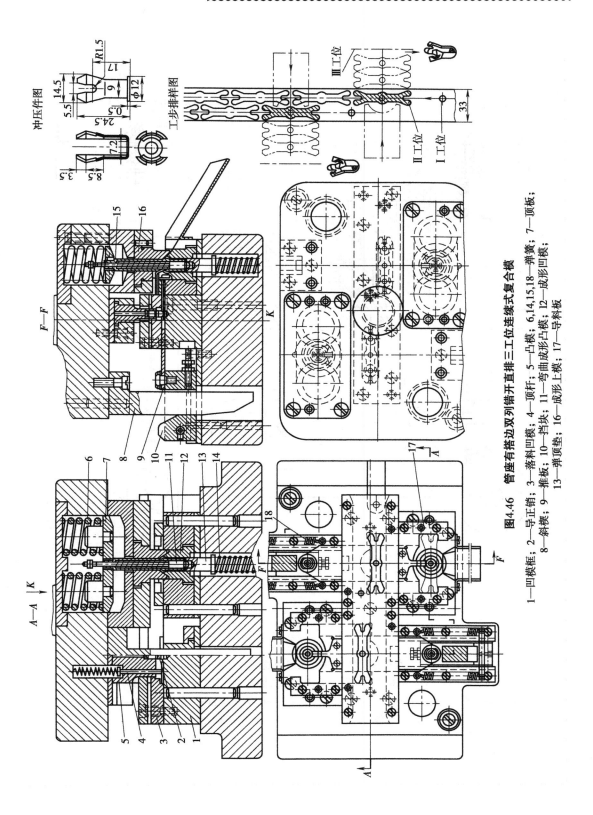

图4.46　管座有搭边双列错开直排三工位连续式复合模

1—凹模框；2—导正销；3—落料凹模；4—顶杆；5—凸模；6,14,15,18—弹簧；7—顶板；8—斜楔；9—推板；10—挡块；11—弯曲成形凸模；12—成形凹模；13—弹顶垫；16—成形上模；17—导料板

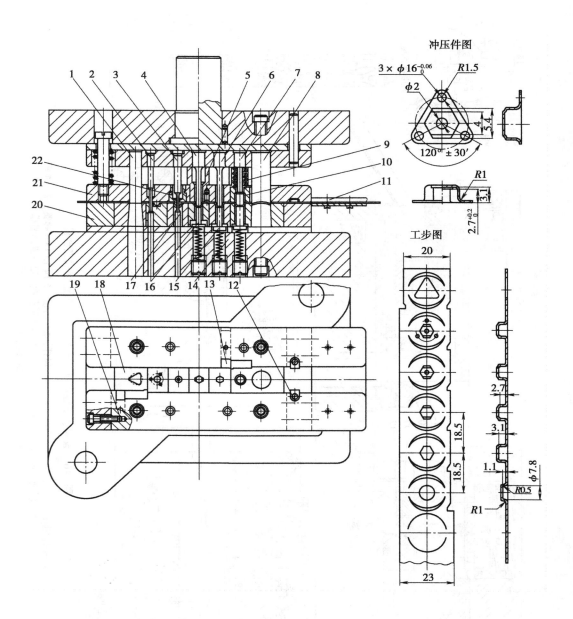

**图 4.47 六角帽对角导柱模架连续拉深冲孔落料连续式复合模**
1,2,3—冲裁凸模;4,6,7—拉深凸模;5—导向护套;8—切口凸模;9,14,15—弹簧;
10,21—弹压卸料板;11—导料板;12—挡块;13—侧刃挡块;16—顶件器;17—凹模镶块;
18—落料凹模拼块;19—侧刃组件;20—凹模框;22—凸模护套

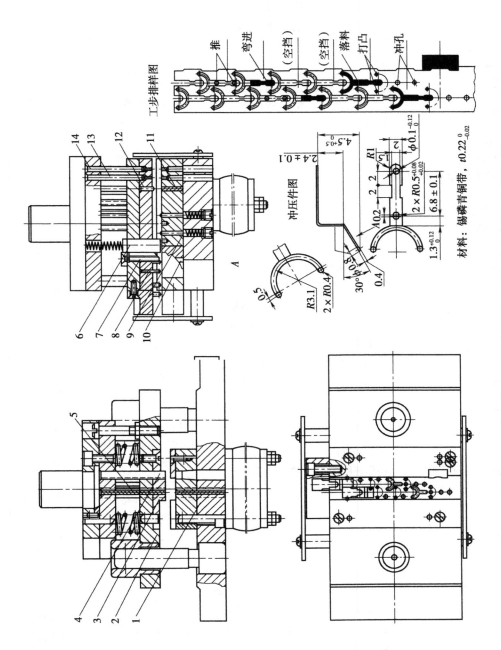

图4.48　专用簧片中间导柱模架弹压卸料导板式冲孔、落料、弯曲成形连续式复合模

1—下模座；2—弹压卸料板；3—导料卸料导板；4—侧刃；5—导板镶件；6—落料凸模；7—弯曲凹模；
8—推件销；9—抬料销；10—弯模镶块；11—打胖凹模；12—打胖凸模；13、14—冲孔凸模；

**（3）复合模典型结构**

国内业界习惯上所说的复合模就是单工位多工步复合模。这类复合模大多用于 $t \leqslant 3\ mm$ 薄板中小型零件的冲压生产。单工位复合模冲压精度高,但生产效率、操作安全性远不如连续模。如表 4.33 所示为复合模与连续模的技术经济效益对比。

表 4.33　复合模与连续模的技术经济效益对比

| 对比项目 | 复合模 | 连续模 |
|---|---|---|
| 1. 冲压件质量 | 好 | 一般 |
| （1）尺寸精度 | IT9—IT11 | IT10—IT13 |
| （2）形位精度 | 工件平整,平面度、同轴度、对称度、位置度偏差小 | 工件不太平整,有时要校平,平面度、同轴度、对称度、位置度偏差大 |
| 2. 冲压加工范围 | | |
| （1）冲裁料厚 $t/mm$ | 0.05～3 | 0.2～6,$t_{max} \geqslant 10$ |
| （2）冲裁件最大外形尺寸 $D$, $B/mm$ | 300 | 250 |
| （3）可完成冲压工序（步）数 | >2～4 | 一般不限 |
| 3. 工艺技术功能 | | |
| （1）生产效率 | 模上出件,生产效率低 | 工件及冲孔废料多从模下推出并落入压力机工作台下的工件箱中,可连续冲压,生产效率高 |
| （2）模具寿命 | 相同冲压工件,生产条件相同,复合模的刃磨寿命和使用寿命都低于连续模 | 相同冲压工件,生产条件相同,连续模的刃磨寿命和使用寿命都高于复合模 |
| （3）操作安全性 | 出件和清除废料要用手工或工具,而且都在模具工作区内进行,操作安全性差 | 工件与废料自动出模,送料也在模具工作区之外,操作安全性好 |
| （4）适应高速冲压的可能性 | 不能进行高速冲压。推荐的安全冲压速度:手工出件≤40 次/min;自动出件≤80 次/min | 可以进行常速和高速冲压,推荐的安全冲压速度:板裁条料,手工送进不超过 60～100 次/min;带料半自动送进不超过 200～400 次/min;卷料全自动送进不超过 900 次/min |
| （5）调校与试模 | 比较复杂,但难度不太大 | 要求技术高,难度大 |
| 4. 技术经济效益 | | |
| （1）冲模结构复杂程度 | 相同冲压件用复合模结构比连续模复杂,尤其 2～4 工步的复合模。当冲压工步超过 4 个,复合模就较难冲制 | 相同冲压件的连续模结构要比复合模简单,但复杂形状冲压件多工位连续冲压一模成形的连续模结构复杂,但大多超过 4～5 工位,这类冲压件单工位复合模不能冲制 |
| （2）对原材料要求 | 对料宽要求不高,送料进距的偏差不影响冲压精度,甚至可用边角余料冲压 | 对入模条、带、卷料宽度公差要求很严;送料进距偏差影响冲压精度。故用送料定位系统从严控制 |

续表

| 对比项目 | 复合模 | 连续模 |
|---|---|---|
| （3）模具制造与修理费用 | 比具有相当工艺技术功能的连续模制造及修理费用都高 | 一般情况下,比相同冲压件用复合模制造与修理费稍低 |
| （4）模具制造与修理难易程度 | 几个工步复合在一个工位上,制造精度要求高。通常为 IT8 级甚至更高,修理难度也较大,制造与修理技术要求高 | 在相同冲压件与相当条件下,比复合模制造与修理难度小一些,但多工位、冲制复杂冲压件时,连续模制造与修理要求高、难度大 |

　　复合模是一种多工序冲裁模,是在压力机的一次工作行程中,在模具同一部位同时完成数道分离工序的模具。复合模的设计难点是如何在同一工位上合理地布置几对凸、凹模。它在结构上的主要特征是有一个既是落料凸模又是冲孔凹模的凸凹模。按照复合模工作零件的安装位置不同,可分为正装式复合模和倒装式复合模两种。

　　如图 4.50 所示为正装式落料冲孔复合模,如图 4.51 所示为倒装式落料冲孔复合模。

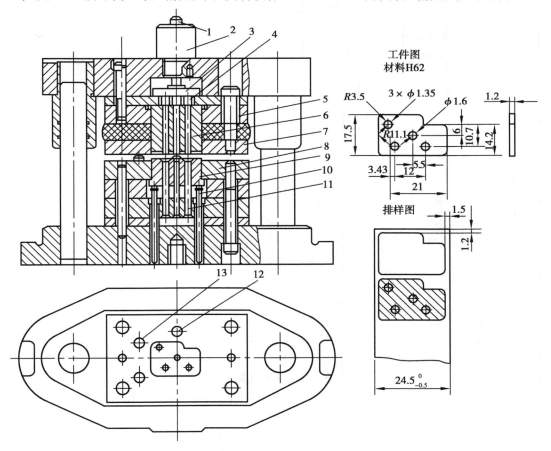

**图 4.49　正装式复合模**

1—打杆;2—模柄;3—推板;4—推杆;5—卸料螺钉;6—凸凹模;7—卸料板;
8—落料凹模;9—顶件块;10—带肩顶杆;11—冲孔凸模;12—挡料销;13—导料销

正装式和倒装式复合模二者各有优缺点。正装式较适用于冲制材质较软的或板料较薄的平直度要求较高的冲裁件，还可冲制孔边距离较小的冲裁件。而倒装式不宜冲制孔边距离较小的冲裁件，但倒装式复合模结构简单，可直接利用压力机的打杆装置进行推件，卸件可靠，便于操作，并为机械化出件提供了有利条件，故应用十分广泛。复合模的特点是生产效率高，冲裁件的内孔与外缘的相对位置精度高，板料的定位精度要求比级进模低，冲模的轮廓尺寸较小。但复合模结构复杂，要求制造精度高，成本也相对较高。

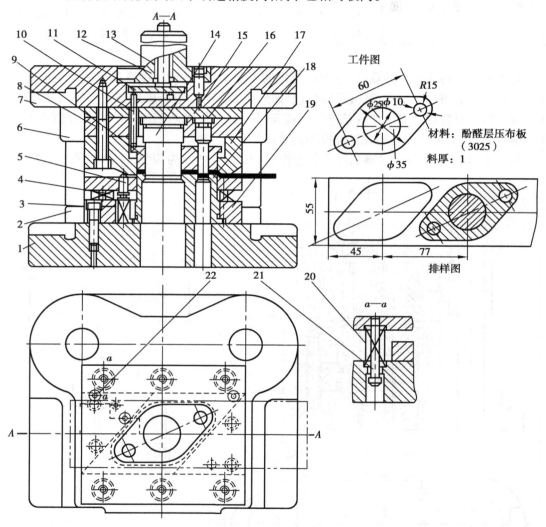

**图 4.50　倒装式复合模**

1—下模座；2—导柱；3,20—弹簧；4—卸料板；5—活动挡料销；6—导套；7—下模座；
8—凸模固定板；9—推件块；10—联接推杆；11—推板；12—打杆；13—模柄；
14,16—冲孔凸模；15—垫板；17—落料凹模；18—凸凹模；
19—固定板；21—卸料螺钉；22—导料销

正(顺)装和倒(反)装结构复合模比较如表4.34所示。

表 4.34　正(顺)装与倒(反)装结构复合模比较

| 比较项目 | 正(顺)装结构 | 倒(反)装结构 |
|---|---|---|
| 1. 工作零件安装位置 | | |
| (1)落料凸模<br>(2)落料凹模<br>(3)凸凹模<br>(4)弹压卸料板 | 在上模<br>在上模<br>在上模<br>在上模 | 在下模<br>在下模<br>在下模<br>在下模 |
| 2. 冲压件质量 | | |
| (1)尺寸精度<br>(2)平面度<br>(3)同轴度、位置度 | IT9,IT10<br>较好<br>好 | IT9,IT10<br>稍差<br>好 |
| 3. 出件方式 | 采用弹顶器。自凹模内顶出到模具工作面上出件 | 采用顶板、顶杆,自安装在上模的凹模内推出并落在模具工作面上出件 |
| 4. 冲孔废料排除方式 | 压力机回程时,废料从凸凹模内推出,或从落料凸模侧孔推出,废料不在凹凸模内积聚 | 废料在凸凹模内积聚到一定程度,便从凹模漏料孔排除,或从排出槽卸下 |
| 5. 凸凹模受力情况及壁厚对比 | 废料不在凸凹模内积存,减少了内孔废料胀力,故其壁厚可更小。推荐凸凹模最小壁厚 $b_{min} > 1.5t > 0.5$ mm($t$ 为冲压件料厚(mm)) | 由于废料在凸凹模内聚积要承受较大胀力,凸凹模壁厚不能太小,推荐 $b_{min} > (2.5 \sim 2.8)t > 0.8$ mm |
| 6. 操作安全性 | 由于内孔废料与冲压件都落在模具工作面上,操作不方便,也不安全 | 废料从模下排出,冲压件在模上可用自动卸料器推卸,操作方便,也较安全 |
| 7. 生产率 | 废料和工件均从模具工作面卸下,推出模具较慢,或需重复动作,故生产率较低 | 可自动推件或拨件出模,能不间断冲压,故生产效率高 |
| 8. 适用范围 | 适用于薄板冲压及平面度要求较高的平板冲裁件,推荐使用料厚范围:$t = 0.1 \sim 3$ mm 或更厚一些 | 冲压件平面度要求不高,凸凹模强度足够时采用,推荐使用料厚范围:$t > 0.4 \sim 3$ mm;$t_{max} < 5$ mm |

几种典型复合模结构如图4.51—图4.56所示。

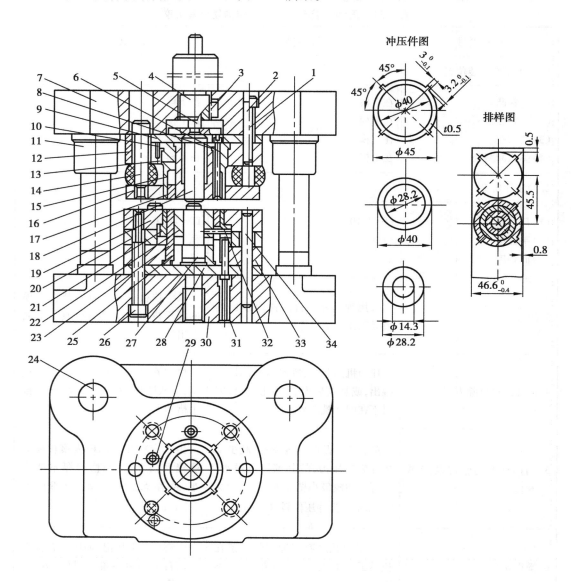

**图4.51　四爪卡环套裁垫圈顺装结构复合冲裁模**

1,3,8,14,26—螺钉;2,10,32,34—销钉;4—模柄;5,18,31—顶(打)杆;
6—顶板;7—上模座;9,20,28—垫板;11—导套;12,33—固定板;
13,15—凹凸模;16—卸料板;17,21,22—顶件器;19—凹模;
23,27—下凸模;24—导柱;25—衬套;29—限位钉;30—下模座

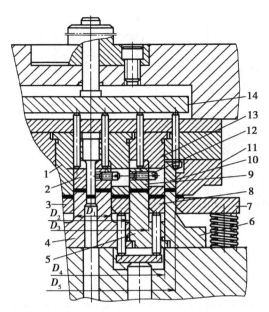

**图 4.52　一模套裁 5 种垫圈的倒装结构复合冲裁模**

1,13—凸凹模固定板;2,3,8,9,10—顶件器;4,5,6—凸凹模;7—弹压卸料板;

11—落料凹模;12—串联限位螺钉;14—推板;$D_1 \sim D_5$—冲制的 5 种垫圈外径

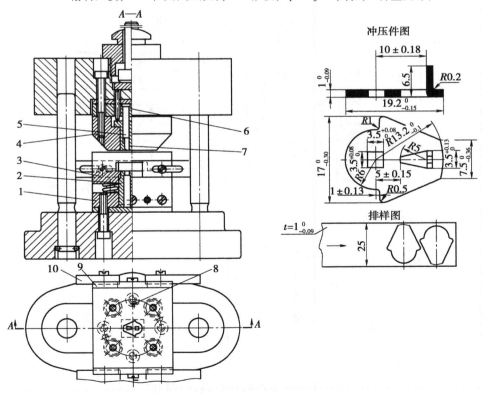

**图 4.53　中间导柱模架芯座综合式复合模**

1—凸凹模固定板;2—凸凹模;3—弹压卸料板;4—凹模;5—冲孔与板边凸模;

6—凸模固定板;7—卸料器;8—挡料销;9—防护栅;10—侧挡料条(可调)

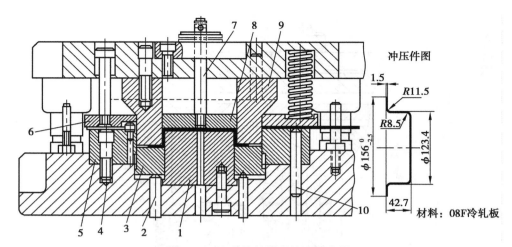

**图4.54 顺装结构落料拉深复合模**

1—拉深凸模;2—顶杆;3—压边圈;4—螺钉;5—拉深凹模;6—弹压卸料板;
7—打料杆;8—卸件器;9—落料凸模;10—销钉

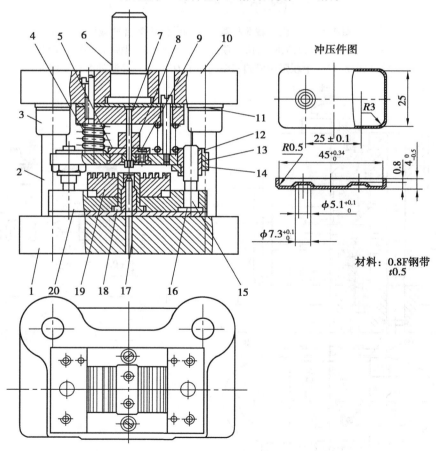

**图4.55 后侧导柱模架矩形盒压凸包冲孔复合模**

1—下模座;2—导柱;3,12—导套;4—弹簧;5—盖板;6—模柄;7—冲孔凸模;
8—凸模(限位)护套;9—压凸包凸模;10—上模座;11—垫板;13—导板;14—螺母;
15—小导柱;16—下垫板;17—冲孔凹模;18—压凸包凹模;19—定位座;20—凸凹模固定座

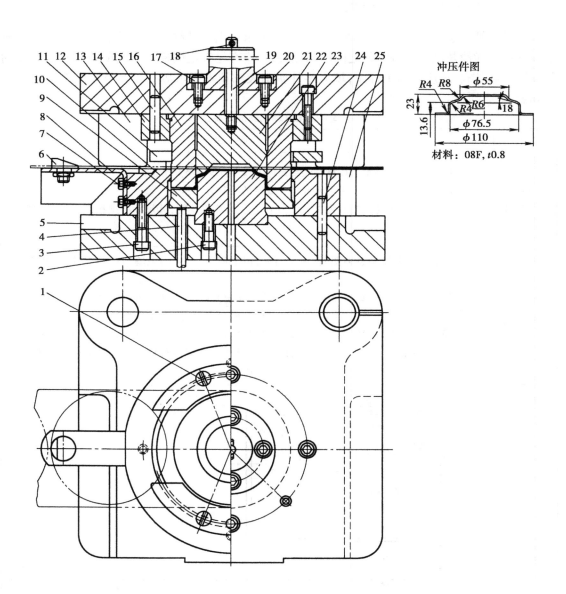

**图 4.56　后侧导柱模架有凸缘的台阶式拉深件落料拉深复合模**

1,2,3,7,17,23—螺钉;4—顶杆;5—下模座;6—挡料块;8—承料条;9—压边圈;
10—落料凹模;11—卸料板;12—上模座;13—导套;14—固定板;15,24—销钉;16—凸凹模;
18—打料杆销;19—打料杆;20—模柄;21—卸料器;22—拉深凸模;25—导柱

### 4.5.4 模具总装图的设计和绘制要求

模具图纸由总装配图、零件图两部分组成。要求根据模具结构草图绘制正式装配图。所绘装配图应能清楚地表达各零件之间的相互关系,应有足够说明模具结构的投影图及必要的剖面图、剖视图。还应画出工件图,填写零件明细表和技术要求等。模具总装配图的绘制要求如表4.35所示。

**表4.35 模具总装配图的绘制要求**

| 项　目 | 要　求 |
|---|---|
| 布置图面及<br>选定比例 | (1)遵守国家标准的机械制图规定(GB/T 14689—93)<br>(2)可按照模具设计中习惯或特殊规定的绘制方法作图<br>(3)手工绘图比例最好为1:1,直观性好。计算机绘图,其尺寸必须按照机械制图要求缩放 |
| 模具设计<br>绘图顺序 | (1)主视图:绘制总装图时,先里后外,由上而下次序,即先绘制产品零件图、凸模、凹模……<br>(2)俯视图:将模具沿冲压方向"打开"上(定)模,沿着冲压方向分别从上往下看已打开的上模和下模,绘制俯视图,其俯视图和主视图一一对应画出<br>(3)模具工作位置的主视图一般应按模具闭合状态画出。绘图时应与计算工作联合进行,画出它的各部分模具零件结构图并确定模具零件的尺寸。如发现模具不能保证工艺的实施,则需要更改工艺设计 |
| 模具装配<br>图的布置 | 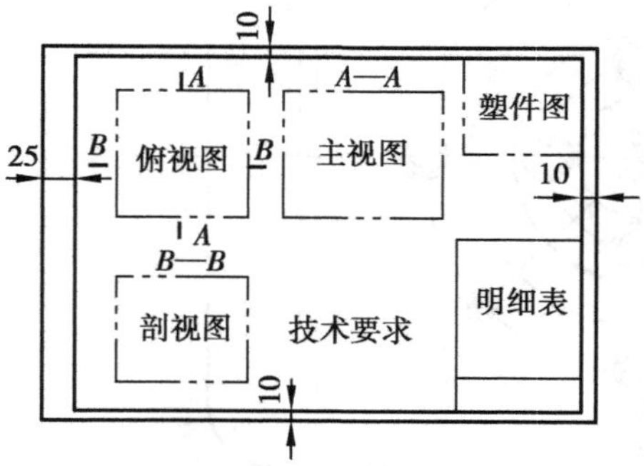 |
| 模具装配<br>图主视图<br>绘图要求 | (1)用主视图和俯视图表示模具结构。主视图上尽可能将模具的所有零件画出,可采用全剖视或阶梯剖视<br>(2)在剖视图中剖切到凸模和顶件块等旋转体时,其剖面不画剖面线;有时为了图画结构清晰,非旋转形的凸模也可不画剖面线<br>(3)绘制的模具要处于闭合状态或接近闭合状态,也可一半处于工作状态,另一半处于非工作状态<br>(4)俯视图可只绘出下模或上模、下模各半的视图。需要时再绘制一侧视图以及其他剖视图和部分视图 |

| 项　目 | 要　求 |
|---|---|
| 模具装配<br>图主视图<br>绘图要求 | 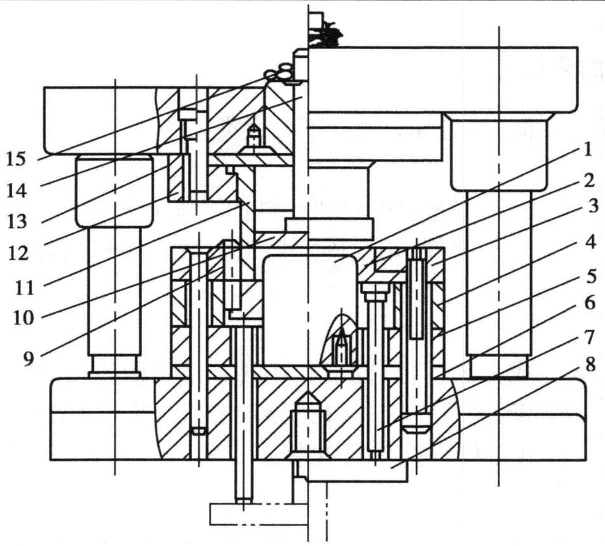 <br>（5）落料拉深模装配样图（主视图）<br>1—凸模;2—压边圈;3—冲裁凹模;4,15—螺钉;5—下固定板;<br>6—下垫板;7—托杆;8—通用缓冲器板;9—定位钉;<br>10—推板;11—凸凹模;12—上固定板;13—上垫板;14—推杆 |
| 模具装配<br>图上的工<br>件图 | （1）工件图是经冲压或塑料成形后所得到的冲压件或塑件图形,一般画在总图的右上<br>　　角,并注明材料名称、厚度及必要的尺寸<br>（2）工件图的比例一般与模具图上的一致,特殊情况可缩小或放大。工件图的方向应<br>　　与冲压方向或模塑成形方向一致(即与工件在模具中的位置一致)。若特殊情况下<br>　　不一致时,必须用箭头注明冲压方向或模塑成形方向 |
| 冲压模具装<br>配图中的<br>排样图和<br>工步图 | （1）若利用条料或带料进行冲压加工时,还应画出排样图和工步图,排样图一般画在工<br>　　件图的下面,左图的右上角<br>（2）排样图应包括排样方法、零件的冲裁过程、定距方式(用侧刃定距时侧刃的形状、位<br>　　置)、材料利用率、步距、搭边、料宽及其公差,对有弯曲、卷边工序的零件要考虑材料<br>　　的纤维方向。通常从排样图和工步图的剖切线上可以看出是单工序模还是级进模或<br>　　复合模 |
| 模具装配<br>图的技术<br>条件 | 　在模具总装配图中,要简要注明对该模具的要求和注意事项、技术条件。技术条件包<br>括力、所选设备型号、模具闭合高度以及模具打的印记、模具的装配要求,冲裁要注明模<br>具间隙等(参照国家标准,恰如其分地、正确地拟订所设计模具的技术要求和必要的使<br>用说明) |
| 模具装配<br>图上应标<br>注的尺寸 | （1）模具闭合尺寸、外形尺寸(与成形设备配合的定位尺寸)、装配尺寸(安装在成形设<br>　　备上螺钉孔中心距)、极限尺寸(活动零件移动起止点)<br>（2）编写明细表 |
| 标题栏和<br>明细表 | 　标题栏和明细表放在总图右下角,若图面不够,可另立一页。其格式应符合国家标准<br>（GB/T 10609.1—89,GB/T 10609.2—89） |

119

# 4.6 冲裁模具零部件设计

## 4.6.1 模具零件的分类

根据模具零件作用的不同,可将其分成以下两大类:

**(1)工艺零件**

工艺零件直接参与完成冲压工艺过程并和坯料直接发生作用。它包括工作零件(直接对毛坯进行加工的成形零件),定位零件(用以确定加工中毛坯正确位置的零件),压料、卸料及出件零件。

**(2)结构零件**

这类零件不直接参与完成工艺过程,也不和坯料直接发生作用,只对模具完成工艺过程起保证作用或对模具的功能起完善作用。包括导向零件(保证上、下模之间的相对位置正确),固定零件(用以承装模具零件或将模具安装固定到压力机上),紧固及其他零件。冲模零件的分类如图4.57所示。

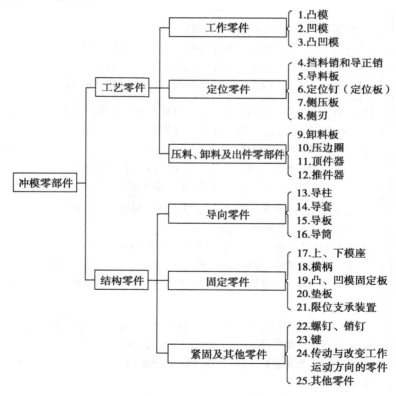

图4.57 冲模零件的分类

## 4.6.2 模具零部件的标准化

为了促进模具工业的迅速发展,促进技术交流,简化模具设计,缩短生产周期,原国家标准局与原国家机械工业局的全国模具标准化技术委员会制订了有关冷冲模的国家标准及国家机械行业标准。标准根据模具类型、导向方式、送料方向、凹模形状等的不同,规定了若干种典型组合形式。每一种典型组合形式中,又规定了多种凹模周界尺寸(长×宽)以及相配合的凹模厚度、凸模高度、模架类型和尺寸及固定板、卸料板、垫板、导料板的具体尺寸。这样在进行模具设计时,仅需设计直接与冲压件有关的部分零件,其余零件都可以从标准中选取,因而大大简化了模具设计工作,也为运用计算机辅助设计奠定了基础。用成批生产方式生产模架和凹模、固定板等经过标准化的零件的半成品,具有较高的经济效益。

模具标准化是缩短模具制造周期的有效办法,是应用模具 CAD/CAM 技术的前提,是模具工业化和现代化生产的基础,因此必须推广和优先应用模具标准。目前,我国冲模标准化程度已较高,先后制订了冲模基础标准、冲模产品(零部件)标准和冲模工艺质量标准,如表4.36 所示。

表 4.36  冲模技术标准

| 标准类别 | 标准名称 | 标准号 | 简要内容 |
|---|---|---|---|
| 冲模基础标准 | 冲模术语 | GB/T 8845—1998 | 对常用冲模类型、组成零件及零件的结构要素、功能等进行了定义性的解述。每个术语都有中英文对照 |
| | 冲压件尺寸公差 | GB/T 13914—1992 | 给出了技术经济性较合理的冲压件尺寸公差、形状位置公差 |
| | 冲压件角度公差 | GB/T 13915—1992 | |
| | 冲裁间隙 | GB/T 16743—1997 | 给出了合理冲裁间隙范围 |
| 冲模产品(零部件)标准 | 冲模零件 | GB/T 2855.1~14—1990 | 冲模滑动导向对角、中间、后侧、四角导柱,上、下模座 |
| | | GB/T 2856.1~8—1990 | 冲模滚动导向对角、中间、后侧、四角导柱,上、下模座 |
| | | GB/T 2861.1~16—1990 | 各种导柱、导套等 |
| | | JB/T 8057.1~5—1995 | 模柄,圆凸、凹模,快换圆凸模等 |
| | | JB/T 5825~8305—1991 | 通用固定板、垫板,小导柱,各式模柄,导正销,侧刃,导料板,始用挡料装置;钢板滑动与滚动导向对角、中间、后侧、四角导柱,上、下模座和导柱,导套等 |
| | | JB/T 6499.1~2—1992 | |
| | | JB/T 7643~7653—1994 | |
| | | JB/T 7158~7187—1995 | |
| | 冲模模架 | GB/T 2851~2852—1990 | 滑动与滚动导向对角、中间、后侧、四角导柱模架(铸铁模座) |
| | | JB/T 7181~7182—1995 | 滑动与滚动导向对角、中间、后侧、四角导柱钢板模架 |
| 冲模工艺质量标准 | 冲模技术条件 | GB/T 14662—1993 | 各种模具零件制造和装配技术要求,以及模具验收的技术要求等 |
| | 冲模钢板模架技术条件 | JB/T 7183—1995 | 钢板模架零件制造和装配技术要求,以及模架验收的技术要求等 |

### 4.6.3 冲裁模具零部件设计

本节主要介绍常见冲模零部件的设计。

**(1)冲裁模具工作零件设计**

冲压模具的工作零件包括凸模、凹模、凸凹模、刃口镶块等。

1）凸模

①凸模的结构类型与固定方法。凸模的结构通常分为两大类:一类是镶拼式凸模结构,如图4.58所示。另一类为整体式凸模结构。整体式凸模有圆形凸模和非圆形凸模,最为常用的是圆形凸模,主要结构形式如图4.59所示。图4.59(a)为带保护套结构凸模,可防止细长凸模折断,适于冲制孔径与料厚相近的小孔。图4.59(b)形式凸模适于冲制直径范围 $d = 1.1 \sim 30.2$ mm 的孔,为了保证刚度与强度,避免应力集中,将凸模做成台阶结构并用圆角过渡。图4.59(c)适用于冲制直径范围 $d = 3.0 \sim 30.2$ mm 的孔。图4.59(d)适用于冲制较大的孔。对于非圆形凸模,与凸模固定板配合的固定部分可做成圆形或矩形,如图4.60(a)、图4.60(b)所示。也可以使固定部分与工作部分尺寸一致(又称直通式凸模),如图4.60(c)、图4.60(d)所示。直通式凸模用线切割加工或成形铣、成形磨削加工。截面形状复杂的凸模,广泛应用这种结构。

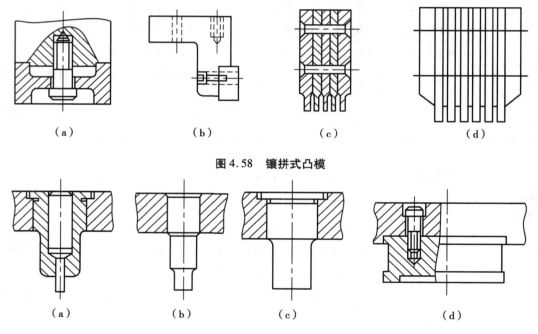

（a） （b） （c） （d）

**图 4.58　镶拼式凸模**

（a） （b） （c） （d）

**图 4.59　圆形凸模结构形式**

中、小型凸模多采用台阶固定,将凸模压入固定板内,采用 H7/m6 配合,如图4.59(b)、图4.59(c)所示。平面尺寸比较大的凸模可直接用销钉和螺栓固定,如图4.59(d)所示。对于有的小凸模可以采用如图4.61所示固定方法。对于大型冲模中冲小孔的易损凸模,可以采用快换式凸模固定方法,以便于修理和更换,如图4.62所示。

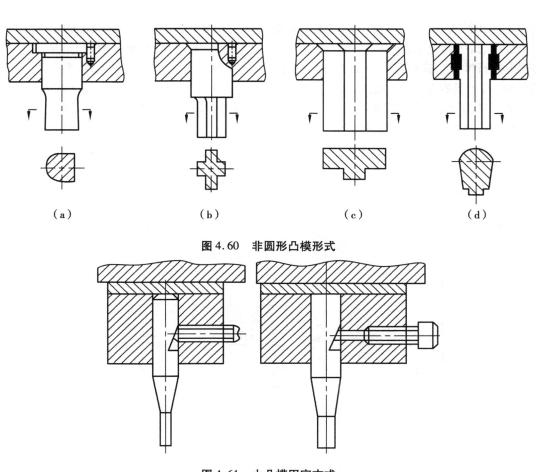

（a）　　　　　　　（b）　　　　　　　（c）　　　　　　　（d）

图 4.60　非圆形凸模形式

图 4.61　小凸模固定方式

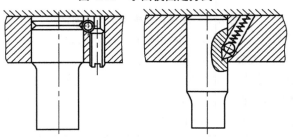

图 4.62　快换凸模固定方式

还有一类是冲小孔凸模。所谓小孔,一般指孔径 $d$ 小于被冲板料的厚度或直径 $d<1$ mm 的圆孔和面积 $A<1$ mm$^2$ 的异形孔。它大大超过了对一般冲孔零件的结构工艺性要求。

冲小孔的凸模强度和刚度较差,容易弯曲和折断,故必须采取措施提高它的强度和刚度,从而提高其使用寿命。其方法有以下 3 种:

a.冲小孔凸模加保护与导向,如图 4.63 所示。冲小孔凸模加保护与导向结构有两种,即局部保护与导向和全长保护与导向。图 4.63(a)、图 4.63(b)是局部导向结构,它利用弹压卸料板对凸模进行保护与导向。图 4.63(c)、图 4.63(d)是以简单的凸模护套来保护凸模,并以卸料板导向,其效果较好。图 4.63(e)、图 4.63(f)、图 4.63(g)基本上是全长保护与导向,其护套装在卸料板或导板上,在工作过程中始终不离上模导板、等分扇形块或上护套。模具处于闭合状态,护套上端也不碰到凸模固定板。当上模下压时,护套相对上滑,凸模从护套中相对伸出进行冲孔。这种结构避免了小凸模可能受到的侧压力,防止小凸模弯曲和折断。尤其图 4.63(f)为具有 3 个等分扇形槽的护套,可在固定的下个等分扇形块中滑动,使凸模始终处于保护与导向之中,效果较图 4.63(e)所示形式好,但结构较复杂,制造困难。而图 4.63(g)所示结构较简单,导向效果也较好。

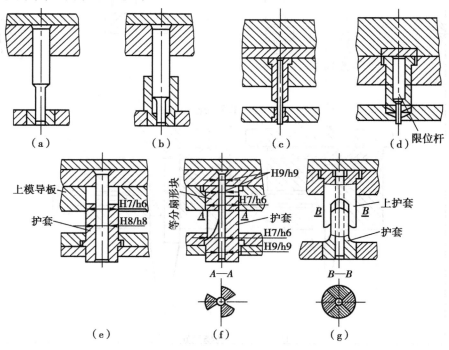

**图 4.63　冲小孔凸模保护与导向结构**

b. 采用短凸模的冲孔模。采用厚垫板超短凸模结构,这样可使凸模大为缩短,同时凸模又以卸料板为导向,因此大大提高了凸模的刚度。

c. 在冲模的其他结构设计与制造上采取保护小凸模措施。如提高模架刚度和精度;采用较大的冲裁间隙;采用斜刃壁凹模以减小冲裁力;取较大卸料力(一般取冲裁力的 10%);保证凸、凹模间隙的均匀性并减小工作表面粗糙度等。

②凸模的材料与硬度。凸模材料要考虑即使刃口有较高的耐磨性,又能使凸模承受冲裁时的冲击力,所以应有高的硬度和合适的韧性。对于形状简单且模具寿命要求不高的凸模可选用 T8A,T10A 等材料制造;形状复杂且模具有较高寿命要求的凸模应选 Cr12,Cr12MoV,CrWMn 等材料制造;要求高寿命、高耐磨性的凸模,可选用硬质合金材料。凸模刃口淬火硬度一般为 58~62HRC,尾部回火至 40~50HRC。

③凸模长度计算。凸模长度尺寸应根据模具的具体结构,并考虑修磨、固定板与卸料板之间的安全距离、装配等的需要来确定。

当采用固定卸料板和导料板时(见图 4.64(a)),其凸模长度可计算为

$$L = h_1 + h_2 + h_3 + h$$

当采用弹压卸料板时,如图 4.64(b)所示,其凸模长度可计算为

$$L = h_1 + h_2 + t + h$$

式中　$L$——凸模长度,mm;

　　　$h_1$——凸模固定板厚度,mm;

　　　$h_2$——卸料板厚度,mm;

　　　$h_3$——导料板厚度,mm;

　　　$t$——材料厚度,mm;

　　　$h$——增加长度,mm,它包括凸模的修磨量、凸模进入凹模的深度(0.5~1 mm)、板与
　　　　　卸料板之间的安全距离等,一般取 10~20 mm。

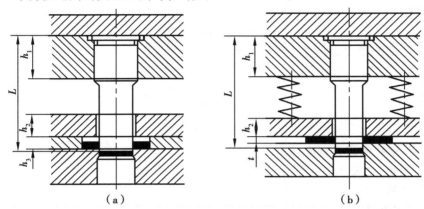

（a）　　　　　　　　　　　　（b）

**图4.64　凸模长度尺寸**

按照上述方法计算出凸模长度后,根据标准圆整得出凸模实际长度。

2)凹模

①凹模的刃口形式。如图 4.65 所示为几种常见的凹模刃口形式。图 4.65(a)为锥形刃
口凹模,冲裁件或废料容易通过而不留在凹模内,凹模磨损小。其缺点是刃口强度较低,刃口
尺寸在修磨后增大。适用于形状简单、精度要求不高、材料厚度较薄工件的冲裁。

图 4.65(a)中,当 $t < 2.5$ mm 时,$\alpha = 15'$;$t = 2.5 \sim 6$ mm 时,$\alpha = 30'$;采用电火花加工凹模
时,$\alpha = 4' \sim 30'$。

图 4.65(b)、图 4.65(c)为柱形刃口筒形或锥形凹模。刃口强度较高,修磨后刃口尺寸不
变。但孔口容易积存工件或废料,推件阻力大且刃口磨损大。适用于形状复杂或精度要求高
的工件的冲裁。$\alpha = 3° \sim 5°$。

图 4.65(c)中,当 $t < 0.5$ mm 时,$h = 3 \sim 5$ mm;当 $t = 0.5 \sim 5$ mm 时,$h = 5 \sim 10$ mm;当 $t = 5 \sim 10$ mm 时,$h = 10 \sim 15$ mm。

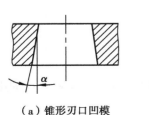

（a）锥形刃口凹模

（b）柱形刃口筒形凹模

（c）柱形刃口锥形凹模

**图4.65　凹模刃口形式**

②凹模外形尺寸。如图 4.66 所示,凹模外形尺寸的经验公式如下:

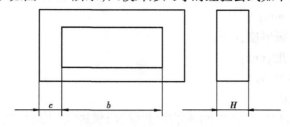

图 4.66 凹模外形尺寸

凹模厚度

$$H = Kb \quad (H \geqslant 15 \text{ mm})$$

凹模壁厚(即凹模刃口与外边缘的距离):

小凹模

$$c = (1.5 \sim 2)H \quad (c \geqslant 30 \text{ mm})$$

大凹模

$$c = (2 \sim 3)H \quad (c \geqslant 30 \text{ mm})$$

式中　$b$——凹模孔的最大宽度,mm;

　　　$K$——系数,如表 4.37 所示;

　　　$H$——凹模厚度,mm;

　　　$c$——凹模壁厚,mm。

按上式计算的凹模外形尺寸,可以保证凹模有足够的强度和刚度,一般可不再进行强度校核。

表 4.37　系数 $K$ 值

| 孔宽 $b/\text{mm}$ | 料厚 $t/\text{mm}$ | | | | |
|---|---|---|---|---|---|
| | 0.5 | 1 | 2 | 3 | >3 |
| ≤50 | 0.3 | 0.35 | 0.42 | 0.50 | 0.60 |
| >50 ~ 100 | 0.2 | 0.22 | 0.28 | 0.35 | 0.42 |
| >100 ~ 200 | 0.15 | 0.18 | 0.20 | 0.24 | 0.30 |
| >200 | 0.10 | 0.12 | 0.15 | 0.18 | 0.22 |

③复合模中凸凹模的最小壁厚。凸凹模的内、外缘均为刃口,内、外缘之间的壁厚取决于冲裁件的尺寸。为保证凸凹模的强度,凸凹模应有一定的壁厚。

对内孔不积聚废料或工件的凸凹模(如正装复合模,凸凹模在上模),最小壁厚为:

冲裁硬材料

$$c = 1.5t \text{ 且 } c \geqslant 0.7 \text{ mm}$$

冲裁软材料

$$c = t \text{ 且 } c \geqslant 0.5 \text{ mm}$$

对积聚废料或工件的凸凹模(如倒装复合模),由于受到废料或工件胀力大的影响,$c$ 值要适当再加大些,一般 $c \geqslant (1.5 \sim 2)t$,且 $c \geqslant 3$ mm。

④凹模的固定及主要技术要求。如图 4.67 所示为凹模的几种固定方式。图 4.67(a)、图 4.67(b)为两种圆凹模固定方法,这两种圆形凹模尺寸都不大,直接装在凹模固定板中,主要

用于冲孔。

图 4.67(c)中凹模用螺钉和销钉直接固定在模板上,实际生产中应用较多,适合各种非圆形或尺寸较大的凹模固定。但要注意一点:螺孔(或沉孔)间、螺孔与销孔间及螺孔、销孔与凹模刃壁间的距离不能太近,否则会影响模具寿命。孔距的最小值可参考相关设计手册。图 4.67(d)为快换式冲孔凹模的固定方法。

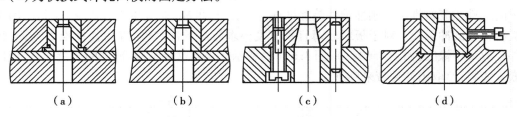

（a）　　　　　　（b）　　　　　　（c）　　　　　　（d）

**图 4.67　凹模固定形式**

**(2)冲裁模具卸料与出件装置设计**

卸料是指当一次冲压完成,上模回程时把冲件或废料从凸模上卸下来,以便下次冲压继续进行。推件和顶件一般指把冲件或废料从凹模中推出或顶出来。

1)卸料板

卸料板较常用的有刚性卸料板和弹性卸料板两种形式。

刚性卸料板结构如图 4.68 所示。刚性卸料板的卸料力大,卸料可靠。对 $t > 0.5$ mm,平直度要求不很高的冲裁件一般使用较多,而对薄料不太适合。

图 4.68(a)是与导料板成一体的整体式卸料板,结构简单,缺点是装配调整不便。图 4.68(b)是与导料板分开的分体式卸料板,在冲压模具中应用广泛。图 4.68(c)是用于窄长件的冲孔或切口后卸料的悬臂式卸料板,图 4.68(d)是用于空心件或弯曲件冲底孔后卸料的拱桥式卸料板。

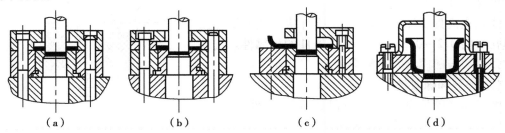

（a）　　　　　　（b）　　　　　　（c）　　　　　　（d）

**图 4.68　固定卸料装置**

凸模与刚性卸料板的双边间隙取决于板料厚度,一般为 0.2～0.5 mm,板料薄时取小值,板料厚时取大值,刚性卸料板的厚度一般取 5～20 mm,根据卸料力大小而定。

弹性卸料装置的基本零件包括卸料板、弹性组件(弹簧或橡胶)、卸料螺钉等。弹性卸料装置结构复杂,可靠性与安全性不如刚性卸料板。并且由于受弹簧、橡胶等零件的限制,卸料力较小。弹性卸料的优点是既能起到卸料作用又在冲裁时起压料作用,所得冲裁零件质量高,平直度高,因此对品质要求较高的冲裁件或是 $t < 1.5$ mm 的薄板冲裁宜采用。弹性卸料板厚度一般取 5～20 mm,其与凸模的单边间隙一般取 0.2～0.5 mm,根据卸料力大小而定。

当卸料板兼起凸模导板作用时,与凸模一般按 H7/h6 配合制造,但应使它与凸模间隙小于凸、凹模间隙,以保证凸、凹模的正确配合。采用导板可以确定各工位的相对位置,提高凸模的导向精度,并且能保护细长凸模不致折断。导板厚度一般取$(0.8 \sim 1)H_{凹}$。

2)推件、顶件装置

推件和顶件都是将工件或废料从凹模孔卸出,下出件称推件,上出件称顶件。

①推件装置。推件装置也可分为刚性推件与弹性推件,图4.69(a)、图4.69(b)为两种刚性推件装置,当模具回程时,压力机上横梁作用于打杆,将力依次传递到推板和推件块,把模孔中的工件或废料推出。刚性推件装置推件力大,工作可靠,故应用十分广泛,尤其适用于冲裁板料较厚的冲裁模。对于板料较薄且平直度要求较高的冲裁件,宜用弹性推件装置,弹性组件一般采用橡胶,如图4.69(c)、图4.69(d)所示。采用这种结构,冲件的质量较高,但冲件易嵌入边料,给取出冲件带来麻烦。

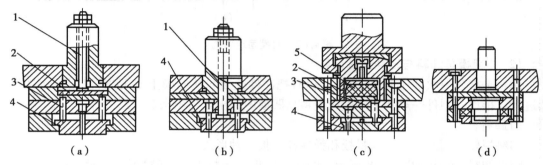

（a）　　　　　（b）　　　　　（c）　　　　　（d）

图4.69　推件装置

1—打杆;2—推板;3—联接推杆;4—推件块;5—橡胶

②顶件装置。顶件装置装在下模,一般是弹性的,如图4.70所示。其弹性组件是弹簧或橡胶,大型压力机具有气垫作为弹顶器。这种结构的顶件力容易调节,工作可靠。冲裁件平直度较高。

注意在模具设计装配时,应使推件块或顶件块伸出凹模孔口面$0.2 \sim 0.5$ mm,以提高推件的可靠性。推件块和顶件块与凹模为间隙配合。

**（3）弹簧和橡胶选择**

弹簧和橡胶是模具中广泛应用的弹性零件,现介绍普通压缩弹簧和橡胶的选用方法。

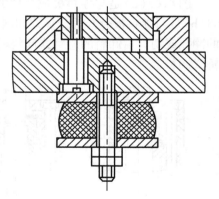

图4.70　弹性顶件装置

1)普通圆柱螺旋压缩弹簧

普通圆柱螺旋压缩弹簧一般是按照标准选用,国家标准代号为 GB 2089—80。

①选择标准弹簧时有以下3个方面要求:

a. 压力要足够,即

$$F_{预} \geq \frac{F_{卸}}{n}$$

式中　　$F_{预}$——弹簧的预紧力,N;

　　　　$F_{卸}$——卸料力或推件力、顶件力,N;

　　　　$N$——弹簧根数。

b. 压缩量要足够,即

$$S_{最大} \geqslant S_{总} = S_{预} + S_{工作} + S_{修磨}$$

式中　$S_{最大}$——弹簧允许的最大压缩量,mm;

　　　$S_{总}$——弹簧需要的总压缩量,mm;

　　　$S_{预}$——弹簧的预压缩量,mm;

　　　$S_{工作}$——卸料板或推件块等的工作行程,mm,对冲裁可取 $S_{工作} = t + 1$;

　　　$S_{修磨}$——模具的修磨量或调整量,mm,一般取 4～6 mm。

c.要符合模具结构空间的要求。因模具闭合高度的大小限定了所选弹簧在预压状态下的长度,上下模座的尺寸限定了卸料板的面积,也限定了允许弹簧占用的面积,故选取弹簧的根数、直径和长度,必须符合模具结构空间的要求。

②选择弹簧的步骤如下:

a.根据模具结构初步确定弹簧根数 $n$,并计算出每根弹簧分担的卸料力(或推件力),即 $F_{卸}/n$。

b.根据 $F_{预}$ 和模具结构尺寸,查设计手册,从国家标准中初选出若干个序号的弹簧,这些弹簧均需满足最大工作负荷大于 $F_{预}$ 的条件,一般可取 $F_{最大} = (1.5～2)F_{预}$。

c.校核弹簧的最大允许压缩量是否满足工作需要的总压缩 $S_{总}$,即小凹模满足式 $c = (1.5～2)H(c \geqslant 30\ mm)$、大凹模满足式 $c = (2～3)H(c \geqslant 30\ mm)$,如不满足,需重新选择。

d.检查弹簧的装配长度。检查弹簧预压缩后的长度(弹簧预压缩后的长度 = 弹簧的自由长度减去预压缩量)、根数、直径是否符合模具结构空间尺寸,如不符合要求,需重新选择。

2)橡胶

橡胶允许承受的负荷比弹簧大,且价格低、安装调整方便,是模具中广泛使用的弹性组件。橡胶在受压方向所产生的变形与其所受到的压力不是成正比的线性关系,其特性曲线如图4.71所示。由图可知,橡胶的单位压力与橡胶的压缩量和形状及尺寸有关。橡胶所能产生的压力为

$$F = Ap \qquad N$$

式中　$A$——橡胶的横截面积,$mm^2$;

　　　$p$——与橡胶压缩量有关的单位压力,MPa,如表4.38所示,或由图4.71查出。

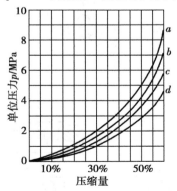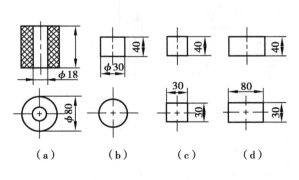

图4.71　橡胶特性曲线

表4.38　橡胶压缩量与单位压力的关系

| 压缩量/% | 10 | 15 | 20 | 25 | 30 | 35 |
|---|---|---|---|---|---|---|
| 单位压力/MPa | 0.26 | 0.5 | 0.74 | 1.06 | 1.52 | 2.10 |

选用橡胶时的计算步骤如下：

①计算橡胶的自由高度为

$$S_{工作} = t + l + S_{修磨}$$
$$H_{自由} = (3.5 \sim 4.0)S_{工作}$$

式中　　$S_{工作}$——橡胶工作行程；

　　　　$t$——工件厚度，mm；

　　　　$S_{修磨}$——模具的修磨量或调整量，mm，一般取 4 ~ 6 mm；

　　　　$H_{自由}$——橡胶的自由高度，mm。

②根据 $H_{自由}$ 计算橡胶的装配高度为

$$H_{装配} = (0.85 \sim 0.9)H_{自由}$$

③计算橡胶的断面面积为

$$A = \frac{F}{P}$$

④根据模具空间的大小校核橡胶的断面面积是否合适，并使橡胶的高径比满足

$$0.5 \leqslant \frac{H}{D} \leqslant 1.5$$

如果高径比超过 1.5，应当将橡胶分成若干段叠加，在其间垫钢垫圈，并使每段橡胶的 $H/D$ 值仍在上述范围内。另外要注意，在橡胶装上模具后，周围要留有足够的空隙位置，以允许橡胶压缩时断面尺寸的胀大。

**（4）冲裁模具定位零件设计**

冲模的定位装置用以保证材料的正确送进及在冲模中的正确位置。单个毛坯定位用定位销或定位板。使用条料时，保证条料送进的导向零件有导料板、导料销等。保证条料送进步距的零件有挡料销、定距侧刃等。在连续模中保证工件孔与外形位置对正时使用导正销。

1）定位板和定位销

定位板或定位销都是单个毛坯的定位装置，以保证工件在前后工序中相对位置精度，或

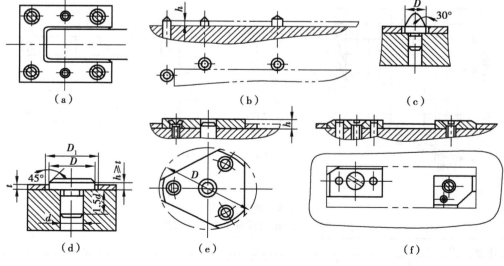

图 4.72　定位板与定位销

130

保证工件内孔与外缘的位置精度的要求。如图 4.72(a)、图 4.72(b) 所示为以毛坯外边缘定位用的定位板和定位销。图 4.72(a) 为矩形毛坯外缘定位用定位板,图 4.72(b) 为用定位销对毛坯外缘定位。

如图 4.72(c)、图 4.72(d)、图 4.72(e) 所示为以毛坯内孔定位用的定位板和定位销。图 4.72(c) 为 $D < 10$ mm 用的定位销;图 4.72(d) 为 $D = 10 \sim 30$ mm 用的定位销;图 4.72(e) 为 $D > 30$ mm 用的定位板;图 4.72(f) 为大型非圆孔用的定位板。

定位板或定位销销头高度可按如表 4.39 所示选用。

**表 4.39　定位板或定位销销头高度**

| 材料厚度 $t$/mm | $\leq 1$ | $1 \sim 3$ | $> 3 \sim 5$ |
|---|---|---|---|
| 定位板或定位销销头高度 | $t + 2$ | $t + 1$ | $t$ |

**2)导料板(导尺)和导料销**

采用条料或带料冲裁时,一般选用导料板和导料销来导正材料的送进方向。其结构形式如图 4.73 所示。为了操作方便,从右向左送料时,与条料相靠的基准导料板(销)装在后侧;从前向后送料时,基准导料板(销)装在左侧。如果采用导料销,一般用 $2 \sim 3$ 个。

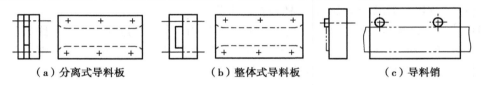

（a）分离式导料板　　　　（b）整体式导料板　　　　（c）导料销

**图 4.73　导料板和导料销**

如图 4.74 所示为国家标准 GB 2865—81 中导料板的结构尺寸。导料板的长度 $L$ 应大于凸模的长度。导料板的厚度 $H$ 可查表 4.40,表中送进时材料抬起是指采用固定挡料销定位时的情况。

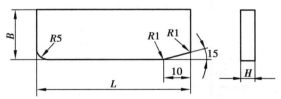

**图 4.74　导料板的结构尺寸**

**表 4.40　导料板厚度**

| 冲件材料厚度 $t$/mm | 导料板厚度/mm | | | |
|---|---|---|---|---|
| | 送料时材料抬起 | | 送料时材料不抬起 | |
| | $\leq 200$ | $> 200$ | $\leq 200$ | $> 200$ |
| $\leq 1$ | 4 | 6 | 3 | 4 |
| $> 1 \sim 2$ | 6 | 8 | 4 | 6 |
| $> 2 \sim 3$ | 8 | 10 | 6 | 6 |
| $> 3 \sim 4$ | 10 | 12 | 8 | 8 |
| $> 4 \sim 6$ | 12 | 14 | 10 | 10 |

为保证送料精度,使条料紧靠一侧的导料板送进,可采用侧压装置。

如图4.75所示的簧片式侧压装置用于料厚小于1 mm、侧压力要求不大的情况。如图4.76所示的弹簧压块式侧压装置用于侧压力较大的场合。使用簧片式和弹簧压块式侧压装置时,一般设置2~3个侧压装置。当料厚小于0.3 mm时,不宜用侧压装置。

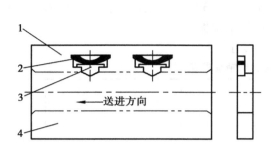

图4.75　簧片式侧压装置

1—导料板;2—簧片;3—压块;4—基准导料板

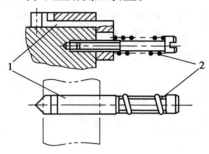

图4.76　弹簧压块式侧压装置

1—压块;2—弹簧

3)挡料销

挡料销是对条料或带料在送进方向上起定位作用的零件,起到控制送进量的作用。挡料销分为固定挡料销、活动挡料销、始用挡料销3大类。

如图4.77(a)所示为圆柱头式固定挡料销,其结构简单,使用方便,但销孔距凹模刃口距离很近,容易削弱刃口强度。如图4.77(b)所示为钩头式固定挡料销,其固定部分的位置可离凹模刃口较远,有利于提高凹模强度。但由于此种挡料销形状不对称,为防止转动,需另加定向装置。如图4.77(c)所示为国家标准圆柱头式、钩式挡料销结构。

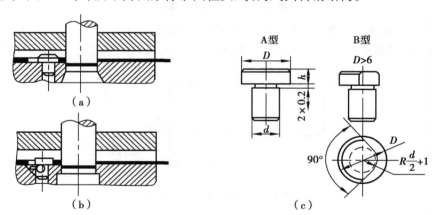

图4.77　圆柱头式与钩式挡料销

如图4.78所示为活动挡料销。当模具闭合后不允许挡料销的顶端高出板料时,宜采用活动挡料销结构。图4.78(a)为利用压缩弹簧使挡料销上下活动,图4.78(b)为利用扭转弹簧使挡料销上下活动,图4.78(c)为橡胶弹顶式活动挡料销。

如图4.79所示为始用挡料销,这种挡料销一般用在连续模中,对条料送进时进行首次定位,使用时,用手压出挡料销,完成首次定位后,在弹簧的作用下挡料销自动退出,不再起作用。

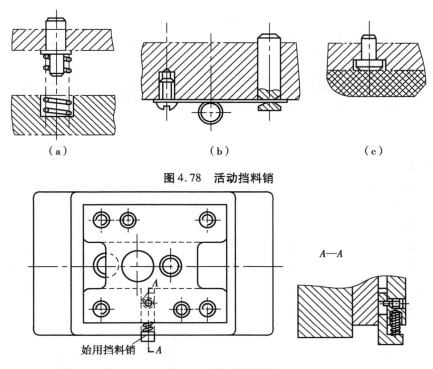

图 4.78　活动挡料销

始用挡料销

$A—A$

图 4.79　始用挡料销

4)侧刃

侧刃常用于连续模中控制送料步距。侧刃实质上就是裁切边料的凸模。有用的刃口只是其中两侧(见图 4.80)。通过这两侧刃口切去条料边缘的部分材料,使之形成台阶。条料被切去宽度方向部分边料后,才能够被允许通过条料送进通道继续向前送进,送进的距离即为切去的长度(送料步距)。当条料送到切料后形成的台阶时,侧刃挡块阻止了条料继续送进,只有通过侧刃下一次的冲切,新的送料步距才又形成。

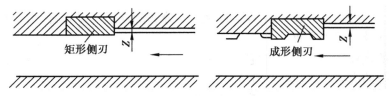

矩形侧刃

成形侧刃

图 4.80　侧刃定位

侧刃的标准结构如图 4.81 所示。按断面形状,侧刃分为矩形侧刃与成形侧刃两类。图 4.81 中 A 型为矩形侧刃,其结构与制造较简单,但当刃口磨损后,会使切出的条料台阶角部出现圆角或毛刺,或出现侧边毛刺,影响条料正常送进和定位,B 型为双角成形侧刃,C 型为单角成形侧刃。成形侧刃产生的圆角、毛刺位于条料侧边凹进处,故不会影响送料。但 B,C 型侧刃结构制造难度增加,冲裁废料也增多。采用 B 型侧刃时,冲裁受力均匀。按侧刃工作端面的形状,侧刃分为平端面(Ⅰ型)和台阶端面(Ⅱ型)两种。Ⅱ型多用于冲裁 1 mm 以上厚料。冲裁前凸出部分先进入凹模导向,以改善侧刃在单边受力时的工作条件。

侧刃的数量可以是一个,也可以是两个。两个侧刃可两侧对称布置或两侧对角布置。

133

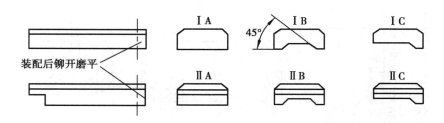

图 4.81　侧刃结构

5）导正销

导正销多用于连续模中，装在第二工位后的凸模上。当工件内形与外形的位置精度要求较高时，无论挡料销定距，还是侧刃定距，都不可能满足要求。这时，设置导正销可提高定距精度。冲压时它先插入前面工序已冲好的孔中，以保证内孔与外形相对位置的精度，消除由于送料而引起的误差，然后才开始进行冲裁。

对于薄料（$t < 0.3$ mm），导正销插入孔内会使孔边弯曲，不能起到正确的定位作用，此外孔的直径太小（$d < 1.5$ mm）时导正销易折断，也不宜采用。此时可考虑采用侧刃。导正销的结构形式主要根据孔的尺寸选择，如图 4.82 所示。

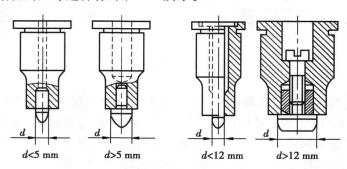

$d < 5$ mm　　　$d > 5$ mm　　　$d < 12$ mm　　　$d > 12$ mm

图 4.82　导正销结构形式

导正销的头部由圆锥形（或圆弧形）的导入部分和圆柱形的导正部分组成。导正部分的直径和高度尺寸及公差很重要。

导正部分的直径比冲孔凸模的直径要小 $0.04 \sim 0.20$ mm，双面导正间隙具体值如表 4.41 所示。导正部分的高度一般取 $h = (0.5 \sim 1)t$。

表 4.41　双面导正间隙

| 料厚 $t$/mm | 冲孔凸模直径 $d$/mm | | | | | | |
|---|---|---|---|---|---|---|---|
| | $1.5 \sim 6$ | $>6 \sim 10$ | $>10 \sim 16$ | $>16 \sim 24$ | $>24 \sim 32$ | $>32 \sim 42$ | $>42 \sim 60$ |
| $<1.5$ | 0.04 | 0.06 | 0.06 | 0.08 | 0.09 | 0.10 | 0.12 |
| $1.5 \sim 3$ | 0.05 | 0.07 | 0.08 | 0.10 | 0.12 | 0.14 | 0.16 |
| $3 \sim 5$ | 0.06 | 0.08 | 0.10 | 0.12 | 0.16 | 0.18 | 0.20 |

导正销通常与挡料销配合使用（也可以与侧刃配合使用）。导正销与挡料销的位置关系如图 4.83 所示。

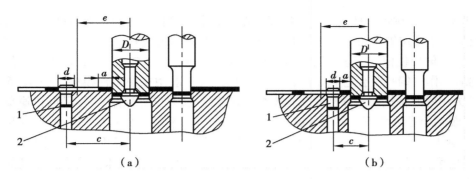

**图 4.83　挡料销与导正销位置关系**

1—挡料销;2—导正销

按图 4.83(a)方式定位时

$$e = \frac{D}{2} + a + \frac{d}{2} + \Delta$$

按图 4.83(b)方式定位时

$$e = \frac{3D}{2} + a - \frac{d}{2} - \Delta$$

**(5)标准模架与导向零件的设计**

一副冲压模具是相对比较复杂的,造价也较贵。如果每冲制一个零件都要重新设计并制造一套完整的模具,代价既高、也没有必要。因此,对于冲件形状与尺寸范围差别不是很大时,只要根据冲制零件的需要将模具中的工作零件,定位零件,卸料、顶件与推件零件进行重新设计、制作与更换后(有时连卸料、顶件与推件零件也不需更换),即可进行加工。于是,把冲压模具中除去工作零件,定位零件,卸料、顶件与推件零件后剩下的部分称为模架。模架主要由模柄,上、下模板,上、下模座,导柱,导套,顶(打)料座、杆,以及紧固件等组成,根据模具的繁简程度而略有差异。

1)导柱、导套滑动导向装置

冲压模具设置导向装置可以提高模具精度,减少压力机对模具精度的不良影响,同时节省调整时间,提高工件精度和模具寿命,因此,批量生产用冲压模具广泛采用导向装置。冲压模具常用导向装置除前面介绍的导板导向结构外,主要是导柱、导套导向装置。导柱、导套导向又分滑动导向和滚动导向两种结构形式。常用导柱、导套滑动导向装置的结构形式如图 4.84 所示,其中如图 4.84(a)所示结构应用最为广泛,标准模架中导柱、导套均采用如图 4.84(a)所示结构。按导柱在模架上的固定位置不同,标准导柱模架的基本形式分 4 种,如图 4.85 所示。

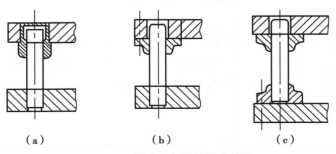

|(a)|(b)|(c)|

**图 4.84　滑动导向导柱导套结构**

图4.85(a)为对角导柱模架。导柱安装在模具中心对称的对角线上,且两导柱的直径不同,以避免上下模位置装错。模架导向平稳,横向、纵向均可送料,在连续模中应用较广。图4.85(b)为后侧导柱模架。这种模架前面和左、右不受限制,送料和操作比较方便。但导柱安装在后侧,工作时偏心距会造成导柱、导套单边磨损,一般用在小型冲模中。图4.85(c)、图4.85(d)为中间导柱模架。导柱安装在模具的对称线上,且两导柱的直径不同,以避免上下模左右位置装错而导致啃模。导向平稳、准确,适用于单工序模与工位少的连续模。图4.85(e)为四导柱模架,具有滑动平稳、导向准确可靠、刚性好等优点。一般用于大型冲模、要求模具刚性与精度都很高的冲裁模、大量生产用的自动冲压模以及同时要求模具寿命很高的多工位自动连续模。

对于冲裁 $t < 0.2$ mm 的薄料或硬质合金模具,不宜采用滑动导向模架,宜用滚动导向。

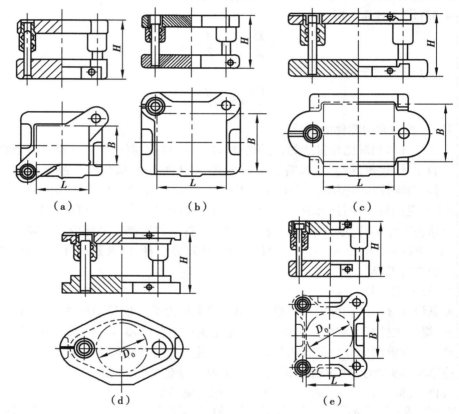

**图4.85 导柱导套模架**

2)导柱、导套滚动导向装置

滚动导向装置又称滚珠导向装置(见图4.86),是一种无间隙导向,其导向精度高、寿命长,在高速压力机工作的高速冲模、精密冲裁模、硬质合金模和其他精密模具中有广泛应用。滚珠导向结构中,导柱、导套的布置形式与滑动导向装置相同,有对角导柱、中间导柱、后侧导柱及四导柱布置形式。

3)标准模架技术参数

①滑动导向标准模架的技术参数

a.凹模周界。模架可以安装凹模(或最大外形尺寸的模块)的最大尺寸为凹模周界。凹

模周界 $L \times B$ 的大小,是选用模架的主要技术参数。确定凹模尺寸,是在计算出凹模刃口尺寸的基础上,再计算出凹模的壁厚,确定凹模外轮廓尺寸。

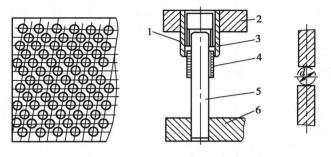

**图 4.86　滚珠导向结构和衬套结构**

1—导套;2—上模座;3—滚珠;4—滚珠夹持圈;5—导柱;6—下模座

在确定凹模壁厚时要注意 3 个问题:需考虑凹模上螺孔、销孔的布置;应使压力中心与凹模的几何中心基本重合;应尽量按国家标准选取凹模的外形尺寸。

b.最小闭合高度和最大闭合高度。最小闭合高度和最大闭合高度是指采用标准模架时,在模具闭合状态下(最低工作位置)上模座上平面至下模座下平面所允许高度的最小值和最大值。如图 4.87 所示为最小值和最大值时导柱与导套的相对位置。

冲模模架处于最小闭合高度时(见图 4.87(a)),导柱上端面与上模座上平面的距离为 $10 \sim 20 \text{ mm}$,可避免因调整不当,使压力机滑块下底面与导柱上端面碰撞,导致模具损坏和设备损伤的情况发生。冲模模架处于最大闭合高度时(见图 4.87(b)),导柱上端面与上模座下平面的距离为 $5 \sim 10 \text{ mm}$,可使模具在闭合状态下,导柱和导套间有足够长的配合面,保证模具的导向精度。

c.最小装模高度和最大装模高度。模具在闭合状态下,标准模架允许安装模具零件的总高度,即上模座下平面至下模座上平面所允许的最小距离和最大距离,称为最小装模高度和最大装模高度,可参考图 4.87,即

$$最小装模高度 = 最小闭合高度 H_1 - (上模座厚度 h_1 + 下模座厚度 h_2)$$

$$最大装模高度 = 最大闭合高度 H_2 - (上模座厚度 h_1 + 下模座厚度 h_2)$$

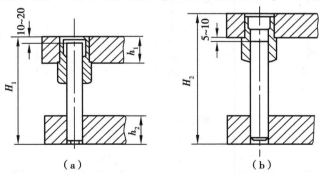

**图 4.87　模架闭合高度示意**

$H_1$—最小闭合高度;$H_2$—最大闭合高度

②滚动导向标准模架的技术参数

a. 凹模周界。同滑动导向模架。

b. 最小闭合高度。滚动导向模架的最小闭合高度,其含义与滑动导向模架相同。

c. 最大行程 $S$。最大行程 $S$ 是指模架许可使用的最大冲压行程。滚珠起导向作用,以保证模具有一定的导向精度。

**(6)其他支承和固定零件的设计和选用**

1)模柄

大型模具通常是用螺钉、压板直接将上模座固定在滑块上。中、小型模具一般是通过模柄将上模座固定在压力机滑块上。常用模柄形式有以下几种:

①旋入式模柄。如图4.88(a)所示,通过螺纹与上模座连接。骑缝螺钉用于防止模柄转动。这种模柄装卸方便,但与上模座的垂直度误差较大,主要用于中、小型有导柱的模具上。

②压入式模柄。如图4.88(b)所示,固定段与上模座孔采用 H7/m6 过渡配合,并加骑缝销防止转动。装配后模柄轴线与上模座垂直度比旋入式模柄好,主要用于上模座较厚而又没有开设推板孔的场合。

③凸缘式模柄。如图4.88(c)所示,上模座的沉孔与凸缘为 H7/h6 配合,并用3个或4个内六角螺钉进行固定。由于沉孔底面的表面粗糙度较差,与上模座的平行度也较差,所以装配后模柄的垂直度远不如压入式模柄。这种模柄的优点在于凸缘的厚度一般不到模座厚度的一半,凸缘式模柄以下的模座部分仍可加工出型孔,以便容纳推件装置的推板。

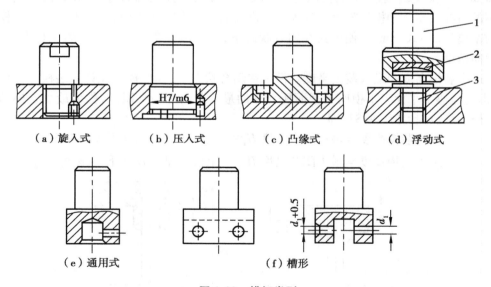

（a）旋入式　　　（b）压入式　　　（c）凸缘式　　　（d）浮动式

（e）通用式　　　　　　（f）槽形

**图4.88　模柄类型**

1—模柄接头;2—凹球面垫块;3—活动模柄

④浮动式模柄。如图4.88(d)所示,模柄接头1与活动模柄3之间加一个凹球面垫块2。因此,模柄与上模座不是刚性联接,允许模柄在工作过程中产生少许倾斜。采用浮动模柄,可避免压力机滑块由于导向精度不高对模具导向装置产生的不利影响,减少模具导向件的磨损,延长使用寿命。浮动式模柄主要用于滚动导向模架,在压力机导向精度不高时,选用一级精度滑动导向模架也可采用。但选用浮动式模柄的模具必须使用行程可调压力机,保证在工

作过程中导柱与导套不脱离。

⑤通用式模柄。如图 4.88(e)所示,将快换凸模插入模柄下方孔内,配合为 H7/m6,再用螺钉从模柄侧面将其紧固,防止卸料时拔出。根据需要可更换不同直径的凸模。

⑥槽形模柄。如图 4.88(f)所示,槽形模柄便于固定非圆凸模,并使凸模结构简单、容易加工。凸模与模柄槽可取 H7/m6 配合,在侧面打入两个横销,防止拔出。槽形模柄主要用于弯曲模,也可以用于冲非圆孔冲孔模、切断模等。

2)凸模、凹模固定板

凸模、凹模固定板主要用于小型凸模、凹模或凸凹模等工作零件的固定。固定板的外形与凹模轮廓尺寸基本上一致,厚度取 $(0.6 \sim 0.8)H_凹$,材料可选用 Q235 或 45 钢。固定板与凸模、凹模为过渡配合(H7/n6 或 H7/m6),压装后将凸模端面与固定板一起磨平。浮动凸模与固定板采用间隙配合。

3)垫板

垫板的作用是承受凸模或凹模的压力,防止过大的冲压力在硬度较低的上、下模座上压出凹坑,影响模具正常工作。拼块凹模与下模座之间也加垫板。垫板的厚度根据压力大小选择,一般取 5 ~ 12 mm,外形尺寸与固定板相同,材料一般 45 钢,热处理后硬度为 43 ~ 48 HRC。

如果模座是用钢板制造的,当凸模截面面积较大时,可以省去垫板。

### 4.6.4　模具总体尺寸及各主要零部件之间的关系

冲裁模各主要零部件的尺寸关系如图 4.89 所示。其中 $H_卸$ 一般取 10 ~ 20 mm,如果兼作导板时取 $(0.8 \sim 1)H_凹$。

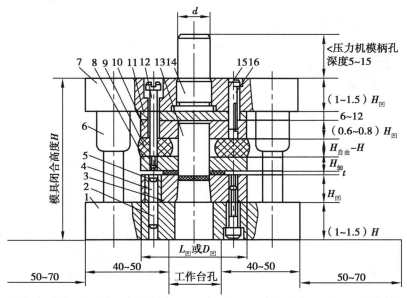

**图 4.89　模具总体设计尺寸图**

1—下模座;2,15—销钉;3—凹模;4—套;5—导柱;6—导套;7—上模座;
8—卸料板;9—橡胶;10—凸模固定板;11—垫板;12—卸料螺钉;
13—凸模;14—模柄;16—螺钉

### 4.6.5　冲压模具零件间的装配关系及表面质量技术要求

**（1）冲压零件的配合要求**（见表4.42）

表4.42　冲压零件的配合要求

| 零件名称 | 配合要求 |
|---|---|
| 导柱与下模座 | H7/r6 |
| 导柱与上模座 | H7/r6 |
| 导柱与导套 | H6/h5　H7/h6　H7/f7 |
| 模柄与上模座 | H9/h8　H9/h9 |
| 凸模与凸模固定板 | H7/m6　H7/k6 |
| 凸模与上、下模板（镶入式） | H7/h6 |
| 固定挡料销与凹模 | H7/n6　H7/m6 |
| 活动挡料销与卸料板 | H9/h8　H9/h9 |
| 圆柱销与固定板、上下模板等 | H7/n6 |
| 螺钉与螺杆孔 | 单边间隙 0.5～1 mm |
| 卸料板与凸模（凸凹模） | 单边间隙 0.5～1 mm |
| 顶件板与凹模 | 单边间隙 0.5～1 mm |
| 推杆与模柄 | 单边间隙 0.5～1 mm |
| 推件板与凹模 | 单边间隙 0.5～1 mm |
| 推销与凸模固定板 | 单边间隙 0.2～0.5 mm |

**（2）冲模零件表面质量要求**（见表4.43）

表4.43　冲模零件表面质量要求

| 表面质量 $R_a$ 值/μm | 适用范围 |
|---|---|
| 0.2～0.4 | 抛光成形面及平面 |
| 0.4～0.8 | （1）弯曲、拉深、成形的凸凹模工作表面<br>（2）圆柱表面和平面的刃口<br>（3）滑动和精确导向的表面 |
| 0.8～1.6 | （1）成形的凸模和凹模刃口<br>（2）凸模、凹模镶块的接合面<br>（3）静配和过渡配合的表面<br>（4）支承定位和紧固表面<br>（5）磨加工的基准平面<br>（6）要求准确的工艺基准表面 |
| 1.6～3.2 | 内孔表面、底板平面 |
| 3.2 | （1）磨加工的支承、定位和紧固表面<br>（2）底板平面 |
| 6.3～12.5 | 不与冲压零件及冲模零件接触的表面 |
| 25 | 不重要表面 |
| | 不需要机械加工的表面 |

### 4.6.6　模具零件图的绘制要求和常用习惯画法

**(1) 模具零件图的绘制要求**

按照模具的总装配图,拆绘模具零件图。模具零件图既要反映出设计意图,又要考虑到制造的可能性及合理性,零件图设计的质量直接影响模具的制造周期及造价。因此,设计出工艺性好的零件图可减少出废品,方便制造,降低模具成本,提高模具使用寿命。

目前大部分模具零件已标准化,供设计时选用,这对简化模具设计、缩短设计及制造周期,集中精力去设计那些非标准件,无疑会收到良好效果。在生产中,标准件不需绘制,模具总装配图中的非标准模具零件均需绘制零件图。有些标准零件(如上、下模座)需补加工时,也要求画出,并标注加工部位的尺寸公差。非标准模具零件图应标注全部尺寸,公差,表面粗糙度,材料及热处理,技术要求等。

模具零件图是模具零件加工的唯一依据,它应包括制造和检验零件的全部内容,因而设计时必须满足绘制模具零件图的要求,如表4.44所示。

**表4.44　模具零件图的绘制要求**

| 项　目 | 要　求 |
|---|---|
| (1) 正确而充分的视图 | 所选的视图应充分而准确地表示出零件内部和外部的结构形状和尺寸大小。而且视图及剖视图等的数量应为最少 |
| (2) 具备制造和检验零件的数据 | 零件图中的尺寸是制造和检验零件的依据,故应慎重细致地标注。尺寸既要完备,同时又不重复。在标注尺寸前,应研究零件的加工和检测的工艺过程,正确选定尺寸的基准面,做到设计、加工、检验基准统一,避免基准不重合造成的误差。零件图的方位应尽可能按其在总装配图中的方位画出,不要任意旋转和颠倒以免画错,影响装配 |
| (3) 标注加工尺寸公差及表面粗糙度 | 所有的配合尺寸或精度要求较高的尺寸都应标注公差(包括表面形状及位置公差)。未注尺寸公差按IT14级制造。模的工作零件(如凸模、凹模和凸凹模)的工作部分尺寸按计算值标注<br><br>模具零件在装配过程中的加工尺寸应标注在装配图上,如必须在零件图上标注时,应在有关尺寸近旁注明"配作""装配后加工"等字样或在技术要求中说明<br><br>因装配需要留有一定的装配余量时,可在零件图上标注装配链补偿量及装配后所要求的配合尺寸、公差和表面粗糙度等<br><br>两个相互对称的模具零件,一般应分别绘制图样,如绘在一张图样上,必须标明两个图样代号<br><br>模具零件的整体加工,分切后成对成组使用的零件只要分切后各部分形状相同,则视为一个零件,编一个图样代号,绘在一张图样上,以利于加工和管理<br><br>模具零件的整体加工,分切后尺寸不同的零件,也可绘在一张图样上,但应用引出线标明不同的代号,并用表格列出代号、数量及质量<br><br>所有的加工表面都应注明表面粗糙度等级,正确决定表面粗糙度等级是一项重要的技术经济工作。一般地说零件表面粗糙度等级可根据对各个表面工作要求及等级来决定 |

续表

| 项　目 | 要　求 |
|---|---|
| (4)技术条件 | 　　凡是图样或符号不便于表示,而在制造时又必须保证的条件和要求都应注明在技术条件中。它的内容随着不同的零件、不同的要求及不同的加工方法而不同,其中主要应注明:<br>①对材质的要求。如热处理方法及热处理表面所应达到的硬度等<br>②表面处理、表面涂层以及表面修饰(如锐边倒钝、清砂)等要求<br>③未注倒角半径的说明,个别部位的修饰加工要求<br>④其他特殊要求 |

**(2)模具图常见的习惯画法**

模具图中的画法主要按机械制图的国家标准规定,考虑到模具图的特点,允许采用一些常用的习惯画法,如表4.45所示。

表4.45　模具图常见的习惯画法

| (1)内六角螺钉和圆柱销的画法 | 　　同一规格、尺寸的内六角螺钉和圆柱销,在模具总装配图中的剖视图中可各画一个,引一个件号,当剖视图中不易表达时,也可从俯视图中引出件号。内六角螺钉和圆柱销在俯视图中分别用双圆(螺钉头外径和窝孔)及单圆表示,当剖视位置比较小时,螺钉和圆柱销可各画一半。在总装配图中,螺钉过孔一般情况下要画出 |
|---|---|
| (2)弹簧窝座及圆柱螺旋压缩弹簧的画法 | 　　在冲模中,大多数习惯采用简化画法画弹簧,用双点画线表示见本表图(a)。当弹簧个数较多时,在俯视图中可只画一个弹簧,其余只画窝座 |
| (3)直径尺寸大小不同的各组孔的画法 | 直径尺寸大小不同的各组孔可用涂色、符号、阴影线区别,见本表图(b) |

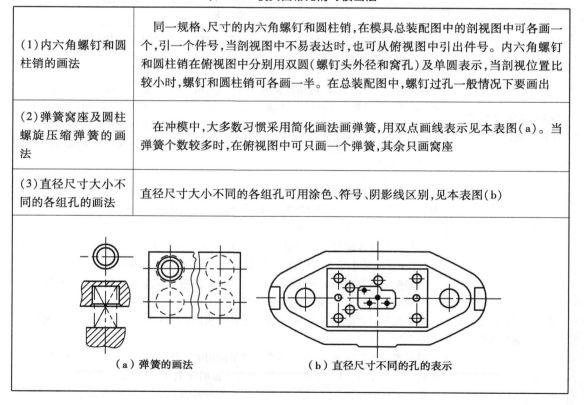

（a）弹簧的画法　　　　　　　　　（b）直径尺寸不同的孔的表示

## 4.7　冲裁模具的装配和调试

### 4.7.1　冲裁模的装配

**(1)单工序冲裁模的装配**

单工序冲裁模有无导向冲裁模和有导向冲裁模两种类型。对于无导向冲裁模,可按图样要求将上、下模分别进行装配,其凸、凹模间隙是在冲模被安装到压力机上时进行调整的。而对于有导向冲裁模,装配时要选择好基准件(一般多以凹模为基准件),然后以基准件为基准装配其他零件并调整好间隙。

如图 4.90 所示为电镀表固定板冲孔模,冲件材料为 H62 黄铜,厚度为 2 mm。其装配步骤及方法如下:

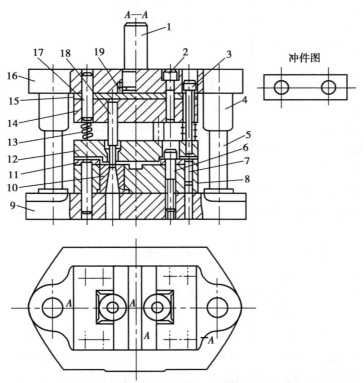

**图 4.90　电镀表固定板冲孔模**

1—模柄;2,6—螺钉;3—卸料螺钉;4—导套;5—导柱;7,17—销钉;
8,14—固定板;9—下模座;10—凹模;11—定位板;12—卸料板;13—弹簧;
15—垫板;16—上模座;18—凸模;19—防转销

1)装配模架

按前面介绍的方法,将导套、模柄、导柱分别装入上、下模座,并注意安装后使导柱、导套配合间隙均匀,上、下模座相对滑动时无发涩及卡住现象,模柄与上模座上平面保持垂直。

143

2）装配凹模

把凹模 10 装入凹模固定板 8 中,装入后应将固定板与凹模上平面在平面磨床上一起磨平,使刃口锋利。同时,其底面也应磨平。

3）装配下模

先在装配好凹模的固定板 8 上安装定位板 11,然后将装配好的凹模和定位板的固定板安放在下模座上,按中心线找正固定板的位置,用平行板夹紧,通过固定板上的螺钉孔在下模座上钻出锥窝。拆开固定板,在下模座上按锥窝钻螺纹孔并攻丝,再将凹模固定板组件置于下模座上,找正位置后用螺钉紧固。最后钻铰销钉孔,打入定位销。

4）装配凸模

将凸模 18 压入固定板 14,铆合后将凸模尾部与固定板一起磨平。同时,为了保证刃口锋利,还应将凸模的工作端面在平面磨床上刃磨。

5）配钻卸料螺钉过孔

将卸料板 12 套装在固定板的凸模 18 上,在卸料板与固定板之间垫入适当高度的等高垫铁,用平行夹头夹紧。然后以卸料板上的螺孔定位,在固定板上划线或钻出锥窝,拆去卸料板,以锥窝或划线定位在固定板上钻螺钉过孔。

6）装配上模

将装入固定板上的凸模插入凹模孔中,在凹模与凸模固定板之间垫入等高垫铁,装上上模座 16,找正中心位置后用平行夹头夹紧上模座与固定板。以固定板上的螺纹孔和卸料孔过孔定位,在上模座上钻锥窝或划线,拆开固定板,以锥窝或划线定位在上模座上钻孔。然后放入垫板 15,用螺钉将上模座、垫板联接并稍加紧固。

7）调整凸、凹模间隙

将装好的上模套装在下模导柱上,调整位置使凸模插入凹模型孔,采用适当方法(如透光法、垫片法、镀层法等)并用手锤敲击凸模固定板侧面进行调整,使凸、凹模之间的间隙均匀。

8）试切

检查调整好冲裁间隙后,用与冲件厚度相当的纸片作为试切材料,将其置于凹模上定位,用锤子敲击模柄进行试切。若冲出的纸样轮廓整齐、无毛刺,说明间隙是均匀的。如果只有局部有毛刺或毛刺不均匀,应重新调整间隙直至均匀。

9）紧固上模并安装卸料装置

间隙调整均匀后,将上模联接螺钉紧固,并钻铰销钉孔,打入定位销。再将卸料板 12、弹簧 13 用卸料螺钉 3 联接。装上卸料装置后,应能使卸料板上、下运动灵活,且在弹簧作用下,卸料板处于最低位置时凸模的下端面应缩入卸料板孔内约 0.5 mm。

**(2)级进冲裁模的装配**

级进冲裁模一般是以凹模为基准件,故应先装配下模,再以下模为基准装配上模。

若级进冲裁模的凹模是整体式凹模,因凹模型孔间进距是在加工凹模时保证的,故装配的方法和步骤与单工序冲裁模基本相同。若凹模是镶拼式凹模,因各拼块虽然在精加工时保证了尺寸和位置精度,但拼合后因积累误差也会影响进距精度,这时为了调整准确进距和保证凸、凹模间隙均匀,应将各组凸、凹模拼块压入固定板,然后再把固定板装入下模座,以凹模定位装配凸模和上模,待间隙调整和试冲达到要求后,用销钉定位并固定,最后装入其他辅助零件。

**（3）复合冲裁模的装配**

复合模一般以凸凹模作为装配基准件。其装配顺序如下：

①装配模架。

②装配凸凹模组件（凸凹模及其固定板）和凸模组件（凸模及其固定板）。

③将凸凹模组件用螺钉和销钉安装固定在指定模座（正装式复合模为上模座，倒装式复合模为下模座）的相应位置上。

④以凸凹模为基准，将凸模组件及凹模初步固定在另一模座上，调整凸模组件及凹模的位置，使凸模刃口和凹模刃口分别与凸凹模的内、外刃口配合，并保证配合间隙均匀后紧固凸模组件与凹模。

⑤试冲检查合格后，将凸模组件、凹模和相应模座一起钻铰销孔。

⑥卸开上、下模，安装相应的定位、卸料、推件或顶出零件，再重新组装上、下模，并用螺钉和定位销紧固。

**（4）凸、凹模间隙的调整方法**

冲模中凸、凹模之间的间隙大小及其均匀程度是直接影响冲件质量和模具使用寿命的主要因素之一。因此，在制造冲模时，必须要保证凸、凹模间隙的大小及均匀一致性。通常凸、凹模间隙的大小是根据设计要求在凸、凹模加工时保证的，而凸、凹模之间间隙的均匀性则是在模具装配时保证的。

冲模装配时调整凸、凹模间隙的方法很多，需根据冲模的结构特点、间隙值的大小和装配条件来确定。目前，最常用的方法主要有以下 4 种：

1）垫片法

这种方法是利用厚度与凸、凹模单面间隙相等的垫片来调整间隙，是简便而常用的一种方法。其调整方法如下：

①按图样要求组装上模与下模，其中一般上模只用螺钉稍为拧紧，下模用螺钉和销钉紧固。

②在凹模刃口四周垫入厚薄均匀、厚度等于凸、凹模单面间隙的垫片（金属片或纸片），再将上、下模合模，使凸模进入相应的凹模孔内，并用等高垫铁垫起，如图 4.91 所示。

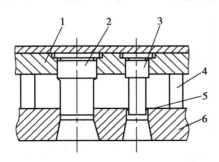

图 4.91　垫片法调整凸、凹模间隙
1—固定板；2,3—凸模；4—等高垫片；
5—垫片；6—凹模

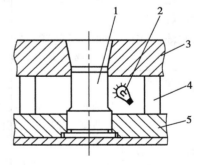

图 4.92　透光法调整凸、凹模间隙
1—凸模；2—光源；3—凹模；
4—等高垫铁；5—固定板

③观察凸模能否顺利进入凹模,并与垫片能够有良好的接触。若在某方向上与垫片接触的松紧程度相差较大,表明间隙不均匀,这时可用手锤轻轻敲打凸模固定板,使之调整到凸模在各方向与凹模孔内垫片的松紧程度一致为止。

④调整合适后,再将上模用螺钉紧固,并配钻销钉孔,打入定位销。

垫片法主要用于间隙较大的冲裁模,也可用于拉深模、弯曲模及其他成形模的间隙调整。

2)透光法

透光法又称光隙法,是根据透光情况调整凸、凹模间隙的一种方法,其调整的方法如下:

①同"垫片法"步骤①。

②将上、下模合模,在凹模与凸模固定板之间放入等高垫铁并用平行夹头夹紧。

③反转上、下模,并将模柄夹紧在平口钳上,如图4.92所示。用手灯或手电筒照射凸、凹模,从下模座的漏料孔观察凸、凹模间隙中所透光线是否均匀一致。若所透光线不均匀一致,适当松开平行夹头,用手锤敲击固定板的侧面,使上模向透光间隙偏大的方向移动再反复观察、调整,直至认为合适时为止。

④调整合适后,再将上模用螺钉及销钉紧固。

3)测量法

测量法是将凸模插入凹模孔之后,用塞尺检查凸、凹模不同部位的配合间隙,再根据检查结果调整凸、凹模之间的相对位置,使两者之间的配合间隙均匀一致。这种方法调整的间隙基本上是均匀合适的,也是生产中比较常用的一种方法,多用于间隙较大(单边间隙大于0.02 mm)的冲裁模,也可用于弯曲模和拉深模等。

4)镀铜法

镀铜法是采用电镀的方法,在凸模上电镀一层厚度等于凸、凹模单面间隙的铜层后,再将凸模插入凹模孔中进行调整的一种方法。镀层厚度用电流及电镀时间控制,厚度均匀,模具装配后镀层也不必专门去除,在模具使用过程中会自行脱落。这种方法得到的凸、凹模间隙比较均匀,但工艺上增加了电镀工序,主要用于冲裁模的间隙调整。

### 4.7.2　冲裁模的调试

冲裁模在加工装配以后,还必须安装在压力机上进行试冲压生产。在试冲过程中,可能会出现这样或那样的问题,这时必须根据所产生问题或缺陷的原因,确定合适的调整或修正方法,以使其正常工作。

冲裁模在试冲时常见问题、产生原因及调整方法如表4.46所示。

表4.46　冲裁模试冲时常见问题、产生原因及调整方法

| 试冲时的问题 | 产生原因 | 调整方法 |
| --- | --- | --- |
| 送料不通畅或料被卡死 | 1. 两导料板之间的尺寸过小或有斜度<br>2. 凸模与卸料板之间的间隙过大,使搭边翻扭<br>3. 用侧刃定距的冲裁模导料板的工作面和刃口不平行形成毛刺,使条料卡死<br>4. 侧刃与侧刃挡块不密合形成方毛刺使条料卡死 | 1. 根据情况修整或重装导料板<br>2. 根据情况采取措施减小凸模与卸料板的间隙<br>3. 重装导料板或修整侧刃<br>4. 修整侧刃挡块消除间隙 |

续表

| 试冲时的问题 | 产生原因 | 调整方法 |
|---|---|---|
| 卸料不正常，退不下料 | 1. 由于装配不正常，卸料装置不能动作，如卸料板与凸模配合过紧，或因卸料板倾斜而卡紧<br>2. 弹簧或橡胶的弹力不足<br>3. 凹模和下模座漏料孔没有对正，凹模孔有倒锥度造成工件堵塞，料不能排出<br>4. 顶件块（或推件块）过短，或卸料板行程不够 | 1. 修整卸料、顶板等零件或重新装配<br>2. 更换弹簧或橡胶<br>3. 修整漏料孔，修整凹模<br>4. 加长顶件块（或推件块）的顶出部分，加深卸料螺钉沉孔深度 |
| 凸、凹模的刃口相碰 | 1. 上模座、下模座、固定板、凹模、垫板等零件安装面不平行<br>2. 凸、凹模错位<br>3. 凸模、导柱等零件安装不垂直<br>4. 导柱与导套配合间隙过大使导向不准<br>5. 卸料板的孔位不正确或歪斜，使冲孔凸模位移 | 1. 修整有关零件重装上模或下模<br>2. 重新安装凸、凹模，使之对正<br>3. 重装凸模或导柱<br>4. 更换导柱或导套<br>5. 修理或更换卸料板 |
| 凸模折断 | 1. 冲裁时产生的侧向力未抵消<br>2. 卸料板倾斜 | 1. 在模具上设置挡块抵消侧向力<br>2. 修整卸料板或增加凸模导向装置 |
| 凹模被胀裂 | 凹模孔有倒锥度现象（上口大下口小） | 修磨凹模孔，消除倒锥现象 |
| 冲裁件的形状和尺寸不正确 | 凸模与凹模的刃口形状尺寸不正确 | 先将凸模或凹模的形状尺寸修准，然后调整冲模的间隙 |
| 落料外形和冲孔位置不正，出现偏位现象 | 1. 挡料销或定位销位置不正<br>2. 落料凸模上导正销尺寸过小<br>3. 导料销和凹模送料中心线不平行使孔位偏移<br>4. 侧刃定距不准 | 1. 修正挡料销或定位销<br>2. 更换导正销<br>3. 修正导料板<br>4. 修磨或更换侧刃 |
| 冲件不平整 | 1. 落料凹模型孔呈上大下小的倒锥形，冲件从孔中通过时被压弯<br>2. 冲模结构不合理，落料时没有弹性顶件或推件装置压住工件<br>3. 在级进模中，导正销与预冲孔配合过紧，将工件压出凹陷或导正销与挡料销的间距过小，导正销使条料前移被挡料销挡住 | 1. 修磨凹模孔，去除倒锥度现象<br>2. 增加弹性顶件或推件装置<br>3. 修小挡料销 |
| 冲件毛刺较大 | 1. 刃口不锋利或淬火硬度低<br>2. 凸、凹模配合间隙过大或间隙不均匀 | 1. 修磨工作部分刃口<br>2. 重新调整凸、凹模间隙，使其均匀 |

# 4.8 模具的日常维护和保管

冷冲压模具在投入使用后,直至报废,除非是非正常损坏,中间一般经过了使用、磨损、修理、再使用、再磨损、再修理的多次循环,并非是从投用就一直延续至报废。因为冲模在正常工作一段时间后,其工作零件和导向零件等会产生磨损、裂纹损坏和疲劳破坏等,如冲裁模的凸、凹模刃口变钝,间隙增大和不均匀,弯曲、拉深和成形模具的凸、凹模工作表面损伤,导向零件导向面的局部磨损使导向精度降低等,都会使冲模丧失良好的工作状态。因此,对使用过程加以规范、冲模磨损后进行及时的修复,对于延长冲模的寿命、降低生产成本是非常重要的。

### 4.8.1 冲模日常使用与维护要求

**(1)冲模的使用要求**

①冲模的使用应遵守冲压工艺规程与操作守则的规定。

②操作过程中应密切注意工件、模具、设备的状况,发现异常,应及时分析原因,采取相应的对策。

③每个冲次应注意工件与废料的排出情况,若有工件或废料滞留模具内,应立即停机清理。

④冲压用毛坯表面要清洁、无污渍,并均匀涂抹润滑剂。

⑤应当注意控制所生产工件的质量,使之符合要求,否则应对模具进行调整。

⑥冲压工人所使用的操作工具,应由软金属制成,以防发生意外事故而损坏模具和冲压设备。

⑦操作者应特别注意人身安全,特别要严禁违反冲压工艺规程与操作守则的操作;操作时应精力集中,不在酒后或疲劳状态下操作。

⑧凸模和凹模刃口磨损后要及时刃磨,防止刃口磨损深度的迅速扩大,降低冲件质量和模具的寿命。

⑨模具使用完毕,应清除废料及脏物,并在刃口和导向部分涂上润滑油,保持模具清洁而不致生锈。

**(2)冲模的日常维护**

冲压模具在使用过程中总会出现一些小故障,不必将模具从压力机上卸下,可直接在压力机上进行维护性修理,使模具在较短时间内恢复正常工作。

冲模的维护性修理,主要是针对生产现场中冲模临时发生的损坏或影响冲压生产正常进行的小故障进行的修整,更换较简单的易损零件或进行调整时,无须将冲模从压力机上卸下,修整后也无须进行检验的一种现场行为。

常使用的方法如下。

1)更换零件

冲模在工作过程中,易损坏需更换的零件有冲模易损零件和通用标准零件两类。冲模易损零件如凸、凹模的镶拼件和定位装置零件等,可以在冲压生产现场更换的凸、凹模应是有快换结构形式的,多工位级进模中的小圆凸模多采用快换结构。通用标准零件有螺钉、圆销、弹簧和橡胶等。

2)修磨凸、凹模的工作表面

①当冲裁模的凸、凹模刃口磨损程度不大,或有轻微的啃刃现象,使冲件毛刺局部增大时,可不必卸下模具,在压力机上用不同形状规格的油石,蘸煤油在刃口面上顺着一个方向对刃口轻轻刃磨,直到刃口光滑、锋利为止。

②弯曲、拉深模的凸、凹模工作表面常会有拉毛、拉伤的痕迹和金属颗粒黏附在工作面上,使工件表面出现划痕。可先用细砂纸或弧形油石将凹模工作面打光,去除黏附的金属微粒和表面损伤痕迹,再用氧化铬抛光。在打光和抛光时,应使凹模圆角与凹模工作面、型腔表面联接处光滑平缓过渡、无棱边。

③修磨受损伤的刃口。冲裁模工作过程中出现较严重的啃刃,或有轻微的崩刃及裂纹,如不影响模具的正常使用,可用油石或风动砂轮来修磨刃口。

用风动砂轮修磨刃口时,可先用风动砂轮将啃刃、崩刃或裂纹部位的不规则断面修磨成圆滑过渡的表面,然后用油石研磨成锋利刃口。

此法在大型模具如覆盖件切边模的现场维修中应用较为广泛。

④对被损坏及变形零件的修复。冲模使用过程中,有些零件会发生变形甚至被损坏,如拉深模中压边圈的压料面,材料流动的挤压会使工作表面损坏;定位零件如定位板,再次拉深的定位器会因磨损变形影响定位精度;顶杆、顶料杆发生弯曲变形或折断等,可根据零件受损情况进行捻修、修磨,个别局部磨损严重的,可在补焊后修磨继续使用,尺寸小的杆件则以换新为宜。

⑤对松动零件的紧固。在冲压力的作用下,模具的导料板、卸料板、定位板等的紧固螺钉会因长期振动而松动,影响冲模的使用功能,严重的会损坏模具。操作者应随时对其观察、检查,发现松动现象及时拧紧。

⑥对导向零件导向面的及时清洁和润滑。导向零件的导向功能对保证模具正常使用和延长其使用寿命起着决定性的作用,应及时清除导柱、导套、导板和导板槽等导向零件导向面的油污、污渍,并涂润滑油,减小导向面的磨损。

### 4.8.2 冲模的保管要求

冲压模具的存储管理应保证模具的安全、完好和有序,并制定相应的管理制度。

**(1)冲模的存放管理**

生产现场使用的所有模具(含夹具)应整齐有序地存放在冲模库或固定的存放地。冲模存放时的具体要求应符合《冲压车间安全生产通则》中的相应要求。

存储的模具应参照《安全色》(GB 2893—2001)中有关规定,在模具上、下模座的正面和反面涂以安全色,标明冲模的技术安全状态。

**(2)冲模的管理方法**

生产中使用模具的保管应设专职人员管理,实行分类管理,做到账、物、卡相符。

1)冲模的分类管理

冲模分类管理的方式有以下3种:

①按产品零件分组管理,如某一冲压零件需使用落料、拉深、冲孔3套模具才能完成,可

将该3套模具集中放在邻近位置,方便使用时存取和维护保养。

②按使用冲压设备分开保管。

③按模具类别保管,如按冲裁模、弯曲模、拉深模等分别存放。

2)建模具管理卡

模具管理卡即模具档案卡。模具管理卡实行一模一卡,一般应集中存放保管。模具管理卡记载模具状况如下:

①原始记录。包括模具编号、名称、制造日期,冲压零件名称和零件图号、使用材料、使用冲压设备和使用条件等。

②使用记录。包括使用日期、使用人、冲压加工件数和零件质量状况,认定模具技术状态。

③修理记录。包括修理日期、修理钳工、修理和改进内容等。

冲模使用和修理后,应及时如实填写,并随模具交库保管。

3)模具管理台账

模具管理台账是对全部库存模具进行总的登记与管理。冲压生产中,应经常检查库存模具,使账、卡、物相符,确保库存模具处于完好状态。对生产规模较小的企业,上述方法可适当从简,但模具档案是必不可少的。

**(3)冲模保管要点**

①储存模具的模具库或专用场地,应通风良好,防止潮湿,并能便于存放和取出。

②储存的模具应分类存放并摆放整齐。

③小型模具应在架上存放,大、中型模具应放在架底层或地坪上,底面垫以枕木并垫平。

④模具存放前应擦拭干净,导向部分应注入润滑油并盖上纸片,防止灰尘、杂物等落入影响导向精度。

⑤在凸模和凹模刃口及型腔处,应涂防锈油,以防长期存放后生锈。

⑥存放的模具应整体存放,不可拆开,以免损伤零件。上下模之间垫上限位木块,避免零件长期受压而失效。

⑦长期不使用的模具,应涂抹润滑油封存,保证其完好状态。

**(4)模具入库存放管理要点**

①入库的新模具,需有检验合格证。

②使用后的模具应及时入库存放,并如实填写模具管理卡。

③经维修保养恢复技术状态的模具,经试冲检验合格后,在规定时间内返库,并在模具管理卡中记录修理状况。

④模具领用出库应凭生产通知单等生产指令,办理发放手续。

# 第 **5** 章
## 弯曲工艺与弯曲模设计

弯曲是把板料、管材或型材等弯曲成一定的曲率和角度,并得到一定形状零件的冲压工序。用弯曲方法加工的零件种类非常多,如汽车纵梁、自行车车把、仪表电器外壳、门搭铰链等。根据被加工毛坯的形状、使用的工具和设备不同进行分类,弯曲工艺可分为压弯、折弯、扭弯、辊弯和拉弯。本章就以压弯工艺以及所使用的工具——压弯模为例进行介绍,如图5.1所示为利用模具进行压弯成形的典型形状零件图。

（a）　　　　　（b）　　　　　（c）　　　　　（d）　　　　　（e）　　　　　（f）

**图5.1　压弯成形的典型形状零件图**

## 5.1　弯曲变形过程分析

如图5.2所示为 V 形件的弯曲变形过程。在弯曲的开始阶段,毛坯是自由弯曲;随着凸模的下压,毛坯与凹模工作表面逐渐靠紧,弯曲半径由 $R_0$ 变为 $R_1$,弯曲力臂也由 $L_0$ 变为 $L_1$;凸模继续下压,毛坯弯曲区减小,直到与凸模3点接触,这时的曲率半径由 $R_1$ 变为 $R_2$,弯曲力臂由 $L_1$ 变为 $L_2$;到行程终了时,毛坯的直边部分反而向凹模方向变形,直至毛坯与凸、凹模完全贴合。

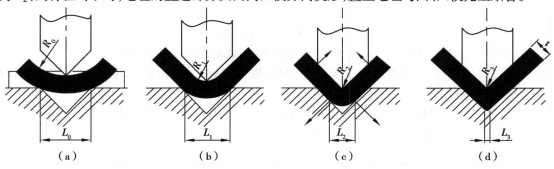

（a）　　　　　（b）　　　　　（c）　　　　　（d）

**图5.2　V 形件的弯曲变形过程**

为了分析板料在弯曲时的变形情况,可在长方形的板料侧面上画出正方形网格,然后对其进行弯曲,如图5.3所示。

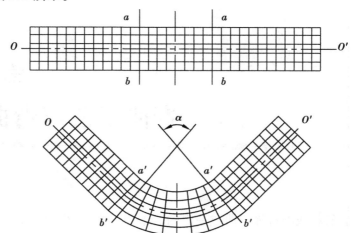

**图5.3 弯曲前后网格的变化**

观察弯曲前后网格的变化可知,弯曲变形的特点如下:

①弯曲后,在弯曲角 $\alpha$ 的范围内,正方形网格变成了扇形,而板料的直边部分,网格仍保持原来的正方形。由此可知,弯曲变形主要发生在弯曲件的圆角部分,直边部分则不产生塑性变形。

②从网格的纵向线条可知,弯曲后 $\overline{a'a'} < \overline{aa}$, $\overline{b'b'} > \overline{bb}$。由此可知,在变形区域内,纤维沿厚度方向的变形是不同的,板料内缘(靠凸模一面)纤维受压缩而缩短,外缘(靠凹模一面)纤维受拉伸而伸长。在内缘与外缘之间有一纤维层既不伸长也不缩短,这一纤维层称为应变中性层。

③从弯曲件变形区域的横截面来看,变形有以下两种情况(见图5.4):

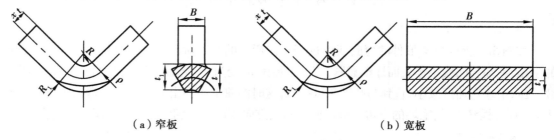

**图5.4 弯曲件变形区域的横截面变化**

a. 窄板($B < 3t$),在宽度方向上产生显著变形,横截面由矩形变为扇形。

b. 宽板($B > 3t$),在宽度方向上无明显变化,横截面仍为矩形,这是因为在宽度方向材料不能自由变形所致。

④板料弯曲变形程度可用相对弯曲半径 $r/t$ 来表示。$r/t$ 越小,表明弯曲变形程度越大。

此外,在变形区域内弯曲件的厚度有变薄现象。

## 5.2　弯曲变形过程中的回弹及其控制

### 5.2.1　弯曲回弹的概念

弯曲成形是一种塑性变形工艺。根据材料力学的拉伸曲线(见图 5.5),任何塑性变形都要经过弹性变形阶段。弯曲变形等于在力的作用下发生的弹性变形与塑性变形之和,当外力去除后,弹性变形部分就会发生弹性恢复,弹性变形消失会使其保留下的变形量小于加载时的变形量。这种卸载前后变形不相等的现象称为弯曲回弹(简称回弹),如图 5.6 所示。

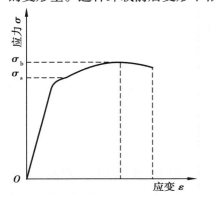

图 5.5　拉伸曲线

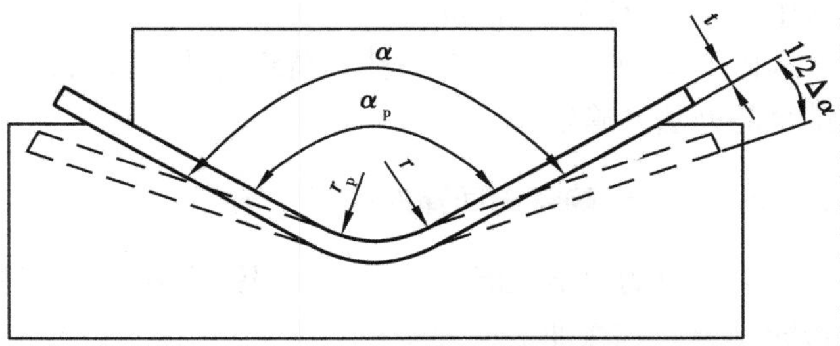

图 5.6　弯曲回弹

回弹的表现形式有以下两种:

(1)弯曲回弹会使弯曲件的圆角半径增大,即 $r > r_\text{p}$,则回弹量可表示为

$$\Delta r = r - r_\text{p}$$

(2)弯曲回弹会使弯曲件的弯曲中心角增大,即 $\alpha > \alpha_\text{p}$,则回弹量可表示为

$$\Delta \alpha = \alpha - \alpha_\text{p}$$

回弹是由变形过程特点决定的,是弯曲件生产中不易解决的一个特殊的问题。

### 5.2.2　回弹值的计算

**(1)查表法**

当相对弯曲半径 $r/t < 5 \sim 8$ 时,可查有关冲压手册初步确定回弹值,再根据经验修正给定制造时的回弹量,而后再在试模时进行修正。

**(2)计算法**

当相对弯曲半径 $r/t > 5 \sim 8$ 时,在弯曲变形后,不仅角度回弹较大,而且弯曲半径也有较大的变化。模具设计时可先计算出回弹值,在试模时再修正。

弯曲板件时,凸模圆角半径和中心角可计算为

$$r_\text{p} = \frac{r}{1 + 3\dfrac{\sigma_\text{s} r}{Et}} = \frac{1}{\dfrac{1}{r} + \dfrac{3\sigma_\text{s}}{Et}} \tag{5.1}$$

$$\alpha_p = \frac{r\alpha}{r_p} \tag{5.2}$$

式中　$r_p$——凸模的圆角半径,mm;

　　　$r$——工件的圆角半径,mm;

　　　$\sigma_s$——材料的屈服强度,MPa;

　　　$E$——材料的弹性模量,MPa;

　　　$t$——工件的厚度,mm;

　　　$\alpha_p$——凸模的圆角半径 $r_p$ 所对弧长的中心角;

　　　$\alpha$——工件的圆角半径 $r$ 所对弧长的中心角。

弯曲圆形截面棒料时,凸模圆角半径为

$$r_p = \frac{r}{1 + 3.4\dfrac{r\sigma_s}{Ed}} = \frac{1}{\dfrac{1}{r} + \dfrac{3.4\sigma_s}{Ed}} \tag{5.3}$$

式中　$d$——棒料直径,mm。

回弹值的计算尚没有一种较精确的计算方法,实际生产中常采用理论计算和实践经验相结合的办法来确定。

### 5.2.3　影响弯曲回弹的因素

①材料的力学性能。材料的屈服强度 $\sigma_s$ 越大,弹性模量 $E$ 越小,加工硬化越严重(硬化指数 $n$ 大),则弯曲的回弹量也越大。

②相对弯曲半径 $r/t$。$r/t$ 表示弯曲成形的变形程度。回弹值与相对弯曲半径成正比,$r/t$ 越小,弯曲的变形程度越大,塑性变形在总变形中所占比重越大,因此卸载后回弹随相对弯曲半径的减小而减小,因而回弹越小;$r/t$ 越大,弯曲的变形程度越小,但材料断面中心部分会出现很大的弹性区,因而回弹越大。

③弯曲件的形状。一般来说,弯曲 U 形制件比 V 形制件的回弹量小。

④模具间隙。在弯曲 U 形制件时,模具的间隙对回弹量有较大的影响,间隙越大,回弹量也就越大。

⑤弯曲方式和模具结构。在无底凹模作自由弯曲时,回弹量最大;校正弯曲时,变形区的应力和应变状态都与自由弯曲差别很大,它可增加圆角处的塑性变形程度,从而达到减小回弹的目的。校正程度决定于校正力大小,校正程度越大,回弹量越小。

弯曲件回弹量的大小,还受板料厚度偏差、模具圆角半径和摩擦等因素的影响。

### 5.2.4　减小弯曲回弹的措施

**(1)在弯曲件的产品设计时**

①在弯曲部位增加压强筋结构,有利于抑制回弹。

②在满足使用的条件下,应选用屈服强度 $\sigma_s$ 小、弹性模量 $E$ 大、硬化指数 $n$ 小,力学性能稳定的材料。

**(2)在弯曲工艺设计时**

①在弯曲前安排退火工序。

②用校正弯曲代替自由弯曲。

③采用拉弯工艺。

**（3）在模具结构设计时**

①在模具结构设计中作出相应的回弹补偿值,如图5.7所示。

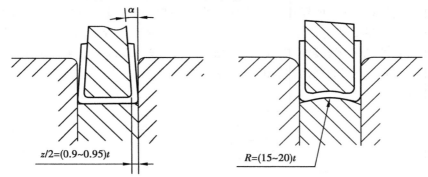

**图5.7 模具结构补偿回弹**

②集中压力,加大变形压应力成分,如图5.8所示。

③合理选择模具间隙和凹模直壁的深度。

④使用弹性凹模或凸模弯曲成形。

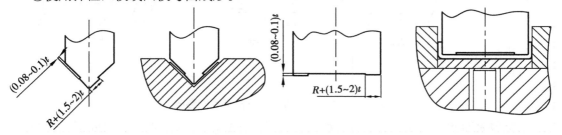

**图5.8 局部加大变形减小回弹**

# 5.3 弯曲变形过程中的其他质量问题及其控制

## 5.3.1 弯裂及其控制

由本章5.1节可知,弯曲件的外层纤维受拉,变形最大,所以最容易断裂而产生废品。外层纤维拉伸变形的大小,主要取决于弯曲件的弯曲半径(即凸模圆角半径)。弯曲半径越小,则外层纤维拉得越长。为了防止弯曲件的断裂,必须限制弯曲半径,使之大于导致材料开裂的临界弯曲半径——最小弯曲半径。

影响最小弯曲半径的因素主要有以下几个方面:

①材料的力学性能。塑性好的材料,外层纤维允许的变形程度大,许可的最小弯曲半径小;塑性差的材料,最小弯曲半径就要相应大些。

②材料的热处理状态。由于冲裁后的零件有加工硬化现象,若未经退火就进行弯曲,则

最小弯曲半径就应大些;若经过退火后进行弯曲,则最小弯曲半径可小些。

③制件弯曲角的大小。弯曲角如果大于90°,对于最小弯曲半径影响不大;如果弯曲角小于90°,则由于外层纤维拉伸加剧,最小弯曲半径就应增大。

④弯曲线方向。钢板碾压以后得到纤维组织,纤维的方向性导致材料的力学性能的各向异性,因此,当弯曲线与材料的辗压纤维方向垂直时,材料具有较大的抗拉强度,外缘纤维不易破裂,可具有较小的最小弯曲半径;当弯曲线与材料的辗压纤维方向平行时,则抗拉强度较低而容易断裂,最小弯曲半径就不能太小(见图5.9(a)、图5.9(b))。在双向弯曲时,应该使弯曲线与材料纤维呈一定的夹角(见图5.9(c))。

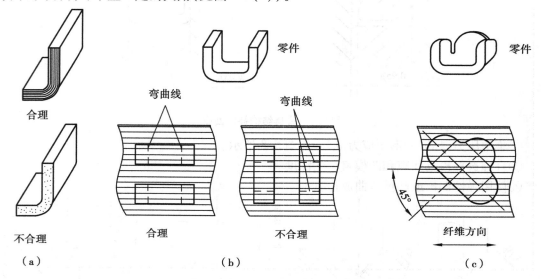

图5.9　材料纤维方向对弯曲半径的影响

⑤板料表面和冲裁断面的质量。板料表面不得有缺陷,否则弯曲时容易断裂。在冲裁或裁剪后,剪切表面常不光洁,有毛刺,形成应力集中,降低了塑性,使允许的最小弯曲半径增大,因此不宜采用最小弯曲半径为零件的圆角半径,应尽可能大些。当必须弯曲小圆角半径时,就应先去掉毛刺。在一般情况下,如毛刺较小,可把有毛刺的一边置于弯曲内侧(即处于受压区),以防止产生裂纹。

最小弯曲半径数值由试验方法确定。如表5.1所示为最小弯曲半径数值。

表5.1　最小弯曲半径数值

| 材　料 | 退火或正火 | | 冷作硬化 | |
| --- | --- | --- | --- | --- |
| | 弯曲线位置 | | | |
| | 垂直纤维 | 平行纤维 | 垂直纤维 | 平行纤维 |
| 08,10,Q195,Q215-A | 0.10$t$ | 0.40$t$ | 0.40$t$ | 0.80$t$ |
| 15,20,Q235-A | 0.10$t$ | 0.50$t$ | 0.50$t$ | 1.00$t$ |
| 45,50,Q275 | 0.50$t$ | 1.00$t$ | 1.00$t$ | 1.70$t$ |
| 60Mn,T8 | 1.20$t$ | 2.00$t$ | 2.00$t$ | 3.00$t$ |

续表

| 材　料 | 退火或正火 | | 冷作硬化 | |
| --- | --- | --- | --- | --- |
| | 弯曲线位置 | | | |
| | 垂直纤维 | 平行纤维 | 垂直纤维 | 平行纤维 |
| 纯铜 | 0.10$t$ | 0.35$t$ | 1.00$t$ | 2.00$t$ |
| 软黄铜 | 0.10$t$ | 0.35$t$ | 0.35$t$ | 0.80$t$ |
| 半硬黄铜 | 0.10$t$ | 0.35$t$ | 0.50$t$ | 1.20$t$ |
| 磷铜 | | | 1.00$t$ | 3.00$t$ |
| 铝 | 0.10$t$ | 0.20$t$ | 0.30$t$ | 0.80$t$ |
| 半硬铝 | 0.10$t$ | 1.50$t$ | 1.50$t$ | 2.50$t$ |
| 硬铝 | 2.00$t$ | 3.00$t$ | 3.00$t$ | 4.00$t$ |

注:$t$ 为料厚。

当弯曲件的弯曲半径小于最小弯曲半径时,应分两次或多次弯曲,即先弯成具有较大圆角半径的弯角,而后再弯成所要求的半径。这样使变形区域扩大以减小外缘纤维的拉伸率。若材料塑性较差或弯曲过程中硬化情况严重,则可预先进行退火。对于材料比较脆、厚度比较小的制件,可进行加热弯曲。在设计弯曲零件时,一般情况下,应使零件的弯曲半径大于其最小弯曲半径。

### 5.3.2　偏移及其控制

在弯曲过程中,坯料沿凹模圆角滑移时,会受到摩擦阻力。由于坯料各边所受的摩擦力不等,在实际弯曲时可能使坯料有向左或向右的偏移(对于不对称件这种现象尤其显著),从而会造成制件边长不合要求(见图 5.10)。

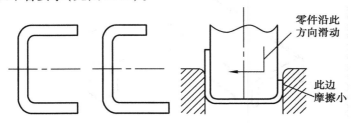

**图 5.10　制件弯曲时的偏移现象**

在弯曲过程中,防止坯料偏移的措施如下:

①采用压料装置(也起顶件作用)。工作时,坯料的一部分被压紧,不能移动,另一部分则逐渐弯曲成形。使用压料装置,不仅可以得到准确的制件尺寸,而且制件的边缘与底部均能保持平整的状态(见图 5.11(a)、图 5.11(b))。

②利用坯料上的孔(或工艺孔)。在模具上装有定位销,工作时,定位销插入坯料的孔内,使坯料无法移动(见图 5.11(c))。

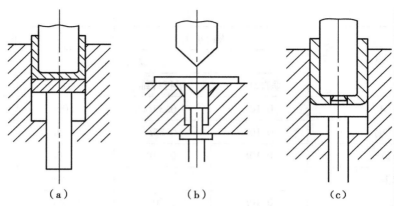

（a）                （b）                （c）

图 5.11　防止坯料偏移的措施

### 5.3.3　翘曲与剖面畸变及其控制

　　板料塑性弯曲后，外区切向伸长，引起宽向与厚向的收缩；内区切向缩短，引起宽向与厚向的延伸。当板弯件短而厚时，沿着折弯线方向板料的刚度大，宽向应变被抑制，折弯后翘曲不明显；反之，当板弯件薄而长时，沿着折弯线方向板料的刚度小，宽向应变得到发展——外区收缩、内区延伸，结果使折弯线凹曲，造成零件的纵向翘曲（见图 5.12）。弯曲时，距离中性层越远的材料，变形阻力越大。为了减小变形阻力，材料有向中性层靠近的趋向，于是造成了剖面畸变。其中，窄板（$B < 3t$）的断面产生畸变现象比较明显（见图 5.13）；而对于型材、管材弯曲件的剖面畸变最为突出（见图 5.14）。

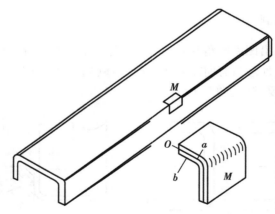

图 5.12　折弯线翘曲

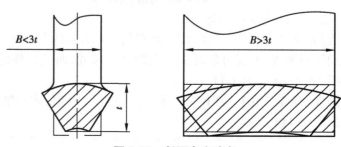

图 5.13　断面产生畸变

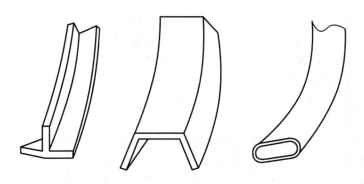

**图 5.14　型材、管材弯曲件的剖面畸变**

解决弯曲件翘曲的办法:从模具结构上采取措施,如采用带侧板的弯曲模,可阻止材料沿弯曲线侧向流动而减小翘曲,还可在弯曲模上将翘曲量设计在与翘曲方向相反的方向上。而剖面畸变的现象实际上是由于径向压应变力所引起的,因此,弯曲型材与管材时,必须在断面中间加填料或垫块。

# 5.4　弯曲工艺设计

### 5.4.1　零件的弯曲工艺性分析

弯曲件的工艺性是指弯曲件的形状、尺寸、材料选用及技术要求等是否适合于弯曲加工的工艺要求,即利用弯曲工艺加工该工件的难易程度。具有良好工艺性的弯曲件,不仅能提高工件质量,减少废品率,而且能简化工艺和模具,降低材料消耗。

**(1)弯曲件的形状和结构**

①弯曲有孔的坯件时,为防止孔的形状变形,应将孔设计在与弯曲线有一定的距离 $s$ 处,孔壁到弯曲线的最小距离如表 5.2 所示。

**表 5.2　弯曲件上孔壁到弯曲线的最小距离**

| 料厚 $t$/mm | $S_{min}$ | 孔长 $l$/mm | $S_{min}$ |
|---|---|---|---|
| ≤2 | ≥$t+r$ | ≤25 | ≥$2t+r$ |
| | | >25～50 | ≥$2.5t+r$ |
| >2 | ≥$1.5t+r$ | >50 | ≥$3t+r$ |

159

②弯曲件的直边高度太小时，弯曲边在模具上支持的长度过小，将会影响弯曲件成形后的精度。因此，必须使弯曲件的直边高度 $h \geqslant 2t$。若 $h < 2t$，则必须制槽口，或增加直边高度（弯曲后再加工去除），如图 5.15 所示。

③弯曲件的弯曲圆角半径应不小于允许的最小弯曲半径（见表 5.1）。

④当弯曲件的弯曲线处于宽窄交界处时，为了使弯曲时易于变形，防止交界处开裂，弯曲线位置应满足 $l \geqslant r$（见图 5.16（a））。若不满足，则可适当增添工艺孔、工艺槽（见图 5.16（b）、图 5.16（c）、图 5.16（d）），用以切断变形区与不变形部位的纤维，防止因弯曲部位的成形而发生撕裂现象。

⑤为防止弯曲时坯料的偏移，弯曲件的形状应尽可能对称。对于非对称形零件，可采用成双弯曲成形后再切开（见图 5.17）。

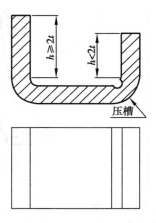

图 5.15　弯曲件直边高度

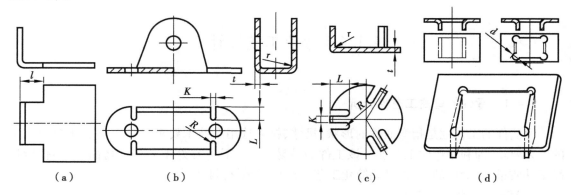

（a）　　　　（b）　　　　（c）　　　　（d）

图 5.16　对弯曲件宽窄交界处的要求

图 5.17　成双弯曲成形

⑥边缘有缺口的弯曲件，若在毛坯上冲出，弯曲时会出现叉口现象，严重时将无法弯曲成形。此时可在缺口处留有联接带（见图 5.18），将缺口联接，待弯曲成形后再将联接带切除。

**（2）弯曲件的尺寸精度和表面粗糙度**

①弯曲件圆角半径的极限偏差如表 5.3 所示，工件上孔中心距及孔组间距的极限偏差如表 5.4 所示，弯曲件的公差等级如表 5.5 所示。

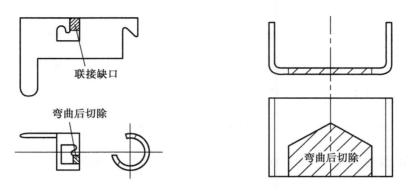

**图 5.18　添加联接带**

**表 5.3　弯曲件圆角半径 $r$ 的极限偏差/mm**

| 圆弧半径 | ≤3 | >3 ~ 6 | >6 ~ 10 | >10 ~ 18 | >18 ~ 30 | >30 |
|---|---|---|---|---|---|---|
| 极限偏差 | +1<br>0 | +1.5<br>0 | +2.5<br>0 | +3<br>0 | +4<br>0 | +5<br>0 |

**表 5.4　孔中心距及孔组间距的极限偏差/mm**

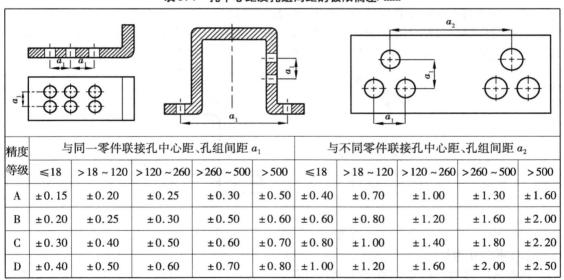

| 精度<br>等级 | 与同一零件联接孔中心距、孔组间距 $a_1$ | | | | | 与不同零件联接孔中心距、孔组间距 $a_2$ | | | | |
|---|---|---|---|---|---|---|---|---|---|---|
| | ≤18 | >18 ~ 120 | >120 ~ 260 | >260 ~ 500 | >500 | ≤18 | >18 ~ 120 | >120 ~ 260 | >260 ~ 500 | >500 |
| A | ±0.15 | ±0.20 | ±0.25 | ±0.30 | ±0.50 | ±0.40 | ±0.70 | ±1.00 | ±1.30 | ±1.60 |
| B | ±0.20 | ±0.25 | ±0.30 | ±0.50 | ±0.60 | ±0.60 | ±0.80 | ±1.20 | ±1.60 | ±2.00 |
| C | ±0.30 | ±0.40 | ±0.50 | ±0.60 | ±0.70 | ±0.80 | ±1.00 | ±1.40 | ±1.80 | ±2.20 |
| D | ±0.40 | ±0.50 | ±0.60 | ±0.70 | ±0.80 | ±1.00 | ±1.20 | ±1.60 | ±2.00 | ±2.50 |

**表 5.5　弯曲件(拉深件)的公差等级**

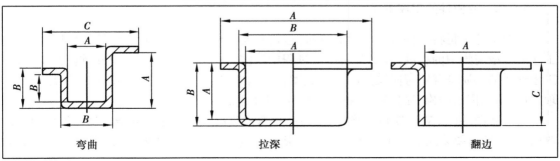

续表

| 材料厚度 t/mm | A | B | C | A | B | C |
|---|---|---|---|---|---|---|
| | 经济级 | | | 精密级 | | |
| ≤1 | IT13 | IT15 | IT16 | IT11 | IT13 | IT13 |
| 1~4 | IT14 | IT16 | IT17 | IT12 | IT12—IT14 | IT13—IT14 |

②弯曲角度(包括未注明的 90°和等边多边形的角度)的极限偏差按如表 5.6 所示的规定。

表 5.6　弯曲角度的极限偏差

| 弯曲角度种类 | 精度等级 | | | |
|---|---|---|---|---|
| | A | B | C | D |
| 直角弯曲 | ±1°00′ | ±1°30′ | ±1°30′ | ±2°00′ |
| 其他角度弯曲 | ±1°00′ | ±1°30′ | ±2°00′ | ±3°00′ |

③弯曲件的毛坯往往是经冲裁落料而成的,其冲裁的断面一面是光亮的,一面是带有毛刺的。弯曲件应尽可能使有毛刺的一面作为弯曲件的内侧,如图 5.19(a)所示,当弯曲方向必须将毛刺面置于外侧时,应尽量加大弯曲半径,如图 5.19(b)所示。

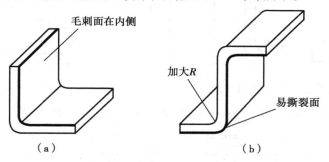

图 5.19　毛刺方向的安排

**(3)弯曲件的材料**

选择弯曲件的材料要合理,应尽可能选择高塑性、低弹性的材料,从而有利于保证工件的形状精度和尺寸精度。

### 5.4.2　弯曲件的工序安排

弯曲工艺是指将制件弯曲成形的方法,包括弯曲成形制件各弯曲部位的先后顺序、弯曲工序的分散与集中的程度,以及弯曲成形过程中所需进行的热处理工序的安排。其中,弯曲工序安排的实质是确定弯曲模具的结构类型,因此,它是弯曲模具设计的基础。工序安排合理,可以简化模具结构,提高模具寿命和保证制件质量。

简单弯曲件(如 V 形件和 U 形件)可以一次弯曲成形。对于形状复杂或外形尺寸很小的弯曲件,一般需要采用成套工装多次弯曲变形才能达到零件设计的要求,或者在一副模具内经过冲裁和弯曲组合工步多次冲压才能成形。

**(1) 弯曲工序安排原则**

工序安排的原则应有利于坯件在模具中的定位；工人操作安全、方便；生产率高和废品率最低等。弯曲工艺顺序应遵循的原则如下：

①先弯曲外角，后弯曲内角。

②前道工序弯曲变形必须有利于后续工序的可靠定位，并为后续工序的定位做好准备。

③后续工序的弯曲变形不能影响前面工序已成形的形状和尺寸精度。

④小型复杂件宜采用工序集中的工艺，大型件宜采用工序分散的工艺。

⑤精度要求高的部位的弯曲宜采用单独工序弯曲，以便模具的调整与修正。

**(2) 典型弯曲工序设计**

1) 形状简单的弯曲件

如 V 形、U 形、Z 形件等，可采用一次弯曲成形（见图 5.20）。

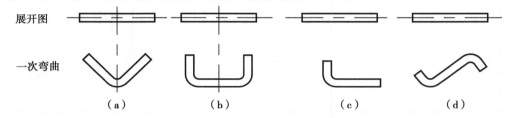

图 5.20　一道工序弯曲成形

2) 形状复杂的弯曲件

如图 5.21—图 5.23 所示为分次弯曲成形的工序安排图例。

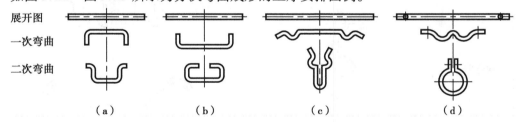

图 5.21　二道工序弯曲成形

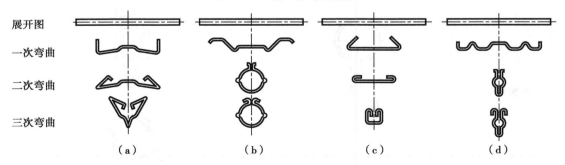

图 5.22　三道工序弯曲成形

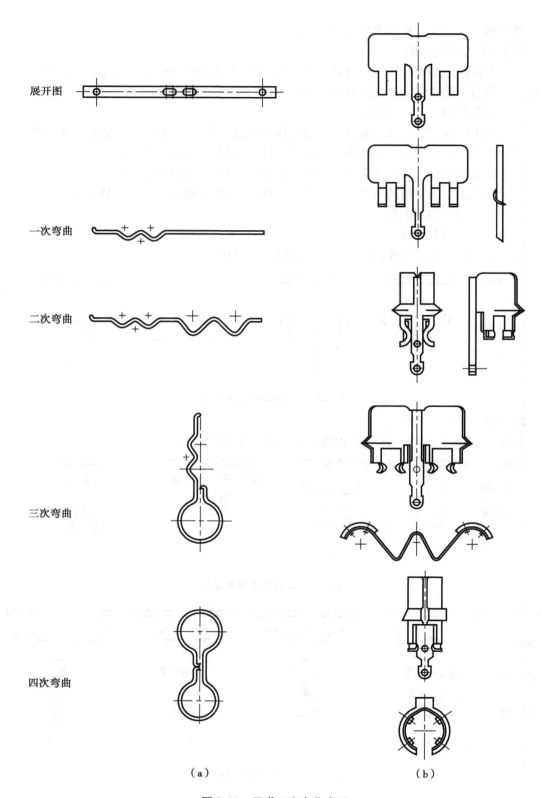

展开图

一次弯曲

二次弯曲

三次弯曲

四次弯曲

（a）

（b）

**图 5.23　四道工序弯曲成形**

3）批量大、尺寸较小的弯曲件

批量大、尺寸较小的弯曲件，可采用多工序的冲裁、弯曲、切断连续工艺成形（见图5.24）。

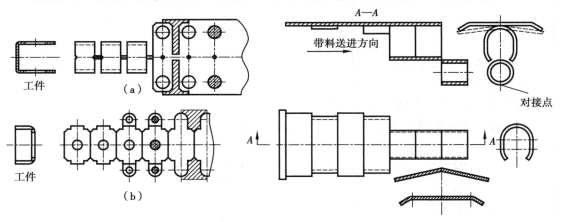

图5.24 连续弯曲成形

### 5.4.3 弯曲工艺参数计算

**（1）弯曲件展开尺寸计算**

根据弯曲变形过程分析得知，弯曲件变形过程中存在应变中性层，即在变形中既没有伸长，也没有缩短，其变形量为零的纤维层，该纤维层的尺寸即是原始毛坯尺寸。因此，弯曲件展开尺寸可以根据应变中性层在弯曲前后长度不变的原则来计算。

1）应变中性层位置的确定

弯曲件应变中性层的位置并不在材料厚度的中间位置，而是与弯曲变形量大小有关，可确定为：

$$\rho = r + kt \tag{5.4}$$

式中 $\rho$——应变中性层的曲率半径；

$r$——弯曲件内层的弯曲半径；

$t$——材料厚度；

$k$——中性层位移系数，板料可由表5.7查得，圆棒料可由表5.8查得。

表5.7 **板料弯曲时中性层位移系数 $k$ 值**

| $r/t$ | 0.10 | 0.15 | 0.20 | 0.25 | 0.30 | 0.40 | 0.50 | 0.60 | 0.70 | 0.80 | 0.90 |
|---|---|---|---|---|---|---|---|---|---|---|---|
| $k_1$ | 0.230 | 0.260 | 0.290 | 0.310 | 0.320 | 0.350 | 0.370 | 0.380 | 0.390 | 0.400 | 0.405 |
| $k_2$ | 0.300 | 0.320 | 0.330 | 0.350 | 0.360 | 0.370 | 0.380 | 0.390 | 0.400 | 0.408 | 0.414 |
| $r/t$ | 1.00 | 1.10 | 1.20 | 1.30 | 1.40 | 1.50 | 1.60 | 1.70 | 1.80 | 1.90 | 2.00 |
| $k_1$ | 0.410 | 0.420 | 0.424 | 0.429 | 0.433 | 0.436 | 0.439 | 0.440 | 0.445 | 0.447 | 0.449 |
| $k_2$ | 0.420 | 0.425 | 0.430 | 0.433 | 0.436 | 0.440 | 0.443 | 0.446 | 0.450 | 0.452 | 0.455 |
| $r/t$ | 2.50 | 3.00 | 3.75 | 4.00 | 4.50 | 5.00 | 6.00 | 10.00 | 15.00 | 30.00 | |
| $k_1$ | 0.458 | 0.464 | 0.470 | 0.472 | 0.474 | 0.477 | 0.479 | 0.488 | 0.493 | 0.496 | |
| $k_2$ | 0.460 | 0.473 | 0.475 | 0.476 | 0.478 | 0.480 | 0.482 | 0.490 | 0.495 | 0.498 | |

注：$k_1$ 适用于有顶板 V 形件或 U 形件弯曲，$k_2$ 适用于无顶板 V 形件弯曲。

表 5.8　圆棒料弯曲时中性层位移系数 $k$ 值

| $r/t$ | ≥1.5 | 1 | 0.5 | 0.25 |
|-------|------|---|-----|------|
| $k$ | 0.5 | 0.51 | 0.53 | 0.55 |

2)弯曲件展开尺寸计算

①计算步骤

以如图 5.25 所示为例,计算步骤如下:

a.将标注尺寸转换成计算尺寸。即将工件直线部分与圆弧部分分开标注,如图 5.26 所示。

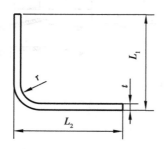

图 5.25　L 形弯曲件　　　　　图 5.26　直线与圆弧分开标注

b.计算圆弧部分中性层曲率半径及弧长。中性层曲率半径为 $\rho = r + kt$,则圆弧部分弧长为

$$s = \rho\alpha \tag{5.5}$$

式中　$\alpha$——圆弧对应的中心角,以弧度表示。

c.计算总展开长度。

$$L = l_1 + l_2 + s$$

即

$$L = \sum L_{直} + \sum s_{弧} \tag{5.6}$$

②弯曲件 $r \geqslant 0.5t$ 时展开长度的计算

其计算公式如表 5.9 所示。

表 5.9　弯曲件 $r \geqslant 0.5t$ 时展开长度的计算公式

| 弯曲形式 | 简　图 | 计算公式 |
|---------|--------|---------|
| 单角弯曲<br>(已知切点尺寸) | | $L = l_1 + l_2 + \dfrac{\pi(180° - \alpha)}{180°}(r + kt) - 2(r + t)$ |

| 弯曲形式 | 简 图 | 计算公式 |
|---|---|---|
| 单角弯曲<br>（已知交点尺寸） | | $L = l_1 + l_2 + \dfrac{\pi(180° - \alpha)}{180°}(r + kt) -$ <br> $2 \cot \dfrac{\alpha}{2}(r + t)$ |
| 单角弯曲<br>（已知中心尺寸） | | $L = l_1 + l_2 + \dfrac{\pi(180° - \alpha)}{180°}(r + kt)$ |
| 双直角弯曲 | | $L = l_1 + l_2 + l_3 + \pi(r + kt)$ |
| 四直角弯曲 | | $L = l_1 + l_2 + l_3 + l_4 + l_5 + \dfrac{\pi}{2}(r_1 + r_2 + r_3 + r_4) +$ <br> $\dfrac{\pi}{2}(k_1 + k_2 + k_3 + k_4)t$ |
| 半圆弯曲 | | $L = l_1 + l_2 + \pi(r + kt)$ |
| 铰链卷曲 | | $L = l\,\dfrac{\pi(180° - \alpha)}{180°}(r + kt)$ |

续表

| 弯曲形式 | 简 图 | 计算公式 |
|---|---|---|
| 吊环卷曲 | 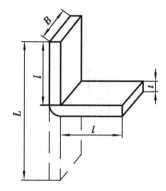 | $L = 1.5\pi(r + kt) + l_1 + l_2 + l_3$ |

③弯曲件 $r < 0.5t$ 时展开长度的计算

小圆角半径($r < 0.5t$)或无圆角半径弯曲件(见图 5.27)的展开长度是根据弯曲前后材料体积不变的原则进行计算的,即

图 5.27  无圆角半径弯曲件的展开长度

$$L = \sum l_{直} + knt \tag{5.7}$$

式中  $L$——毛坯长度,mm;

$\sum l_{直}$——各直线段长度之和,mm;

$n$——弯角数目;

$t$——材料厚度,mm;

$k$——与材料性能及弯角数目有关的系数,如表 5.10 所示。

表 5.10  系数 $k$

| 弯角系数 | 单角弯曲 | 双角弯曲 | 多角弯曲 | 软材料取下限,硬材料取上限 |
|---|---|---|---|---|
| $k$ | 0.48 ~ 0.5 | 0.25 ~ 0.48 | 0.125 ~ 0.25 | |

弯曲件 $r < 0.5t$ 时展开长度的经验计算公式如表 5.11 所示。

**表 5.11　弯曲件 $r < 0.5t$ 时展开长度的经验计算公式**

| 弯曲形式 | 简　图 | 计算公式 |
|---|---|---|
| 单角弯曲 | 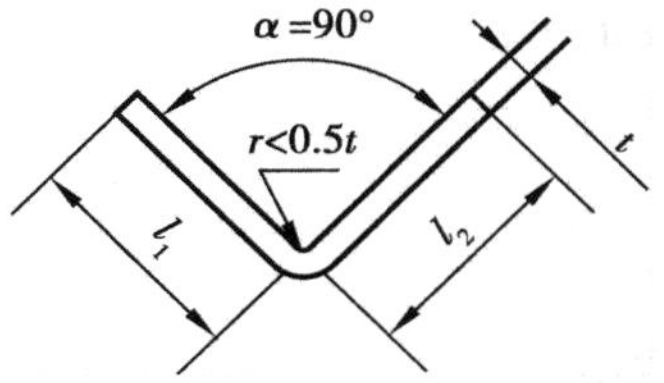 | $L = l_1 + l_2 + 0.5t$ |
| 单角弯曲 | 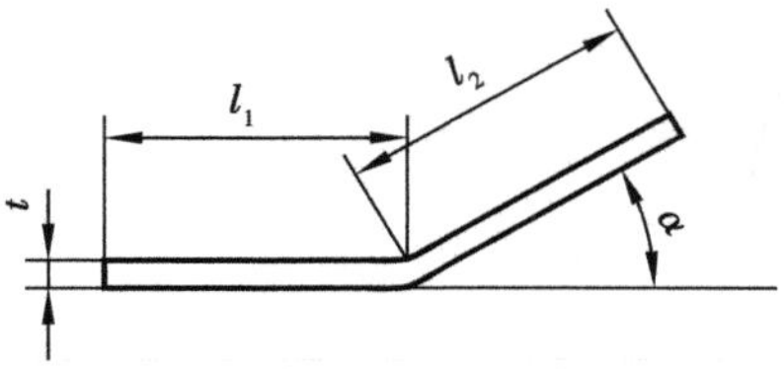 | $L = l_1 + l_2 + \dfrac{\alpha}{90°} \times 0.5t$ |
| | 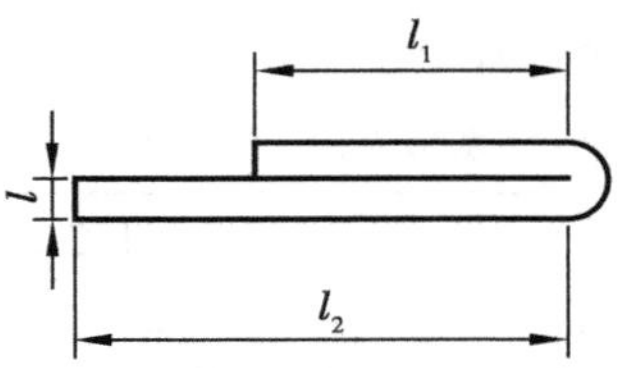 | $L = l_1 + l_2 + t$ |
| 双角弯曲 | 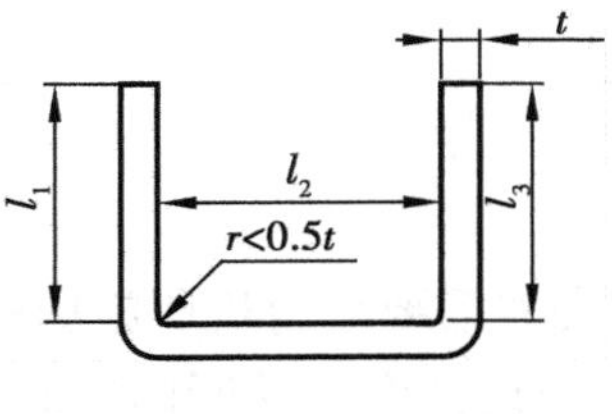 | $L = l_1 + l_2 + l_3 + 0.5t$ |
| 三角弯曲 | 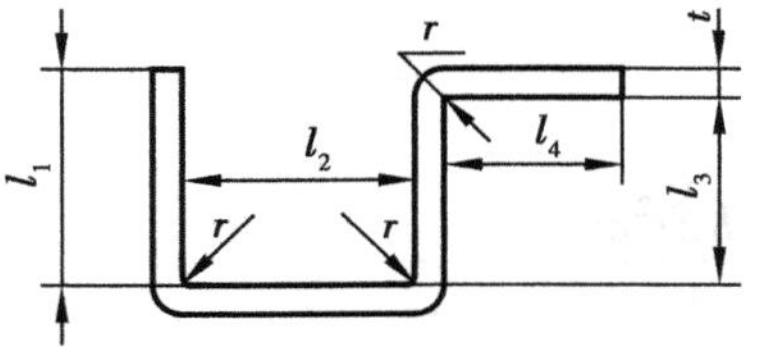 | 同时弯三角时: $L = l_1 + l_2 + l_3 + l_4 + 0.75t$<br>先弯两个角后弯另一个角时: $L = l_1 + l_2 + l_3 + l_4 + t$ |
| 四角弯曲 | 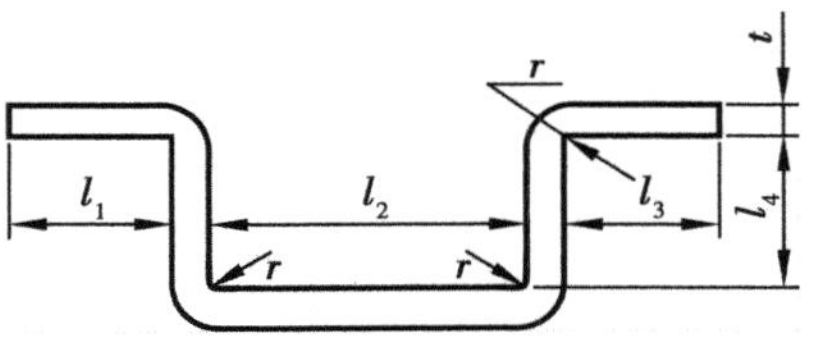 | $L = l_1 + l_2 + l_3 + 2l_4 + t$ |

④铰链式弯曲件展开尺寸的计算

对于 $r = (0.6 \sim 3.5)t$ 的铰链件(见图5.28),常用推卷的方法弯曲成形,其展开长度可按下式近似计算为

$$L = l + 5.7r + 4.7kt \tag{5.8}$$

式中　$L$——毛坯展开长度,mm;

　　　$l$——铰链件直线段长度,mm;

　　　$r$——铰链的内弯曲半径,mm;

　　　$k$——卷圆时中性层位移系数,如表5.12所示。

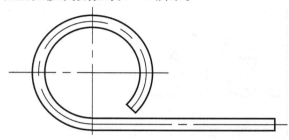

图5.28　铰链式弯曲

表5.12　卷圆时中性层位移系数 $k$ 值

| $r/t$ | >0.5 ~0.6 | >0.6 ~0.8 | >0.8 ~1 | >1 ~1.2 | >1.2 ~1.5 |
|---|---|---|---|---|---|
| $k$ | 0.76 | 0.73 | 0.7 | 0.67 | 0.64 |
| $r/t$ | >1.5 ~1.8 | >1.8 ~2 | >2 ~2.2 | >2.2 | |
| $k$ | 0.61 | 0.58 | 0.54 | 0.5 | |

**(2)冲压力计算和弯曲设备确定**

这里的冲压力即弯曲力,是指工件完成预定弯曲时需要压力机所施加的压力。弯曲力不仅与材料品种、材料厚度、弯曲几何参数有关,而且与设计弯曲模所确定的凸、凹模间隙大小等因素有关。

1)自由弯曲的弯曲力计算

V形件弯曲力的计算公式为

$$F_z = \frac{0.6KBt^2\sigma_b}{r + t} \tag{5.9}$$

U形件弯曲力的计算公式为

$$F_z = \frac{0.7KBt^2\sigma_b}{r + t} \tag{5.10}$$

式中　$F_z$——自由弯曲力,N;

　　　$B$——弯曲件的宽度,mm;

　　　$t$——弯曲件材料厚度,mm;

　　　$r$——弯曲件的圆角半径,mm;

　　　$\sigma_b$——材料的抗拉强度,MPa;

$K$——安全系数,一般取 $K = 1.3$。

2)校正弯曲的弯曲力计算

为了提高弯曲件的精度,减小回弹,在板材自由弯曲的终了阶段,凸模继续下行对弯曲件的圆角和直边进行精压,称为校正弯曲。此时,弯曲件受到凸凹模的挤压,弯曲力急剧增大。校正弯曲的弯曲力计算公式为

$$F_j = qA \qquad (5.11)$$

式中　$F_j$——校正弯曲力,N;

　　　$q$——单位面积上的校正力,MPa,可按表5.13选取;

　　　$A$——工件被校正部分的投影面积,$mm^2$。

表5.13　单位校正力 $q$ 值/MPa

| 材　料 | 材料厚度 $t/mm$ | | | |
|---|---|---|---|---|
| | ≤1 | >1~2 | >2~5 | >5~10 |
| 铝 | 10~15 | 15~20 | 20~30 | 30~40 |
| 黄铜 | 15~20 | 20~30 | 30~40 | 40~60 |
| 10,15,20 | 20~30 | 30~40 | 40~60 | 60~80 |
| 25,30,35 | 30~40 | 40~50 | 50~70 | 70~100 |

弯曲时总的弯曲力为自由弯曲力与校正弯曲力之和,即

$$F = F_z + F_j \qquad (5.12)$$

式中　$F$——总弯曲力,N。

校正弯曲时,由于校正弯曲力比自由弯曲力大很多,故 $F_z$ 可以忽略,而 $F_j$ 的大小取决于压力机的调整。

3)顶件力或压料力

对于设有顶件装置或压料装置的弯曲模,其顶件力 $F_d$ 或压料力 $F_y$ 可近似取自由弯曲力 $F_z$ 的 30%~80%,即

$$F_d(或 F_y) = KF_z \qquad (5.13)$$

式中　$F_d$——顶件力,N;

　　　$F_y$——压料力,N;

　　　$K$——系数,可查表5.14。

表5.14　系数 $K$ 值

| 用　途 | 弯曲件复杂程度 | |
|---|---|---|
| | 简　单 | 复　杂 |
| 顶件 | 0.1~0.2 | 0.2~0.4 |
| 压料 | 0.3~0.5 | 0.5~0.8 |

4)弯曲设备的确定

根据弯曲件的材料、厚度和形状等选择压力机吨位,根据模具高度和弯曲行程确定压力

机的装模高度行程。如果弯曲深度大的话,就要选用吨位比较大的压力机,因为大的压力机的行程也比较大。

### 5.4.4 弯曲模具参数计算

如图 5.29 所示,弯曲模工作部分的尺寸主要指凸、凹模圆角半径和凹模深度。对于 U 形件的弯曲模还有凸、凹模之间的间隙及模具宽度尺寸等。

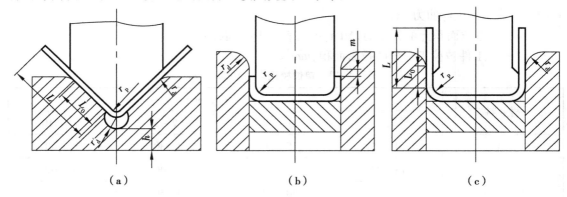

图 5.29　弯曲模的结构尺寸

**(1)凸、凹模圆角半径**

1)凸模圆角半径 $r_p$

①当弯曲件的相对圆角半径 $r/t$ 较小时,凸模圆角半径 $r_p$ 即等于弯曲件内侧的圆角半径 $r$,但不应小于弯曲材料许可的最小弯曲半径 $r_{min}$(可查表 5.1),即

$$r_p = r \geqslant r_{min}$$

如工件因结构上的需要,出现 $r_p < r_{min}$ 时,则应取 $r_p \geqslant r_{min}$,弯曲后再增加一次校正工序,使校正模的凸模 $r_p = r$。

②当弯曲件的相对圆角半径 $r/t$ 较大($r/t > 10$)时,则必须考虑回弹现象,修正凸模圆角半径 $r_p$,即预先将 $r_p$ 修小 $\Delta r$(见式(5.1))。

2)凹模圆角半径 $r_d$

工件在压弯过程中,凸模将工件压入凹模而成形,凹模口部的圆角半径 $r_d$ 对弯曲力和零件质量都有明显的影响。凹模圆角半径 $r_d$ 的大小与材料进入凹模的深度、弯曲边高度和材料厚度有关(见图 5.29)。凹模圆角半径不宜过小,以免弯曲时擦伤材料表面,甚至出现压痕。凹模两边的圆角半径应一致,否则在弯曲时毛坯会发生偏移。在实际生产中,凹模圆角半径 $r_d$ 通常根据材料的厚度 $t$ 选取:

当 $t < 2$ mm 时,$r_d = (3 \sim 6)t$;

当 $t = 2 \sim 4$ mm 时,$r_d = (2 \sim 3)t$;

当 $t > 4$ mm 时,$r_d = 2t$。

如图 5.29(a)所示,V 形件弯曲凹模的底部可开退刀槽或取圆角半径 $r_d'$ 为

$$r_d' = (0.6 \sim 0.8)(r_p + t) \tag{5.14}$$

式中　$r_d'$——凹模底部圆角半径,mm;

　　　$r_p$——凸模圆角半径,mm;

$t$——弯曲材料厚度,mm。

**(2)凹模深度**

弯曲凹模深度 $L_0$ 要适当。若过小,则工件两端的自由部分太多,弯曲件回弹大、不平直,影响零件质量;若过大,则模具钢材消耗大,且压力机行程较大。

弯曲 V 形件时,如图 5.29(a)所示,凹模深度 $L_0$ 及底部最小厚度 $h$ 的取值如表 5.15 所示。

表 5.15　弯曲 V 形件的凹模深度 $L_0$ 及底部最小厚度 $h$ 值/mm

| 弯曲件边长 $L$ | <2 | | 2 ~ 4 | | >4 | |
|---|---|---|---|---|---|---|
| | $h$ | $L_0$ | $h$ | $L_0$ | $h$ | $L_0$ |
| 10 ~ 25 | 20 | 10 ~ 15 | 22 | 15 | — | — |
| >25 ~ 50 | 22 | 15 ~ 20 | 27 | 25 | 32 | 30 |
| >50 ~ 75 | 27 | 20 ~ 25 | 32 | 30 | 37 | 35 |
| >75 ~ 100 | 32 | 25 ~ 30 | 37 | 35 | 42 | 40 |
| >100 ~ 150 | 37 | 30 ~ 35 | 42 | 40 | 47 | 50 |

弯曲 U 形件时,若弯曲边高度不大或要求两边平直,则凹模深度应大于工件的高度,如图 5.29(b)所示(图中 $m$ 值见表 5.16);若弯曲边长较大,而对平直度要求不高时,可采用如图 5.29(c)所示的凹模形式,凹模深度 $L_0$ 值如表 5.17 所示。

表 5.16　弯曲 U 形件凹模的 $m$ 值/mm

| 材料厚度 $t$ | ≤1 | >1 ~ 2 | >2 ~ 3 | >3 ~ 4 | >4 ~ 5 | >5 ~ 6 | >6 ~ 7 | >7 ~ 8 | >8 ~ 10 |
|---|---|---|---|---|---|---|---|---|---|
| $m$ | 3 | 4 | 5 | 6 | 8 | 10 | 15 | 20 | 25 |

表 5.17　弯曲 U 形件凹模深度 $L_0$ 值/mm

| 弯曲件边长 $L$ | 材料厚度 $t$ | | | | |
|---|---|---|---|---|---|
| | ≤1 | >1 ~ 2 | >2 ~ 4 | >4 ~ 6 | >6 ~ 10 |
| ≤50 | 15 | 20 | 25 | 30 | 35 |
| >50 ~ 75 | 20 | 25 | 30 | 35 | 40 |
| >75 ~ 100 | 25 | 30 | 35 | 40 | 45 |
| >100 ~ 150 | 30 | 35 | 40 | 50 | 50 |
| >150 ~ 200 | 40 | 45 | 55 | 50 | 65 |

**(3)凸、凹模间隙**

弯曲 V 形件时,凸、凹模间隙是靠调整压力机的闭合高度来控制的,不需要在设计、制造模具时确定。

弯曲 U 形件时,则必须合理选择凸、凹模间隙,间隙的大小对工件质量和弯曲力的影响很大。间隙过小,会使工件边部壁厚减薄,降低凹模寿命,且弯曲力变大;间隙过大,则回弹也

大,降低了工件精度。凸、凹模单边间隙 $z$ 一般可计算为

$$z = t_{max} + xt = t + \Delta + xt \tag{5.15}$$

式中　$z$——弯曲模凸、凹模单边间隙,mm;

　　　$t$——工件材料厚度(基本尺寸),mm;

　　　$\Delta$——工件材料厚度的正偏差,mm;

　　　$x$——间隙系数,可查表 5.18 选取。

表 5.18　U 形件弯曲模凸、凹模间隙系数 $x$ 值

| 弯曲件高度 $H$/mm | $B/H \leqslant 2$ | | | | $B/H > 2$ | | | | |
|---|---|---|---|---|---|---|---|---|---|
| | 材料厚度 $t$/mm | | | | | | | | |
| | <0.5 | 0.6~2 | 2.1~4 | 4.1~5 | <0.5 | 0.6~2 | 2.1~4 | 4.1~7.5 | 7.6~12 |
| 10 | 0.05 | 0.05 | 0.04 | — | 0.10 | 0.10 | 0.08 | — | — |
| 20 | | | | 0.03 | | | | 0.06 | 0.06 |
| 35 | 0.07 | | | | 0.15 | | | | |
| 50 | 0.10 | 0.07 | 0.05 | 0.04 | 0.20 | 0.15 | 0.10 | 0.10 | 0.08 |
| 75 | | | | | | | | | |
| 100 | | | | 0.05 | | | | | |
| 150 | — | 0.10 | 0.07 | | — | 0.20 | 0.15 | 0.15 | 0.10 |
| 200 | | | | 0.07 | | | | | |

注:$B/H$ 为弯曲件的宽度与高度之比。

当工件精度要求较高时,其间隙应适当缩小,取 $z = t$。某些情况,甚至取略小于材料厚度的间隙。

实际生产中也常按材料性能和厚度选择:对钢板 $z = (1.05 \sim 1.15)t$;对有色金属 $z = (1.0 \sim 1.1)t$。

**(4)模具宽度尺寸**

1)用外形尺寸标注的弯曲件

对于要求外形有正确尺寸的工件,其模具应以凹模为基准,先确定凹模尺寸,模具的尺寸如图 5.30 所示。

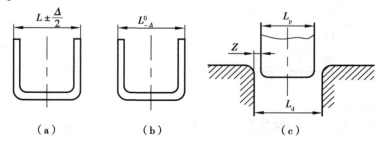

图 5.30　用外形尺寸标注的弯曲件

①当工件为双向偏差时(见图 5.30(a)),凹模尺寸为

$$L_d = (L - 0.5\Delta)_0^{+\delta_d} \qquad (5.16)$$

②当工件为单向偏差时(见图5.30(b)),凹模尺寸为

$$L_d = (L - 0.75\Delta)_0^{+\delta_d} \qquad (5.17)$$

凸模尺寸均为

$$L_p = (L_d - 2z)_{-\delta_p}^0 \qquad (5.18)$$

2)用内形尺寸标注的弯曲件

对于要求内形有正确尺寸的工件,其模具应以凸模为基准,先确定凸模尺寸,模具的尺寸如图5.31所示。

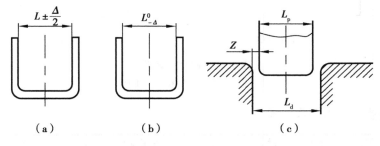

（a）　　　　　　（b）　　　　　　（c）

**图5.31　用内形尺寸标注的弯曲件**

①当工件为双向偏差时(见图5.31(a)),凸模尺寸为

$$L_p = (L + 0.5\Delta)_{-\delta_p}^0 \qquad (5.19)$$

②当工件为单向偏差时(见图5.31(b)),凸模尺寸为

$$L_p = (L + 0.75\Delta)_{-\delta_p}^0 \qquad (5.20)$$

凹模尺寸均为

$$L_d = (L_p + 2z)_0^{+\delta_d} \qquad (5.21)$$

式中　$L_d$——凹模尺寸,mm;

　　　$L_p$——凸模尺寸,mm;

　　　$L$——弯曲件的基本尺寸,mm;

　　　$\Delta$——弯曲件尺寸公差,mm;

　　　$z$——凸、凹模的单边间隙,mm;

　　　$\delta_p,\delta_d$——凸、凹模的制造公差,采用IT7—IT9标准公差等级。

# 5.5　弯曲模具结构分析和确定

## 5.5.1　敞开式弯曲模

如图5.32所示,敞开式模具结构简单,制造方便,通用性强。但毛坯弯曲时容易窜动,不易保证零件精度。

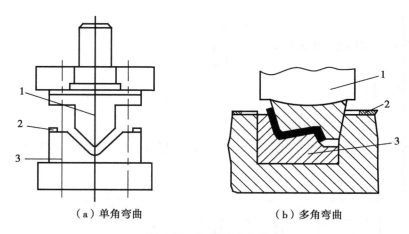

（a）单角弯曲　　　　　　　　　（b）多角弯曲

**图 5.32　敞开式弯曲模**

1—凸模；2—定位板；3—凹模

### 5.5.2　有压料装置的弯曲模

如图 5.33 所示，采用这种结构的模具，工作时凸模和下顶板始终压紧毛坯，防止其产生移动。若毛坯上有孔，辅之定位销，效果更好，能得到边长公差为 ±0.1 mm 的零件。

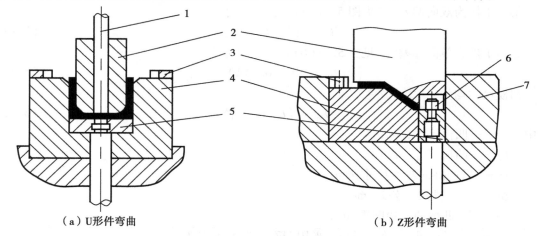

（a）U形件弯曲　　　　　　　　　（b）Z形件弯曲

**图 5.33　有压料装置的弯曲模**

1—推杆；2—凸模；3—定位板；4—凹模；5—压料板；6—定位销；7—止推块

### 5.5.3　活动式弯曲模

如图 5.34 所示，生产中常用一些特殊的机构，将几个简单的弯曲工序复合在一套模具中。当压力机的滑块下行时，利用凹模（或凸模）的摆动、转动或滑动，实现毛坯的弯曲加工。

### 5.5.4　级进弯曲模

级进弯曲模是将冲裁、弯曲、切断等工序依次布置在一副模具上，用以实现级进工艺成形的模具。如图 5.35 所示为冲孔、弯曲级进模，在第一工位上冲出两个孔，在第二工位上由上模 1 和下剪刃 4 将带料剪断，并将其压弯在凸模 6 上。上模上行后，由顶件销 5 将工件顶出。

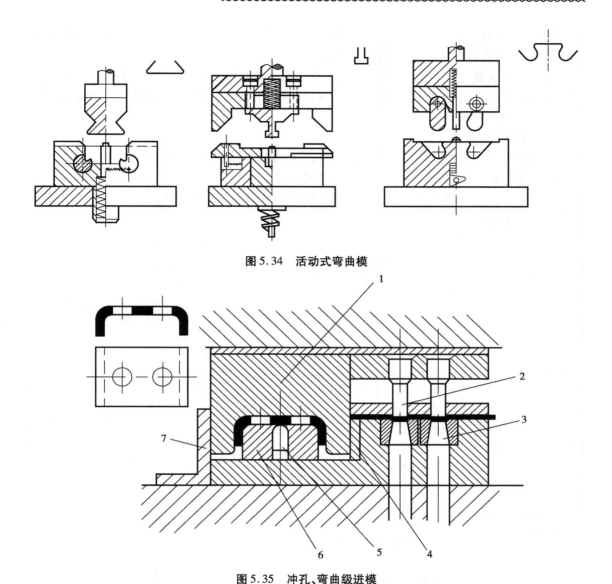

图 5.34　活动式弯曲模

图 5.35　冲孔、弯曲级进模

1—上模;2—冲孔凸模;3—冲孔凹模;4—下剪刃;5—顶件销;6—弯曲凸模;7—挡料块

# 5.6　弯曲模具的装配和调试

**(1)弯曲模的装配**

弯曲模的装配方法基本上与冲裁模相同,即确定装配基准件和装配顺序—按基准件装配有关零件—控制调整模具间隙和压料、顶件装置—试冲与调整。

对于单工序弯曲模,一般没有导向装置,可按图样要求分别装配上、下模,凸、凹模间隙在模具安装到压力机上时进行调整。因弯曲模间隙较大,可采用垫片法或标准样件来调整,以保证间隙的均匀性。弯曲模顶件或压料装置的行程也较大,所用的弹簧或橡皮要有足够的弹力,其大小允许在试模时确定。另外,因弯曲时的回弹很难准确控制,一般要在试模时反复修正凸、凹模的工作部分,因此,固定凸、凹模的销钉都应在试冲合格后打入。

对于级进或复合弯曲模,除了弯曲工序外一般都包含有冲裁工序,且有导向装置,故通常以凹模为基准件,先装配下模,再以下模为基准装配上模。装配时应分别根据弯曲和冲裁的特点保证各自的要求。

### (2)弯曲模的调试

弯曲模装配后需要安装在压力机上试冲,并根据试冲的情况进行调整或修正。弯曲模在试冲过程中的常见问题、产生原因及调整方法如表 5.19 所示。

表 5.19　弯曲模试冲时的常见问题、产生原因及调整方法

| 试冲时的问题 | 产生原因 | 调整方法 |
|---|---|---|
| 弯曲件的回弹较大 | 1. 凸、凹模的回弹补偿角不够<br>2. 凸模进入凹模的深度太浅<br>3. 凸、凹模之间的间隙过大<br>4. 校正弯曲时的校正力不够 | 1. 修正凸模的角度或形状<br>2. 增加凹模型槽的深度<br>3. 减少凸模、凹模之间的间隙<br>4. 增大校正力或修正凸、凹模形状,使校正力集中在变形部位 |
| 弯曲件底面不平 | 1. 推件杆着力点分布不均匀<br>2. 压料力不足<br>3. 校正弯曲时的校正力不够 | 1. 增加推件杆并使其位置分布对称<br>2 增大压料力<br>3. 增加校正力 |
| 弯曲件产生偏移 | 1. 弯曲力不平衡<br>2. 定位不稳定<br>3. 压料不牢 | 1. 分析产生弯曲力不平衡的原因,加以克服或减少<br>2. 增加定位销、定位板或导正销<br>3. 增加压料力 |
| 弯曲件的弯曲部位产生裂纹 | 1. 材料的塑性差<br>2. 弯曲线与材料纤维方向平行<br>3. 坯料剪切断面的毛边在弯角外侧 | |
| 弯曲件表面擦伤 | 1. 凹模圆角半径过小,表面粗糙度值太大<br>2. 坯料黏附在凹模上 | 1. 增大凹模圆角半径,减小凹模型面的表面粗糙度值<br>2. 合理润滑,或在凸、凹模工作表面镀硬铬 |
| 弯曲件尺寸过长或不足 | 1. 间隙过小,材料被拉长<br>2. 压料装置的压力过大,材料被拉长<br>3. 坯料长度计算错误或不准确 | 1. 增大凸、凹模间隙<br>2. 减少压料装置的压力<br>3. 坯料的落料尺寸应在弯曲试模后确定 |

# 第 **6** 章
# 拉深工艺与拉深模设计

拉深是指将一定形状的平板毛坯通过拉深模冲压成各种形状的开口空心件,或以开口空心件为毛坯通过拉深模进一步使空心件改变形状和尺寸的一种冲压加工方法。它是冲压生产中应用较广泛的工艺之一。

拉深工艺可分为两类:一类是以平板(或开口空心件)为毛坯,在拉深过程中材料不产生(或产生较小)变薄,筒壁与筒底厚度较为一致,称为不变薄拉深;另一类是以开口空心件为毛坯,通过减小壁厚成形零件,称为变薄拉深。本章主要介绍不变薄拉深。

用拉深制造的冲压零件很多,为了便于讨论,通常将其归纳为3大类:

①旋转体零件。如搪瓷杯、车灯壳、喇叭等。

②盒形件。如饭盒、汽车燃油箱、电器外壳等。

③形状复杂件。如汽车上的覆盖件等。

## 6.1 拉深变形过程分析

拉深变形过程如图6.1所示。拉深模的工作部分没有锋利的刃口,而是有一定的圆角半径,并且其间隙也稍大于板材的厚度。在凸模的压力下,直径为 $D_0$、厚度为 $t$ 的圆形毛坯经拉深后,得到具有外径为 $d$ 的开口圆筒形工件。

为了说明金属的流动过程,可以进行如下实验:在圆形毛坯上画许多间距都等于 $a$ 的同心圆和分度相等的辐射线(见图6.2),由这些同心圆和辐射线组成网格。拉深后,圆筒形件底部的网格基本保持原来的形状,而筒壁部分的网格则发生了很大的变化:原来的同心圆变为筒壁上的水平圆筒线,而且其间距也增大了,越靠近筒的上部增大越多,即 $a_1 > a_2 > a_3 > \cdots > a$;原来分度相等的辐射线变成了筒壁上的垂直线,其间距则完全相等,即 $b_1 = b_2 = b_3 = \cdots = b$。

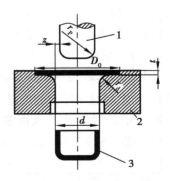

**图 6.1 拉深变形过程**
1—凸模;2—凹模;3—工件

179

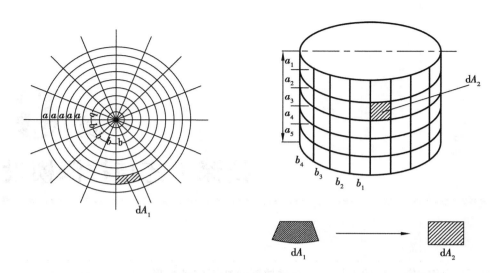

**图6.2　拉深件的网格变化**

如果就网格中的一个小单元体来看,在拉深前是扇形 $dA_1$,而在拉深后则变成矩形 $dA_2$。由于拉深后,材料厚度变化很小,故可认为拉深前后小单元体的面积不变,即 $dA_1 = dA_2$。小单元体由扇形变成矩形,说明小单元体在切向受到压应力的作用,在径向受到拉应力的作用。

通过以上分析拉深变形过程可以归结如下:在拉深力作用下,毛坯内部的各个小单元体之间产生了内应力——在径向产生拉应力,在切向产生压应力。在这两种应力作用下,凸缘区的材料发生塑性变形并不断地被拉入凹模内,成为圆筒形零件。

在实际生产中可知,拉深件各部分的厚度是不一致的。一般是底部略为变薄,但基本上等于原毛坯的厚度;壁部上段增厚,越靠上缘增厚越大;壁部下段变薄,越靠下部变薄越多;在壁部向底部转角稍上处,则出现严重变薄,甚至断裂。此外,沿高度方向,零件各部分的硬度也不同,越到上缘硬度越高。这些都说明在拉深过程中,毛坯各部分的应力应变状态是不一样的。为了更深刻地认识拉深变形过程,有必要深入探讨拉深过程中材料各部分的应力应变状态。

设在拉深过程中的某一时刻毛坯已处于如图6.3所示的状态。

根据应力应变状态的不同,现将拉深毛坯划分为5个区域:

**(1)平面凸缘区**

平面凸缘区是拉深变形的主要区域,这部分材料在径向拉应力 $\sigma_1$ 和切向压应力 $\sigma_3$ 的作用下,发生塑性变形而逐渐进入凹模。由于压边圈的作用,在厚度方向产生压应力 $\sigma_2$。通常,$\sigma_1$ 和 $\sigma_3$ 的绝对值比 $\sigma_2$ 大得多,材料的流动主要是向径向延展,同时也向毛坯厚度方向流动而加厚。这时厚度方向的应变 $\varepsilon_2$ 是正值。由于越靠外缘需要转移的材料越多,因此,越到外缘材料变得越厚,硬化也越严重。

假若不用压边圈,则 $\sigma_2 = 0$。此时的 $\varepsilon_2$ 要比有压边圈时大。当需要转移的材料面积较大而板材相对又较薄时,毛坯的凸缘部分,尤其是最外缘部分,受切向压应力 $\sigma_3$ 的作用极易失去稳定而拱起,出现起皱。

**(2)凸缘圆角部分**

凸缘圆角部分属于过渡区,材料变形比较复杂,除有与平面凸缘部分相同的特点外,还由

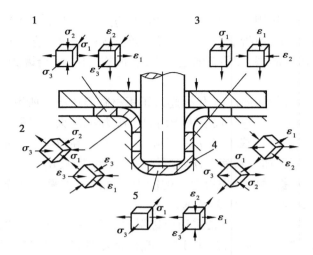

$\sigma_1,\varepsilon_1$—材料径向的应力与应变

$\sigma_2,\varepsilon_2$—材料厚度方向的应力与应变

$\sigma_3,\varepsilon_3$—材料切向的应力与应变

**图6.3 拉深过程中毛坯的应力应变状态**

于承受凹模圆角的压力和弯曲作用而产生压应力 $\sigma_2$。

**(3)筒壁部分**

筒壁部分材料已经变形完毕成为筒形,此时不再发生大的变形。在继续拉深时,凸模的拉深力要经由筒壁传递到凸缘部分,故它承受单向拉应力 $\sigma_1$ 的作用,发生少量的纵向伸长和变薄。

**(4)底部圆角部分**

底部圆角部分也属于过渡区,材料除承受径向和切向拉应力 $\sigma_1$ 和 $\sigma_3$ 外,还由于凸模圆角的压力和弯曲作用,在厚度方向承受压应力 $\sigma_2$。

底部圆角稍上处,由于传递拉深力的截面积较小,但产生的拉应力 $\sigma_1$ 较大;加上该处所需要转移的材料较少,加工硬化较弱而使材料的屈服强度较低;以及该处又不像底部圆角处存在较大的摩擦阻力,因此在拉深过程中,该处变薄最为严重,成为零件强度最薄弱的断面。倘若此处的应力 $\sigma_1$ 超过材料的抗拉强度,则拉深件将在此处拉裂,或者变薄超差。

**(5)筒底部分**

筒底部分材料基本上不变形,但由于作用于底部圆角部分的拉深力,使材料承受双向拉应力,厚度略有变薄。

综上所述,拉深中主要的破坏形式是起皱和拉裂。

# 6.2 拉深过程中的起皱和拉裂现象及其控制

## 6.2.1 起皱及防皱措施

由上节可知,起皱是拉深工艺过程中最严重的问题之一。所谓起皱,是指在拉深过程中毛坯边缘受到切向压应力作用产生失稳而形成的沿切向高低不平的折皱。若折皱很小,在通过凸、凹模间隙时会被烙平;但折皱严重时,不仅不能被烙平,而且会因折皱在通过凸、凹模间隙时的阻力过大使拉深件断裂,即使折皱通过了凸、凹模间隙,也会因为折皱不能被烙平而使零件报废。

起皱主要是由于凸缘的切向压应力 $\sigma_3$ 超过了板材临界压应力所引起的。实践证明,凸缘的起皱与压杆失稳有些类似。它不仅取决于切向压应力 $\sigma_3$ 的大小,还取决于凸缘的相对的厚度 $t/(R_t - R_0)$(其中,$R_t$——凸缘半径,$R_0$——毛坯半径)。在拉深过程中,$\sigma_{3max}$ 是随拉深的进行而增加的;但凸缘变形区却不断缩小,厚度不断增大,也即 $t/(R_t - R_0)$ 不断增加。前者增加失稳起皱的趋势,后者却提供抵抗失稳起皱的能力。这两个因素相互作用的结果,使凸缘起皱最严重的瞬间落在 $R_t = (0.8 \sim 0.9)R_0$ 时。

为了防止起皱,在生产实践中通常采用压边圈(见图6.4),通过压边力 $F_Q$ 的作用,使毛坯不易拱起(起皱)而达到防皱的目的。压边力 $F_Q$ 的大小对拉深力有很大影响:压边力 $F_Q$ 太大,会增加危险断面处的拉应力,导致拉裂或严重变薄;太小则防皱效果不好。从理论上讲,压边力 $F_Q$ 的大小最好与如图6.5所示规律变化一致,即在拉深过程中,毛坯外径减小至 $R_t = 0.85R_0$ 时,是起皱最严重的时刻,压边力 $F_Q$ 也应最大,但实际上是很难实现的。

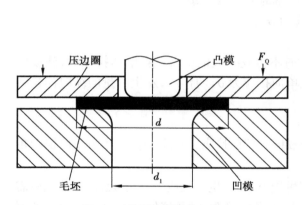

图6.4 带压边圈的拉深模

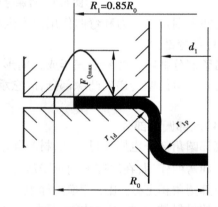

图6.5 第一道拉深时压边力 $F_Q$ 的理论变化情况

在生产实际中,压边力 $F_Q$ 的确定多数是建立在实践经验的基础上的,这种方法简便可靠。它不仅考虑了材料的种类、厚度,还考虑了拉深系数 $m$ 和润滑剂的影响。

为了实现压边作用而常用的压边装置有两类:一类以橡胶、聚氨酯橡胶、弹簧、汽(油)缸等作为装置的弹性压边装置;另一类为间隙固定式的刚性压边装置。

除此之外,防皱措施还应从零件形状、模具设计、拉深工序的安排、冲压条件以及材料特性等多方面考虑。

### 6.2.2 拉裂及防裂措施

拉深过程中的凸模压力,主要取决于凸缘变形区的最大变形抗力、凹模入口的弯曲力和由压边力引起的摩擦阻力。

由于考虑筒壁的变形状态,筒壁传力区(特别是危险断面处)的抗拉强度为 $1.155\sigma_b$。但由于材料在凸模转角弯曲时,还要产生弯曲应力 $\sigma_{up}$,其计算公式为

$$\sigma_{up} = \frac{\sigma_b t}{2r_p + t} \tag{6.1}$$

式中　$\sigma_b$——材料的抗拉强度；

　　　$r_p$——凸模圆角半径。

这一应力降低了凸模圆角处(危险断面处)材料的抗拉强度,因此,危险断面处实际有效的抗拉强度为

$$\sigma_k = 1.155\sigma_b - \sigma_{up} = 1.155\sigma_b - \frac{\sigma_b t}{2r_p + t} \tag{6.2}$$

就是说,当拉深力 $p$(凸模压力传递到筒壁的单位拉力)$> \sigma_k$ 时,则发生拉裂现象。要使拉深顺利进行,必须使 $p < \sigma_k$。这可通过两种途径来解决:一方面降低凸缘变形区变形抗力的值,另一方面提高危险断面的抗拉强度 $\sigma_k$ 值(如凸缘加热、筒壁冷却等方法)。

此外,为防止拉裂,还应从以下几方面考虑:根据板材成形性能,采用适当的拉深比和压边力;增加凸模表面的粗糙度;改善凸缘部分的润滑条件,等等。

## 6.3　拉深工艺设计

### 6.3.1　零件的拉深工艺性分析

零件的拉深工艺性是指零件拉深加工的难易程度。良好的工艺性应该保证材料消耗少、工序数目少、模具结构简单、产品质量稳定、操作简单等。在设计拉深零件时,由于考虑到拉深工艺的复杂性,应尽量减少拉深件的高度,使其有可能用一次或两次拉深工序来完成,以减少工艺复杂性和模具设计制造的工作量。

拉深件工艺性应包括以下 4 个方面:

**(1)对拉深件结构形状的要求**

①在设计拉深件时,零件图上的尺寸,应注明必须保证的是外形尺寸还是内形尺寸,不能同时标注内、外形尺寸(见图 6.6)。

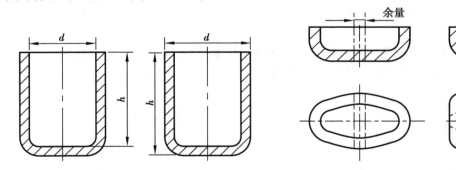

图 6.6　零件图上拉深件的尺寸标注　　　　图 6.7　组合零件

②除非在结构上有特殊要求,一般应尽量避免异常复杂及非对称形状的拉深件设计。若有半敞开或非对称的空心拉深件,应考虑设计成对称(组合)的拉深件,然后将其剖切成两个或多个零件(见图 6.7)。

③考虑到拉深工艺中的变形规律,拉深件一般均存在上下壁厚不相等的现象(即上厚下薄),如图 6.8 所示。通常拉深件允许的壁厚变化范围为 $0.6t \sim 1.2t$,若不允许存在壁厚不均现象,应注明。

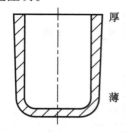

图 6.8　壁厚变化现象

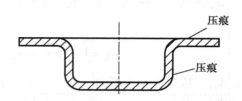

图 6.9　压痕现象

④需多次拉深成形的工件$(h > 0.5d)$,其内外壁上或带凸缘拉深件的凸缘表面,应允许存在拉深过程中产生的压痕(见图 6.9)。

⑤拉深件口部应允许稍有回弹,但必须保证装配一端在公差范围之内。

**(2)对拉深件圆角半径的要求**

1)凸缘圆角半径 $R_{d\phi}$

如图 6.10 所示,凸缘圆角半径是指壁与凸缘的转角半径,在模具上所对应的是凹模圆角半径,应取 $R_{d\phi} \geq 2t$。为使拉深能顺利进行,一般取 $R_{d\phi} = (5 \sim 8)t$。当 $R_{d\phi} < 0.5$ mm 时,应增加整形工序。

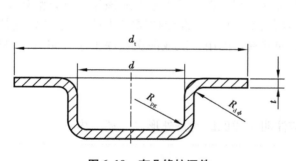

图 6.10　有凸缘拉深件

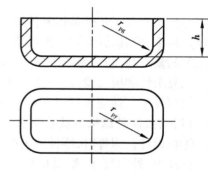

图 6.11　盒形拉深件

2)底部圆角半径 $R_{pg}$

如图 6.10 所示,底部圆角半径是指壁与底面的转角半径,在模具上所对应的是凸模圆角半径,应取 $R_{pg} \geq t$。为使拉深能顺利进行,一般取 $R_{pg} \geq (3 \sim 5)t$。当 $R_{pg} < t$ 时,应增加整形工序,每整形一次,$R_{pg}$ 可减小 $\dfrac{1}{2}$。

3)盒形拉深件壁间圆角半径 $r_{py}$

如图 6.11 所示,盒形拉深件壁间圆角半径是指盒形件 4 个壁的转角半径,应取 $r_{py} \geq 3t$。为了减少拉深次数并简化拉深件的毛坯形状,应尽量取 $r_{py} \geq \dfrac{h}{5}$,以便能一次拉深完成。

**(3)拉深件的精度等级**

拉深件的精度等级主要指其横断面的尺寸精度,一般在 IT13 级以下,高于 IT13 级的应增加整形工序。拉深件精度等级的分类如表 5.5 所示。

**(4)拉深件的材料**

拉深件的材料应具有良好的拉深性能。与拉深性能有关的材料参数如下：

①硬化指数 $n$。材料的硬化指数 $n$ 值越大，径向比例应力 $\dfrac{\sigma_1}{\sigma_b}$（径向拉应力 $\sigma_1$ 与强度极限 $\sigma_b$ 的比值）的峰值越低，传力区越不易拉裂，拉深性能越好。

②屈强比 $\dfrac{\sigma_s}{\sigma_b}$。材料的屈强比 $\dfrac{\sigma_s}{\sigma_b}$ 值越小，一次拉深允许的极限变形程度越大，拉深的性能越好。

③塑性应变比 $r$。材料的塑性应变比 $r$ 反映了材料的厚向异性性能。$r$ 值大，拉深性能好。

### 6.3.2　旋转体拉深件坯料尺寸计算

实践证明，旋转体拉深件的毛坯可采用圆形坯料。而毛坯尺寸计算的正确与否不仅直接影响生产过程，还对冲压生产有很大的经济意义，因为在拉深零件的总成本中，材料费用占到 $60\% \sim 80\%$。

由于拉深后工件的平均厚度与毛坯厚度差别不大，厚度变化可以忽略不计，因此，拉深件毛坯尺寸的确定可以按照"拉深前毛坯与拉深后工件的表面积相等"的原则计算。

此外，由于板料的方向性、材质的不均匀性和凸、凹模之间间隙的不均匀性等原因，拉深后的工件顶端一般都不平齐，通常需要修边，即将不平齐部分切去。因此，在计算毛坯尺寸之前，需在拉深件边缘（无凸缘拉深件为高度方向，有凸缘拉深件为半径方向）上加一段余量 $\delta$ 的数值。根据生产实践经验，修边余量可参考表 6.1 和表 6.2 选取。

**表 6.1　无凸缘拉深件的修边余量/mm**

| 拉深高度 $h$/mm | 拉深件的相对高度 $h/d$ 及 $h/B$ | | | | 拉深高度 $h$/mm | 拉深件的相对高度 $h/d$ 及 $h/B$ | | | |
|---|---|---|---|---|---|---|---|---|---|
| | >0.5~0.8 | >0.8~1.6 | >1.6~2.5 | >2.5~4.0 | | >0.5~0.8 | >0.8~1.6 | >1.6~2.5 | >2.5~4.0 |
| ≤10 | 1.0 | 1.2 | 1.5 | 2.0 | >100~150 | 4.0 | 5.0 | 6.5 | 8.0 |
| >10~20 | 1.2 | 1.6 | 2.0 | 2.5 | >150~200 | 5.0 | 6.3 | 8.0 | 10.0 |
| >20~50 | 2.0 | 2.5 | 3.3 | 4.0 | >200~250 | 6.0 | 7.5 | 9.0 | 11.0 |
| >50~100 | 3.0 | 3.8 | 5.0 | 6.0 | >250 | 7.0 | 8.5 | 10.0 | 12.0 |

注：1. $B$ 为正方形的边宽或长方形的短边宽度。

2. 对于高拉深件必须规定中间修边工序。

3. 对于材料厚度小于 0.5 mm 的薄材料作多次拉深时，应按表值增加 30%。

**表 6.2　有凸缘拉深件的修边余量/mm**

| 凸缘直径 $d_t$（或 $B_t$）/mm | 拉深件的相对凸缘直径 $d_t/d$ 及 $B_t/B$ | | | | 凸缘直径 $d_t$（或 $B_t$）/mm | 拉深件的相对凸缘直径 $d_t/d$ 及 $B_t/B$ | | | |
|---|---|---|---|---|---|---|---|---|---|
| | <1.5 | 1.5~2.0 | 2.0~2.5 | 2.5~3.0 | | <1.5 | 1.5~2.0 | 2.0~2.5 | 2.5~3.0 |
| ≤25 | 1.6 | 1.4 | 1.2 | 1.0 | >150~200 | 5.0 | 4.2 | 3.5 | 2.7 |
| >25~50 | 2.5 | 2.0 | 1.8 | 1.6 | >200~250 | 5.5 | 4.6 | 3.8 | 2.8 |

续表

| 凸缘直径 $d_t$（或 $B_t$）/mm | 拉深件的相对凸缘直径 $d_t/d$ 及 $B_t/B$ | | | | 凸缘直径 $d_t$（或 $B_t$）/mm | 拉深件的相对凸缘直径 $d_t/d$ 及 $B_t/B$ | | | |
|---|---|---|---|---|---|---|---|---|---|
| | <1.5 | 1.5~2.0 | 2.0~2.5 | 2.5~3.0 | | <1.5 | 1.5~2.0 | 2.0~2.5 | 2.5~3.0 |
| >50~100 | 3.5 | 3.0 | 2.5 | 2.2 | >250 | 6.0 | 5.0 | 4.0 | 3.0 |
| >100~150 | 4.3 | 3.6 | 3.0 | 2.5 | | | | | |

注:同表6.1。

### （1）简单旋转体拉深件坯料尺寸的确定

对于简单旋转体拉深件,常用数学计算法确定其毛坯尺寸。数学计算法是将工件(包括修边余量)分解为若干简单几何体,然后叠加起来,求出工件表面积,再根据"表面积相等原则"求出毛坯直径,即

$$D = \sqrt{\frac{4}{\pi}A} = \sqrt{\frac{4}{\pi}\sum A_f} \tag{6.3}$$

式中　$D$——毛坯直径,mm;

　　　$A$——包括修边余量在内拉深件的表面积,mm²;

　　　$\sum A_f$——拉深件各部分的表面积之和,mm²。

计算中,工件的直径按厚度中线计算,但板厚 $t < 0.8$ mm 时,也可按工件的外径或内径进行计算。如表6.3所示为简单几何形状表面积计算公式,如表6.4所示为常用旋转体拉深件毛坯直径的计算公式,可供参考。

表6.3　简单几何形状表面积的计算公式

| 图　示 | 计算公式 | 图　示 | 计算公式 |
|---|---|---|---|
| | $A = \dfrac{\pi D^2}{4}$ | | $A = 2\pi r^2$ |
| | $A = \dfrac{\pi}{4}(d_2^2 - d_1^2)$ | | $A = 2\pi rh$ |
| | $A = \pi dh$ | | $A = \pi\left(\dfrac{d}{h} + h^2\right)$ |

| 图　示 | 计算公式 | 图　示 | 计算公式 |
|---|---|---|---|
| 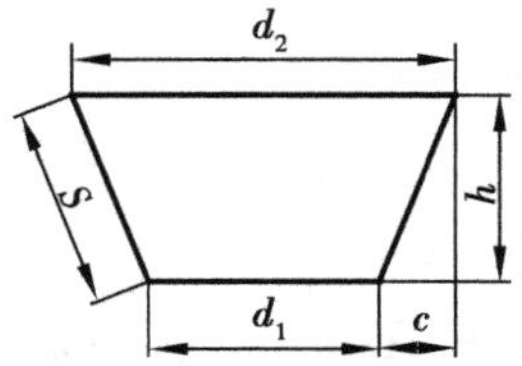 | $A = \pi S\left(\dfrac{d_1 + d_2}{2}\right)$ <br> $S = \sqrt{h^2 + c^2}$ | 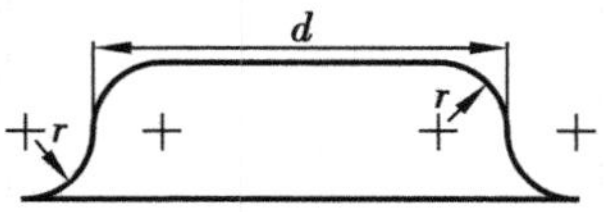 | $A = \pi^2 rd$ |
| 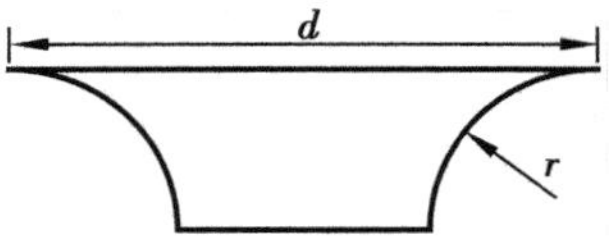 | $A = \dfrac{\pi^2 rd}{2} - 2\pi r^2$ | 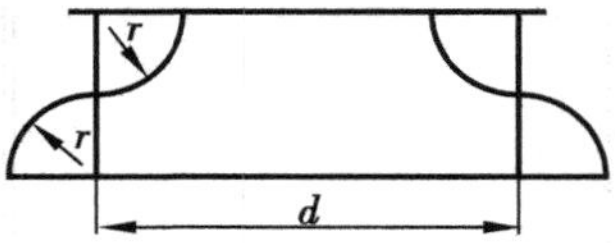 | $A = \pi^2 rd$ |
| 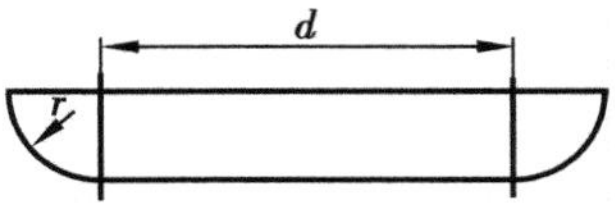 | $A = \dfrac{\pi^2 rd}{2} + 2\pi r^2$ | 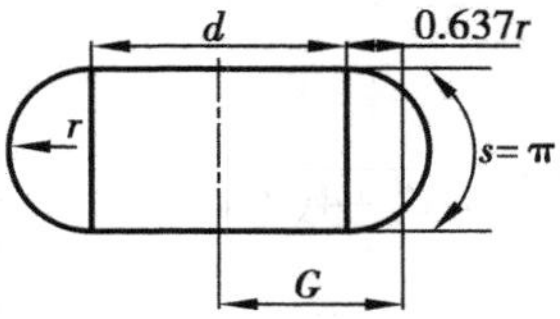 | $A = 2\pi GS$ |
| 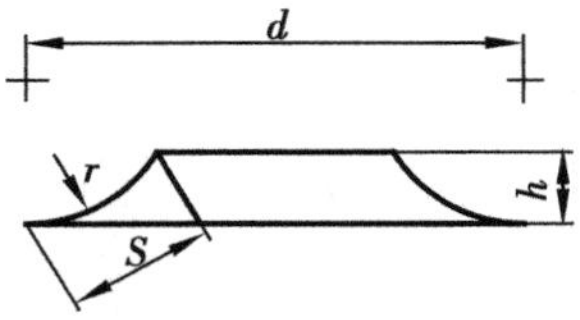 | $A = \pi(dS - 2hr)$ | 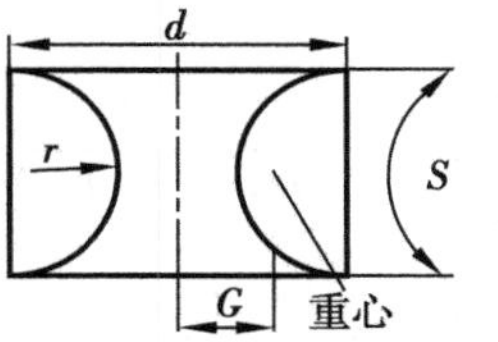 | $A = 2\pi GS$ |
| 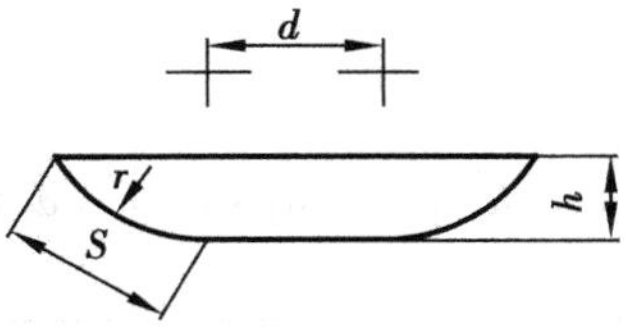 | $A = \pi(dS + 2hr)$ | 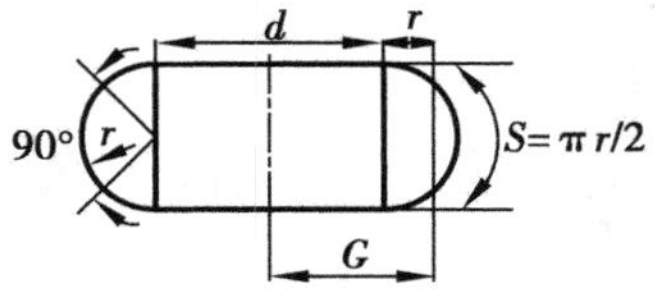 | $A = 2\pi GS$ |
| 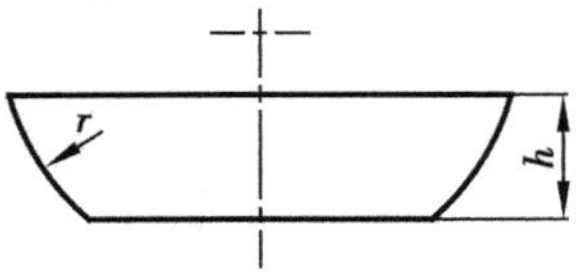 | $A = 2\pi rh$ | 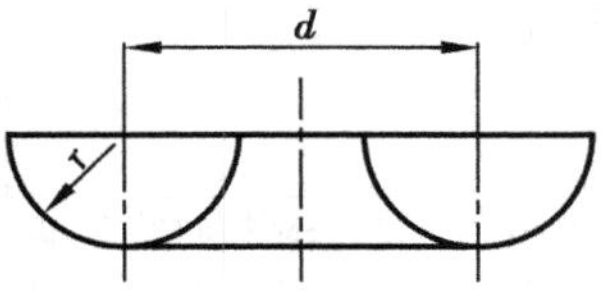 | $A = \pi^2 rd$ |
| 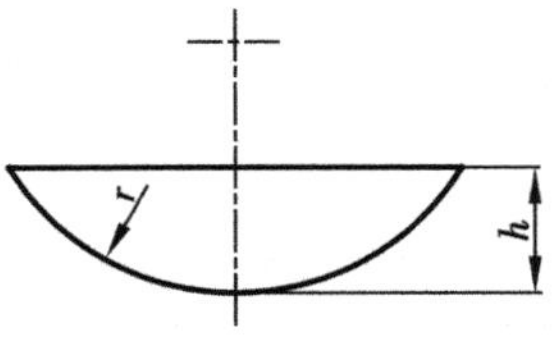 | $A = 2\pi rh$ | 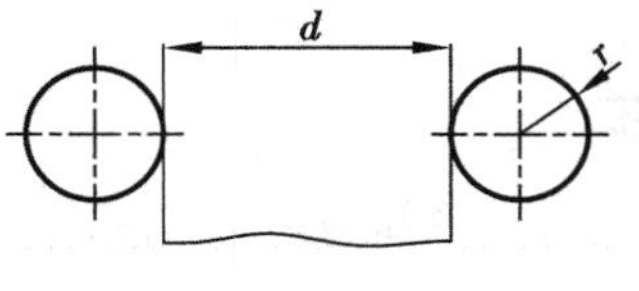 | $A = 17.7rd$ |

表 6.4　常用旋转体拉深件毛坯直径的计算公式

| 零件形状 | 毛坯直径 $D$ | 零件形状 | 毛坯直径 $D$ |
|---|---|---|---|
| 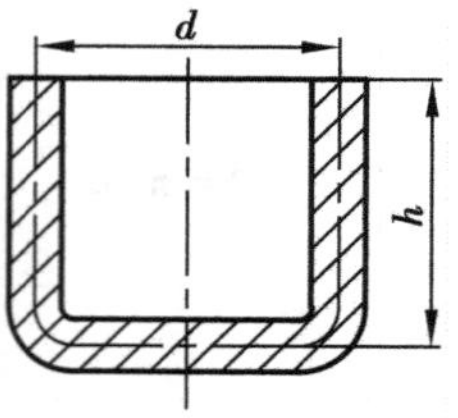 | $\sqrt{d^2+4dh}$ | 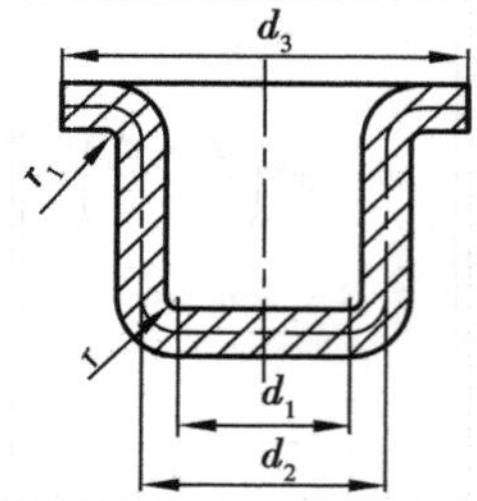 | 当 $r_1 \neq r$ 时<br>$\sqrt{d_1^2+6.28rd_1+8r^2+4d_2h+6.28r_1d_3-8r_1^2}$<br>当 $r_1=r$ 时<br>$\sqrt{d_1^2+4d_2h+2\pi r(d_1+d_3)}$ |
| 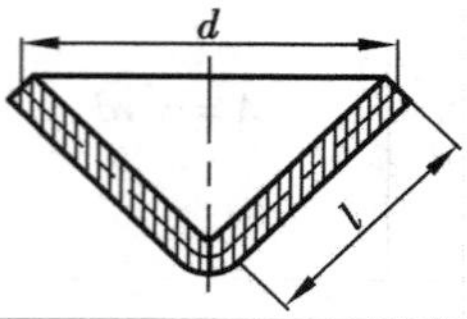 | $\sqrt{2dl}$ | 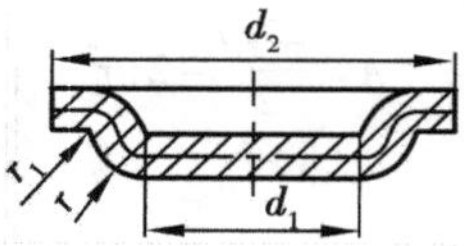 | $\sqrt{d_1^2+2\pi r(d_1+d_2)+4(r^2-r_1^2)}$ |
| 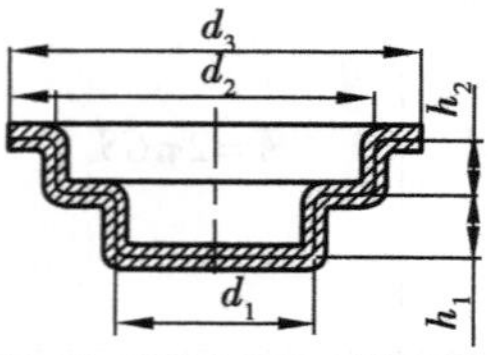 | $\sqrt{d_3^2+4(d_1h_1+d_2h_2)}$ | 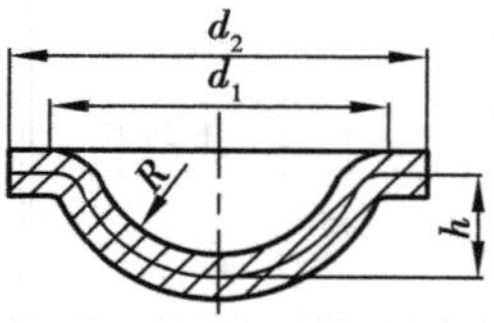 | $\sqrt{d_2^2-d_1^2+8rh}$ |
| 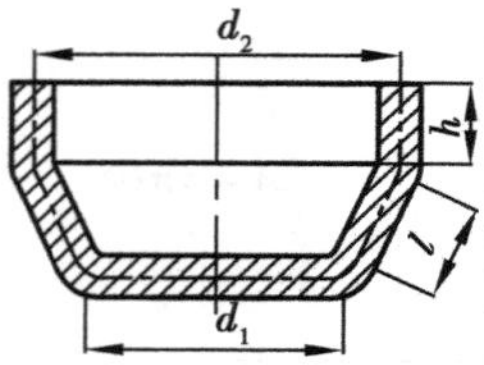 | $\sqrt{d_1^2+2l(d_1+d_2)+4d_2h}$ | 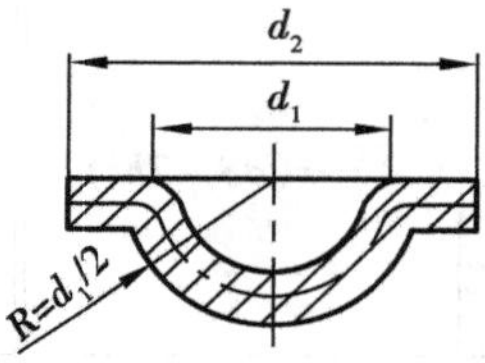 | $\sqrt{d_1^2+d_2^2}$ |
| 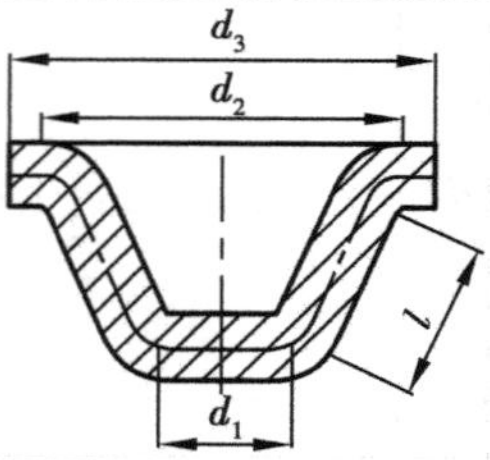 | $\sqrt{d_1^2+2l(d_1+d_2)+d_3^2-d_2^2}$ | 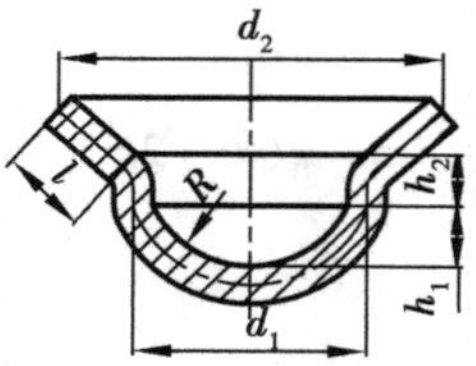 | $\sqrt{8R^2h_1+4d_1h_2+2l(d_1+d_2)}$ |
| 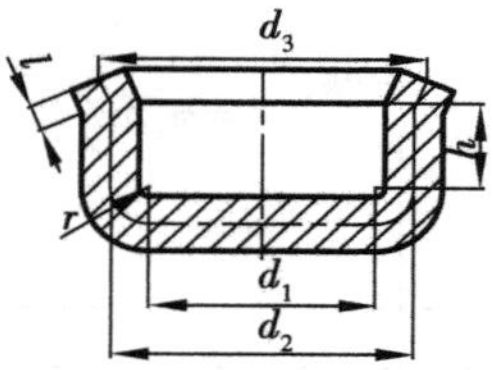 | $\sqrt{d_1^2+2\pi rd_1+8r^24d_2h+2l(d_2+d_3)}$ | 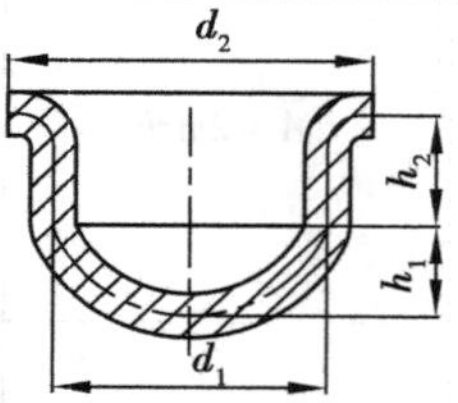 | $\sqrt{d_2^2+4(h_1^2+d_1h_2)}$ |
| 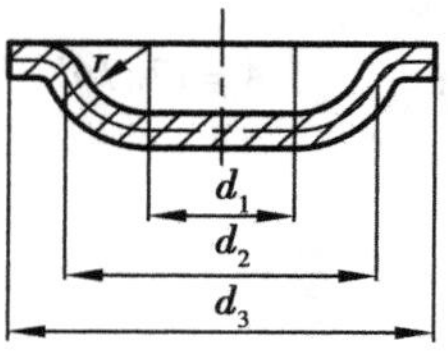 | $\sqrt{d_1^2+6.28rd_1+8r^2+d_3^2-d_2^2}$ | 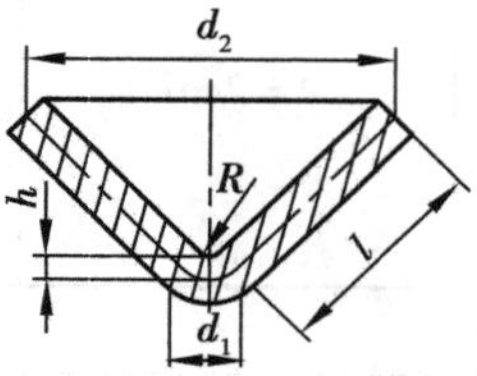 | $\sqrt{2d_1^2+2l(d_1+d_2)}$ |

| 零件形状 | 毛坯直径 $D$ | 零件形状 | 毛坯直径 $D$ |
|---|---|---|---|
| 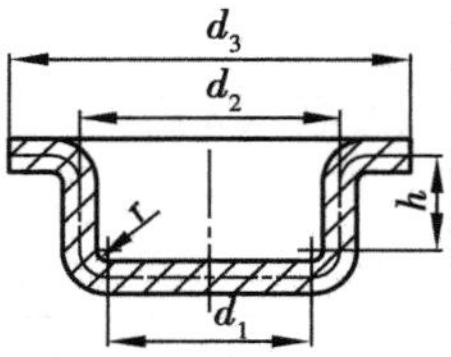  | $\sqrt{d_1^2 + 2\pi r d_1 + 8r^2 + 4d_2 h + d_3^2 - d_2^2}$ | 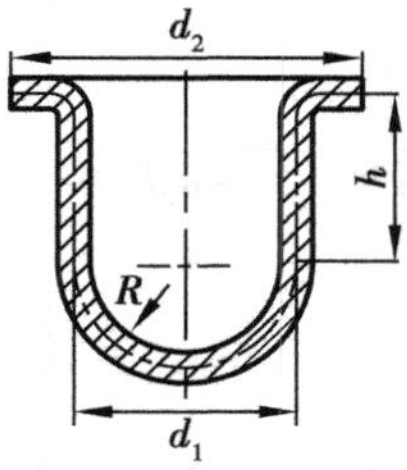  | $\sqrt{d_1^2 + d_2^2 + 4d_1 h}$ |
| 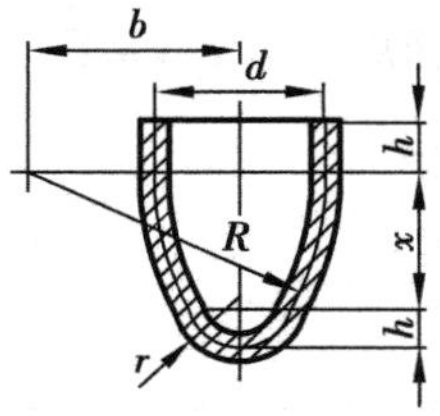  | $\sqrt{d_2^2 - d_1^2 + 4d_1 h + 2ld_1}$ | 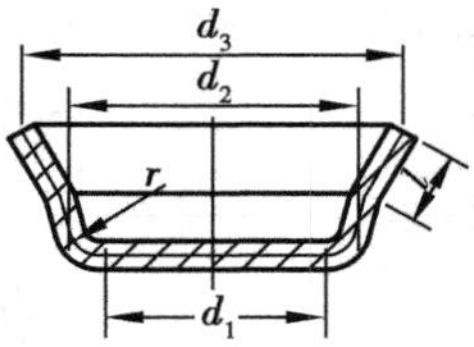  | $\sqrt{d_1^2 + 2\pi r d_1 + 8r^2 + 2l(d_2 + d_3)}$ |
| 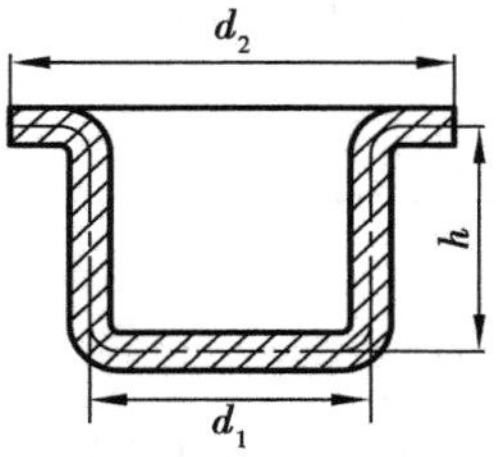  | $\sqrt{d_2^2 + 4d_1 h}$ | 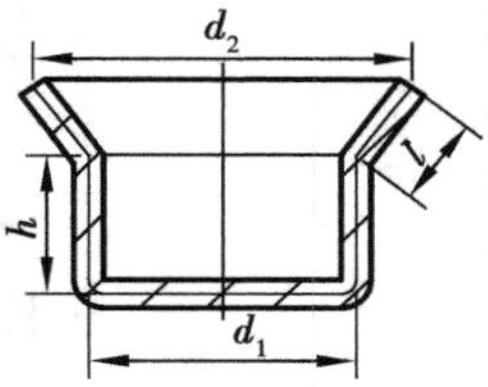  | $\sqrt{d_1^2 + 4d_1 h + 2l(d_1 + d_2)}$ |
| 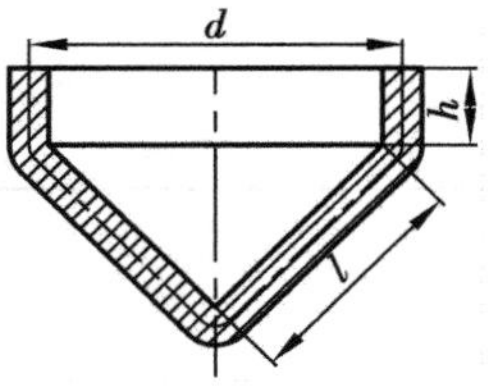  | $\sqrt{2d(l + 2h)}$ | 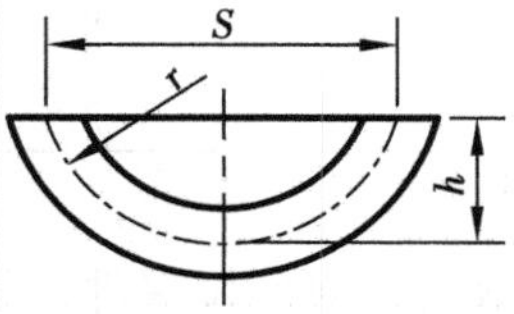  | $\sqrt{8Rh}$<br>或<br>$\sqrt{S^2 + 4h^2}$ |
| 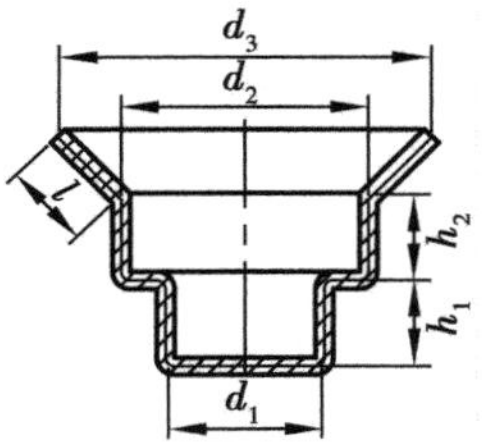  | $\sqrt{d_2^2 + 4(d_1 h_1 + d_2 h_2) + 2l(d_2 + d_3)}$ | 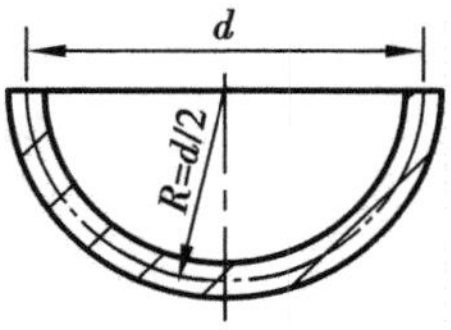  | $\sqrt{2d^2} = 1.414d$ |
| 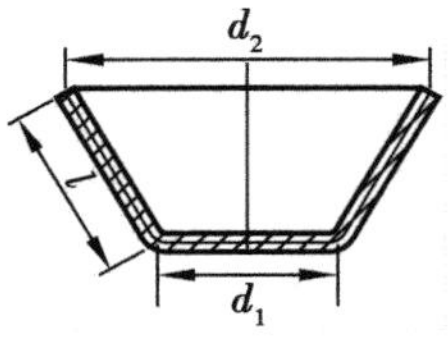  | $\sqrt{d_1^2 + 2l(d_1 + d_2)}$ | 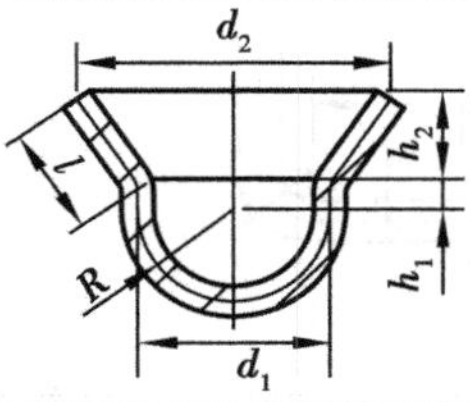  | $\sqrt{2d_1^2 + 4d_1 h + 2l(d_1 + d_2)}$ |

续表

| 零件形状 | 毛坯直径 D | 零件形状 | 毛坯直径 D |
|---|---|---|---|
| | $\sqrt{d_2^2+4(d_1h_1+d_2h_2)}$ | | $\sqrt{2Rh_1+4dh_2}$ |
| | $\sqrt{d_1^2+2r(\pi d_1+4r)}$ | | $\sqrt{8Rh+2l(d_1+d_2)}$ |
| | $\sqrt{d_1^2+4d_2h_1+6.28rd_1+8r^2}$ | | $\sqrt{2d^2+4dh_1}$ |
| | $\sqrt{d_1^2+4d_1h_1+4d_2h_2}$ | | $\sqrt{8R\left[x-b\left(\arcsin\dfrac{x}{R}\right)\right]+4dh_2+8rh}$ |

**例 6.1** 如图 6.12 所示的圆筒形拉深件,材料为 08 钢,求毛坯尺寸。

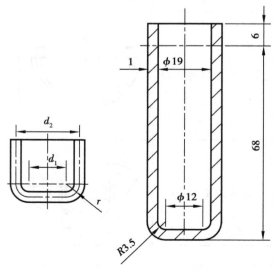

**图 6.12　圆筒形拉深件**

因该零件相对高度 $\dfrac{h}{d} = \dfrac{68}{20} = 3.4$，而高度 $h > 50$ mm，查表 6.1 可知，修边余量 $\delta = 6$ mm。因此，由表 6.4 可知，毛坯直径为

$$D = \sqrt{d_1^2 + 4d_2(h + \delta) + 6.28rd_1 + 8r^2}$$
$$= \sqrt{12^2 + 4 \times 20 \times 69.5 + 6.28 \times 4 \times 12 + 8 \times 4^2}$$
$$\approx 78 \text{ mm}$$

**（2）复杂旋转体拉深件坯料尺寸的确定**

对于各种复杂形状的旋转体零件，其毛坯直径的确定目前常采用作图法和解析法，这两种方法求毛坯直径的原则都是建立在"旋转体的表面积等于旋转体外形曲线（母线）的长度 $L$ 乘以由该母线所形成的重心绕转轴一周所得的周长 $2\pi R_s$"的基础上，即

$$A = 2\pi R_s L = 2\pi R_s \sum l_i \tag{6.4}$$

式中　$A$——旋转体表面积，$\text{mm}^2$；

　　　$R_s$——旋转体母线重心至旋转轴距离，mm；

　　　$L$——旋转体母线长，其值等于各组成部分长度之和，即 $L = l_1 + l_2 + l_3 + \cdots + l_n$ mm。

由式（6.3）得出毛坯的直径为

$$D = \sqrt{8LR_s} = \sqrt{8 \sum (l_i r_i)} \tag{6.5}$$

1）作图法

如图 6.13 所示，作图法的作图步骤如下：

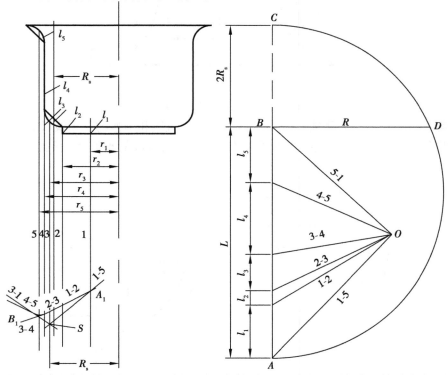

**图 6.13　求毛坯直径的作图法**

①将零件的轮廓线(母线)分成直线、弧线等若干个简单的几何部分,标以数字代号,并找出各部分相应的重心,各部分母线长分别为 $l_1$,$l_2$,$l_3$,$\cdots$,$l_n$。

②由各几何部分的重心引出平行于旋转轴的平行线,并作出相应的标号。

③在旋转体图形外任意点 $A$ 作一直线平行于旋转体中心轴,并在其上截取长度 $l_1$,$l_2$,$l_3$,$\cdots$,$l_n$。

④经任意点 $O$ 向各线端点作连线,并作出相应标号。

⑤自直线1上任意点 $A_1$ 作一直线平行于线 1-2 与线 2 相交,自此交点作一直线与线 2-3 平行与线 3 相交。以此类推,最后在线 5 上得到交点 $B_1$。

⑥自 $A_1$ 点作一直线与线 1-5 平行,自 $B_1$ 点作一直线与 5-1 平行,两线交于一点 $S$,此交点与旋转轴线之距离即为该旋转体母线重心的半径 $R_s$。

⑦在 $AB$ 延长线上截取 $BC$,其长度为 $2R_s$,并以 $AC$ 为直径作半圆,然后自 $B$ 点作一与直径相垂直的线段与半圆交于 $D$ 点,该垂直线段 $BD$ 即为毛坯的半径 $R$。

作图法简单,但误差较大。

2)解析法

如图 6.14 所示,解析法的步骤如下:

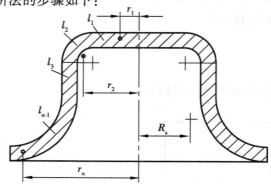

**图 6.14　求毛坯直径的解析法**

①将零件厚度中线的轮廓线(包括修边余量)分为直线和圆弧的若干线段。

②找出每一线段的重心:直线段的重心在其中点,圆弧段的重心用下列公式确定(见图 6.15),即

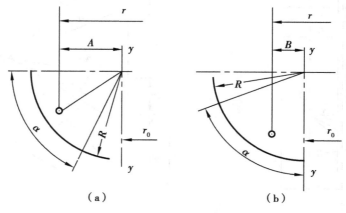

（a）　　　　　　　　　　（b）

**图 6.15　圆弧重心的位置**

$$A = aR \ 和 \ B = bR \tag{6.6}$$

式中　$A,B$——弧线的重心至 $y\text{-}y$ 的距离，mm；

　　　$a,b$——系数，其值与圆心角 $\alpha$ 有关，如表 6.5 所示；

　　　$R$——圆弧中心层半径，mm。

表 6.5　确定圆弧重心位置的系数和值

| $\alpha/(°)$ | $a$ | $b$ | $\alpha/(°)$ | $a$ | $b$ | $\alpha/(°)$ | $a$ | $b$ |
|---|---|---|---|---|---|---|---|---|
| 5 | 0.999 | 0.043 | 35 | 0.939 | 0.296 | 65 | 0.799 | 0.509 |
| 10 | 0.995 | 0.087 | 40 | 0.921 | 0.335 | 70 | 0.769 | 0.538 |
| 15 | 0.989 | 0.130 | 45 | 0.901 | 0.377 | 75 | 0.738 | 0.566 |
| 20 | 0.980 | 0.173 | 50 | 0.879 | 0.409 | 80 | 0.705 | 0.592 |
| 25 | 0.969 | 0.215 | 55 | 0.853 | 0.444 | 85 | 0.671 | 0.615 |
| 30 | 0.955 | 0.256 | 60 | 0.827 | 0.478 | 90 | 0.637 | 0.637 |

则圆弧旋转半径 $r$ 为：

对于外凸的圆弧

$$r = A + r_0 \ 或 \ r = B + r_0 \tag{6.7}$$

对于内凹的圆弧

$$r = r_0 - A \ 或 \ r = r_0 - B \tag{6.8}$$

式中　$r_0$——零件旋转轴至各段圆弧中心的距离，mm。

③求出各段母线的长度 $l_1, l_2, l_3, \cdots, l_n$。

④求出各段母线的长度与其旋转半径的乘积的代数和为

$$\sum rl = r_1 l_1 + r_2 l_2 + \cdots + r_n l_n$$

⑤求出毛坯直径为

$$D = \sqrt{8 \sum rl} = \sqrt{8(r_1 l_1 + r_2 l_2 + \cdots + r_n l_n)}$$

### 6.3.3　圆筒形件拉深工艺参数计算

**(1)拉深极限、拉深次数及工序件尺寸的确定**

1)拉深系数与拉深次数

在制订拉深工艺和设计拉深模时，必须预先确定该零件是一次拉深成形还是分多次拉深成形。

从拉深过程的分析可知，拉深件的起皱和拉裂是拉深工作中存在的主要问题，而其中拉裂是首要问题。拉裂往往发生在工件底部转角稍上的地方，因为该处是拉深件最薄弱的部位。对于壁厚尺寸要求严格的拉深件，即使没有拉裂，但因该处严重变薄而超差，也会使工件报废。

零件究竟需要几次才能拉深成形，是与拉深系数有关的。所谓圆筒形件的拉深系数，是

指每次拉深后圆筒形件的直径与拉深前毛坯(或半成品)直径的比值,即:

首次拉深         $m_1 = d_1/D$

以后各次         $m_2 = d_2/d_1$

           $m_3 = d_3/d_2$

           $\vdots$

           $m_n = d_n/d_{n-1}$

式中   $m_1, m_2, m_3, \cdots, m_n$——各次的拉深系数;

    $d_1, d_2, d_3, \cdots, d_n$——各次拉深制件(或工件)的直径,mm(见图6.16);

    $D$——毛坯直径,mm。

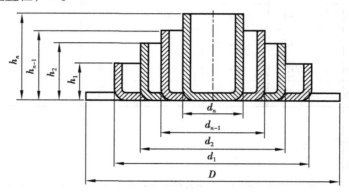

图6.16 拉深工序尺寸示意图

当 $d_n \le d$ 时,则表示经过第 $n$ 次拉深可成形制件。

则总拉深系数为

$$m_d = m_1 \cdot m_2 \cdot m_3 \cdot \cdots \cdot m_n \le \frac{d}{D} \tag{6.9}$$

实际上,拉深系数有两个不同的概念:

一个是零件要求的拉深系数 $m_{总}$,即

$$m_{总} = \frac{d}{D} \tag{6.10}$$

式中   $d$——零件的直径;

    $D$——该零件的毛坯直径。

另一个是按材料的性能及拉深条件等所能达到的极限拉深系数。在制订拉深工艺时,如拉深系数取得过小(或拉深比取得过大)时,就会使拉深件起皱、断裂或严重变薄超差。因此,拉深系数的减少有一个客观的界限,这个界限就称为极限拉深系数,即在拉深过程中,受到材料的力学性能、拉深条件和材料相对厚度 $\left(\dfrac{t}{D}\right)$ 等条件限制,保证拉深件不起皱和不拉裂的最小拉深系数(见表6.6—表6.8)。例如,零件所要求的拉深系数 $m_{总}$ 值大于按材料及拉深条件所允许的极限拉深系数时,则所给零件只需一次拉深,否则必须多次拉深。

**表6.6 圆筒形件带压边圈的极限拉深系数**

| 毛坯相对厚度 $\frac{t}{D} \times 100$ | 拉深系数 | | | | |
|---|---|---|---|---|---|
| | $m_1$ | $m_2$ | $m_3$ | $m_4$ | $m_5$ |
| 2.0 ~ 1.5 | 0.48 ~ 0.50 | 0.72 ~ 0.75 | 0.76 ~ 0.78 | 0.78 ~ 0.80 | 0.80 ~ 0.82 |
| < 1.5 ~ 1.0 | > 0.50 ~ 0.53 | > 0.75 ~ 0.76 | > 0.78 ~ 0.80 | > 0.80 ~ 0.82 | > 0.82 ~ 0.84 |
| < 1.0 ~ 0.5 | > 0.53 ~ 0.55 | > 0.76 ~ 0.78 | > 0.79 ~ 0.81 | > 0.81 ~ 0.83 | > 0.83 ~ 0.85 |
| < 0.5 ~ 0.3 | > 0.55 ~ 0.58 | > 0.78 ~ 0.80 | > 0.80 ~ 0.82 | > 0.82 ~ 0.84 | > 0.84 ~ 0.86 |
| < 0.3 ~ 0.15 | > 0.58 ~ 0.60 | > 0.79 ~ 0.81 | > 0.81 ~ 0.83 | 0.83 ~ 0.85 | > 0.85 ~ 0.87 |
| < 0.15 ~ 0.08 | > 0.60 ~ 0.63 | > 0.80 ~ 0.82 | > 0.82 ~ 0.84 | 0.84 ~ 0.86 | > 0.86 ~ 0.88 |

注:1. 表中拉深系数适用于08,10和15Mn等普通拉深碳钢和软黄铜H62。对拉深性能较差的材料20,25,Q215,Q235钢、硬铝等应比表中数值大1.5% ~ 2.0%;而对塑性更好的05,08,10钢及软铝应比表中数值小1.5% ~ 2.0%。

2. 表中数值适用于未经中间退火的拉深。若采用中间退火工序时,其数值可取比表中数值小2% ~ 3%。

3. 表中较小值适用于大的凹模圆角半径$[r_d = (8 ~ 15)t]$,较大值适用于小的凹模圆角半径$[r_d = (4 ~ 8)t]$。

**表6.7 圆筒形件不带压边圈的极限拉深系数**

| 毛坯相对厚度 $\frac{t}{D} \times 100$ | 拉深系数 | | | | | |
|---|---|---|---|---|---|---|
| | $m_1$ | $m_2$ | $m_3$ | $m_4$ | $m_5$ | $m_6$ |
| 0.4 | 0.90 | 0.92 | — | — | — | — |
| 0.6 | 0.85 | 0.90 | — | — | — | — |
| 0.8 | 0.80 | 0.88 | — | — | — | — |
| 1.0 | 0.75 | 0.85 | 0.90 | — | — | — |
| 1.5 | 0.65 | 0.80 | 0.84 | 0.87 | 0.90 | — |
| 2.0 | 0.60 | 0.75 | 0.80 | 0.84 | 0.87 | 0.90 |
| 2.5 | 0.55 | 0.75 | 0.80 | 0.84 | 0.87 | 0.90 |
| 3.0 | 0.53 | 0.75 | 0.80 | 0.84 | 0.87 | 0.90 |
| > 3 | 0.50 | 0.70 | 0.75 | 0.78 | 0.82 | 0.85 |

注:同表6.6。

**表6.8 圆筒形件其他金属材料的拉深系数**

| 材料名称 | 牌 号 | 首次拉深 $m_1$ | 以后各次拉深 $m_n$ |
|---|---|---|---|
| 铝和铝合金 | 8A06-0,1035-0,3A21-0 | 0.52 ~ 0.55 | 0.70 ~ 0.75 |
| 硬铝 | 2A12-0,2A11-0 | 0.56 ~ 0.58 | 0.75 ~ 0.80 |
| 黄铜 | H62 | 0.52 ~ 0.54 | 0.70 ~ 0.72 |
| | H68 | 0.50 ~ 0.52 | 0.68 ~ 0.72 |
| 纯铜 | T2,T3,T4 | 0.50 ~ 0.55 | 0.72 ~ 0.80 |
| 无氧铜 | | 0.50 ~ 0.58 | 0.75 ~ 0.82 |
| 镍、镁镍、硅镍 | | 0.48 ~ 0.53 | 0.70 ~ 0.75 |
| 康铜(铜镍合金) | | 0.50 ~ 0.56 | 0.74 ~ 0.84 |
| 白铁皮 | | 0.58 ~ 0.65 | 0.80 ~ 0.85 |

续表

| 材料名称 | 牌　号 | 首次拉深 $m_1$ | 以后各次拉深 $m_n$ |
|---|---|---|---|
| 酸洗钢板 | | 0.54~0.58 | 0.75~0.78 |
| 不锈钢 | Cr13 | 0.52~0.56 | 0.75~0.78 |
| | Cr18Ni9 | 0.50~0.52 | 0.70~0.75 |
| | lCr18Ni9Ti | 0.52~0.55 | 0.78~0.81 |
| | 0Cr18NiIINb,0Cr23Ni13 | 0.52~0.55 | 0.78~0.80 |
| 镍铬合金 | Cr20Ni80Ti | 0.54~0.59 | 0.78~0.84 |
| 合金结构钢 | 30CrMnSiA | 0.62~0.70 | 0.80~0.84 |
| 可伐合金 | | 0.65~0.67 | 0.85~0.90 |
| 钼铱合金 | | 0.72~0.82 | 0.91~0.97 |
| 钽 | | 0.65~0.67 | 0.84~0.87 |
| 铌 | | 0.65~0.67 | 0.84~0.87 |
| 钛及钛合金 | TA2,TA3 | 0.58~0.60 | 0.80~0.85 |
| | TA5 | 0.60~0.65 | 0.80~0.85 |
| 锌 | | 0.65~0.70 | 0.85~0.90 |

拉深系数是拉深工序中一个重要的工艺参数,它可用来表示拉深过程中的变形程度。拉深系数越小,变形程度越大。

在实际生产中,拉深变形程度也有以拉深前毛坯(或工序件)与拉深后工件的直径之比来表示的,其比值通常称之为"拉深比",用 $K_n$ 表示,它是拉深系数的倒数,即 $K_n = 1/m_n$。

确定拉深次数还可根据工件的相对高度,即拉深高度 $h$ 与直径 $d$ 之比,从表 6.9 中查得。

**表 6.9　无凸缘圆筒形拉深件的相对高度 $h/d$ 与拉深次数的关系**

| 拉深次数 $n$ | 毛坯相对厚度 $t/D \times 100$ | | | | | |
|---|---|---|---|---|---|---|
| | 2~1.5 | < 1.5~1 | < 1~0.6 | < 0.6~0.3 | < 0.3~0.15 | < 0.15~0.08 |
| 1 | 0.94~0.77 | 0.84~0.65 | 0.70~0.65 | 0.62~0.50 | 0.52~0.45 | 0.46~0.38 |
| 2 | 1.88~1.54 | 1.60~1.54 | 1.36~1.1 | 1.13~0.94 | 0.96~0.83 | 0.9~0.7 |
| 3 | 3.5~2.7 | 2.8~2.2 | 2.3~1.8 | 1.9~1.5 | 1.6~1.3 | 1.3~1.1 |
| 4 | 5.6~8.9 | 4.3~3.5 | 3.6~2.9 | 2.9~2.4 | 2.4~2.0 | 2.0~1.5 |
| 5 | 8.9~6.6 | 6.6~5.1 | 5.2~4.1 | 4.1~3.3 | 3.3~2.7 | 2.7~2.0 |

注:1. 表中数值适用于 08F,10F 的材料。

2. $h/d$ 的较大值适用于首次拉深工序的大凹模圆角 $[r_d \approx (8 \sim 15)t]$。

3. $h/d$ 的较小值适用于首次拉深工序的小凹模圆角 $[r_d \approx (4 \sim 8)t]$。

2)影响拉深系数的因素

①材料的性能指标。

材料的性能指标包括材料的供应状态、组织结构、厚向异性指数 $\gamma$、屈强比 $\sigma_s/\sigma_b$、硬化模数 $D$ 及硬化指数 $n$ 等,均对极限拉深系数的大小有影响。

一般用于拉深的材料为软化状态,即材料为退火状态,而奥氏体型不锈钢和高温合金为淬火状态。对于硬化剧烈的材料,必须增加热处理工序以恢复塑性,才能进行下一道拉深。

材料的屈强比 $\sigma_s/\sigma_b$ 小,组织均匀,方向性小,有利于降低极限拉深系数,减少拉深件口部凸耳的产生。但对于纯度较高的材料,如低碳钢(08F)及纯铝,当内部晶粒过大时,虽然塑性很好,但拉深后,表面会出现橘皮状组织,有时还会导致局部断裂。

大量的试验研究表明,材料的厚向异性指数 $\gamma$ 和硬化指数 $n$,在相当程度上影响着极限拉深系数。因此,应尽可能增大厚向异性指数 $\gamma$ 和硬化指数 $n$。

②毛坯的相对厚度 $t/D$。

相对厚度越大对拉深越有利。因为 $t/D$ 越大,抵抗凸缘处失稳起皱的能力越强,因而可以减少甚至不需要压边力,也就相应地减少甚至完全去掉了压边圈对毛坯的摩擦阻力,使变形抗力相应地减少。

③润滑。

润滑的好坏对拉深变形抗力的影响很大。润滑良好,可降低极限拉深系数。当材料较厚或拉深力很大时,特别要注意润滑剂的选用,必要时还须采用固体润滑剂或毛坯表面隔离层(磷化或涂漆等)处理。但是对凸模则不能润滑,否则会减弱凸模表面摩擦对危险断面处的有益作用,但对矩形盒件的拉深例外,因为这类零件在拉深变形时,角部的材料不仅有轴向流动,还有沿周边(切向)流动,后者对盒形件的拉深进行是有好处的,因此也应该对凸模进行润滑。

④凸、凹模结构、尺寸及表面粗糙度。

从理论上分析,凹模包角 $\alpha$ 的大小直接影响拉深力 $F$ 的大小,减小凹模包角 $\alpha$(使用有锥角的凹模)和增大凹模圆角半径 $r_d$,可以减小拉深力 $F$ 的值。

试验证明,在拉深中,$\alpha$ 值的大小与板料的厚度、零件的尺寸和材料的性质有关。当毛坯的相对厚度 $(t/d) \times 100$($d$ 为凹模直径)$> 3.0$ 时,可取凹模包角为 80°,即凹模的锥角为 20°,但是,为了减少凹模的高度和凸模行程,可取凹模锥角为 30°。而当相对厚度 $(t/d) \times 100 < 3.0$ 时,则可取凹模包角为 90°。由于锥形凹模在拉深一开始时就使毛坯的凸缘部分形成碟形,因而这种凹模具有较好的防皱效果。锥形凹模同样也可用于带压边圈的拉深。由于锥形凹模可以减小包角 $\alpha$,故与不带凹模锥角的相比,不带压边时能够降低拉深系数达 25% ~ 30%。

对极限拉深系数有较大影响的是凹模的表面粗糙度和毛坯表面粗糙度。具有几个微米的表面粗糙度,其凹处积存的润滑剂可向凸出的部分流动,使整个拉深变形表面都能得到润滑。如表面粗糙度值过小,则表面的积存润滑剂性能差,润滑性能不好。但表面过于粗糙,表面凹部反而不能向凸部提供充足的润滑剂。如使用高黏度润滑剂,凹模的表面粗糙度 $R_a$ 在 $3 \sim 5\ \mu m$ 范围内的润滑效果最好,毛坯表面的粗糙度也有同样的影响效果。

凸、凹模之间间隙和凸、凹模圆角半径对拉深系数有影响,因此,决定拉深系数和决定模具的几何参数要综合起来考虑。这个问题将在讨论凸、凹模工作部分设计时再作研究。

⑤其他。

除上述因素外,制件形状、拉深次数等均对极限拉深系数有影响。

3)以后各次拉深的特点

与首次拉深时不同,以后各次拉深时所用的毛坯是圆筒形件。因此,它与首次拉深相比,有以下不同之处:

①首次拉深时,平板毛坯厚度和力学性能可视为均匀的;而以后各次拉深时,圆筒形毛坯的壁厚及力学性能是不均匀的。

②首次拉深时,凸缘变形区是逐渐缩小;而以后各次拉深时,其变形区保持不变,只是在拉深终了以前,才逐渐缩小。

③首次拉深时,其拉深力的变化是由于变形抗力的增加与变形区的减小这两个相反的因素互相消长的结果,因而在开始阶段较快地达到最大拉深力,然后逐渐减小到零;而以后各次拉深时,其变形区保持不变,但材料的硬化及厚度都是沿筒壁高度方向增加的,所以其拉深力在整个拉深过程中一直都在增加,直到拉深的最后阶段才由最大值下降至零。

④以后各次拉深时的危险断面与首次拉深时一样,都在凸模圆角处,但首次拉深的最大拉深力发生在初始阶段,故拉裂也发生在拉深的初始阶段;而以后各次拉深的最大拉深力发生在拉深的终结阶段,故拉裂就往往出现在拉深的终结阶段。

⑤以后各次拉深时的变形区,因其外缘有筒壁刚性支持,故稳定性较好。只是在拉深最后阶段,筒壁边缘进入变形区以后,变形区的外缘失去了刚性支持,这时才易起皱。

⑥以后各次拉深时,由于材料已经存在加工硬化,加上拉深时变形较复杂(坯件的筒壁须经过两次弯曲才被凸模拉入凹模内),故它的极限拉深系数要比首次拉深大得多。

4)拉深工序件尺寸

①无凸缘圆筒形件各次拉深工序件尺寸的确定

a. 工序件直径的确定。拉深次数确定之后,由表6.6或表6.7查得各次拉深的极限拉深系数,并加以调整。保证 $m_1 \cdot m_2 \cdot m_3 \cdots m_n \leqslant d/D$,然后再按调整后的拉深系数确定各次工序件直径为

$$d_1 = m_1 D$$
$$d_2 = m_2 d_1$$
$$\vdots$$
$$d_n = m_n d_{n-1}$$

b. 工序件圆角半径的确定。圆角半径的确定方法将在后面讨论。

c. 工序件高度的确定。可根据"拉深前毛坯与拉深后工件的表面积相等"的原则,求出各次拉深高度的尺寸。

②有凸缘圆筒形件各次拉深工序件尺寸的确定

有凸缘圆筒形件的拉深过程,其变形区的应力状态和变形特点与无凸缘圆筒形件是相同的。有凸缘圆筒形件的拉深系数取决于3个尺寸因素(见图6.17),即相对直径($d_\phi/d_1$)、相对高度($H/d$)和相对转角半径($r/d$)。其中 $d_\phi/d_1$ 和 $H/d$ 值越大,表示拉深时毛坯变形区的宽度越大,拉深难度越大。当 $d_\phi/d_1$ 和 $H/d$ 之值超过一定值时,便不能一次拉深成形。

有凸缘圆筒形件拉深时,坯料凸缘部分不是全部进入凹模口部,只是拉深到凸缘外径等于所要求的凸缘直径(包括修边量)时,拉深工作就停止。因此,拉深成形过程和工艺计算与无凸缘圆筒形件有一定差别。由于凸缘的外缘部分只在首次拉深时参与变形,在以后的各次拉深中将不再发生变化,故首次拉深的重点是确保凸缘外缘的尺寸达到所需尺寸,并确保拉入凹模的材料多于以后拉深所需的材料。

有凸缘圆筒形件首次拉深时,可能达到的极限拉深系数如表6.10所示,首次拉深可能达到的极限相对高度如表6.11所示,有凸缘圆筒形件以后各次拉深的极限拉深系数如表6.12所示。

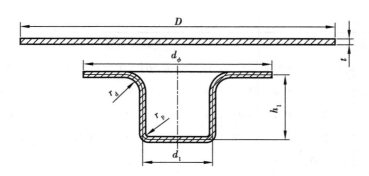

**图 6.17 有凸缘筒形件**

**表 6.10 有凸缘圆筒形件首次拉深的极限拉深系数**

| 凸缘相对直径 | | 毛坯相对厚度 $t/D \times 100$ | | | | |
|---|---|---|---|---|---|---|
| $d_\phi/D$ | $d_\phi/d_1$ | > 0.06 ~ 0.20 | > 0.20 ~ 0.50 | > 0.50 ~ 1.00 | > 1.00 ~ 1.50 | > 1.50 ~ 2.00 |
| 0.54 | < 1.10 | 无凸缘工件区 | | 0.56 | 0.56 | 0.51 |
| 0.58 | 1.10 | | | 0.55 | 0.55 | 0.51 |
| 0.62 | ≤ 1.20 | 0.59 | 0.57 | 0.55 | 0.55 | 0.51 |
| 0.66 | > 1.20 ~ 1.30 | 0.57 | 0.56 | 0.54 | 0.54 | 0.51 |
| 0.70 | > 1.30 ~ 1.40 | 0.56 | 0.55 | 0.54 | 0.54 | 0.51 |
| 0.74 | > 1.40 ~ 1.50 | 0.55 | 0.54 | 0.53 | 0.53 | 0.51 |
| 0.78 | > 1.50 ~ 1.60 | 0.54 | 0.52 | 0.52 | 0.52 | 0.50 |
| 0.82 | ≈ 1.60 | 0.51 | 0.50 | 0.50 | 0.50 | 0.49 |
| 0.86 | ≈ 1.80 | 0.48 | 0.48 | 0.48 | 0.48 | 0.48 |
| 0.90 | ≈ 2.00 | 0.45 | 0.45 | 0.45 | 0.45 | 0.45 |
| 0.93 | ≈ 2.20 | 0.42 | 0.42 | 0.42 | 0.42 | 0.42 |
| 0.96 | > 2.50 ~ 2.70 | 0.38 | 0.38 | 0.37 | 0.37 | 0.36 |
| 0.98 | ≈ 2.80 | 0.35 | 0.35 | 0.35 | 0.35 | |

**表 6.11 有凸缘圆筒形件首次拉深的极限相对高度**

| 凸缘相对直径 | | 毛坯相对厚度 $t/D \times 100$ | | | | |
|---|---|---|---|---|---|---|
| $d_\phi/D$ | $d_\phi/d_1$ | > 0.06 ~ 0.20 | > 0.20 ~ 0.50 | > 0.50 ~ 1.00 | > 1.00 ~ 1.50 | > 1.50 |
| ≤ 0.58 | ≤ 1.1 | 0.45 ~ 0.52 | 0.50 ~ 0.62 | 0.57 ~ 0.70 | 0.60 ~ 0.80 | 0.75 ~ 0.90 |
| > 0.58 ~ 0.66 | > 1.1 ~ 1.3 | 0.40 ~ 0.47 | 0.45 ~ 0.53 | 0.50 ~ 0.60 | 0.56 ~ 0.72 | 0.65 ~ 0.80 |
| > 0.66 ~ 0.74 | > 1.3 ~ 1.5 | 0.35 ~ 0.42 | 0.40 ~ 0.48 | 0.45 ~ 0.53 | 0.50 ~ 0.63 | 0.58 ~ 0.70 |
| > 0.74 ~ 0.86 | > 1.5 ~ 1.8 | 0.29 ~ 0.35 | 0.34 ~ 0.39 | 0.37 ~ 0.44 | 0.42 ~ 0.53 | 0.48 ~ 0.58 |
| > 0.86 ~ 0.90 | > 1.8 ~ 2.0 | 0.25 ~ 0.30 | 0.29 ~ 0.34 | 0.32 ~ 0.38 | 0.36 ~ 0.46 | 0.42 ~ 0.51 |

续表

| 凸缘相对直径 | | 毛坯相对厚度 $t/D \times 100$ | | | | |
|---|---|---|---|---|---|---|
| $d_\phi/D$ | $d_\phi/d_1$ | >0.06~0.20 | >0.20~0.50 | >0.50~1.00 | >1.00~1.50 | >1.50 |
| >0.90~0.93 | >2.0~2.2 | 0.22~0.26 | 0.25~0.29 | 0.27~0.33 | 0.31~0.40 | 0.35~0.45 |
| >0.93~0.95 | >2.2~2.5 | 0.17~0.21 | 0.20~0.23 | 0.22~0.27 | 0.25~0.32 | 0.28~0.35 |
| >0.95~0.98 | >2.5~2.8 | 0.13~0.16 | 0.15~0.18 | 0.17~0.21 | 0.19~0.24 | 0.22~0.27 |
| >0.98 | >2.8~3.0 | 0.10~0.13 | 0.12~0.15 | 0.14~0.17 | 0.16~0.20 | 0.18~0.22 |

表 6.12　有凸缘圆筒形件以后各次拉深的极限拉深系数

| 拉深系数 | 毛坯相对厚度 $t/D \times 100$ | | | | |
|---|---|---|---|---|---|
| | 0.15~0.3 | 0.3~0.6 | 0.6~1.0 | 1.0~1.5 | 1.5~2.0 |
| $m_2$ | 0.80 | 0.78 | 0.76 | 0.75 | 0.73 |
| $m_3$ | 0.82 | 0.80 | 0.79 | 0.78 | 0.75 |
| $m_4$ | 0.84 | 0.83 | 0.82 | 0.80 | 0.78 |
| $m_5$ | 0.86 | 0.85 | 0.84 | 0.82 | 0.80 |

**(2)冲压中的压料力计算以及压料装置确定**

1)压料力的计算

压料力的选择要适当,压料力过大,工件会被拉断;压料力过小,工件凸缘会起皱。压料力的计算公式如表 6.13 所示。在压力机上拉深时,单位压料力如表 6.14 和表 6.15 所示。

表 6.13　压料力的计算公式

| 拉深情况 | 公式 | 说　明 |
|---|---|---|
| 拉深任何形状的工件 | $F_Q = A_p \cdot p$ | $A_p$——在压边圈下的毛坯投影面积,$mm^2$ |
| 圆筒件第一次拉深<br>(用平板毛坯) | $F_Q = \dfrac{\pi}{4}\left[ D^2 - (d_1 + 2r_d)^2 \right]p$ | $p$——单位压料力,MPa,其值如表 6.14、表6.15<br>　　所示<br>$D$——平板毛坯直径,mm |
| 圆筒件以后各次拉深<br>(用筒形毛坯) | $F_Q = \dfrac{\pi}{4}(d_{n-1}^2 - d_n^2)p$ | $d_1,d_n$——第1、第 $n$ 次的拉深直径,mm<br>$r_d$——拉深凹模圆角半径,mm |

表 6.14　在单动压力机上拉深时单位压料力的数值

| 材料名称 | 单位压料力 $p$/MPa | 材料名称 | 单位压料力 $p$/MPa |
|---|---|---|---|
| 铝 | 0.8~1.2 | 08F 钢、20 钢、镀锡钢板 | 2.5~3.0 |
| 纯铜、硬铝(退火或刚淬火的) | 1.2~1.8 | 软化状态的耐热钢 | 2.8~3.5 |
| 黄铜 | 1.5~2.0 | 高合金钢、高锰钢、不锈钢 | 3.0~4.5 |
| 压轧青铜 | 2.0~2.5 | | |

表 6.15　在双动压力机上拉深时单位压料力的数值

| 制件复杂程度 | 单位压料力 $p$/MPa | 制件复杂程度 | 单位压料力 $p$/MPa |
|---|---|---|---|
| 难加工件 | 3.7 | 易加工件 | 2.5 |
| 普通加工件 | 3.0 | | |

实际压料力的大小要根据既不起皱也不被拉裂这个原则,在试模中加以调整。设计压料装置时应考虑便于调节压料力。

2)压料装置的确定

①首次拉深模。一般采用平面压料装置(见图 6.18)。对于宽凸缘拉深件,为了减少毛坯与压边圈的接触面积,增大单位压料力,可采用如图 6.19 所示的压边圈;对于小凸缘件或球形件拉深,则采用如图 6.20 所示的有拉深筋或拉深槛的压边圈;为了保持压料力均衡和防止压边圈将毛坯压得过紧,可采用如图 6.21(a)所示的带限位装置的压边圈。

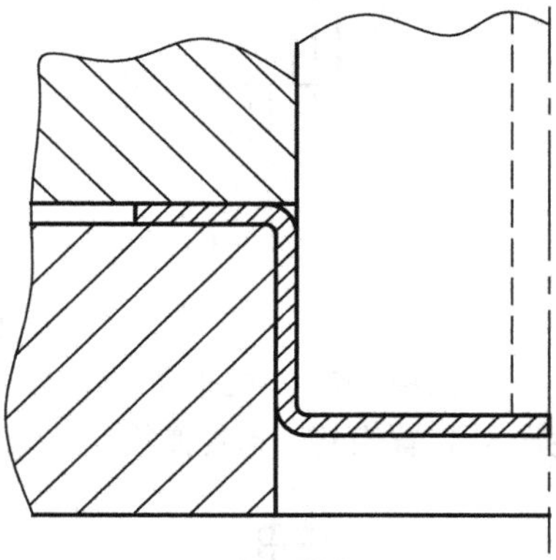

图 6.18　平面压边装置

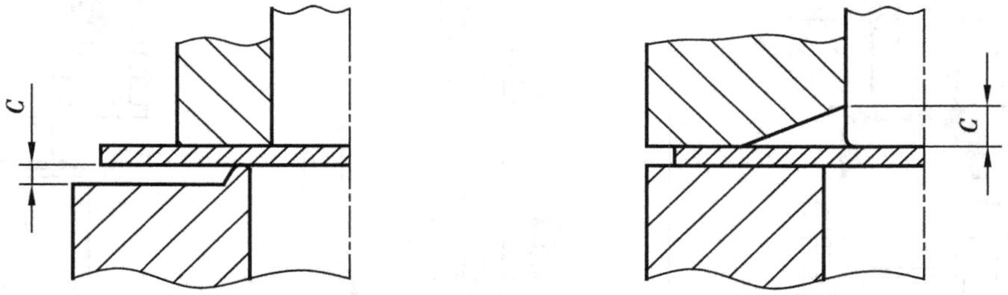

（a）带凸筋的压力圈　　　　　　（b）带斜度的压边圈

$C=(0.2\sim0.5)t$

图 6.19　宽凸缘件拉深用压边圈

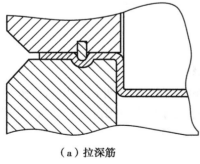

（a）拉深筋

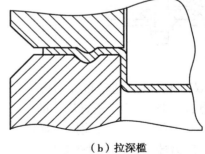

（b）拉深槛

图 6.20　小凸缘件或球形件拉深的压料装置

②以后各次拉深模。采用筒形压边圈(见图 6.21(b)、图 6.21(c))。由于此时的毛坯均为筒形,其稳定性比较好,在拉深过程中不易起皱,因此所需的压料力较小。而当采用弹性压料装置时,弹性压料力是随着拉深高度的增加而增加的,这就可能造成压料力过大而拉裂,故大多数以后各次拉深模,都应使用限位装置。

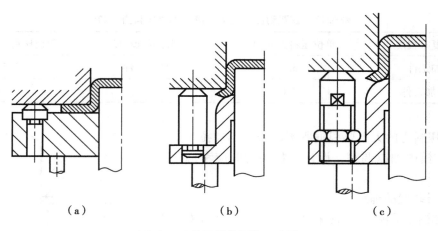

（a）　　　　　　　　　（b）　　　　　　　　　（c）

**图 6.21　带限位装置的压边圈**

③在单动压力机上进行拉深。其压料力靠弹性元件产生,称为弹性压料装置。常用的弹性压料装置有橡皮垫、弹簧垫和气垫 3 种(见图 6.22)。

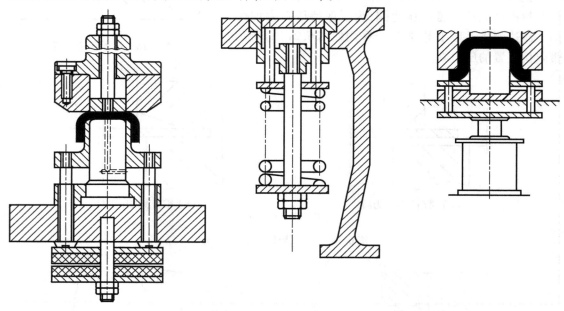

**图 6.22　弹性压料装置**

④在双动压力机上进行拉深。将压边圈装在外滑块上,利用外滑块压料。外滑块通常有 4 个加力点,可调整作用于板材周边的压料力。这种装置被称为刚性压料装置,其特点是在拉深过程中,压料力保持不变,故拉深效果好,模具结构也简单。

**(3)冲压力计算和拉深设备确定**

1)拉深力的计算

在实际生产中,拉深力常用经验公式进行计算,由于经验公式忽略了许多因素,因此计算结果并不十分准确。通常采用的经验公式如下:

①采用压边圈时:

首次拉深

$$F = K_1 \pi d_1 t \sigma_{\mathrm{b}} \tag{6.11}$$

以后各次拉深

$$F = K_2 \pi d_i t \sigma_{\mathrm{b}} \qquad i = 2,3,\cdots,n \tag{6.12}$$

②不采用压边圈时：

首次拉深

$$F = 1.25 \pi (D - d_1) t \sigma_{\mathrm{b}} \tag{6.13}$$

以后各次拉深

$$F = 1.3 \pi (d_{i-1} - d_i) t \sigma_{\mathrm{b}} \qquad i = 2,3,\cdots,n \tag{6.14}$$

式中　　$F$——拉深力；

　　　　$K_1, K_2$——修正系数，可由表 6.16 查得；

　　　　$d_1,\cdots,d_n$——各次拉深后的工序件直径；

　　　　$D$——毛坯直径；

　　　　$t$——板料厚度；

　　　　$\sigma_{\mathrm{b}}$——拉深件材料的抗拉强度。

**表 6.16　修正系数 $K$ 的数值**

| $m_1$ | 0.55 | 0.57 | 0.60 | 0.62 | 0.65 | 0.67 | 0.70 | 0.72 | 0.75 | 0.77 | 0.80 |
|---|---|---|---|---|---|---|---|---|---|---|---|
| $K_1$ | 1.00 | 0.93 | 0.86 | 0.79 | 0.72 | 0.66 | 0.60 | 0.55 | 0.50 | 0.45 | 0.40 |

| $m_2$ | 0.7 | | 0.72 | | 0.75 | | 0.77 | | 0.80 | | 0.85 | | 0.90 | | 0.95 |
|---|---|---|---|---|---|---|---|---|---|---|---|
| $K_2$ | 1.00 | | 0.95 | | 0.90 | | 0.85 | | 0.80 | | 0.70 | | 0.60 | | 0.50 |

2）拉深设备的确定

对于单动压力机，其公称压力应大于工艺总压力。工艺总压力为

$$F_z = F + F_Q \tag{6.15}$$

式中　　$F_z$——工艺总压力；

　　　　$F$——拉深力；

　　　　$F_Q$——压料力。

选择压力机公称压力时必须注意：当拉深工作行程较大，尤其采用落料拉深复合时，应使工艺力曲线位于压力机滑块的许用压力曲线之下，而不能简单地按压力机公称压力大于工艺总压力的原则去确定压力机规格。在实际生产中，可按下式来确定压力机的公称压力：

浅拉深

$$F_g \geqslant (1.25 \sim 1.4) F_z \tag{6.16}$$

深拉深

$$F_g \geqslant (1.8 \sim 2) F_z \tag{6.17}$$

式中　　$F_g$——压力机公称压力。

### 6.3.4　圆筒形件拉深模具参数计算

**（1）凸、凹模圆角半径**

凸、凹模圆角半径对拉深工作影响很大，尤其是凹模圆角半径。在拉深过程中，坯料在凹

203

模圆角部分滑动时产生较大的弯曲变形,而当进入筒壁后,又被重新拉直,或者在间隙内被校直。若凹模圆角半径过大,则拉深初始阶段不与模具表面接触的毛坯宽度加大,因而这部分毛坯很容易起皱;若凹模圆角半径过小,坯料在经过凹模圆角部分时的变形阻力以及在间隙内的阻力都要增大,结果势必引起总拉深力的增大和模具寿命的降低,因此,在实际生产中应尽量避免采用过小的凹模圆角半径。

凸模圆角半径对拉深工作的影响不如凹模圆角半径显著。若凸模圆角半径过大,也会在拉深初始阶段不与模具表面接触的毛坯宽度加大,也容易使这部分毛坯起皱;若凸模圆角半径过小,会降低毛坯危险断面的强度,使极限拉深系数增大,容易产生局部变薄甚至拉裂,局部变薄和弯曲的痕迹在经过多次拉深工序后,必然留在零件侧壁,影响零件的表面质量。

1)凹模圆角半径的确定

首次(包括只有一次)拉深凹模圆角半径可计算为

$$r_{d1} = 0.8 \sqrt{(D-d)t} \tag{6.18}$$

式中　$r_{d1}$——首次拉深凹模圆角半径,mm;

　　　$D$——毛坯直径,mm;

　　　$d$——凹模内径,mm;

　　　$t$——材料厚度,mm。

首次拉深凹模圆角半径 $r_{d1}$ 的大小,也可按表 6.17 的值选取。

表 6.17　首次拉深凹模圆角半径 $r_{d1}$

| 拉深方式 | 毛坯相对厚度 $t/D \times 100$ | | | 拉深方式 | 毛坯相对厚度 $t/D \times 100$ | | |
|---|---|---|---|---|---|---|---|
| 无凸缘 | ≤2.0~1.0 | <1.0~0.3 | <0.3~0.1 | 有凸缘 | ≤2.0~1.0 | <1.0~0.3 | <0.3~0.1 |
| | $(4~6)t$ | $(6~8)t$ | $(8~10)t$ | | $(6~12)t$ | $(10~15)t$ | $(15~20)t$ |

以后各次拉深凹模圆角半径应逐渐减小,一般可确定为

$$r_{di} = (0.6~0.8)r_{di-1} \qquad i = 2,3,\cdots,n \tag{6.19}$$

以上计算所得凹模圆角半径一般应符合 $r_d \geq 2t$ 的要求。

2)凸模圆角半径的确定

首次拉深时的凸模圆角半径可取为

$$r_{p1} = (0.7~1.0)r_{d1} \tag{6.20}$$

最后一次拉深时的凸模圆角半径 $r_{pn}$ 即等于零件圆角半径 $r$。但零件圆角半径如果小于拉深工艺性要求,则凸模圆角半径应按工艺性的要求确定($r_p \geq t$),然后通过整形工序得到零件要求的圆角半径。

中间各拉深工序的凸模圆角半径可确定为

$$r_{pi-1} = 0.5(d_{i-1} - d_i - 2t) \tag{6.21}$$

式中　$d_{i-1}, d_i$——各拉深工序件的外径,mm。

**(2)拉深模间隙**

拉深模凸、凹模之间的间隙对拉深力、零件质量、模具寿命等都有影响。间隙小,则冲压件回弹小,精度高,但拉深力大,模具磨损大;间隙过小,会使制件严重变薄甚至破裂;间隙过大,坯料容易起皱,冲压件锥度大,毛坯口部的增厚得不到消除,精度差。因此,应根据毛坯厚

度及公差、拉深过程毛坯的增厚情况、拉深次数、制件的形状及精度要求等,正确确定拉深模间隙。

1)无压边圈时的拉深模

无压边圈时的拉深模单边间隙为

$$\frac{Z}{2} = (1 \sim 1.1) t_{max} \tag{6.22}$$

式中　$\frac{Z}{2}$——拉深模单边间隙,mm;

　　　$t_{max}$——毛坯厚度的最大极限尺寸,mm。

对于系数 $1 \sim 1.1$,小值用于末次拉深或精密零件的拉深;大值用于首次和中间各次拉深或精度要求不高零件的拉深。

2)有压边圈时的拉深模

有压边圈时的拉深模单边间隙可按表 6.18 确定。

表 6.18　有压边圈时拉深模的单边间隙

| 完成拉深工作的总次数 | | | | | | | | | | | |
|---|---|---|---|---|---|---|---|---|---|---|---|
| 1 | 2 | | 3 | | | 4 | | | 5 | | |
| 拉深次数 | | | | | | | | | | | |
| 1 | 1 | 2 | 1 | 2 | 3 | 1,2 | 3 | 4 | 1,2,3 | 4 | 5 |
| 凸模与凹模的单边间隙 $Z/2$ | | | | | | | | | | | |
| $1 \sim 1.1t$ | $1.1t$ | $1 \sim 1.05t$ | $1.2t$ | $1.1t$ | $1 \sim 1.05t$ | $1.2t$ | $1.1t$ | $1 \sim 1.05t$ | $1.2t$ | $1.1t$ | $1 \sim 1.05t$ |

注:$t$ 为材料厚度,取材料允许偏差的中间值。

对于精度要求高的零件,为了减小拉深后的回弹,常采用负间隙拉深模。其单边间隙值为

$$Z/2 = (0.90 \sim 0.95) t_{max} \tag{6.23}$$

**(3)凸、凹模工作部分尺寸及其公差**

对于最后一道工序的拉深模,其凸、凹模尺寸应按零件的要求来确定。

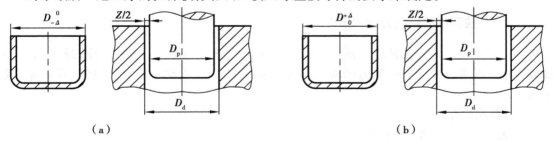

（a）　　　　　　　　　　　　　　　　　（b）

图 6.23　零件尺寸标注

当零件尺寸标注在外形时(见图 6.23(a))

$$D_d = (D_{max} - 0.75\Delta)_0^{+\delta_d} \tag{6.24}$$

$$D_p = (D_{max} - 0.75\Delta - Z)_{-\delta_p}^0 \tag{6.25}$$

当零件尺寸标注在内形时（见图6.23(b)）

$$d_p = (d_{min} + 0.4\Delta)^{0}_{-\delta_d} \tag{6.26}$$

$$d_d = (d_{min} + 0.4\Delta + Z)^{+\delta_p}_{0} \tag{6.27}$$

式中　$D_d, d_d$——凹模的基本尺寸，mm；

　　　$D_p, d_p$——凸模的基本尺寸，mm；

　　　$D_{max}$——拉深件外径的最大极限尺寸，mm；

　　　$d_{min}$——拉深件内径的最小极限尺寸，mm；

　　　$\Delta$——制件公差，mm；

　　　$\delta_d, \delta_p$——凹模、凸模的制造公差，mm，如表6.19所示；

　　　$Z/2$——拉深模单边间隙，mm。

表6.19　凸、凹模的制造公差/mm

| 材料厚度 $t$ | 拉深件直径 $d$ | | | | | |
|---|---|---|---|---|---|---|
| | ≤20 | | >20~100 | | >100 | |
| | $\delta_d$ | $\delta_p$ | $\delta_d$ | $\delta_p$ | $\delta_d$ | $\delta_p$ |
| ≤0.5 | 0.02 | 0.01 | 0.03 | 0.02 | — | — |
| >0.5~1.5 | 0.04 | 0.02 | 0.05 | 0.03 | 0.08 | 0.05 |
| >1.5 | 0.06 | 0.04 | 0.08 | 0.05 | 0.10 | 0.06 |

注：凸、凹模制造公差也可按标准IT6—IT10级选取，制造公差小的接近IT6级，制造公差大的可取IT8—IT9级。

对于多次拉深，工序件尺寸无须严格要求，凸、凹模的尺寸为

$$D_d = D^{+\delta_d}_0 \tag{6.28}$$

$$D_p = (D_i - Z)D^{0}_{-\delta_p} \tag{6.29}$$

式中　$D_i$——各工序件的基本尺寸，mm。

凸、凹模工件表面粗糙度要求：凹模圆角处的表面粗糙度一般要求为 $R_a 0.4\ \mu m$，凹模与坯料接触表面和型腔表面粗糙度应达到 $R_a 0.8\ \mu m$；凸模工作表面粗糙度一般要求为 $R_a 1.6 \sim 0.8\ \mu m$。

### 6.3.5　拉深模具结构分析和确定

根据拉深工作情况及使用设备的不同，拉深模的结构也不同，一般单工序拉深模的结构比较简单。拉深工作可在一般的单动压力机上进行，也可在双动、三动压力机以及特种设备上进行。

**（1）首次拉深模**

1）无压边装置的简单拉深模

如图6.24所示，模具结构简单，上模往往是整体的。当凸模直径过小时，可以加上模柄，以增加上模与滑块的接触面积。在拉深过程中，为使工件不至于紧贴在凸模上难以取下，凸模上应设计直径大于3 mm的通气孔。凹模下部应有较大的通孔，以便刮件环将零件从凸模上脱下后，能排出零件。这种结构一般适用于厚度大于2 mm及拉深深度较小的零件。

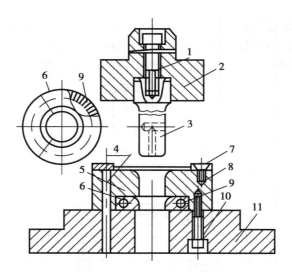

**图 6.24　无压边装置的简单拉深模**

1,8,10—螺钉;2—模柄;3—凸模;4—销钉;5—凹模;

6—刮件环;7—定位板;9—拉簧;11—下模板

2)有压边装置的模具

①弹簧压边圈装在上部的模具。如图 6.25 所示的正装拉深模,由于弹性元件装在上模,因此凸模比较长,适宜于拉深深度不大的零件。

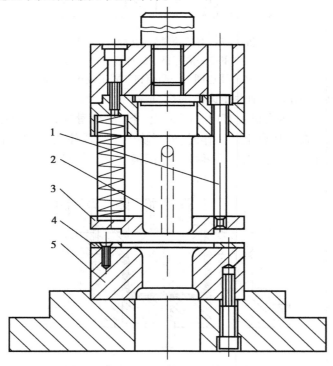

**图 6.25　有压边装置的正装拉深模**

1—压边圈螺钉;2—凸模;3—压边圈;

4—定位板;5—凹模

②弹簧(或橡皮)压边圈装在下部的模具。如图6.26所示的倒装拉深模,由于弹性元件装在模座下压力机工作台的孔中,因此空间较大,允许弹性元件有较大的压缩行程,可以拉深深度较大的零件。这套模具采用了锥形压边圈,有利于拉深变形。

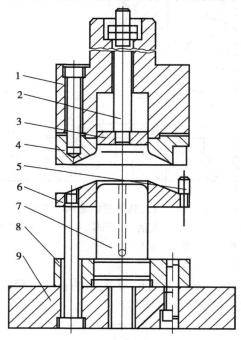

**图6.26 有压边装置的倒装拉深模**

1—上模座;2—推杆;3—推件板;4—凹模;
5—限位柱;6—压边圈;7—凸模;8—固定板;9—下模座

3)在双动压力机上用的带刚性压边圈的模具

如图6.27所示,双动压力机上有内、外(或上、下)两个滑块,凸模装在内滑块上,压边圈装在外滑块上,下模装在工作台上。工作时,外滑块先下行压住毛坯,然后内滑块下行进行拉深。拉深完毕后,零件由下模漏出或将零件顶出凹模。这种模具制造简单。

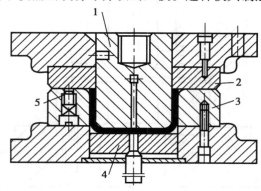

**图6.27 刚性压边圈模具(双动压力机使用)**

1—凸模;2—压边圈;3—凹模;
4—顶件块;5—定位销

**（2）以后各次拉深模**

如图 6.28 所示为无压边后续拉深模,凹模采用锥形,斜角为 30°～45°,具有一定抗失稳起皱的作用。如图 6.29 所示为有压边后续拉深模。

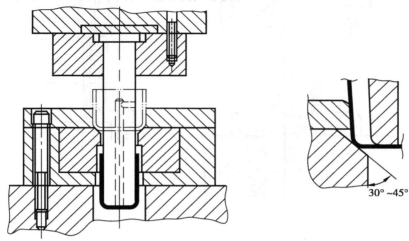

图 6.28　无压边后续拉深模

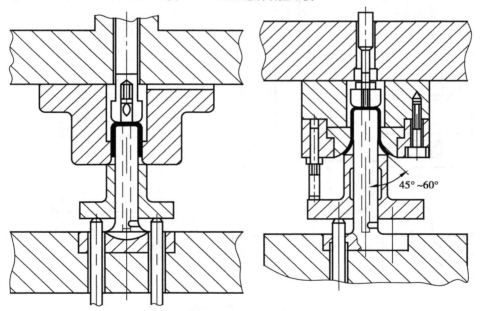

图 6.29　有压边后续拉深模

**（3）反拉深模**

如图 6.30 所示为反拉深模,图 6.30(a)为无压边正装反拉深模,图 6.30(b)为有压边正装反拉深模,图 6.30(c)为有压边倒装反拉深模。

**（4）复合拉深模**

如图 6.31 所示为落料拉深复合模。如图 6.32 所示为正反向拉深复合模,适于双动压力机用,外滑块带动第一次拉深凹模,内滑块带动第二次拉深凸模,图 6.32(a)为首次拉深,图 6.32(b)为第二次拉深。

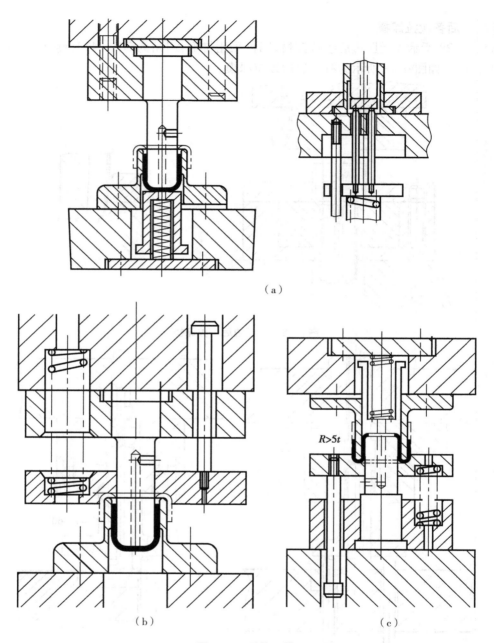

（a）

（b）　　　　　　　　　（c）

**图 6.30　反拉深模**

### 6.3.6　拉深过程中的其他辅助工艺

拉深中的辅助工序很多,大致可分为拉深工序前的辅助工序(如材料的软化热处理、清洗、润滑等);拉深工序间的辅助工序(如软化热处理、涂漆、润滑等);拉深后的辅助工序(如去应力退火、清洗、去毛刺、表面处理、检验等)。下面就主要的辅助工序,如润滑和热处理工序等作一简要介绍。

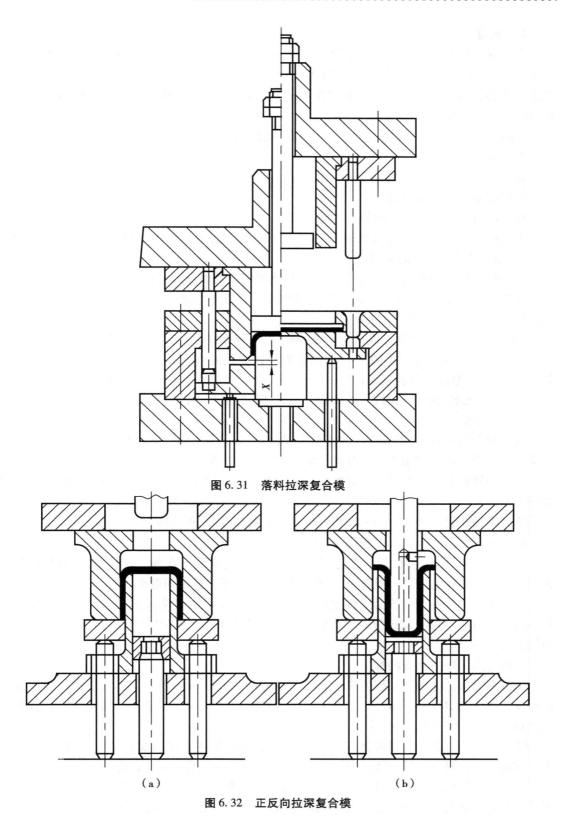

图 6.31　落料拉深复合模

（a）　　　　　　　　　　　（b）

图 6.32　正反向拉深复合模

**（1）润滑**

在拉深过程中，凡是与毛坯接触的模具表面上均有摩擦存在。凸缘部分和凹模入口处的有害摩擦，不仅降低了拉深变形程度（增加了拉深在"危险断面"处的载荷），而且将导致零件表面有擦伤，降低模具的寿命，这在拉深不锈钢、高温合金等黏性大的材料时更为严重。因此，采用润滑的目的如下：

①减少模具和拉深件的有害摩擦，提高拉深变形程度和减少拉深次数。

②提高凸、凹模寿命。

③减少在"危险断面"处的变薄。

④提高制件的表面质量。

在拉深过程中选用润滑剂的基本依据如下：

①当拉深材料中的应力接近抗拉强度时，必须采用含有大量装填料（如白垩、石墨、滑石粉等，含量不少于20%）的润滑剂。

②当拉深材料中的应力不大时，允许采用不带填料的油剂润滑剂。

③当拉深圆锥形类零件时，为了用增加摩擦抗力来减少起皱，同时又要求不断通入润滑液进行冷却时，则一般采用乳化液。

④在变薄拉深时，润滑剂既是为了减少摩擦，又起到冷却模具的作用，因此不应采用干摩擦。在拉深钢质零件时，往往在毛坯表面上镀铜或磷化处理，使毛坯表面形成一层与模具的隔离层，这能贮存液体和在拉深过程中具有"自润滑"性能。在拉深不锈钢、高温合金等黏模严重、加工硬化剧烈的材料时，一般也需要对毛坯表面进行"隔离层"处理。

**（2）热处理**

用于拉深的材料，为了提高拉深变形程度，一般均应是软化状态。在拉深过程中，材料一般都产生冷作硬化。冲压所用的金属按硬化率可分为两类：

①普通硬化金属。出现缩颈时的断面收缩率 $\Phi = 0.20 \sim 0.25$（如08，10，15钢，黄铜和经过退火的铝）。

②高度硬化合金 $\Phi = 0.25 \sim 0.30$（如不锈钢、高温合金、退火纯铜等）。

硬化能力较弱的金属不适宜用于拉深。

对于普通硬化的金属，如工艺过程制订得正确，模具设计合理，一般不需要进行中间退火；对于高度硬化的金属，一般在一、二次拉深工序后，需进行中间退火。

如果降低每次拉深时的变形程度（即增大拉深系数），增加拉深系数，每次拉深后的"危险断面"不断向上移动，使拉裂的矛盾得以缓和，于是可以增加总的变形程度而不需要或减少中间退火工序。

中间退火工序主要有两种：

①低温退火。这种热处理方式主要用于消除硬化和恢复塑性。其退火规范是加热至略低于 $A_{c1}$，然后在空气中冷却。低温退火的结果是引起材料的再结晶，使材料的硬化消除，塑性得到恢复，从而能继续进行拉深。

②高温退火。某些材料或制件，倘若低温退火的结果还不能够满意的话，可采用高温退火。其规范是把材料加热到 $A_{c3}$ 以上 $30 \sim 40 ℃$，保温后按所给速度予以冷却。

各种材料低温退火、高温退火规范可参考金属材料热处理有关手册。应当特别指出，拉深后的制件常常需要消除残余应力的低温退火，否则在长期保存中，这些制件将在内应力的作用下产生变形或龟裂。特别对不锈钢、高温合金及黄铜等硬化严重的材料所制的制件更是如此,这些制件拉深后不经热处理是不得存放的。

# 6.4 其他形状零件的拉深工艺

## 6.4.1 阶梯圆筒件的拉深

阶梯圆筒件的拉深,相当于圆筒形件多次拉深的过渡状态。毛坯变形区的应力状态和圆筒形件相同。

**(1)拉深次数**

阶梯圆筒件一次拉深的条件是制件的总高度与最小直径之比不超过带凸缘圆筒形件首次拉深的允许相对高度。不符合上述条件的阶梯圆筒形拉深件,则须采用多次拉深。

**(2)多次拉深的工序安排**

①在阶梯圆筒形件任意两相邻阶梯的直径比 $d_n/d_{n-1}$ 都大于或等于相应圆筒形件的极限拉深系数时,拉深次数与制件阶梯数相等。其拉深方法是由大直径到小直径逐次拉深,每次拉出一个台阶(见图 6.33)。

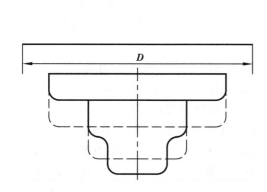

**图 6.33 由大直径至小直径依次拉深**

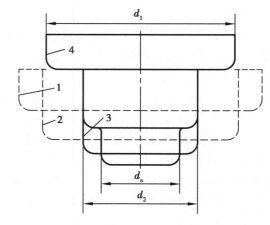

**图 6.34 先小直径 $d_2$ 再大直径 $d_1$ 的次序**

②在阶梯圆筒形件某相邻阶梯的直径比 $d_n/d_{n-1}$ 小于相应圆筒形件的极限拉深系数时,这两个阶梯的成形,应按有凸缘圆筒形件的拉深方法进行,即先拉深小直径,再拉深大直径(见图 6.34)。拉深小直径时应计算拉深高度。

③具有大直径差的浅阶梯形拉深件,在其不能一次拉深成形时,应考虑先拉深成球面形状或大圆筒形的过渡形状,然后再拉深成所需的形状。而最后工序则具有整形的性质。

## 6.4.2 非直壁类旋转体件的拉深

非直壁类旋转体件,包括球形件、抛物线形件、锥形件等。这类制品具有 3 个变形区:
①压边圈下面的圆环部分拉深变形区。
②凹模口内至变形过渡环处的拉深变形区。

③制件顶部至过渡环处的胀形变形区。

其变形区域及变形特点均与圆筒形件不同,因而不能只用拉深系数这一工艺参数来衡量和判断拉深工序的难易程度。在工艺过程设计和模具设计时,是采用制件的相对高度 $h/d$ 和材料的相对厚度 $t/D$ 为依据进行设计。

**(1)球形件的拉深**

球形件分半球形及浅球形两类(见图6.35)。

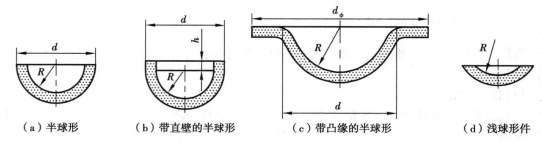

（a）半球形　　　（b）带直壁的半球形　　　（c）带凸缘的半球形　　　（d）浅球形件

**图6.35　球形件分类**

假设拉深前后毛坯及制件表面积相等,对半球形件来说,其拉深系数是一个与零件无关的常数,其值为 $m = 0.707$。因此,在决定半球形件拉深难易程度及选择拉深方法时,不能采用拉深系数,而应采用毛坯的相对厚度 $t/D$。在实际生产中,根据毛坯相对厚度的不同,有以下3种方法:

①当 $t/D \times 100 > 3$ 时,可用不带压料装置的简单拉深模一次拉深成功。以这种方法拉深,坯料贴模不良,零件的几何形状和尺寸精度不高。因此,必须用球形底凹模在拉深工作行程终了时进行校正。

②当 $t/D \times 100 = 0.5 \sim 3$ 时,需采用带压料装置的拉深模进行拉深,以防止起皱。

③当 $t/D \times 100 < 0.5$ 时,应采用有压料筋的拉深模或反拉深法进行拉深。

当球形拉深件带有一定高度的直壁或带有一定宽度的凸缘时,虽然拉深系数有所减小,但对球面的成形却有好处。同理,对于不带凸缘和不带直壁的球形拉深件的表面质量和尺寸精度要求较高时,可加大坯料尺寸,形成凸缘或直壁,在拉深成形之后再用切边的方法去除。

对于浅球形件,在成形时,除了容易起皱外,坯料容易偏移,卸载后还有一定的回弹。因此,当坯料直径 $D \leqslant 9\sqrt{Rt}$ 时,可以不用压料装置,用球形底的凹模一次成形。但当球面半径较大,毛坯厚度和制件深度较小时,必须按回弹量修正模具。当坯料直径 $D > 9\sqrt{Rt}$ 时,应加大坯料直径,并用强力压料装置或带压料筋的模具进行拉深,以克服回弹并防止坯料在成形时产生偏移。多余的材料,可在成形后切除。

**(2)抛物线形件的拉深**

①深度较小($h/d < 0.5 \sim 0.6$)的抛物线形件。其变形特点及拉深方法与半球形零件相似。

②深度较大($h/d > 0.6$)的抛物线形件。由于零件高度较大,顶部圆角较小,所以拉深难度较大。因为在这种情况下,提高径向应力,增大胀形成分而防皱受到了坯料顶部承载能力的限制,所以应采用正拉深或反拉深多工序逐步成形。

为了防止起皱,对半球形件、抛物线形件,在生产中广泛采用液压或橡胶成形。

**（3）锥形件的拉深**

锥形零件拉深的主要困难是坯料悬空面积大，容易起皱；凸模接触坯料面积小，变形不均匀程度比球形件大，尤其是锥顶圆角半径较小时，容易变薄甚至破裂；如果口部与底部直径相差大时，拉深后回弹较大。由于锥形零件各部分的尺寸比例关系不同，因而拉深成形的难易程度也不同，成形方法也不同。

根据锥形件几何参数的不同，可将锥形件分为 3 种类型。

1）浅锥形零件（$t/d_2 \leq 0.25 \sim 0.30$）

浅锥形零件一般只要一次拉深即可成形。若零件相对厚度较小（$t/D \times 100 < 2$）或相对锥顶直径较小（锥角 $\alpha > 45°$），拉深后回弹量大，故尺寸精度较差。为了提高制件尺寸精度，通常采用增加工艺凸缘用压边圈或带有拉深筋的模具。

2）中锥形零件（$t/d_2 \leq 0.3 \sim 0.7$）

中锥形零件大多为一次拉深成形。按毛坯相对厚度的不同，可分为以下 3 种情况：

①当 $t/D \times 100 > 2.5$ 时，可一次拉深成形，不需要压边，只需要在行程末进行校正整形。

②当 $t/D \times 100 = 1.5 \sim 2$ 时，可一次拉深成形，但因材料较薄，为预防起皱，需采用压边装置、拉深筋、增加工艺凸缘等措施，以增大径向拉应力成分。

③当 $t/D \times 100 < 1.5$ 时，因材料较薄，易于起皱，一般应采用压边装置并经过两次或三次拉深成形。第一次拉深成形带有大圆角筒形件或球形件，然后再采用正拉深或反拉深成形。

3）深锥形零件（$t/d_2 > 0.7 \sim 0.8$）

深锥形零件变形程度大，既易产生变薄破裂，又易产生起皱现象，因此须经过多次拉深成形。常用拉深的方法如下：

①阶梯拉深法。此法是将坯料逐次拉深成阶梯形。要求阶梯形的过渡毛坯应与锥形成品内侧相切，最后在成形模具中精整成形。

②锥形表面逐步成形法。是目前应用较多的方法。

③在锥角较小时，可考虑用两道工序拉深成形。第一道工序拉成具有凸底的圆筒形过渡毛坯；第二道工序采用正拉深或反拉深成形。这种方法工序少，产品质量好。

### 6.4.3 盒形件的拉深

盒形件属于非旋转体零件，包括方形盒、矩形盒和椭圆形盒等。

**（1）盒形件展开尺寸的确定**

盒形件毛坯形状和尺寸的确定是根据制件的相对高度 $H/B$ 和相对圆角半径 $r_y/B$ 决定的，这两个因素决定了圆角部分材料向制件侧壁转移的程度和侧壁高度的增加量。盒形件毛坯尺寸一般可用作图法求得。

**（2）盒形件的拉深工艺**

①一次拉深成形的盒形件

毛坯首次拉深可能达到的最大相对高度 $H/r_g$，取决于盒形件的相对圆角半径 $r_y/B$ 以及毛坯的相对厚度 $t/D$ 等参数和材料的性能，表 6.20 表明了 $H/r_g$ 与 $r_y/B$ 及 $t/D$ 之间的关系。

表 6.20  盒形件一次拉深最大相对高度 $H/r_g$

| 相对圆角半径 $r_y/B$ | 坯料的相对厚度 $t/D \times 100$ | | | |
|---|---|---|---|---|
| | 0.2 ~ 1.5 | 1.5 ~ 1.0 | 1.0 ~ 0.5 | 0.5 ~ 0.2 |
| 0.30 | 4 ~ 3.3 | 3.7 ~ 3.2 | 3.3 ~ 3 | 3 ~ 2.8 |
| 0.20 | 5 ~ 4.5 | 4.5 ~ 4.1 | 4.3 ~ 3.5 | 4 ~ 3.5 |
| 0.15 | 6 ~ 5 | 5.3 ~ 4.7 | 5 ~ 4.3 | 4.7 ~ 4 |
| 0.10 | 8 ~ 6 | 7 ~ 5.5 | 6.5 ~ 5 | 6 ~ 4.1 |
| 0.05 | 14 ~ 10 | 12 ~ 9 | 11 ~ 8 | 10 ~ 7 |
| 0.02 | 25 ~ 20 | 22.5 ~ 17.5 | 20 ~ 15 | 17.5 ~ 12.5 |

如果所拉深的盒形件相对高度 $H/r_g$ 小于表中所列数值,则可一次拉深成形,否则必须多次拉深。

②多次拉深成形的盒形件

盒形件需要多次拉深时,前几次拉深都是采用过渡形状。方盒形件多采用圆形过渡,长盒形多采用长圆或椭圆形过渡,而在最后一次才拉成所需形状。

由于盒形件拉深时沿毛坯周边的变形很复杂,目前还不能用数学方法进行精确计算,故常采用下述方法近似确定。为了保证拉深时变形区内各部分的伸长变形尽可能均匀,减少材料的局部堆聚和局部应力过大,当前广泛采用适当的角间距 $x$ 来确定过渡毛坯的形状和尺寸。如图 6.36 所示为方盒形件多次拉深时过渡毛坯的形状与尺寸。

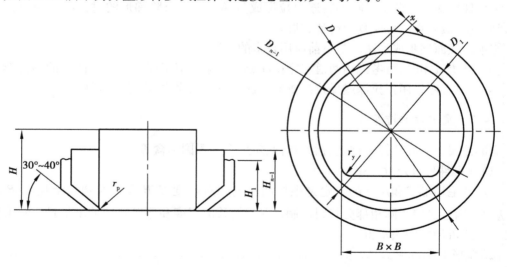

图 6.36  方盒形件多次拉深时过渡毛坯的形状与尺寸

方盒形采用直径 $D$ 的圆形毛坯,各中间工序都采用圆筒形过滤毛坯,而最后一道工序才拉成所需要的方盒形制件。因此关键是第 $n-1$ 道工序毛坯尺寸的计算。第 $n-1$ 道工序过渡毛坯的尺寸可计算为

$$D_{n-1} = 1.41B - 0.82r_y + 2x \tag{6.30}$$

式中　$D_{n-1}$——$n-1$ 次拉深后所得毛坯内径;

$B$——方盒边宽（以内表面计算）；

$r_y$——方盒件内圆角半径；

$x$——角部壁间距（角间距），即圆筒形过渡毛坯内表面到盒形件角部内表面之距离。

图 6.37 为矩形件多次拉深时过滤毛坯的形状与尺寸。

第 $n-1$ 道工序为椭圆形毛坯，其半径为

$$R_{an-1} = 0.705A - 0.41r_y + x \quad (6.31)$$

$$R_{bn-1} = 0.705B - 0.41r_y + x \quad (6.32)$$

圆弧 $R_{an-1}$ 及圆弧 $R_{bn-1}$ 的圆心应按图 6.37 确定。得到第 $n-1$ 道工序过渡毛坯后，再用表 6.20 所列数据验算是否能用平板毛坯一次拉成，如不能成形，则计算第 $n-2$ 道工序过渡毛坯尺寸。这时应保持关系为

$$\frac{R_{an-1}}{R_{an-1}+a} = \frac{R_{bn-1}}{R_{bn-1}+b} = 0.75 \sim 0.85$$

$$(6.33)$$

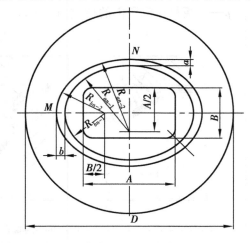

图 6.37　矩形件多次拉深时过渡毛坯的形状与尺寸

式中　$a$——椭圆形过渡毛坯之间在短轴上的壁间距离；

$b$——椭圆形过渡毛坯之间在长轴上的壁间距离。

根据式（6.33）求得壁间距 $a$ 及 $b$ 就可在短轴上找到 $N$ 点，在长轴上找到 $M$ 点，然后选定 $R_{an-2}$ 及 $R_{bn-2}$，使 $R_{an-2}$ 及 $R_{bn-2}$ 两半径所作圆弧光滑连接，所得椭圆即第 $n-2$ 道工序所得过渡毛坯。所选定的 $R_{an-2}$ 应小于 $R_{an-1}+a$，$R_{bn-2}$ 应小于 $R_{bn-1}+b$。

前面已经提到，采用此种方法是一种近似的方法，假如在调试模具时，发现圆角部分出现材料堆聚，则应适当减小圆角壁间的距离。

# 6.5　其他拉深方法简介

## 6.5.1　柔性模拉深

用橡胶、液体或气体的压力代替刚性凸模或凹模，直接作用于毛坯上，也可进行冲压加工。它可完成冲裁、弯曲、拉深等多种冲压工序。由于柔性模拉深所用模具简单且通用化，故在小批量生产中获得广泛应用。

**（1）软凸模拉深**

用液体代替凸模进行拉深，其变形过程如图 6.38 所示。在液压力作用下，平板毛坯中部产生胀形，当压力继续增大，使毛坯凸缘产生拉深变形时，凸缘材料逐渐进入凹模，形成筒壁。毛坯凸缘拉深所需的液压力，可由下列平衡条件求出，即

$$\frac{\pi d^2}{4} p_0 = \pi dtp \quad (6.34)$$

得

$$p_0 = \frac{4t}{d} p \quad (6.35)$$

217

式中　$t$——板厚,mm;

　　　$d$——工件直径,mm;

　　　$p_0$——开始拉深时所需的液压力,MPa;

　　　$p$——板材拉深所需的拉应力,MPa。

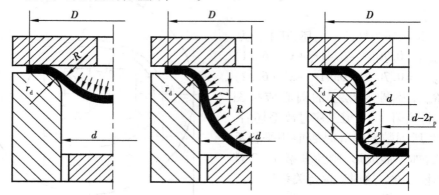

**图 6.38　液体凸模拉深的变形过程**

用液体凸模拉深时,由于液体与毛坯之间几乎无摩擦力,零件容易拉偏,且底部产生胀形变薄,故该工艺方法的应用受到一定的限制。但此工艺方法模具简单,甚至不需冲压设备,故常用于大零件的小批量生产。锥形件、半球形件和抛物面件等用液体凸模拉深,可得到尺寸精度高、表面质量好的零件。

此外,也可采用聚氨酯凸模进行浅拉深。

**(2)软凹模拉深**

软凹模拉深是用橡胶或高压液体代替金属凹模。拉深时,软凹模将毛坯压紧在凸模上,增加了凸模与材料间的摩擦力,从而防止了毛坯的局部变薄,提高了筒部传力区的承载能力;同时减少了毛坯与凹模之间的滑动和摩擦,降低了径向拉应力,能显著降低极限拉深系数,此时 $m$ 可达 0.4 ~ 0.45。而且零件壁厚均匀,尺寸精确,表面光洁。

1)液体凹模拉深

液体凹模拉深如图 6.39 所示,拉深时高压液体使板材紧贴凸模成形,并在凹模与毛坯表面之间挤出,产生强制润滑,所以这种方法也称强制润滑拉深。与液体凸模拉深比较,它有以下优点:

①材料变形流动阻力小。

②零件底部不易变薄。

③毛坯定位也较容易等。

液体凹模拉深时,液压力与拉深件的形状、变形程度和材料性能等有关。如表 6.21 所示列出了几种材料由实验得出的所需最高液压力。如表 6.22 所示为液体凹模拉深系数的试验值与推荐值。

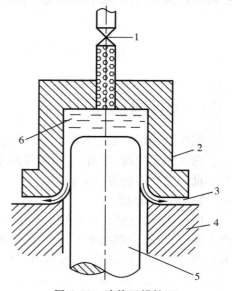

**图 6.39　液体凹模拉深**

1—溢流阀;2—凹模;3—毛坯;
4—模座;5—凸模;6—润滑油

表 6.21　几种材料所需最高液体压力/MPa

| 料厚/mm　材料 | 纯铝 | 黄铜 | 08 08F | 不锈钢 |
|---|---|---|---|---|
| 1 | 13.7 | | 47 | |
| 1.2 | | 56.8 | 56.8 | 117.6 |

注:拉深系数 $m = 0.4$。

表 6.22　液体凹模拉深的拉深系数

| 材料 | 拉深系数 $m = d/D$ | |
|---|---|---|
| | 试验值 | 推荐值 |
| 硬铝 | 0.43 | 0.46 |
| 铜 | 0.42 | 0.45 |
| 铝 | 0.41 | 0.44 |
| 不锈钢 | 0.41 | 0.43 |
| 10,20 | 0.42 | 0.45 |

2)橡皮液囊凹模拉深

橡皮液囊凹模拉深的拉深过程如图 6.40 所示,由专用设备上的橡皮液囊充当凹模,同时采用刚性凸模和压边圈。液体压力可以调节,随工件形状、材料性质和变形程度而异。

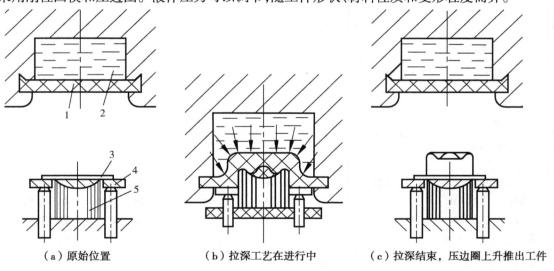

（a）原始位置　　　　（b）拉深工艺在进行中　　　（c）拉深结束,压边圈上升推出工件

图 6.40　橡皮液囊凹模拉深过程
1—橡皮;2—液体;3—板材;4—压边圈;5—凸模

### 6.5.2　差温拉深

差温拉深是一种强化拉深过程的有效方法。它的实质是借变形区(如毛坯凸缘区)局部加热和传力区危险断面(侧壁与底部过渡区)局部冷却的方法,一方面减小变形区材料的变形

219

抗力,另一方面又不至于减少、甚至提高传力区的承载能力,即造成两方合理的温差,而获得大的强度差,以最大限度地提高一次拉深变形的变形程度,从而降低材料的极限拉深系数。

**(1)局部加热并冷却毛坯的拉深**

局部加热并冷却毛坯的拉深模具结构如图6.41所示。在拉深过程中,利用凹模和压边圈之间的加热器将毛坯局部加热到一定温度(见表6.23),以提高材料的塑性,降低凸缘的变形抗力;而拉入凸凹模之间的金属,由于在凹模洞口与凸模内通以冷却水,将其热量散逸,不至于降低传力区的抗拉强度。故在一道工序中可获得很大的变形程度(见表6.24)。这种方法最适宜拉深低塑性材料(如钛合金、镁合金)的零件及形状复杂的深拉深件。

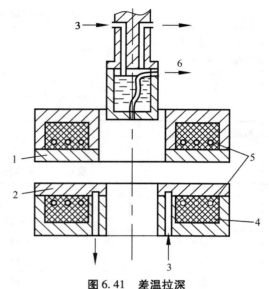

**图 6.41　差温拉深**

1—压边圈;2—凹模;3—冷却水;
4—绝缘材料;5—电热元件;6—通气孔

**表 6.23　局部加热拉深时不同材料的合理温度**

| 温度规范/℃ | 材　料 | | |
|---|---|---|---|
| | 铝合金 | 镁合金 | 铜合金 |
| 理论合理温度/℃ | $0.7T = 0.7t - 82 ℃$ | | |
| | 350 ~ 370 | 340 ~ 360 | 500 ~ 550 |
| 实际合理温度/℃ | 320 ~ 340 | 330 ~ 350 | 480 ~ 500 |

注:$T$—合金热力学熔化温度;$t$—合金熔化温度。

**表 6.24　局部加热拉深的极限高度**

| 材　料 | 凸缘加热温度 /℃ | 零件的极限高度 $h/d$ 和 $h/a$ | | |
|---|---|---|---|---|
| | | 筒　形 | 方　形 | 矩　形 |
| 铝　LM | 325 | 1.44 | 1.5 ~ 1.52 | 1.46 ~ 1.6 |
| 铝合金　LF21M | 325 | 1.30 | 1.44 ~ 1.46 | 1.44 ~ 1.55 |
| 杜拉铝　LY12M | 325 | 1.65 | 1.58 ~ 1.82 | 1.50 ~ 1.83 |
| 镁合金　MB1,MB8 | 375 | 2.56 | 2.7 ~ 3.0 | 2.93 ~ 3.22 |

注:$h$—高度;$d$—直径;$a$—方盒形边长和矩形盒短边长。

**(2)深冷拉深**

在拉深变形过程中,用液态空气( -183 ℃)或液态氮气( -195 ℃)深冷凸模,使毛坯的传力区被冷却到 -(160 ~ 170)℃而得到大大强化,在这样的低温下,10 ~ 20 钢的强度可提高1.9 ~ 2.1 倍,而 18-8 型不锈钢的强度能提高2.3 倍。故能显著地降低拉深系数,对于10 ~ 20 钢,$m = 0.37 ~ 0.385$,对于 18-8 型不锈钢,$m = 0.35 ~ 0.37$。

### 6.5.3 变薄拉深

所谓变薄拉深,主要是在拉深过程中改变拉深件筒壁的厚度,而毛坯的直径变化很小。如图 6.42(a)所示为变薄拉深的示意图,其模具的间隙小于板料厚度;如图 6.42(b)所示为各次变薄拉深后的中间半成品及最终的零件图。

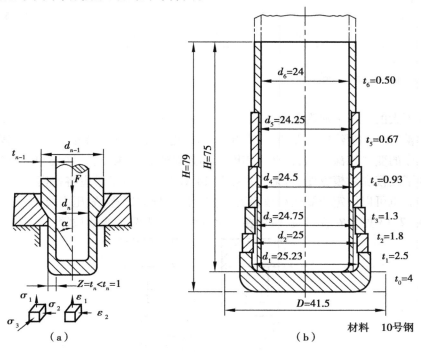

**图 6.42 变薄拉深**

$\sigma_1$—由凸模拉力而产生的轴向拉应力;$\sigma_2$—径向压应力;

$\sigma_3$—切向压应力;$\varepsilon_1$—轴向伸长变形;$\varepsilon_2$—径向压缩变形。

与普通拉深相比,变薄拉深具有如下特点:

①由于材料的变形是处于均匀压应力之下,材料产生很大的加工硬化,金属晶粒变细,增加了强度。

②经塑性变形后,新的表面粗糙度小,$R_a$ 可达 0.2 μm 以下。

③因拉深过程的摩擦严重,故对润滑及募集材料的要求较高。

变薄拉深时变形内区的应力应变状态如图 6.40(a)所示。

变薄拉深的毛坯尺寸可按变形前后材料体积不变的原则计算。

变薄拉深的变形程度用变薄系数表示为

$$\varphi_n = \frac{t_n}{t_{n-1}} \tag{6.36}$$

式中 $t_{n-1}$,$t_n$——前后两道工序的材料壁厚。

变薄系数的极限值如表 6.25 所示。

表 6.25  变薄系数 $\varphi$ 的极限值

| 材　料 | 首次变薄系数 $\varphi_1$ | 中间各次变薄系数 $\varphi_m$ | 末次变薄系数 $\varphi_n$ |
|---|---|---|---|
| 铜、黄铜(H68)(H80) | 0.45~0.55 | 0.58~0.65 | 0.65~0.73 |
| 铝 | 0.50~0.60 | 0.62~0.68 | 0.72~0.77 |
| 软钢 | 0.53~0.63 | 0.63~0.72 | 0.75~0.77 |
| 25~35 钢* | 0.70~0.75 | 0.78~0.82 | 0.85~0.90 |
| 不锈钢 | 0.65~0.70 | 0.70~0.75 | 0.75~0.80 |

注:1. * 为试用数据。

2. 厚料取较小值,薄料取较大值。

　　在批量不大的生产中通常采用通用模架,其结构如图 6.43 所示。由图可知,下模采用紧固圈 5 将凹模 12、定位圈 13 紧固在下模座内,凸模也以紧固环 3 及锥面套 4 紧固在上模座 1 上。不同工序的变薄拉深,只需松开紧固圈 5 和紧固环 3,更换凸模、凹模和定位圈,卸和装都较方便。为了装模和对模方便,可采用校模圈 14 对模。对模以后应将校模圈取出,然后再进行拉深工作。也可以用定位圈代替校模圈。该模没有导向装置,靠压力机本身的导向精度来保证。如在 12,13 处均安装凹模,便可在一次行程中完成两次变薄拉深。零件由刮件环 7 自

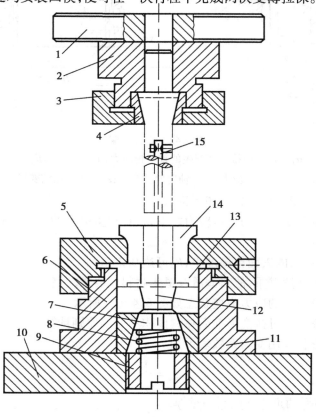

图 6.43  变薄拉深通用模架

1—上模座;2—凸模固定板;3—紧固环;4—锥面套;5—紧固圈;6—下模座;7—刮件环;
8—弹簧;9—螺塞;10—下模座;11—锥面套;12—凹模;13—定位圈;14—校模圈;15—凸模

凸模 15 上卸下后,由下面出件。

在大量生产中常把两次或三次拉深凹模置于一个模架上,这样就可在压力机的一次行程中完成两次或三次拉深,有利于提高生产率。

变薄拉深是用于制造壁部与底部厚度不等而高度很大的零件。故必须从变薄拉深的特点出发,进行模具结构设计。凸模和凹模结构分别如图 6.44 和图 6.45 所示。变薄拉深凸模应有一定的锥度(一般锥度为 500 : 0.2),便于零件自凸模上卸下,而且在凸模上必须设有通畅的出气孔;在拉深 1Cr18Ni9Ti 等不锈钢材料时,因零件抱合力大,这时不宜用刮件环卸件,通常在凸模上接上油嘴,借液压卸下零件。变薄拉深凹模结构对变形抗力影响很大,其中主要是凹模锥角、刃带宽度。实践证明,锥角可取 $\alpha = 6° \sim 10°$,$\alpha_1 = 6° \sim 20°$,其刃带宽度如表 6.26 所示。

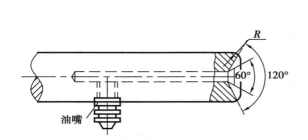

图 6.44　变薄拉深凸模　　　　　　图 6.45　变薄拉深凹模

表 6.26　刃带宽度/mm

| $d$ | <10 | >10~20 | >20~30 | >30~50 | >50 |
|---|---|---|---|---|---|
| $h$ | 0.9 | 1.0 | 1.5~2.0 | 2.5~3.0 | 3.0~4.0 |

## 6.6　拉深模的装配与调试

拉深模的装配与调试过程基本与弯曲模相似,只是由于拉深成形的特点决定了其试模、调整、修模比弯曲模复杂。

在单动压力机上调试拉深模的一般程序如下。

**(1)检查压力机的技术状态和模具的安装条件**

压力机的技术状态要完好,对模具安装的条件如闭合高度、安装槽孔位置、排料等要完全适应,压力机的压力和行程要满足拉深的要求。

**(2)安装模具**

先将模具上下平面及与之接触的压力机滑块底面和工作台面擦干净,并开动压力机,使滑块上升到上止点,将模具放到压力机工作台面上;检查和调整在上止点时的滑块底面到处在闭合状态的模具上平面的距离,使之大于压力机行程;下降滑块到下止点,调节连杆长度到与处在闭合的模具上平面接触,并将上模紧固在滑块上;采用垫片法或样件调整凸、凹模之间的间隙,并调整压料装置,使压料力大小合适后紧固下模;开动压力机空车走几次,检查模具安装的正确性。

**（3）试冲与修整**

用图纸规定的坯料（钢号、拉深级别、表面质量和厚度等）进行试冲，并根据试冲过程中出现的拉深件缺陷，分析其产生的原因，对设计加以修整，直至加工出合格的拉深件。对于形状复杂的拉深件，还要按照拉深深度分阶段进行调整。

拉深模试冲时的常见问题、产生原因及调整方法如表6.27所示。

表 6.27　拉深模试冲时的常见问题、产生原因及调整方法

| 试冲时的问题 | 产生原因 | 调整方法 |
|---|---|---|
| 拉深件起皱 | 1. 没有使用压料圈或压料力太小<br>2. 凸、凹模之间间隙太大或不均匀<br>3. 凹模圆角过大<br>4. 板料太薄或塑性差 | 1. 增加压料圈或增大压料力<br>2. 减小拉深间隙值<br>3. 减小凹模圆角半径<br>4. 更换材料 |
| 拉深件破裂或有裂纹 | 1. 材料太硬，塑性差<br>2. 压料力太大<br>3. 凸、凹模圆角半径太小<br>4. 凹模圆角半径太粗糙，不光滑<br>5 凸、凹模之间间隙不均匀，局部过小<br>6. 拉深系数太小，拉深次数太少<br>7. 凸模轴线不垂直 | 1. 更换材料或将材料退火处理<br>2. 减小压料力<br>3. 加大凸、凹模圆角半径<br>4. 修光凹模圆角半径，越光越好<br>5. 调整间隙，使其均匀<br>6. 增大拉深系数，增加拉深次数<br>7. 重装凸模，保持垂直 |
| 拉深件高度不够 | 1. 坯料尺寸太小<br>2 拉深间隙过大<br>3. 凸模圆角半径太小 | 1. 放大坯料尺寸<br>2. 更换凹模或凸模使间隙调整合适<br>3. 增大凸模圆角半径 |
| 拉深件高度太大 | 1. 坯料尺寸太大<br>2. 拉深间隙过小<br>3. 凸模圆角半径太大 | 1. 减小坯料尺寸<br>2. 修整凸模或凹模，使间隙合适<br>3. 减小凸模圆角半径 |
| 拉深件壁厚和调试不均 | 1. 凸模与凹模不同轴，间隙向一边偏斜<br>2. 定位板或挡料销位置不正确<br>3. 凸模轴线不垂直<br>4. 压料力不均匀<br>5. 凹模的几何形状不正确 | 1. 重装凸模与凹模，使间隙均匀一致<br>2. 重新调整定位板或挡料销<br>3. 修整凸模后重装<br>4. 调整顶杆长度或弹簧位置<br>5. 重新修正凹模 |
| 拉深件表面拉毛 | 1. 拉深间隙太小或不均匀<br>2. 凹模圆角表面粗糙，不光<br>3. 模具或板料表面不清洁，有脏物或砂粒<br>4. 凹模硬度不够，有黏附板料现象<br>5 润滑剂选用不合适 | 1. 修整拉深间隙<br>2. 修光凹模圆角半径<br>3. 清洁模具表面和板料<br>4. 提高凹模表面硬度，修光表面，进行镀铬氮化等处理<br>5. 更换润滑剂 |
| 拉深件底面不平 | 1. 凸模上无通气孔<br>2. 顶件块或压料板未压实<br>3. 材料本身存在弹性 | 1. 在凸模上加工出通气孔<br>2. 调整冲模结构，使冲模达到闭合高度时顶出块或压料板将拉深件压实<br>3. 改变凸模、凹模和压料板形状 |

# 第7章
# 冲压成形的其他工艺

## 7.1 精密冲裁

在普通冲裁中,材料都是从模具刃口处产生裂纹而剪切分离。制件尺寸精度低,在 IT11 级以下,断面粗糙,表面粗糙度 $R_a$ 值为 12.5 ~ 6.3 $\mu$m,不平直,断面有一定斜度,往往不能满足零件较高的技术要求,有时还需再进行多道后续的机械加工。

精密冲裁是使材料呈纯剪切的形式进行冲裁,它是在普通冲裁的基础上,通过改进模具来提高制件的精度,改善断面的质量,尺寸精度可达 IT6—IT9 级,断面粗糙度 $R_a$ 值为 1.6 ~ 0.4 $\mu$m,断面垂直度可达 89°30′ 或更佳。精密冲裁工艺主要有光洁冲裁、负间隙冲裁、带齿圈压板精冲、整修、对向凹模精冲、往复冲裁等。

### 7.1.1 光洁冲裁

光洁冲裁又称小间隙小圆角凸(或凹)模冲裁。与普通冲裁相比,其特点是采用了小圆角刃口和很小的冲模间隙。落料时,凹模刃口带为小圆角、倒角或椭圆角,凸模仍为普通形式;冲孔时,凸模刃口带为小圆角、倒角或椭圆角,而凹模为普通形式。凸、凹模间隙小于 0.01 ~ 0.02 mm,它不需要特殊的压力机,能比较简便地得到平滑的冲裁断面。

冲裁时,由于刃口带有圆角,加强了变形区的静水压力,提高了金属塑性,把裂纹容易发生的刃口侧面变成了压应力区,且刃口圆角有利于材料从模具端面向模具侧面流动,与模具侧面接触的材料的拉应力得到缓和,从而防止或推迟了裂纹的发生,通过塑性剪切使断面成为光亮带。

当存在间隙时,即使刃口带有圆角,也会发生拉伸力而得到断裂带,因此希望间隙值尽可能地小,一般在 0.02 mm 以下。

如图 7.1 所示为两种凹模结构形式。图 7.1(a)是带椭圆角凹模,其圆弧与直线连接处应光滑且均匀一致,不得出现菱角。为了制造方便,也可采用图 7.1(b)所示的圆角凹模。

若刃口圆角半径过小,则起不到作用;若过大,则产生毛刺或使工件的精度下降。因此,一般要进行试冲逐渐加大圆角半径,使之达到需要的最小极限值。如表 7.1 所示给出了圆角

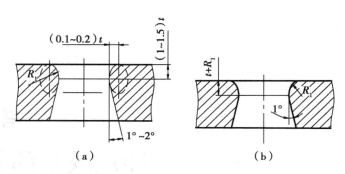

图 7.1　两种凹模结构形式

半径 $R_1$ 的数值。若采用倒角的形式,则所取最佳倒角大小可与圆角半径 $R$ 相同。

表 7.1　椭圆角凹模圆角半径 $R_1$ 的值/mm

| 材料 | 材料状态 | 材料厚度 | 圆角半径 $R_1$ | 材料 | 材料状态 | 材料厚度 | 圆角半径 $R_1$ |
|---|---|---|---|---|---|---|---|
| 软钢 | 热轧 | 4.0 | 0.5 | 铝合金 | 硬 | 4.0 | 0.25 |
| | | 6.4 | 0.8 | | | 6.4 | 0.25 |
| | | 9.6 | 1.4 | | | 9.6 | 0.4 |
| | 冷轧 | 4.0 | 0.25 | 铜 | 软 | 4.0 | 0.25 |
| | | 6.4 | 0.8 | | | 6.4 | 0.25 |
| | | 9.6 | 1.1 | | | 9.6 | 0.4 |
| 铝合金 | 软 | 4.0 | 0.25 | | 硬 | 4.0 | 0.25 |
| | | 6.4 | 0.25 | | | 6.4 | 0.25 |
| | | 9.6 | 0.4 | | | 9.6 | 0.4 |

　　小间隙圆角凸(凹)模冲裁只适用于塑性好的材料,如软铝、紫铜、低碳钢等。所冲工件的形状轮廓必须比较简单,若制件有直角或尖角,要改成圆角过渡,以防产生撕裂。落料时,需要有较大的搭边来对材料进行约束,以达到减弱拉伸力的效果。

　　用此方法使断面出现光亮带主要是靠刃口圆角的挤光,故对刃口圆角的表面粗糙度要求很高。刃口上如有熔附,或由于磨损发生伤痕,都会使断面的粗糙度值变大。为此,模具工作面要求具有较高的硬度。冲裁过程中要加强润滑,以防出现黏膜现象。

　　由于刃口带有圆角,切断时所需的力则有所增大,冲裁力约为普通冲裁的 1.5 倍。

### 7.1.2　负间隙冲裁

　　负间隙冲裁属于半精冲(见图 7.2),其特点是凸模直径大于凹模型腔的尺寸,产生负的冲裁间隙,冲裁过程中出现的裂纹方向与普通冲裁相反,形成一个倒锥形毛坯。凸模继续下压时,将倒锥毛坯压入凹模内,相当于整修过程,所以,负间隙冲裁实质上为冲裁整修复合工序。

　　由于凸模尺寸大于凹模,故冲裁时凸模刃口在即将到达凹模口时,就不能再继续下行,而应与

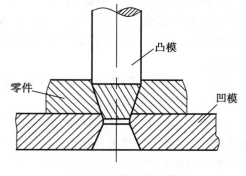

图 7.2　负间隙冲裁

凹模表面保持 0.1 ~ 0.2 mm 的距离。此时毛坯尚未全部进入凹模,等下一个零件冲裁时,再将它全部压入。零件从凹模孔推出时,会有 0.02 ~ 0.05 mm 的回弹量,在设计确定凹模尺寸时,应予以考虑。

负间隙冲裁的凸、凹模间单边负间隙值的分布很重要。对于圆形工件是均匀分布的,可取 $(0.1 ~ 0.2)t$;对于形状复杂的工件,单边负间隙值的分布是不均匀的(见图 7.3),在凸出的尖角部分比平直部分大 1 倍,凹入部分则比平直部分减少一半。

此方法只适用于铜、铝、低碳钢等低强度高伸长率、流动性好的软材料,一般尺寸精度可达 IT9—IT11,断面粗糙度 $R_a$ 值可达 0.8 ~ 0.4 $\mu$m。模具结构简单,可在普通压力机上进行。但对于料厚小于 1.5 mm 的大尺寸薄板精冲件,容易产生明显的拱弯。由于精冲过程中,凸模不能进入凹模,故工件常产生难以除去的纵向毛刺,且工件圆角带也较大。此工艺方法不能精冲外形复杂,带有弯曲、压扁、起伏等成形工序的精冲零件。精冲过程中,冲件变薄现象极为严重。

负间隙冲裁时的力很大,可按下式计算为

$$F' = CF \tag{7.1}$$

式中　$F$——普通冲裁时所需最大压力,N;

　　　$C$——系数,按不同材料选取,铝:$C = 1.3 ~ 1.6$;黄铜:$C = 2.25 ~ 2.8$;软铜:$C = 2.3 ~ 2.5$。

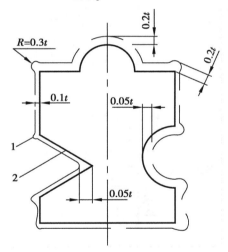

图 7.3　非圆形凸模尺寸的分布情况

1—凸模尺寸;2—凹模尺寸

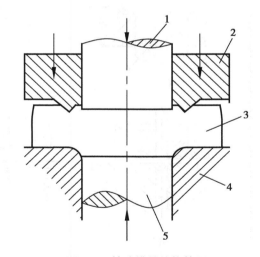

图 7.4　精冲模具结构简图

1—凸模;2—齿圈压板;3—板料;4—凹模;5—顶出器

### 7.1.3　精冲

精冲可由原材料直接获得精度高,平面度、垂直度好,剪切面光洁的高质量冲压件,并可和其他冲压工序复合,进行如沉孔、半冲孔、压印、弯曲、内孔翻边等精密冲压成形。

**(1)精冲工艺特点**

精冲模具结构的简图如图 7.4 所示。与普通冲裁模相比,模具结构上多了一个齿圈压板和一个背压顶出器,且凸凹模间隙极小,凹模刃口带有圆角。冲裁过程中,凸模接触材料前,通过力使齿圈压板将材料压紧在凹模上,从而在 V 形齿的内面产生横向侧压力,以阻止材料在剪切区内撕裂和金属的横向流动。在冲裁凸模压入材料的同时,利用顶出器的反压力,将材料压紧,加之利用极小间隙与带圆角的凹模刃口消除了应力集中,从而使剪切区内的金属处于三向压应力状态,消除了该区内的拉应力,提高了材料的塑性,从根本上防止了普通冲裁中出现的弯曲-拉伸-撕裂现象,使材料沿着凹模的刃边形状,呈纯剪切的形式被冲裁成零件,从而获得高质量的光洁、平整的剪切面。精冲时,压紧力、冲裁间隙及凹模刃口圆角三者相辅相成,是缺一不可的。它们的影响是互相联系的,当间隙均匀、圆角半径适当时,就可用不大的压力获得光洁的断面。

如图7.5所示,精冲工艺过程如下:

①材料送进模具(见图7.5(a))。

②模具闭合,材料被齿圈、凸模、凹模、顶出器压紧(见图7.5(b))。

③材料在受压状态下被冲裁(见图7.5(c))。

④冲裁结束,模具开启(见图7.5(d))。

⑤齿圈压板卸下废料,并向前送料(见图7.5(e))。

⑥顶出器顶出零件,并排走零件(见图7.5(f))。

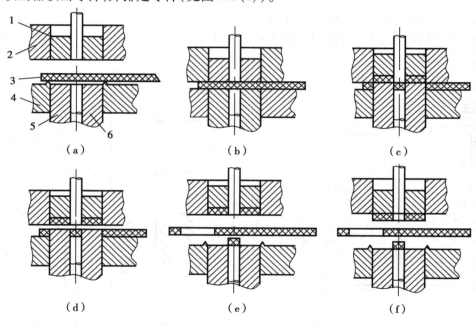

（a） （b） （c）

（d） （e） （f）

图7.5　精冲过程

1—顶出器;2—凹模;3—材料;4—齿圈压板;5—凸凹模;6—冲孔凸模

**（2）精冲材料**

精冲材料直接影响精冲件的剪切表面质量、尺寸精度和模具寿命。因此,精冲材料必须具有良好的力学性能、较大的变形能力和良好的组织结构,一般以含碳量≤0.35%及$\sigma_b=$ 650 MPa以下的钢材应用较广,但含碳量高的碳钢及铬、镍、钼含量低的合金钢,经过球化退火处理后能有扩散良好的球状渗碳体组织,也可获得良好的精冲效果。有色金属中纯铜、黄铜（含铜量高于63%）、铝青铜（含铝量低于10%）、纯铝及软状态的铝合金均能精冲。而铅黄铜塑性差,不适于精冲。

**（3）精冲零件的结构工艺性**

精冲件的工艺性是指该零件在精冲时的难易程度。其中,零件几何形状是主要影响因素,它对工艺性的影响称为精冲件的结构工艺性。精冲件的几何形状,在满足技术要求的前提下,应力求简单,尽可能是规则的几何形状。精冲件的尺寸极限,如最小孔径、最小槽宽等都比普通冲裁要小。

1）最小圆角半径

精冲件应力求避免凸出的尖角,交角处必须为圆角,否则会使冲裁面上产生撕裂,而且凸模尖角处会由于应力集中而崩裂或产生严重磨损。最小圆角半径的大小与零件交角、材料力学性能、材料厚度等有关。从提高模具寿命,减少塌角和改善冲裁面质量出发,圆角半径应尽可能取较大数值。工件轮廓上凹进部分的圆角半径与凸起部分所需圆角半径之比为 0.6。

2）最小孔径

精冲最小孔径与材料厚度及其力学性能有关,从冲孔凸模上允许承受的最大压应力考虑,应使凸模直径与料厚之比 $d/t \geqslant 4\tau/[\sigma_p]$。其中,$\tau$ 为材料抗剪强度,$[\sigma_p]$ 为凸模许用压应力。

3）槽宽

由于冲槽凸模上应力分布较冲圆孔凸模更为不利,当冲窄长槽时,凸模的抗纵向弯曲的能力变差,所能承受的压力将比同样断面的圆孔凸模小,可按料厚 $t$、强度极限 $\sigma_p$ 和槽长 $L$ 查出最小槽宽 $b_{\min}$。

4）最小壁厚

壁厚是指精冲零件上相邻孔之间、槽之间、孔和槽之间、孔或槽与内外形轮廓之间的距离,即所谓间距或边距（见图 7.6）。其中,$W_1$ 为两圆孔间的壁厚,凸凹模的危险截面部分很短,允许其壁厚可小一些;$W_2$ 是一直边孔与圆孔形成的壁厚,其凸凹模薄弱部分较 $W_1$ 的承载能力要差一些,但与 $W_3$,$W_4$ 相比还是较有利的;$W_3$ 及 $W_4$ 的凸凹模薄弱部分较长,冲裁最为不利,其允许值要较 $W_2$ 大得多。

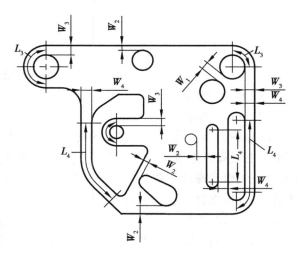

**图 7.6　壁厚不同的精冲零件**

5）冲齿模数与齿宽

精冲齿轮时,凸模齿上承受着压应力和弯曲应力,在极限情况下,可能造成齿根的折断,因此必须限制其最小模数 $m$ 和齿宽 $b$。影响 $m$ 和 $b$ 的主要因素是齿形、料厚、材料强度极限和模具制造质量等。

6）悬臂和凸耳

悬臂是指精冲零件上细长的窄条（见图 7.7）。悬臂使精冲时凸模在宽度方向的抗纵向弯曲能力降低,故要特别注意凸模结构的稳定性。相对宽度 $b/t$ 越小,允许的悬臂长度越小。

凸耳是指精冲件上短而宽的凸出部分,其突出长度 $L$ 不超过平均宽度 $b$ 的 3 倍,故与冲齿形相似,最小凸起的宽度 $b$ 可按节圆齿宽考虑。

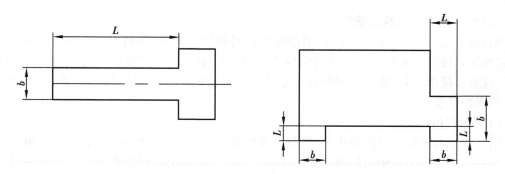

**图 7.7　精冲零件的窄悬臂、凸耳形状**

7)形状的过渡

在精冲过程中,工件的两个相邻部位若使凸(凹)模所受应力相差很大是非常不利的,为了避免在小面积内有大的应力变动,而使模具断裂,形状的过渡应尽可能的平缓(见图 7.8)。

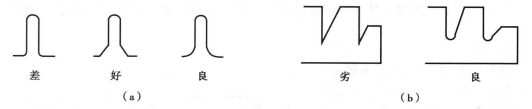

差　　　　　好　　　　　良　　　　　　　劣　　　　　　良

（a）　　　　　　　　　　　　　　　　　　　　（b）

**图 7.8　精冲零件上的过渡阶段**

**(4)精冲模设计**

1)凸、凹模间隙

间隙的大小及其沿刃口周边的均匀性是影响工件剪切面质量的主要因素。合理的间隙值不仅能提高工件质量,而且能提高模具的寿命。间隙过大,工件断面会产生撕裂;间隙过小,会缩短模具寿命。精冲间隙主要取决于材料厚度,同时也与工件形状、材质有关,软材料选略大的值,硬材料选略小的值,具体数值如表 7.2 所示。此表提供的数据是具有最佳精冲组织的碳钢,在剪切面表面完好率为Ⅰ级、模具寿命高的基础上制订的。具体使用时,对于不易精冲的材料,间隙应该更小一些;若工件允许剪切面有一定缺陷,间隙可取大些。

**表 7.2　凸、凹模的双面间隙**

| 材料厚度 $t$/mm | 外形间隙 | 内形间隙 | | |
|---|---|---|---|---|
| | | $d < t$ | $d = t \sim 5t$ | $d > 5t$ |
| 0.5 | | 2.5% | 2% | 1% |
| 1 | | 2.5% | 2% | 1% |
| 2 | | 2.5% | 1% | 0.5% |
| 3 | 1% | 2% | 1% | 0.5% |
| 4 | | 1.7% | 0.75% | 0.5% |
| 6 | | 1.7% | 0.5% | 0.5% |
| 10 | | 1.5% | 0.5% | 0.5% |
| 15 | | 1% | 0.5% | 0.5% |

2)凸、凹模刃口尺寸

精冲模刃口尺寸的计算与普通冲裁刃口的尺寸计算基本相同。落料件以凹模为基准,冲孔件以凸模为基准,采用修配法加工。不同的是精冲后工件外形和内孔一般有 0.005 ~ 0.01 mm 的收缩量。因此,落料凹模和冲孔凸模在理想情况下,应比工件要求尺寸大 0.005 ~ 0.01 mm。计算公式如下:

落料时
$$D_{\mathrm{d}} = \left( D_{\min} + \frac{1}{4}\Delta \right)_{0}^{+\frac{1}{4}\Delta} \tag{7.2}$$

凸模按凹模实际尺寸配制,保证双面间隙值 $Z$。

冲孔时
$$d_{\mathrm{p}} = \left( d_{\max} - \frac{1}{4}\Delta \right)_{-\frac{1}{4}\Delta}^{0} \tag{7.3}$$

凹模按凸模实际尺寸配制,保证双面间隙值 $Z$。

孔中心距为
$$C_{\mathrm{d}} = \left( C_{\min} + \frac{1}{2}\Delta \right) \pm \frac{1}{8}\Delta \tag{7.4}$$

式中　$D_{\mathrm{d}}$,$d_{\mathrm{p}}$——凹、凸模尺寸,mm;

　　　$C_{\mathrm{d}}$——凹模孔中心距尺寸,mm;

　　　$D_{\min}$——工件最小极限尺寸,mm;

　　　$d_{\max}$——工件最大极限孔径,mm;

　　　$C_{\min}$——工件孔中心距最小极限尺寸,mm;

　　　$\Delta$——工件公差,mm。

3)齿圈压板设计

齿圈是精冲的重要组成部分,常用的形式为尖状齿形圈(或称 V 形圈)。根据加工方法的不同,可分为对称角度齿形和非对称角度齿形两种,如图 7.9 所示。其尺寸如表 7.3 所示。当材料厚度超过 4 mm,或材料韧性较好时,通常使用两个齿圈,一个装在压边圈上,另一个装在凹模上。

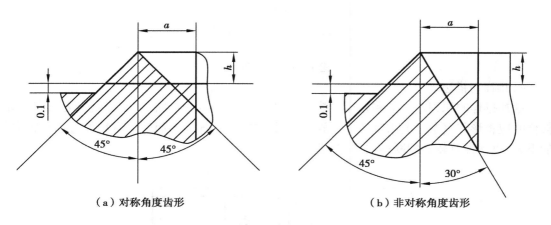

（a）对称角度齿形　　　　　　　　　　（b）非对称角度齿形

图 7.9　齿圈的齿形

表 7.3　单面齿圈齿形尺寸/mm

| 材料厚度<br>$t$/mm | 材料抗拉强度/MPa | | | | | |
|---|---|---|---|---|---|---|
| | $\sigma_b < 450$ | | $450 < \sigma_b < 600$ | | $600 < \sigma_b < 700$ | |
| | $a$ | $h$ | $a$ | $h$ | $a$ | $h$ |
| 1 | 0.75 | 0.25 | 0.60 | 0.20 | 0.50 | 0.15 |
| 2 | 1.50 | 0.50 | 1.20 | 0.40 | 1.00 | 0.30 |
| 3 | 2.30 | 0.75 | 1.80 | 0.60 | 1.50 | 0.45 |
| 3.5 | 2.60 | 0.90 | 2.10 | 0.70 | 1.70 | 0.55 |

　　齿圈的分布可根据加工零件的形状来考虑,形状简单的工件,齿圈可做成和工件的外形相同;形状复杂的工件,可在有特殊要求的部位做出与工件外形类似的齿圈,其他部分则可简化或做成近似形状,如图 7.10 所示。

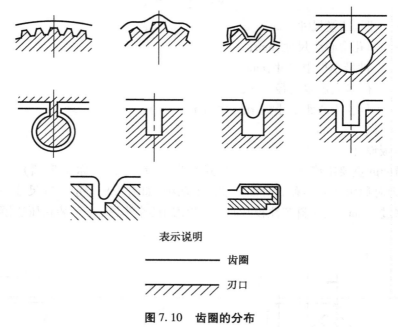

表示说明

　————　齿圈

　⁄⁄⁄⁄⁄⁄　刃口

图 7.10　齿圈的分布

4)排样与搭边

　　精冲排样的原则基本上和普通冲裁相同,若工件外形两侧形状、剪切面质量要求有差异,排样时应将形状复杂及要求高的一侧放在进料方向,使这部分断面从没有精冲过的材料中剪切下来,以保证有较好的断面质量(见图 7.11)。

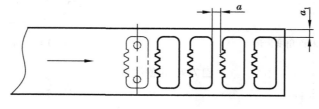

图 7.11　精冲排样图

因为精冲时齿圈压板要压紧材料,故精冲的搭边值比普通冲裁时要大些,具体数值如表7.4所示。

表 7.4　精冲搭边数值/mm

| 材料厚度 | | 0.5 | 1.0 | 1.25 | 1.5 | 2.0 | 2.5 | 3.0 | 3.5 | 4.0 | 5 | 6 | 8 | 10 | 12 | 15 |
|---|---|---|---|---|---|---|---|---|---|---|---|---|---|---|---|---|
| 搭边 | $a$ | 1.5 | 2 | 2 | 2.5 | 3 | 4 | 4.5 | 5 | 5.5 | 6 | 7 | 8 | 10 | 12 | 15 |
| | $a_1$ | 2 | 3 | 3.5 | 4 | 4.5 | 5 | 5.5 | 6 | 6.5 | 7 | 8 | 10 | 12 | 15 | 18 |

### (5)精冲力的计算

由于精冲是在三向受压状态下进行冲裁的,所以必须对各个压力分别进行计算,再求出精冲时所需的总压力,从而选用合适的精冲机。

精冲冲裁力 $F_1$(N)可按经验公式计算为

$$F_1 = Lt\sigma_b f_1 \tag{7.5}$$

式中　$L$——内外剪切线的总长,mm;

　　　$t$——料厚,mm;

　　　$\sigma_b$——材料强度极限,MPa;

　　　$f_1$——系数,其值为 0.6~0.9,常取 0.9。

齿圈压板压力的大小对于保证工件剪切面质量,降低动力消耗和提高模具使用寿命都有密切关系。压边力 $F_压$(N)的计算公式为

$$F_压 = Lh\sigma_b f_压 \tag{7.6}$$

式中　$h$——齿圈齿高,mm;

　　　$f_压$——系数,常取 4;

　　　其余符号意义同前。

顶出器的反压力过小会影响工件的尺寸精度、平面度、剪切面质量,加大工件塌角;反压力过大会增加凸模的负载,降低凸模的使用寿命。一般反推压力 $F_顶$ 可按经验公式计算为

$$F_顶 = 0.2 F_1 \tag{7.7}$$

齿圈压力与反推压力的取值主要靠试冲时的调整。

精冲时的总压力为

$$F = F_1 + F_压 + F_顶 \tag{7.8}$$

选用压机吨位时,若为专用精冲压力机,应以主冲力 $F_1$ 为依据;若为普通压力机,则以总压力 $F$ 为依据。

### (6)精冲模具结构及其特点

精冲模与普通冲裁模相比,具有以下特点:

①刚性和精度要求较高。

②要有精确而稳定的导向装置,保证凸、凹模同心,间隙均匀。

③严格控制凸模进入凹模的深度,以免损坏模具工作部分。

④模具工作部分应选择耐磨、淬透性好、热处理变形小的材料。

⑤要考虑模具工作部分的排气问题,以免影响顶出器的移动距离。

模具结构类型分为活动凸模式与固定凸模式两类。活动凸模式结构是凹模与齿圈压板均固定在模板内,而凸模活动,并靠下模座上的内孔及齿圈压板的型腔导向,凸模移动量稍大于料厚,此种结构适用于冲裁力不大的中、小零件的精冲裁(见图 7.12)。

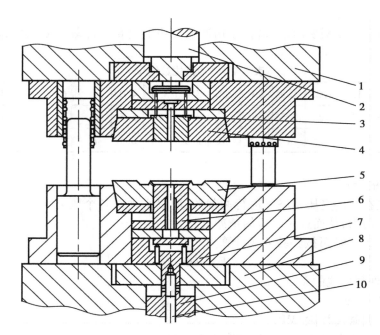

**图7.12　活动凸模式结构**

1—上工作台；2—上柱塞；3,6—凸模；4—凹模；5—齿圈压板；
7—凸模座；8—下工作台；9—滑块；10—凸模拉杆

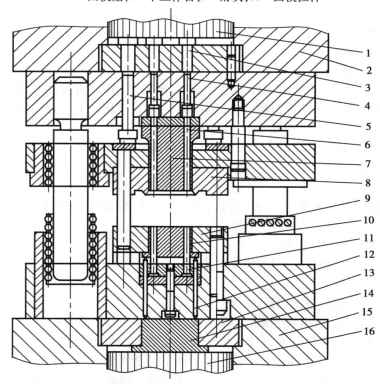

**图7.13　固定凸模式结构**

1—上柱塞；2—上工作台；3,4,5—顶杆；6—顶料杆；7—凸凹模；8—齿圈压板；9—凹模；
10—推板；11—凸模；12—顶杆；13—下顶板；14—顶块；15—下工作台；16—下柱塞

固定凸模式结构是凸模与凹模固定在模板内,而齿圈压板活动。此种模具刚性较好,受力平稳,适用于冲裁大的形状复杂的或材料厚的工件以及内孔很多的工件(见图 7.13)。

由于精冲模具要求有 3 个运动部分,且滑块导向精度要求高,故一般应采用专用精冲压力机,但如在模具或压机上采取措施,也可将普通压力机用于精冲。

### 7.1.4　整修

整修是将普通冲裁后的毛坯放在整修模中,进行一次或多次加工,除去粗糙不平的冲裁剪切面和锥度,从而得到光滑平整的断面。整修后,零件尺寸精度可达 IT6—IT7 级,表面粗糙度 $R_a$ 值可达 $0.8 \sim 0.4$ μm。常用的整修方法主要有外缘整修、内孔整修、叠料整修及振动整修。

**(1)外缘整修**

如图 7.14 所示,外缘整修过程相当于用压力机切削加工过程。将预先留有整修余量的工件置于整修凹模上,由凸模将毛坯压入凹模,毛坯外缘金属纤维被凹模切断,形成环形切屑 $n_1, n_2, \cdots$。随着凸模下降,外缘金属纤维逐步被切去,切屑逐步外移断裂,直至最后阶段,切屑成长减弱,又相当于普通剪切变形,产生裂纹,完全切断分离。整修后得到的工件断面光洁垂直,只是在最后断裂时有很小的粗糙面(约 0.1 mm)。外缘整修的质量与整修次数、整修余量及整修模结构等因素有关。

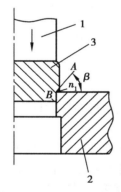 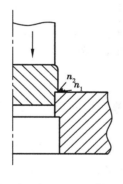 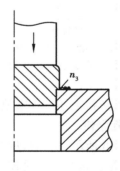

**图 7.14　整修过程**

1—凸模;2—凹模;3—工件

整修次数与工件的材料厚度、形状有关。厚度在 3 mm 以下,外形简单、圆滑的工件一般只需一次整修;厚度大于 3 mm 或工件有尖角时,需进行多次整修,否则会产生撕裂现象。

毛坯上所留整修余量必须适当,才能保证整修后得到光滑平直的断面。由图 7.15 可知,总的双边切除余量为

$$s = Z + \Delta D \tag{7.9}$$

式中　$s$——总的双边被切除金属量;

$Z$——落料模双边间隙,mm;

$\Delta D$——双边整修余量,mm,如表 7.5 所示。

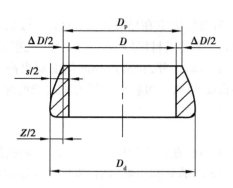

图 7.15  整修毛坯

表 7.5  整修的双边余量/mm

| 材料厚度 | 黄铜、软铜 | | 中等硬度的钢 | | 硬 钢 | |
|---|---|---|---|---|---|---|
| | 最小 | 最大 | 最小 | 最大 | 最小 | 最大 |
| 0.5 ~ 1.6 | 0.10 | 0.15 | 0.15 | 0.20 | 0.15 | 0.25 |
| 1.6 ~ 3.0 | 0.15 | 0.20 | 0.20 | 0.25 | 0.20 | 0.30 |
| 3.0 ~ 4.0 | 0.20 | 0.25 | 0.25 | 0.30 | 0.25 | 0.35 |
| 4.0 ~ 5.2 | 0.25 | 0.30 | 0.30 | 0.35 | 0.30 | 0.40 |
| 5.2 ~ 7.0 | 0.30 | 0.40 | 0.40 | 0.45 | 0.45 | 0.50 |
| 7.0 ~ 10 | 0.35 | 0.45 | 0.45 | 0.50 | 0.55 | 0.60 |

注:1. 最小的余量用于整修形状简单的工件,最大的余量用于整修形状复杂或有尖角的工件。

   2. 在多级整修中,第二次以后的整修采用表中最小数值。

   3. 钛合金的整修余量为$(0.2 \sim 0.3)t$。

整修时,应将毛坯的大端放在整修凹模的刃口上,否则会使粗糙面增大且有毛刺。

**(2)内孔整修**

如图 7.16 所示,切除余量的内孔整修,其工作原理与外缘整修相似,不同的是它是利用凸模切除余量。整修目的是校正孔的坐标位置,降低表面粗糙度和提高孔的尺寸精度,一般可达 IT5—IT6 级,表面粗糙度 $R_a$ 值达 0.2 μm。这种整修方法除要求凸模刃口锋利外,还需有

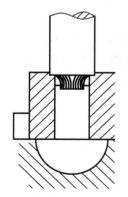
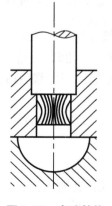
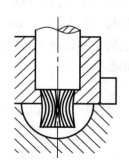

图 7.16  内孔整修

合理的余量。余量过大不仅会降低凸模寿命,影响光洁程度与精度,其切断面还会被拉裂。余量过小则不能达到整修的目的。修孔余量与材料种类、厚度、预先制孔的方式(冲孔或钻孔)等因素有关。如图 7.17 所示,修孔余量可用下式计算为

$$\Delta D = 2s + c = 2\sqrt{\Delta x^2 + \Delta y^2} + c \approx 2.82x + c$$

$$(7.10)$$

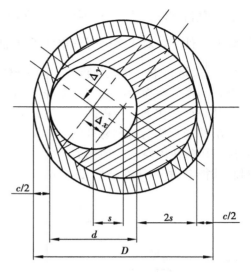

图 7.17　修孔余量

式中　$\Delta D$——双边修孔余量,mm;
$\quad\quad s$——修正前孔具有的最大偏心距,mm;
$\quad\quad x$——修正前孔的中心坐标对于标称位置的最大错位,mm,如表 7.6 所示;
$\quad\quad c$——补偿定位误差,如表 7.7 所示;
$\quad\quad \Delta x, \Delta y$——修正前孔可能具有的最高坐标误差。

表 7.6　$x$ 值的确定/mm

| 材料厚度 $t$ | $x$ | |
|---|---|---|
| | 预先用模具冲孔 | 预先按中心钻孔 |
| 0.5 ~ 1.5 | 0.02 | 0.04 |
| 1.5 ~ 2.0 | 0.03 | 0.05 |
| 2.0 ~ 3.5 | 0.04 | 0.06 |

表 7.7　补偿定位误差 $c$ 值/mm

| 定位基准到整修孔中心的距离 | $c$ | |
|---|---|---|
| | 以孔为定位基准 | 以外形为定位基准 |
| < 10 | 0.02 | 0.04 |
| 10 ~ 20 | 0.03 | 0.06 |
| 20 ~ 40 | 0.04 | 0.08 |
| 40 ~ 100 | 0.06 | 0.12 |

内孔整修时,凸模应从孔的小端进入。孔在整修后由于材料的弹性变形,使孔径稍有缩小,其缩小值近似为铝 0.005 ~ 0.010 mm,黄铜 0.007 ~ 0.012 mm,软钢 0.008 ~ 0.015 mm。

内孔整修还有一种是用心棒精压。它是利用硬度很高的心棒或钢珠,强行通过尺寸稍小一些的毛坯孔,将孔表面压平。此法用于 $d/t \geq 3 \sim 4$ 及 $t < 3$ mm 的情况。它不但可利用钢珠加工圆形孔,而且还可利用心棒加工带有缺口的非圆形孔。

**(3)叠料整修**

用一般的整修方法,要得到小的间隙必须有相当高精度的模具,而且还有一个最佳整修余量的选择问题,通过一次整修不一定能得到光滑的表面。解决这些问题,可采用如图 7.18

所示的叠料整修方法,即把两件毛坯重叠在一起,并使用凸模直径比凹模直径大的模具,凸模下隔着一件毛坯对正在进行整修的毛坯加压,当整修进行到毛坯料厚的 $\frac{2}{3} \sim \frac{3}{4}$ 时,再送入第二件毛坯,进行下一次整修行程。由于整修时凸模不进入凹模内,因此模具制造容易,而且也不存在凸模的磨损问题。与一般整修方法相比,适用材料的范围和允许加工余量的范围都宽。其缺点是在下一行程的毛坯进入之后,就必须除去切屑,所以需要有相应的措施。为提高切削性能和使切屑容易排出,可以采用在凹模端面上加工出 10°～15° 的前角或断屑槽,以及用高压的压缩空气吹掉切屑。此外,由于下一次行程的毛坯起了凸模作用,而毛坯比凸模材料软得多,相当于在凸模刃口加上圆角,因而产生的毛刺相当大。

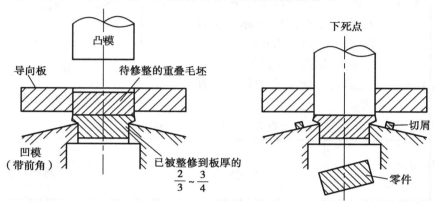

图 7.18　叠料整修

**(4)振动整修**

振动整修是借助于专门压力机在凸模上附加一个轴向振动,断续地进行切削的工艺。这样使原来比较难于整修的材料变得容易整修,还能降低整修表面的粗糙度。

# 7.2 胀 形

胀形是指利用模具迫使材料厚度减薄和表面积增大,得到所需几何形状和尺寸制件的冷冲压工艺方法。根据工件的形状,胀形分为平板毛坯的局部胀形(起伏成形)和圆柱形空心毛坯的胀形;根据胀形模具,胀形分为刚模胀形和借助液体、气体及橡胶成形的软模胀形。

## 7.2.1　胀形成形的原理与成形极限

### (1)胀形成形的原理

如图 7.19 所示为平板毛坯胀形的原理图。当用球形凸模胀形平板毛坯时,毛坯被带有拉深筋的压边圈压死,变形区限制在凹模口以内。在凸模的作用下,变形区大部分材料受到双向拉应力作用(忽略板厚方向的应力),沿切向和径向产生伸长变形,使材料厚度变薄、表面积增大,形成一个凸起。如图 7.20 所示为圆柱形空心件胀形的原理图,中间介质向四周胀开,使空心件或管状坯料沿径向向外扩张,胀出所需凸起曲面。

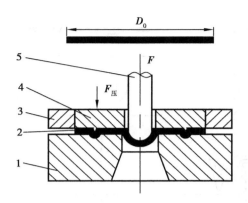

图 7.19 平板毛坯胀形原理图

1—凹模;2—毛坯;3—压边;4—拉深筋;5—凸模

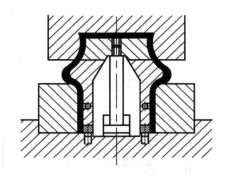

图 7.20 圆柱形空心件胀形原理图

胀形工艺与拉深工艺不同,毛坯的塑性变形区局限于变形区范围,材料不向变形区外转移,也不从外部进入变形区内,毛坯的塑性变形是靠毛坯的局部变薄来实现的。

一般情况下,胀形变形区内金属表面光滑,不会产生失稳起皱。由于拉应力在毛坯的内外表面分布较均匀,因此弹复较小,工件形状容易冻结,尺寸精度容易保证。

**(2)成形极限**

胀形的成形极限是指制件在胀形时不产生破裂所能达到的最大变形。由于胀形方法、变形在毛坯变形区内的分布、模具结构、工件形状、润滑条件及材料性能的不同,各种胀形的成形极限表示方法也不相同。纯膨胀时常用胀形深度表示;管状毛坯胀形时常用胀形系数表示;其他胀形方法成形时分别用断面变形程度(压筋)、许用凸包高度和极限胀形系数等表示成形极限。

影响胀形成形极限的因素主要是材料的伸长率和材料的硬化指数。材料的伸长率大,则材料的塑性大,所允许的变形程度大,其成形极限大,对胀形有利;材料的硬化指数大,则变形后材料硬化能力强,扩展了变形区,使胀形应力分布趋于均匀,使材料局部应变能力提高,因此成形极限大,有利于胀形变形。

工件的形状和尺寸影响胀形时的应变分布。当用球头凸模胀形时,其应变分布均匀,各点应变量较大,能获得较大的胀形高度,其成形极限较大。

良好的润滑可使凸模与毛坯间摩擦力减小,从而分散变形,应变分布均匀,增加胀形高度;材料厚度增加,胀形成形极限也有所增加。

### 7.2.2 平面胀形

平面胀形是指平板毛坯在模具的作用下,产生局部凸起(或凹下)的冲压方法,常称为起伏成形,如图 7.21 所示。起伏成形主要用于增加工件的刚度和强度,如加强筋、凸包等。起伏成形常采用金属冲模。

**(1)加强筋**

常见的加强筋形式和尺寸如表 7.8 所示。

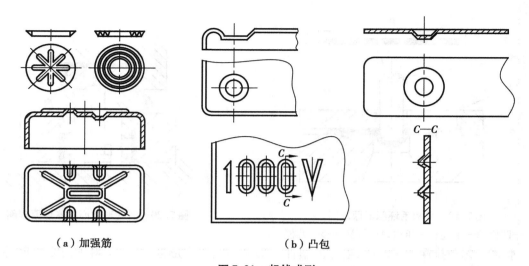

（a）加强筋　　　　　　　　　　　（b）凸包

图 7.21　起伏成形

表 7.8　加强筋、凸包的形式和尺寸

| 名　称 | 图　例 | $R$ | $h$ | $D$ 或 $B$ | $r$ | $\alpha/(°)$ |
|---|---|---|---|---|---|---|
| 压筋 | 压筋 | $(3\sim4)t$ | $(2\sim3)t$ | $(7\sim10)t$ | $(1-2)t$ | — |
| 压凸 | 压凸 | — | $(1.5\sim2)t$ | $3h$ | $(0.5\sim1.5)t$ | $15\sim30$ |

　　起伏成形的极限变形程度,主要受材料的塑性、凸模的几何形状和润滑等因素影响。能够一次成形加强筋的条件为

$$\varepsilon = \frac{l-l_0}{l_0} \leqslant (0.7\sim0.75)\delta \tag{7.11}$$

式中　$\varepsilon$——许用断面变形程度;

　　　　$l_0$——变形区横断面的原始长度,mm;

　　　　$l$——成形后加强筋断面的曲线轮廓长度,mm;

　　　　$\delta$——材料伸长率;

　　　　$0.7\sim0.75$——视加强筋形状而定,半球形筋取上限值,梯形筋取下限值。

　　若加强筋不能一次成形,则应先压制成半球形过渡形状,然后再压出工件所需形状(见图 7.22)。

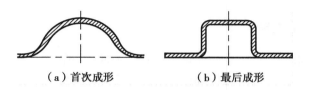

（a）首次成形　　　　（b）最后成形

**图 7.22　两道工序成形的加强筋**

当加强筋与边缘距离小于 $(3 \sim 3.5)t$ 时,由于成形过程中边缘材料向内收缩,为不影响外形尺寸和美观,需加大制件外形尺寸,压筋后增加切边工序。

冲压加强筋的变形力 $F$ 可计算为

$$F = KLt\sigma_b \tag{7.12}$$

式中　$F$——变形力,N;

　　　$K$——系数,等于 $0.7 \sim 1$(加强筋形状窄而深时取较大值,宽而浅时取较小值);

　　　$L$——加强筋的周长,mm;

　　　$t$——料厚,mm;

　　　$\sigma_b$——材料的抗拉强度,MPa。

若在曲柄压力机上用薄料($t < 1.5$ mm)对小制件(面积小于 $2\ 000$ mm$^2$)进行压筋或压筋间校正工序时,变形力可计算为

$$F = KLt^2 \tag{7.13}$$

式中　$K$——系数,钢件取 $200 \sim 300$,铜件和铝件取 $150 \sim 200$。

**（2）凸包**

压凸包时,毛坯直径与凸模直径的比值应大于 4,此时凸缘部分不会向里收缩,属于起伏成形,否则便成为拉深。

表 7.9 给出了压凸包时凸包与凸包间、凸包与边缘间的极限尺寸以及许用成形高度。如果工件凸包高度超出表 7.9 中所列数值,则需采用多道工序的方法冲压凸包。

**表 7.9　平板毛坯局部压凸包时的许用成形高度和尺寸**

| 材　料 | | | | 软　钢 | | | 铝 | | | 黄　铜 | | |
|---|---|---|---|---|---|---|---|---|---|---|---|---|
| 许用凸包成形高度 $h_p$/mm | | | | $\leq (0.15 \sim 0.2)d$ | | | $\leq (0.1 \sim 0.15)d$ | | | $\leq (0.15 \sim 0.22)d$ | | |
| $D$ | 6.5 | 8.5 | 10.5 | 13 | 18 | 18 | 24 | 31 | 36 | 43 | 48 | 55 |
| $L$ | 10 | 13 | 15 | 18 | 22 | 26 | 34 | 44 | 51 | 60 | 68 | 78 |
| $l$ | 6 | 7.5 | 9 | 11 | 13 | 16 | 20 | 26 | 30 | 35 | 40 | 45 |

### 7.2.3　圆柱形空心毛坯胀形

圆柱形空心毛坯胀形是将空心件或管状坯料沿径向向外扩张,胀出所需凸起曲面的一种冲压加工方法。用这种方法可制造出如高压气瓶、波纹管、自行车三通接头以及火箭发动机上的一些异形空心件等。

根据所用模具的不同可将圆柱形空心毛坯胀形分成两类:一类是刚性凸模胀形(见图7.20);另一类是软凸模胀形(见图7.23)。

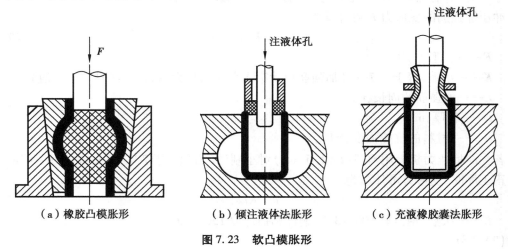

（a）橡胶凸模胀形　　　　（b）倾注液体法胀形　　　　（c）充液橡胶囊法胀形

**图7.23　软凸模胀形**

**(1) 刚性凸模胀形**

如图7.20所示为刚性分辧凸模胀形结构示意图。锥形铁心块将分块凸模向四周胀开,使空心件或管状坯料沿径向向外扩张,胀出所需凸起曲面。分块凸模数目越多,所得到的工件精度越高,但也很难得到很高精度的制件;且由于模具结构复杂,制造成本高,胀形变形不均匀,不易胀出形状复杂的空心件。因此,在生产中常用软凸模进行胀形。

**(2) 软凸模胀形**

如图7.23所示为软凸模胀形的结构示意图。胀形时,毛坯放在凹槽内,利用介质传递压力,使毛坯直径胀大,最后贴靠凹模成形。

软凸模胀形的优点是传力均匀,工艺过程简单,生产成本低,制件质量好,可加工大型零件。软凸模胀形使用的介质有橡胶、PVC塑胶、石蜡、高压液体和压缩空气等。

**(3) 胀形变形程度的计算**

胀形的变形程度用胀形系数 $K$ 表示为

$$K = \frac{d_{max}}{d_0} \qquad (7.14)$$

式中　$d_0$——毛坯原始直径;

$d_{max}$——胀形后制件的最大直径,如图7.24所示。

如表7.10、表7.11所示为一些材料的极限胀形系数和极限变形程度的试验值,可供参考使用。

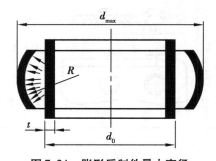

**图7.24　胀形后制件最大直径**

表 7.10　极限胀形系数和切向许用伸长率

| 材　料 | 铝合金 2A21M | 纯　铝 | | | 黄　铜 | | 低碳钢 | | 不锈钢 1Cr18Ni9Ti | |
| | | 1070,1060A (L1,L2) | 1050A,1035 (L3,L4) | 1200,8A06 (L5,L6) | H62 | H68 | 08F | 10,20 | | |
| 厚度/mm | 0.5 | 1.0 | 1.5 | 2.0 | 0.5~1.0 | 1.5~2.0 | 0.5 | 1.0 | 0.5 | 1.0 |
| 极限胀形系数 $K_p$ | 1.25 | 1.28 | 1.32 | 1.32 | 1.35 | 1.40 | 1.20 | 1.24 | 1.26 | 1.28 |
| 切向许用伸长率 $\delta_\theta \times 100$ | 25 | 25 | 32 | 32 | 35 | 40 | 20 | 24 | 26 | 28 |

表 7.11　铝管毛坯的试验胀形系数

| 胀形方法 | 简单的橡胶胀形 | 带轴向压缩毛坯的橡胶胀形 | 局部加热到 200~250 ℃的胀形 | 用锥形凸模加热到 380 ℃的边缘胀形 |
| --- | --- | --- | --- | --- |
| 极限胀形系数 $K_p$ | 1.20~1.25 | 1.60~1.70 | 2.00~2.10 | 3.00 |

**(4)胀形毛坯的计算**

胀形时为了增加材料在圆周方向的变形程度,减小材料的变薄,毛坯两端一般不固定,让其自由收缩,因此毛坯长度 $L_0$ 应比制件长度增加一定的收缩量,可计算为

$$L_0 = L[1 + (0.3 \sim 0.4)\delta_\theta] + \Delta h \tag{7.15}$$

式中　$L$——制件母线长度;

$\delta_\theta$——制件切向最大伸长率 $\left[\delta_\theta = \dfrac{d_{max} - d_0}{d_0}\right]$;

$\Delta h$——修边余量,为 10~20 mm。

**(5)胀形力的计算**

软凸模胀形圆柱形空心件时,所需的单位压力 $p$ 分下面两种情况计算:

①两端不固定,允许毛坯轴向自由收缩时

$$p = \frac{2t}{d_{max}}\sigma_b \tag{7.16}$$

②两端固定,毛坯不能收缩时

$$p = 2\sigma_b\left[\frac{t}{d_{max}} + \frac{t}{2R}\right] \tag{7.17}$$

### 7.2.4　胀形模设计典型案例

**(1)罩盖的工艺性分析**

罩盖胀形的工件简图如图 7.25 所示,其材料为 10 钢,料厚 0.5 mm,中批量生产。由图可知,罩盖侧壁是由空心毛坯胀形而成,底部由起伏成形而成。

**(2)罩盖底部起伏成形计算**

由表 7.9 查得许用成形高度为

$$H = 0.15d = 2.25 \text{ mm}$$

此值大于工件底部起伏成形的实际高度,故可一次起伏成形。

起伏成形力的计算为

$$F_{起} = KLt^2 = 250 \times \frac{\pi}{4} \times 15^2 \times 0.5^2 = 11\ 039\ \text{N}$$

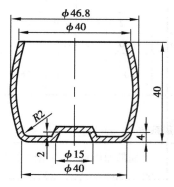

图 7.25　罩盖胀形工件简图

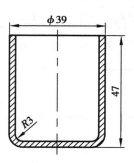

图 7.26　胀形毛坯图

**(3)罩盖侧壁胀形计算**

胀形系数的计算为

$$K = \frac{d_{\max}}{d_0} = \frac{46.8}{39} = 1.2$$

由表 7.10 查得极限胀形系数为 1.24,因此,该工件可一次胀形成形。

计算胀形前工件的原始长度 $L_0$:

其中 $L$ 为 $R60$ 一段圆弧的长,$L = 40.8$ mm,则

$$\delta_\theta = \frac{d_{\max} - d_0}{d_0} = \frac{46.8 - 39}{39} = 0.2$$

$\Delta h$ 取 3 mm,则得

$$\begin{aligned}
L_0 &= L(1 + 0.35\delta_\theta) + \Delta h \\
&= 40.8(1 + 0.35 \times 0.2)\text{mm} + 3\text{ mm} \\
&= 46.66\text{ mm}
\end{aligned}$$

$L_0$ 取整为 47 mm,如图 7.26 所示。

侧壁胀形力计算:

由相关手册可查得:$\sigma_b = 430$ MPa,则:

胀形力为

$$F_{胀} = Sp = \pi \times 46.8 \times 40 \times 9.2\text{ N} = 54\ 078\text{ N}$$

总成形力为

$$F = F_{起} + F_{胀} = 11\ 039\text{ N} + 54\ 078\text{ N} = 65.117\text{ kN}$$

**(4)模具结构设计**

胀形模采用聚氨酯橡胶进行软凸模胀形,为便于工件成形后取出,将凹模分为上、下两部分,上、下模用止口定位,单边间隙取 0.05 mm。

侧壁靠橡胶的胀开成形,底部靠压包凸、凹模成形,凹模上、下两部分在模具闭合时靠弹簧压紧。胀形模装配图如图 7.27 所示。

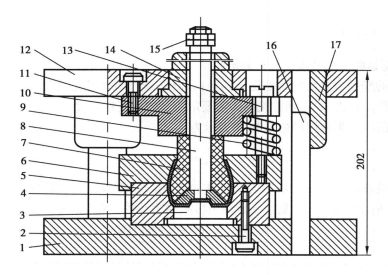

**图 7.27　罩盖胀形模装配图**

1—下模座;2,11—螺栓;3—压包凸模;4—压包凹模;5—胀形下模;
6—胀形上模;7—聚氨酯橡胶;8—打杆;9—弹簧;10—上固定板;12—上模座;
13—卸料螺钉;14—模柄;15—拉杆螺母;16—导柱;17—导套

模具闭合高度为 202 mm,所需压力约 67 kN,因此选用设备时以模具尺寸为依据,选用
250 kN 开式可倾压力机。

## 7.3　翻孔与翻边

翻边是指利用模具将工件上的孔边缘或外缘边缘翻成竖立的直边的冲压工序。

根据工件边缘形状的应变状态,翻边可分为内孔翻边和外缘翻边,如图 7.28 所示;根据
竖边壁厚的变化情况,翻边可分为不变薄翻边和变薄翻边。此外,外缘翻边又可分为外凸外
缘翻边和内凹外缘翻边。

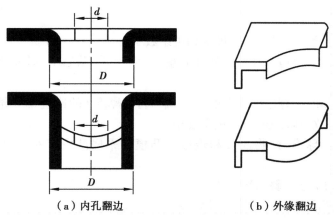

（a）内孔翻边　　　　　　　　　（b）外缘翻边

**图 7.28　翻边形式**

### 7.3.1 内孔翻边

**(1)内孔翻边的变形特点及翻边系数**

内孔翻边的变形主要是坯料受切向和径向拉伸,越接近预孔边缘变形越大。因此,内孔翻边的失败往往是边缘拉裂,而拉裂与否主要取决于拉伸变形的大小。

内孔翻边的变形程度用翻边系数 $K_0$ 表示为

$$K_0 = \frac{d_0}{D} \tag{7.18}$$

即翻边前预孔的直径 $d_0$ 与翻边后平均直径 $D$ 的比值。$K_0$ 值越小,则变形程度越大。圆孔翻边时孔边不破裂所能达到的最小翻边系数称为极限翻边系数。$K_0$ 可从表7.12中查得。

**表7.12 各种材料的翻边系数**

| 经退火的毛坯材料 | 翻边系数 | |
| --- | --- | --- |
| | $K_0$ | $K_{max}$ |
| 镀锌钢板(白铁皮) | 0.70 | 0.65 |
| 软钢 $t=0.25 \sim 2.0$ mm | 0.72 | 0.68 |
| $t=3.0 \sim 6.0$ mm | 0.78 | 0.75 |
| 黄铜 $t=0.5 \sim 6.0$ mm | 0.68 | 0.62 |
| 铝 $t=0.5 \sim 5.0$ mm | 0.70 | 0.64 |
| 硬铝合金 | 0.89 | 0.80 |
| 钛合金 TA1(冷态) | $0.64 \sim 0.68$ | 0.55 |
| TA1(加热 $300 \sim 400$ ℃) | $0.40 \sim 0.50$ | — |
| TA5(冷态) | $0.85 \sim 0.90$ | 0.75 |
| TA5(加热 $300 \sim 400$ ℃) | $0.70 \sim 0.65$ | 0.55 |
| 不锈钢、高温合金 | $0.69 \sim 0.65$ | $0.61 \sim 0.57$ |

影响极限翻边系数因素如下:

①材料的塑性。塑性好的材料,极限翻边系数小。

②孔的边缘状况。翻边前孔边缘断面质量好、无撕裂、无毛刺,则有利于翻边成形,极限翻边系数就小。

③材料的相对厚度。翻边前预孔的孔径 $d_0$ 与材料厚度 $t$ 的比值 $d_0/t$ 越小,则断裂前材料的绝对伸长可大些,故极限翻边系数相应较小。

④凸模的形状。球形、抛物面形和锥形的凸模较平底凸模有利,故极限翻边系数相应小些。

**(2)内孔翻边的工艺计算及翻边力计算**

1)平板毛坯内孔翻边时预孔直径及翻边高度

在内孔翻边工艺计算中有两方面内容:一是根据翻边零件的尺寸,计算毛坯预孔的直径 $d_0$;二是允许的极限翻边系数,校核一次翻边可能达到的翻边高度 $H$(见图7.29)。

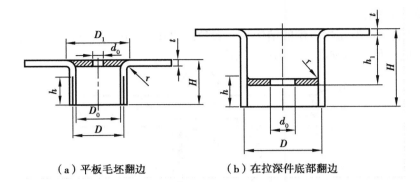

（a）平板毛坯翻边　　　　（b）在拉深件底部翻边

**图 7.29　内孔翻边尺寸计算**

内孔的翻边预孔直径 $d_0$ 可近似地按弯曲展开计算为

$$d_0 = D_1 - \left[ \pi\left( r + \frac{t}{2} \right) + 2h \right] \tag{7.19}$$

内孔的翻边高度为

$$H = \frac{D - d_0}{2} + 0.43r + 0.72t \tag{7.20}$$

内孔的翻边极限高度为

$$H_{\max} = \frac{D}{2}(1 - K_{0\min}) + 0.43r + 0.72t \tag{7.21}$$

2）在拉深件的底部冲孔翻边

其工艺计算过程是先计算允许的翻边高度 $h$，然后按零件的要求高度 $H$ 及 $h$ 确定拉深件高度 $h_1$ 及预孔直径 $d_0$。允许的翻边高度为

$$h = \frac{D}{2}(1 - K_0) + 0.57\left( r + \frac{t}{2} \right) \tag{7.22}$$

预孔直径 $d_0$ 为

$$d_0 = K_0 D \quad 或 \quad d_0 = D + 1.14\left( r + \frac{t}{2} \right) - 2h \tag{7.23}$$

拉深高度为

$$h_1 = H - h + r \tag{7.24}$$

3）非圆孔翻边

非圆孔翻边的变形性质比较复杂，它包括圆孔翻边、弯曲、拉深等的变形性质。对于非圆孔翻边的预孔，可分别按翻边、弯曲、拉深展开，然后用作图法把各展开线光滑连接。

在非圆孔翻边中。由于变形性质不相同（应力应变状态不同）的各部分相互毗邻，对翻边和拉深均有利，因此非圆孔翻边系数可取圆孔翻边系数的 85% ~90%。

4）翻边力

翻边力一般不大，可计算为

$$F = 1.1\pi(D - d_0)t\sigma_s \tag{7.25}$$

式中　$\sigma_s$——材料的屈服点；

　　　　其余均与前面公式相同。

**(3)内孔翻边模设计**

如图 7.30 所示,内孔翻边模的结构与一般拉深模相似,不同的是翻边凸模圆角半径一般较大,经常做成球形或抛物面形,以利于变形。

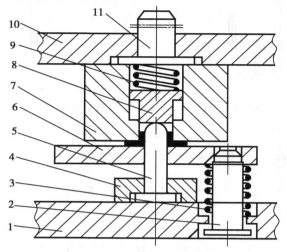

**图 7.30　翻边模结构**

1—下模座;2—螺钉;3,9—弹簧;4—凸模固定板;5—凸模;
6—卸料板;7—凹模;8—推件板;10—上模座;11—模柄

如图 7.31 所示为几种常见圆孔翻边模的凸模形状和尺寸,图 7.31(a)可用于小孔翻边(竖边内径 $d \leqslant 4$ mm);图 7.31(b)用于竖边内径 $d \leqslant 10$ mm 的翻边;图 7.31(c)适用于 $d \geqslant 10$ mm 的翻边;图 7.31(d)可对不用定位销的任意孔翻边。对于平底凸模一般取 $r_凸 \geqslant 4t$。

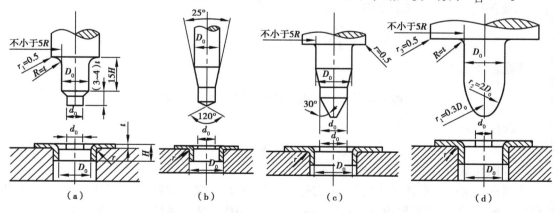

**图 7.31　翻边凸模结构形式**

### 7.3.2　外缘翻边

外凸的外缘翻边,其变形性质、变形区应力状态与不用压边圈的浅拉深一样,如图 7.32(a)所示。变形区主要为切向压应力,变形过程中材料易于起皱。内凹的外缘翻边,其特点近似于内孔翻边(见图 7.32(b)),变形区主要为切向拉伸变形,变形过程中材料易于边缘开裂。从变形性质来看,复杂形状零件的外缘翻边是弯曲、拉深、内孔翻边等的组合。

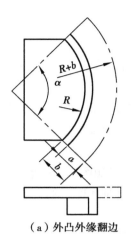
（a）外凸外缘翻边

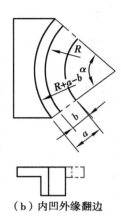
（b）内凹外缘翻边

**图 7.32　外缘翻边**

外凸的外缘翻边变形程度 $E_p$ 的计算式为

$$E_p = \frac{b}{R+b} \tag{7.26}$$

内凹的外缘翻边变形程度 $E_d$ 的计算式为

$$E_d = \frac{b}{R-b} \tag{7.27}$$

式中,各符号含义如图 7.32 所示。

外缘翻边的极限变形程度如表 7.13 所示。

**表 7.13　外缘翻边允许的极限变形程度**

| 材料名称及牌号 | | $E_p$/% | | $E_d$/% | |
|---|---|---|---|---|---|
| | | 橡胶成形 | 模具成形 | 橡胶成形 | 模具成形 |
| 铝合金 | 1035（软）（L4M） | 25 | 30 | 6 | 40 |
| | 1035（硬）（L4Y1） | 5 | 8 | 3 | 12 |
| | 3A21（软）（LF21M） | 23 | 30 | 6 | 40 |
| | 3A21（硬）（LF21Y1） | 5 | 8 | 3 | 12 |
| | 5A02（软）（LF2M） | 20 | 25 | 6 | 35 |
| | 5A03（硬）（LF3Y1） | 5 | 8 | 3 | 12 |
| | 2A12（软）（LF12M） | 14 | 20 | 6 | 30 |
| | 2A12（硬）（LF12Y） | 6 | 8 | 0.5 | 9 |
| | 2A11（软）（LF11M） | 14 | 20 | 4 | 30 |
| | 2A11（硬）（LF11Y） | 5 | 6 | 0 | 0 |
| 黄铜 | H62 软 | 30 | 40 | 8 | 45 |
| | H62 半硬 | 10 | 14 | 4 | 16 |
| | H68 软 | 35 | 45 | 8 | 55 |
| | H68 半硬 | 10 | 14 | 4 | 16 |
| 钢 | 10 | — | 38 | — | 10 |
| | 12 | — | 22 | — | 10 |
| | 1Cr18Mn8N15N（1Cr18Ni9）软 | — | 15 | — | 10 |
| | 1Cr18Mn8N15N（1Cr18N19）硬 | — | 40 | — | 10 |

### 7.3.3 变薄翻边

当零件的翻边高度较大,难于一次成形,而壁部又允许变薄时,往往采用变薄翻边,以提高生产率并节约材料。

变薄翻边属于体积成形。变薄翻边时,凸凹模之间采用小间隙,凸模下方的材料变形与圆孔翻边相似,但它们成形为竖边后,将会在凸、凹模之间的小间隙内受到挤压,发生较大的塑性变形,从而使竖边厚度减薄,增加高度。

生产中,常采用变薄翻边来成形小螺纹底孔,其基本形式如图 7.33 所示。凸模的端头做成锥形或抛物面形,凸、凹模之间的间隙小于材料厚度,翻边时孔壁材料变薄而高度增加。

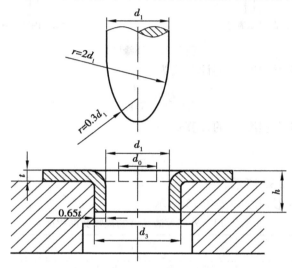

图 7.33　小孔翻边模

对于低碳钢、黄铜、纯铜及铝,翻边预孔直径为

$$d_0 = (0.45 \sim 0.5) d_1 \qquad (7.28)$$

翻边孔的外径为

$$d_3 = d_1 + 1.3t \qquad (7.29)$$

翻边高度为

$$h = \frac{t(d_3^2 - d_0^2)}{d_3^2 - d_1^2} + (0.1 \sim 0.3) \qquad \text{mm} \qquad (7.30)$$

凹模圆角半径一般取 $r = (0.2 \sim 0.5)t$,但不小于 0.2 mm。

### 7.3.4 翻边模设计典型案例

**(1)固定套的工艺性分析**

固定套的零件图如图 7.34 所示,其材料为 08 钢,料厚 1 mm,中批量生产。由图可知,$\phi 40$ mm 处由内孔翻边成形,$\phi 80$ mm 是圆筒形拉深件,可一次拉深成形。工序安排为落料—拉深—冲预孔—翻边。

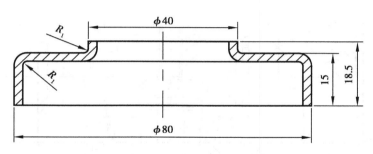

**图7.34　固定套零件图**

**(2)翻边预孔直径及翻边力的计算**

1)计算预孔尺寸

翻边前为 φ80 mm、高15 mm的无凸缘圆筒形工件,如图7.35所示。

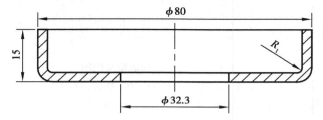

**图7.35　翻边前工序件图**

$$D = 39 \text{ mm}, H = 4.5 \text{ mm}$$

$$D_1 = D + 2r + t = 39 \text{ mm} + 2 \text{ mm} \times 1 + 1 \text{ mm} = 42 \text{ mm}$$

$$h = H - r - t = 4.5 \text{ mm} - 1 \text{ mm} - 1 \text{ mm} = 2.5 \text{ mm}$$

$$d_0 = D_1 - \left[ \pi \left( r + \frac{t}{2} \right) + 2h \right] = 42 \text{ mm} - \left[ \pi \left( 1 + \frac{1}{2} \right) + 2 \times 2.5 \right] \text{ mm} = 32.3 \text{ mm}$$

2)计算翻边系数

翻边系数为

$$K_0 = \frac{d_0}{D} = \frac{32.3}{39} = 0.838$$

由表7.12可查得低碳钢的极限翻边系数为0.65,小于所需的翻边系数,故该零件可一次翻边成形。

3)翻边力计算

由相关手册查得,$\sigma_s = 200$ MPa。

翻边力为

$$F = 1.1\pi(D - d_0)t\sigma_s = 1.1 \times \pi(39 - 32.3) \times 1 \times 200 \text{ N} = 4.628 \text{ kN}$$

**(3)翻边模设计**

为便于坯件定位,固定套翻边模采用倒装结构,使用大圆角圆柱形翻边凸模,坯件孔套在定位销上定位,靠标准弹顶器压边,采用打料杆打下工件,选用后侧滑动导柱、导套模架。

根据模架尺寸和闭合高度,选用250 kN双柱可倾式压力机。翻边模如图7.36所示。

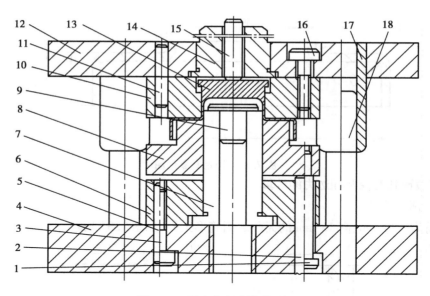

**图 7.36　固定套翻边模装配图**

1—卸料螺钉;2—顶杆;3,16—螺钉;4—下模座;5—销钉;6—翻边凸模固定板;7—翻边凸模;8—托料板;
9—定位钉;10—翻边凹模;12—上模座;13—上模座;14—模柄;15—打料杆;17—导套;18—导柱

# 7.4　缩　口

缩口是指将预先拉深成形的圆筒或管状坯料,通过缩口模将其口部缩小的一种成形工艺。

## 7.4.1　缩口成形的特点和变形程度

### (1)缩口成形的特点

如图 7.37 所示为筒形件缩口成形示意图。缩口时,缩口端的材料在凹模的压力下向凹模内滑动,直径减小,壁厚和高度增加。制件壁厚不大时,可以近似地认为变形区处于两向(切向和径向)受压的平面应力状态,以切向压力为主。应变以径向压缩应变为最大应变,而厚度和长度方向为伸长变形,且厚度方向的变形量大于长度方向的变形量。

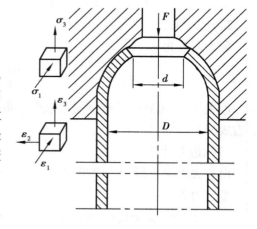

**图 7.37　筒形件缩口成形**

由于切向压应力的作用,在缩口时坯料易于失稳起皱;同时非变形区的筒壁,由于承受全部缩口压力,也易失稳产生变形,所以防止失稳是缩口工艺的主要问题。

### (2)缩口成形的变形程度

缩口的极限变形程度主要受失稳条件的限制,缩口变形程度用总缩口系数 $m_s$ 表示为

$$m_s = \frac{d}{D} \tag{7.31}$$

式中　$m_s$——总缩口系数；

　　　$d$——缩口后直径，mm；

　　　$D$——缩口前直径，mm。

缩口系数的大小与材料的力学性能、料厚、模具形式与表面质量、制件缩口端边缘情况及润滑条件等有关。如表 7.14 所示为各种材料的缩口系数。

表 7.14　各种材料的缩口系数

| 材　料 | 平均缩口系数 $m_{均}$ | | | | | |
|---|---|---|---|---|---|---|
| | 材料厚度 | | | 支承形式 | | |
| | ≤0.5 | >0.5~1 | >1 | 无支承 | 外支承 | 内外支承 |
| 铝 | — | — | — | 0.68~0.72 | 0.53~0.57 | 0.27~0.32 |
| 硬铝（退火） | — | — | — | 0.73~0.80 | 0.60~0.63 | 0.35~0.40 |
| 硬铝（淬火） | — | — | — | 0.75~0.80 | 0.63~0.72 | 0.40~0.43 |
| 软钢 | 0.85 | 0.75 | 0.7~0.65 | 0.70~0.75 | 0.55~0.60 | 0.30~0.35 |

当工件需要进行多次缩口时，其各次缩口系数的计算为

首次缩口系数为

$$m_1 = 0.9 m_{均} \tag{7.32}$$

以后各次缩口系数为

$$m_n = (1.05 \sim 1.10) m_{均} \tag{7.33}$$

式中　$m_{均}$——平均缩口系数，即

$$m_{均} = \frac{m_1 + m_2 + m_3 + \cdots + m_n}{n} \tag{7.34}$$

### 7.4.2　缩口工艺计算

**(1) 毛坯高度计算**

缩口后，工件高度发生变化，缩口毛坯高度按下式计算（式中符号如图 7.38 所示）：

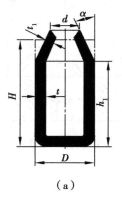

（a）

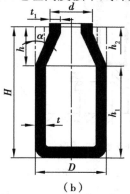

（b）

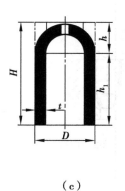

（c）

图 7.38　缩口形式

图 7.38(a)形式：

$$H = 1.05\left[h_1 + \frac{D^2 - d^2}{8D\sin\alpha}\left(1 + \sqrt{\frac{D}{d}}\right)\right] \tag{7.35}$$

图 7.38(b)形式：

$$H = 1.05\left[h_1 + h\sqrt{\frac{d}{D}} + \frac{D^2 - d^2}{8D\sin\alpha}\left(1 + \sqrt{\frac{D}{d}}\right)\right] \tag{7.36}$$

图 7.38(c)形式：

$$H = h_1 + \frac{1}{4}\left(1 + \sqrt{\frac{D}{d}}\right)\sqrt{D^2 - d^2} \tag{7.37}$$

**(2)缩口凹模的半锥角 α**

缩口凹模的半锥角 α 在缩口成形中起着重要作用。一般使用 α < 45°，最好使 α 在 30°以内，当 α 较为合理时，允许的极限缩口系数 m 可比平均缩口系数 $m_{均}$ 小 10% ~ 15%。

**(3)缩口力计算**

在无内支承进行缩口时，缩口力 F 可计算为

$$F = k\left[1.1\pi D t_0 \sigma_b\left(1 - \frac{d}{D}\right)(1 + \mu\cot\alpha)\frac{1}{\cos\alpha}\right] \tag{7.38}$$

式中　$t_0$——缩口前料厚；

　　　$D$——缩口前直径；

　　　$d$——工件缩口部分直径；

　　　$\mu$——工件与凹模间的摩擦因数；

　　　$\sigma_b$——材料抗拉强度；

　　　$\alpha$——凹模圆锥半角；

　　　$k$——速度系数，用普通压力机时，$k = 1.15$。

**(4)缩口模结构设计**

常见的缩口模结构如图 7.39 所示。

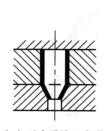
（a）无支承缩口成形

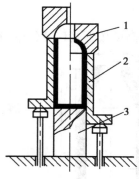
（b）外支承缩口成形

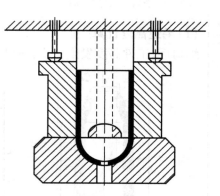
（c）内支承缩口成形

**图 7.39　缩口模结构**
1—凹模；2—外支承；3—下支承

254

### 7.4.3 缩口模设计典型案例

**(1)气瓶的工艺性分析**

气瓶的零件图如图 7.40 所示,其材料为 08 钢,料厚 1 mm,中批量生产。由图可知,气瓶为带底的圆筒形缩口工件,可采用拉深工艺制成圆筒形件,再进行缩口成形。

**(2)缩口系数的计算**

由图 7.40 可知,$d=35$ mm,$D=49$ mm,则缩口系数为

$$m = \frac{d}{D} = \frac{35}{49} = 0.71$$

因该工件为有底缩口件,故只能采用外支承方式的缩口模具,查表 7.14 得许用缩口系数为 0.6,则该工件可一次缩口成形。

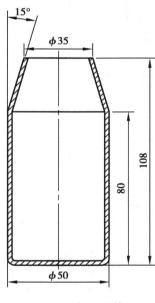

图 7.40 气瓶零件图

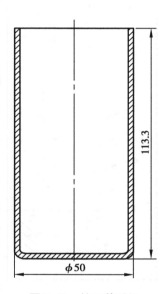

图 7.41 缩口前毛坯

**(3)毛坯高度的计算**

由图 7.40 可知,$h=79$ mm,又由图 7.38 可知,应选用图 7.38(a)形式,则毛坯高度为

$$H = 1.05\left[h_1 + \frac{D^2 - d^2}{8D\sin\alpha}\left(1 + \sqrt{\frac{D}{d}}\right)\right]$$

$$= 1.05 \times \left[79 + \frac{50^2 - 35^2}{8 \times 50 \times \sin 15°} \times \left(1 + \sqrt{\frac{50}{35}}\right)\right] \text{ mm}$$

$$= 113.3 \text{ mm}$$

取 $H=113.3$ mm,则缩口前毛坯如图 7.41 所示。

**(4)缩口力的计算**

根据图 7.40,由相关手册可查得,$\sigma_b = 430$ MPa,凹模与工件的摩擦因数 $\mu = 0.1$,则缩口力 $F$ 为

$$F = k\left[1.1\pi D t_0 \sigma_b \left(1 - \frac{d}{D}\right)(1 + \mu\cot\alpha)\frac{1}{\cos\alpha}\right]$$

255

$$= 1.15 \times \left[ 1.1 \times \pi \times 49 \times 1 \times 430 \times \left(1 - \frac{35}{49}\right) \times (1 + 0.1 \times \cot 15°) \times \frac{1}{\cos 15°} \right] N$$

$$= 25.418 \text{ kN}$$

**(5)缩口模设计**

缩口模采用外支承形式一次成形,缩口凹模工作表面的表面粗糙度为 $R_a = 0.4 \ \mu m$,采用后侧导柱、导套模架,导柱、导套加长为 210 mm。因模具闭合高度为 275 mm,则选用 400 kN 开式可倾式压力机。缩口模结构如图 7.42 所示。

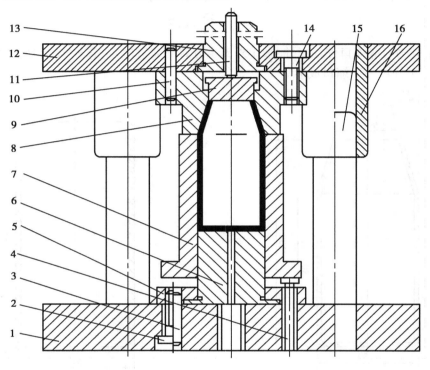

图 7.42　气瓶缩口模装配图

1—下模座;2,14—螺栓;3,10—销钉;4—顶杆;5—下固定板;6—垫块;7—外支承套;
8—凹模;9—口形凸模;11—打料杆;12—上模座;13—模柄;15—导柱;16—导套

# 7.5　校平与整形

校平与整形是指利用模具使坯件局部或整体产生不大的塑性变形,以消除平面度误差,提高制件形状及尺寸精度的冲压成形方法。

### 7.5.1　校平与整形的工艺特点

校平与整形允许的变形量很小,因此必须使坯件的形状和尺寸与制件非常接近。校平和整形后制件精度较高,因而对模具成形部分的精度要求也相应较高。

校平与整形时,应使坯件内的应力、应变状态有利于减少卸载后由于材料的弹性变形而引起制件形状和尺寸的弹性恢复。

由于校平与整形需要在曲柄压力机下死点进行,因此,对设备的精度、刚度要求高,通常在专用的精压机上进行。若采用普通压力机,则必须设有过载保护装置,以防止设备损坏。

### 7.5.2　校平

校平多用于冲裁件,以消除冲裁过程中拱弯造成的不平。对薄料、表面不允许有压痕的制件,一般采用光面校平模(见图 7.43)。对较厚的制件,一般采用齿形校平模(见图 7.44)。

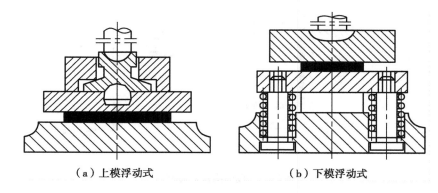

（a）上模浮动式　　　　　　　（b）下模浮动式

**图 7.43　光面校平模**

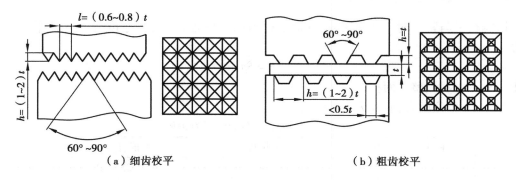

（a）细齿校平　　　　　　　（b）粗齿校平

**图 7.44　齿形校平模**

### 7.5.3　整形

整形一般用于弯曲、拉深成形工序之后。整形模与一般成形模具相似。只是工作部分的定形尺寸精度高,表面粗糙度值要求更小,圆角半径和间隙都较小。

整形时,必须根据制件形状的特点和精度要求,正确地选定产生塑性变形的部位、变形的大小和恰当的应力、应变状态。

弯曲件的镦校(见图 7.45)所得到的制件尺寸精度高,是目前经常使用的一种校正方法。但是,对于带有孔的弯曲件或宽度不等的弯曲件,不宜采用,因为镦校时易使孔产生变形。

拉深件的整形采用负间隙拉深整形法(见图 7.46),其间隙可取 $(0.9 \sim 0.95)t$($t$ 为料厚)。可将整形工序与最后一道拉深工序结合成一道工序完成。

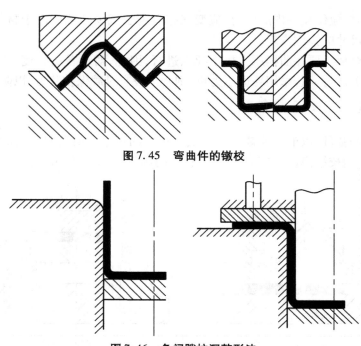

图 7.45　弯曲件的镦校

图 7.46　负间隙拉深整形法

### 7.5.4　校平、整形力的计算

影响校平与整形时压力的主要因素是材料的力学性能、板料厚度等。其校平、整形力 $F$ 为

$$F = Sp \tag{7.39}$$

式中　$S$——校平、整形面积；

　　　　$p$——单位压力，如表 7.15 所示。

表 7.15　校平整形时的单位压力 $p/\mathrm{MPa}$

| 校平(整形)材料 | 平板校平 | 整形、齿形校平 |
|---|---|---|
| 软钢 | 8～10 | 25～40 |
| 软铝 | 2～4 | 2～5 |
| 硬铝 | 5～8 | 30～40 |
| 软黄铜 | 5～8 | 10～15 |
| 硬黄铜 | 8～10 | 50～60 |

## 7.6　冷挤压

### 7.6.1　概述

**(1)冷挤压的概念**

冷挤压是机械制造工艺中的少、无切削加工新工艺之一。它是将冷挤压模具装在压力机上,利用压力机简单的往复运动,使金属在模腔内产生塑性变形,从而获得所需要的尺寸、形状及一定性能的机械零件。冷挤压是在室温条件下进行的,不需要对毛坯进行加热。

冷挤压加工可以在冷挤压压力机上进行,也可以在普通机械压力机(冲床)、液压机、摩擦压力机或高速锤上进行。

**(2)冷挤压分类**

1)正挤压

正挤压时,金属的流动方向与凸模的运动方向相同。如图 7.47 所示为正挤压实心工件的情形,它的加工过程是先将毛坯放在凹模内,凹模底部有一个大小与所制零件外径相同的孔,然后用凸模去挤压毛坯。挤压时由于凸模压力的作用,使金属在塑性状态下产生塑性流动,强迫金属从凹模的小孔中流出,从而制成所需要的零件。一般来说,正挤压可以制造各种形状的实心工件(采用实心毛坯),也可以制造各种形状的管子。如图 7.48 所示的弹壳零件采用空心毛坯或杯形毛坯冷挤压成形。

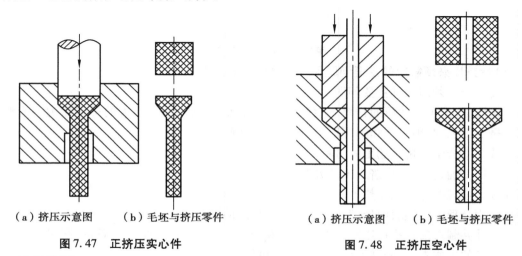

| （a）挤压示意图 （b）毛坯与挤压零件 | （a）挤压示意图 （b）毛坯与挤压零件 |
| :---: | :---: |
| **图 7.47  正挤压实心件** | **图 7.48  正挤压空心件** |

2)反挤压

反挤压时,金属的流动方向与凸模的运动方向相反。如图 7.49 所示为挤压空心杯形工件的情形,它的加工过程是把扁平的毛坯放在凹模内,凹模与凸模的径向间隙等于杯形零件的壁厚。当凸模向毛坯施加压力时,金属便沿凸模与凹模之间的间隙向上流动,从而制成所需的空心杯形零件。

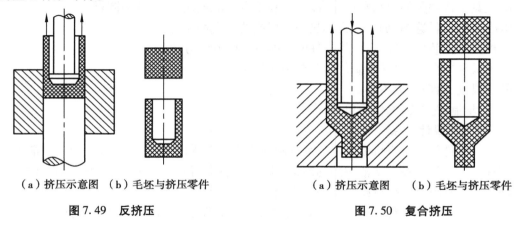

| （a）挤压示意图 （b）毛坯与挤压零件 | （a）挤压示意图 （b）毛坯与挤压零件 |
| :---: | :---: |
| **图 7.49  反挤压** | **图 7.50  复合挤压** |

3）复合挤压

复合挤压时，毛坯上一部分金属的流动方向与凸模的运动方向相同，而另一部分金属的流动方向则相反。如图7.50所示为复合挤压工件的情形。如图7.51所示为镦挤复合挤压。用复合挤压的方法，可制造各种有凸起的复杂形状的空心工件。

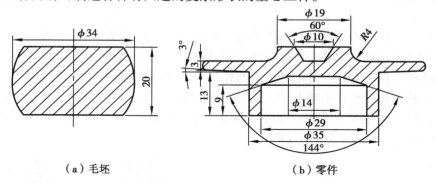

（a）毛坯 （b）零件

图7.51 镦挤复合挤压

**（3）冷挤压必须解决的主要问题和对模具结构的要求**

1）冷挤压必须解决的主要问题

冷挤压时，为了使挤压的材料产生塑性变形流动，模具须承受巨大的反作用力。为顺利实施冷挤压工艺，必须考虑和解决以下7方面的问题：

①选用适合于冷挤压加工的材料。

②采用正确、合理的冷挤压工艺方案。

③选用合理的毛坯软化热处理方案。

④采用合理的毛坯表面处理方法及选用最理想的润滑剂。

⑤设计并制造适合冷挤压特点的模具结构，保证成品达到所要求的质量，同时还应保证模具有较长的工作寿命、较高的生产率和安全可靠。

⑥选择合适的冷挤压模具材料及其热处理方法。

⑦选择适合于冷挤压工艺特点的机器与设备。

2）对冷挤压模具结构的要求

①模具要有足够的强度和刚度，垫板有足够的厚度和硬度，上、下模座都由碳钢制作。

②模具工作部分的形状和尺寸合理，有利于金属的塑性变形，从而降低挤压力。

③模具的材料选择、加工方案和热处理规范的确定都应合理。

④模具的安装应牢固可靠，易损件的更换、拆卸、安装方便。

⑤模具导向良好，以保证制件的公差和模具寿命。

⑥模具制造容易，成本低。

⑦放、取制件方便，操作简单、安全。

**（4）冷挤压设计要点**

①冷挤压件设计是将机械制造的零件图转化为冷挤压件图，转化过程中应尽可能地满足冷挤压件结构要素。在要素范围外的结构，应进行简化，留有后续加工余量；或用其他压力加工方法，使冷挤压件精化，以减少切削加工余量。

②冷挤压件的变形程度应遵循冷挤压件许用变形程度原则。冷挤压件的许用变形程度

与被挤压材料及其变形方式密切相关。

③冷挤压件的材料比较广泛,从有色金属到黑色金属,但只有满足冷塑性变形的金属,才适用于冷挤压。调质钢调质处理后具有冷塑性变形性能,但应注意其冷挤压变形范围,否则可能产生严重的缺陷。对高强度低塑性的材料同样要注意避开某些变形程度范围。

④一般情况下,冷挤压的工艺流程包括:

a. 下料。下料获取的毛坯有时需要整形,整形工序包含镦粗。

b. 软化处理。软化包括退火软化与淬火软化。某些材料只能采用退火软化,某些材料只能采用淬火软化,某些材料既可采用退火软化,也可采用淬火软化,二者取其一。

c. 表面处理。表面清洗及表面润滑处理,常用磷皂化处理,也可采用高分子润滑剂。

d. 冷挤压。冷挤压件工艺设计非常重要,应根据不同的零件设计不同的冷挤压工艺。有些零件采用单工序可完成,如正挤压、反挤压、复合挤压及镦挤复合挤压。有些零件则应采用多工序冷挤压工艺,其出发点往往取决于模具的使用寿命和冷挤压件的结构特点。随着多工位冷挤压成形压力机的广泛使用,其冷挤压工艺设计尤显其重要性。

### 7.6.2　冷挤压工艺性分析

**(1)冷挤压变形特征**

分析冷挤压金属流动用的是坐标网格试验法,即将毛坯沿轴线切开,在其切面上画上等距的坐标网格线,黏合后挤压,再将挤压后的试件分开,观察其网格变化情况。

**(2)冷挤压工艺性要求**

1)冷挤压件的尺寸设计原则

①金属流动剧烈处的过渡圆角半径 $R$ 应尽可能增大,与挤压力方向垂直的受力面应增大斜度 $\alpha$。

②为了防止变形抗力急剧增大及延长模具寿命,应控制挤压凹模与凸模间的金属在成形终了时的最小厚度 $s$ 和 $b$。

③挤压件的最终尺寸 $d$ 和 $D$ 不能太小或相差太大,应在允许的变形程度范围内。

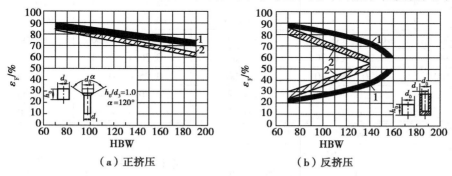

（a）正挤压　　　　　（b）反挤压

**图 7.52　黑色金属正挤压许用变形程度**

1—许用单位挤压力为 2 500 MPa 的等压线;2—许用单位挤压力为 2 000 MPa 的等压线

图 7.52 由纯铁 DT1,10,20,20Cr,45,40Cr,40MnB,GCr15 这 8 种材料组成,其对应的退火硬度为 70HBW,90HBW,110HBW,140HBW,150HBW,1 610HBW,1 700HBW,1 800HBW。

图 7.52 中 1,2 两线是在毛坯经磷皂化,毛坯相对高度 $h_0/d_0 = 1.0$(见图 7.52(a)),凹模

入口角 $\alpha = 120°$ 条件下所得到 2 500 MPa 和 2 000 MPa 两条等压线。图中的纵、横坐标分别为许用变形程度与毛坯硬度,等压线以下的区域分别代表该许用单位挤压力下的许用变形区。从曲线中可知,毛坯的原始硬度越高,正挤压的变形程度越小。

在实际生产中,如果条件和上述图中的实验不同,则应对极限变形程度做适当的修正。

2)挤压件的精度和表面粗糙度

正挤压实心件在正常条件下能达到的精度如表 7.16 所示。

**表 7.16　正挤压实心件的尺寸偏差/mm**

| | 直径 d | | | 长度 l | |
|---|---|---|---|---|---|
| | 公称尺寸 | 偏　差 | | 公称尺寸 | 偏挠值 |
| | | 一般的 | 用附加加工的 | | |
| | 10 ~ 18 | ± 0.11 | — | ≤ 100 | 0.02 ~ 0.15 |
| | > 18 ~ 30 | ± 0.13 | ± 0.052 | > 100 ~ 200 | 0.05 ~ 0.25 |
| | > 30 ~ 50 | ± 0.16 | ± 0.062 | > 200 ~ 500 | 0.10 ~ 0.50 |
| | > 50 ~ 80 | ± 0.19 | ± 0.072 | > 500 ~ 700 | 0.20 ~ 1.50 |
| | > 80 ~ 100 | ± 0.22 | ± 0.082 | > 700 ~ 1 200 | 0.50 ~ 2.00 |

反挤压杯形件在正常条件下能达到的精度如表 7.17、表 7.18 所示。

**表 7.17　反挤压件的尺寸偏差($L/D > 1.2$)/mm**

| 公称尺寸 | 外径 D | | 内径 d | |
|---|---|---|---|---|
| | 偏　差 | | 偏　差 | |
| | 一般的 | 用附加加工的 | 一般的 | 用附加加工的 |
| ≤ 10 | ± 0.10 | ± 0.02 | ± 0.05 | ± 0.02 |
| > 10 ~ 30 | ± 0.10 | ± 0.02 | ± 0.05 ~ ± 0.07 | ± 0.02 ~ ± 0.04 |
| > 30 ~ 40 | ± 0.10 | ± 0.02 | ± 0.08 ~ ± 0.10 | ± 0.02 ~ ± 0.04 |
| > 40 ~ 50 | ± 0.10 | ± 0.025 | ± 0.10 ~ ± 0.12 | ± 0.025 ~ ± 0.04 |
| > 50 ~ 60 | ± 0.10 | ± 0.03 | ± 0.12 ~ ± 0.14 | ± 0.03 ~ ± 0.05 |
| > 60 ~ 70 | ± 0.20 ~ ± 0.30 | ± 0.035 | ± 0.15 ~ ± 0.18 | ± 0.035 ~ ± 0.05 |
| > 70 ~ 80 | ± 0.20 ~ ± 0.30 | ± 0.04 | ± 0.18 ~ ± 0.20 | ± 0.04 ~ ± 0.05 |
| > 80 ~ 90 | ± 0.20 ~ ± 0.30 | ± 0.05 | ± 0.20 ~ ± 0.24 | ± 0.05 ~ ± 0.08 |
| > 90 ~ 100 | ± 0.20 ~ ± 0.30 | ± 0.06 | ± 0.25 ~ ± 0.30 | ± 0.06 ~ ± 0.09 |
| > 100 ~ 120 | ± 0.30 | ± 0.08 | ± 0.30 ~ ± 0.40 | ± 0.08 ~ ± 0.10 |
| > 120 ~ 140 | ± 0.40 | ± 0.12 | ± 0.40 ~ ± 0.50 | ± 0.10 ~ ± 0.12 |

| 公称尺寸 | 壁厚 t | | 公称尺寸 | 底厚 b | |
|---|---|---|---|---|---|
| | 偏　差 | | | 偏　差 | |
| | 一般的 | 用附加加工的 | | 一般的 | 用附加加工的 |
| ≤ 0.6 | ± 0.05 ~ ± 0.10 | ± 0.02 | ≤ 2 | ± 0.15 | ± 0.10 |
| > 0.6 ~ 1.2 | ± 0.07 ~ ± 0.10 | ± 0.02 | > 2 ~ 10 | ± 0.20 ~ ± 0.30 | ± 0.12 |
| > 1.2 ~ 2.0 | ± 0.10 ~ ± 0.12 | ± 0.025 | > 10 ~ 15 | ± 0.25 ~ ± 0.35 | ± 0.15 |
| > 2.0 ~ 3.5 | ± 0.12 ~ ± 0.15 | ± 0.03 | > 15 ~ 25 | ± 0.30 ~ ± 0.40 | ± 0.20 |
| > 3.5 ~ 6.0 | ± 0.15 ~ ± 0.20 | ± 0.035 | > 25 ~ 40 | ± 0.35 ~ ± 0.50 | ± 0.25 |

| 公称尺寸 | 偏　差 | | 公称尺寸 | 偏　差 | |
| --- | --- | --- | --- | --- | --- |
| | 一般的 | 用附加加工的 | | 一般的 | 用附加加工的 |
| > 6.0 ~ 10 | ± 0.40 ~ ± 0.50 | ± 0.30 | > 50 ~ 70 | ± 0.45 ~ ± 0.60 | ± 0.35 |

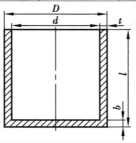

**表7.18　反挤压件的尺寸偏差（$L/D < 1.2$）/mm**

| 公称尺寸 | 外径 $D$ | | 内径 $d$ | |
| --- | --- | --- | --- | --- |
| | 偏　差 | | 偏　差 | |
| | 一般的 | 用附加加工的 | 一般的 | 用附加加工的 |
| ≤ 10 | ± 0.08 | ± 0.05 | ± 0.10 | ± 0.05 |
| > 10 ~ 30 | ± 0.10 | ± 0.06 | ± 0.10 ~ ± 0.20 | ± 0.05 ~ ± 0.10 |
| > 30 ~ 40 | ± 0.12 | ± 0.07 | ± 0.15 ~ ± 0.25 | ± 0.10 ~ ± 0.15 |
| > 40 ~ 50 | ± 0.15 | ± 0.10 | ± 0.20 ~ ± 0.25 | ± 0.10 ~ ± 0.15 |
| > 50 ~ 60 | ± 0.20 | ± 0.12 | ± 0.20 ~ ± 0.30 | ± 0.12 ~ ± 0.20 |
| > 60 ~ 70 | ± 0.22 | ± 0.15 | ± 0.20 ~ ± 0.30 | ± 0.15 ~ ± 0.25 |
| > 70 ~ 80 | ± 0.25 | ± 0.17 | ± 0.20 ~ ± 0.35 | ± 0.15 ~ ± 0.25 |
| > 80 ~ 90 | ± 0.30 | ± 0.20 | ± 0.25 ~ ± 0.40 | ± 0.20 ~ ± 0.30 |
| > 90 ~ 100 | ± 0.35 | ± 0.22 | ± 0.30 ~ ± 0.45 | ± 0.25 ~ ± 0.35 |
| > 100 ~ 120 | ± 0.40 | ± 0.25 | ± 0.35 ~ ± 0.50 | ± 0.30 ~ ± 0.40 |

| 公称尺寸 | 壁厚 $t$ | | 公称尺寸 | 底厚 $b$ | |
| --- | --- | --- | --- | --- | --- |
| | 偏　差 | | | 偏　差 | |
| | 一般的 | 用附加加工的 | | 一般的 | 用附加加工的 |
| ≤ 2 | ± 0.10 | ± 0.05 | ≤ 2 | ± 0.15 ~ ± 0.20 | ± 0.10 |
| > 2 ~ 10 | ± 0.15 | ± 0.10 | > 2 ~ 10 | ± 0.20 ~ ± 0.30 | ± 0.15 |
| > 10 ~ 15 | ± 0.20 | ± 0.15 | > 10 ~ 15 | ± 0.25 ~ ± 0.30 | ± 0.20 |
| | | | > 15 ~ 25 | ± 0.30 ~ ± 0.40 | ± 0.25 |
| | | | > 25 ~ 40 | ± 0.40 ~ ± 0.50 | ± 0.35 |

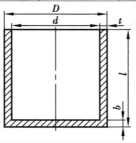

冷挤压件的表面粗糙度:有色金属为 $R_a 0.4~\mu m$;黑色金属为 $R_a 0.8~\mu m$。

### 7.6.3 冷挤压工艺参数计算

**(1)毛坯尺寸的确定**

毛坯体积计算的原则为等体积法计算,即毛坯体积=工件体积。

**(2)冷挤压变形程度的计算**

挤压件的变形程度可以用各种不同方法来表示,常用断面缩减率 $\varepsilon_s$ 来表示,也可用挤压比 $R$ 或对数挤压比 $\varphi$ 来表示,计算方法如表 7.19 所示。

**表 7.19 挤压件变形程度计算方法**

| 类 型 | | 计算方法 | | | 说 明 |
|---|---|---|---|---|---|
| | | $\varepsilon_s$ | $R$ | $\varphi$ | |
| 反挤压 | | $\varepsilon_s = \dfrac{S_0 - S_1}{S_0} \times 100\%$ | $R = \dfrac{S_0}{S_1}$ | $\varphi = \ln R = \ln \dfrac{S_0}{S_1}$ | $\varepsilon_s$—断面缩减率 $R$—挤压比 $\varphi$—对数挤压比 $S_0$—挤压前毛坯的横截面积,$mm^2$ $S_1$—挤压后毛坯的横截面积,$mm^2$ $d_0$—毛坯外径,mm $d_1$—杆部直径或杯形内径,mm $d_2$—空心挤压件内径,mm |
| | 圆形件 | $\varepsilon_s = \dfrac{d_1^2}{d_0^2} \times 100\%$ | $R = \dfrac{d_0^2}{d_0^2 - d_1^2}$ | $\varphi = \ln \dfrac{d_0^2}{d_0^2 - d_1^2}$ | |
| 正挤压实心件 | | $\varepsilon_s = \dfrac{S_0 - S_1}{S_0} \times 100\%$ | $R = \dfrac{S_0}{S_1}$ | $\varphi = \ln R = \ln \dfrac{S_0}{S_1}$ | |
| | 圆形件 | $\varepsilon_s = \dfrac{d_0^2 - d_1^2}{d_0^2} \times 100\%$ | $R = \dfrac{d_0^2}{d_1^2}$ | $\varphi = \ln \dfrac{d_0^2}{d_1^2}$ | |
| 正挤压空心件 | | $\varepsilon_s = \dfrac{S_0 - S_1}{S_0} \times 100\%$ | $R = \dfrac{S_0}{S_1}$ | $\varphi = \ln R = \ln \dfrac{S_0}{S_1}$ | |
| | 圆形件 | $\varepsilon_s = \dfrac{d_0^2 - d_1^2}{d_0^2 - d_2^2} \times 100\%$ | $R = \dfrac{d_0^2 - d_2^2}{d_0^2 - d_1^2}$ | $\varphi = \ln \dfrac{d_0^2 - d_2^2}{d_0^2 - d_1^2}$ | |

冷挤压时许用的变形程度如表 7.20 所示。

表 7.20　冷挤压时许用的变形程度

| 材　料 | 许用变形程度/% | |
|---|---|---|
| | 正挤压 | 反挤压 |
| 锌、铝、无氧铜 | 95～99 | 90～99 |
| 纯铜、黄铜、硬铝 | 90～95 | 75～90 |
| 钢(碳的质量分数 0.1%) | 82～88 | 75～85 |
| 钢(碳的质量分数 0.2%) | 78～85 | 68～78 |
| 钢(碳的质量分数 0.3%) | 73～80 | 62～75 |
| 钢(碳的质量分数 0.4%) | 70～76 | 55～68 |

**(3)冷挤压力的计算**

冷挤压力的计算是设计模具结构、确定模具材料的重要依据。冷挤压力的大小受被挤压材料性能、变形程度的大小、挤压方式、模具几何形状和毛坯相对高度 $H/D$ 的影响。实际工作中以查图表确定为主。

### 7.6.4　冷挤压模具结构设计

**(1)冷挤压凸模设计**

反挤压黑色金属常用的反挤压凸模结构如图 7.53 所示。

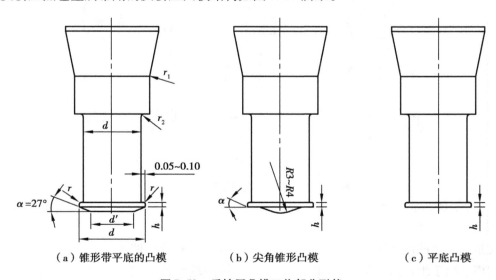

（a）锥形带平底的凸模　　　（b）尖角锥形凸模　　　（c）平底凸模

**图 7.53　反挤压凸模工作部分形状**

反挤压有色金属常用凸模结构如图 7.54 所示。

当挤压纯铝薄壁件的凸模工作部分长度较长时,为增加凸模的稳定性,可将凸模下端面开出工艺凹槽,如图 7.55 所示。

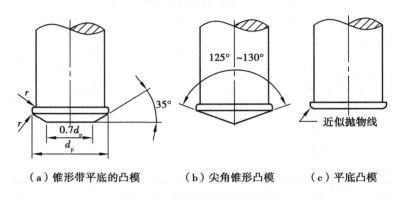

（a）锥形带平底的凸模　　　（b）尖角锥形凸模　　　（c）平底凸模

图 7.54　有色金属反挤压凸模

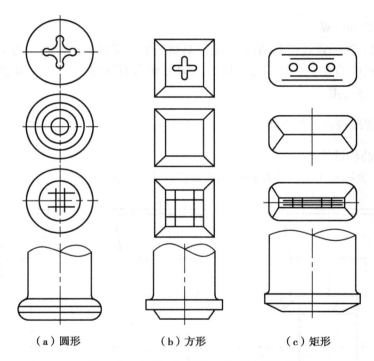

（a）圆形　　　　　（b）方形　　　　　（c）矩形

图 7.55　凸模工作端面工艺凹槽的形状

**（2）冷挤压凹模设计**

1）反挤压凹模

反挤压常用凹模结构如图 7.56 所示。图 7.56（a）为整体式凹模，极少使用，常用的是剖分式凹模。由于组合凹模预应力圈的预紧力在凹模的端面较小，在中央部分较大，故对在端面进行镦挤的凹模，应使成形部分表面低于凹模端面，如图 7.56（f）所示。反挤压凹模型腔参数如表 7.21 所示。

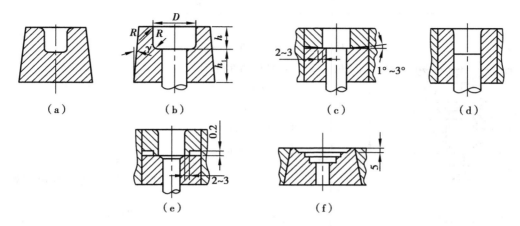

图 7.56　反挤压凹模的基本形式

表 7.21　反挤压凹模型腔参数

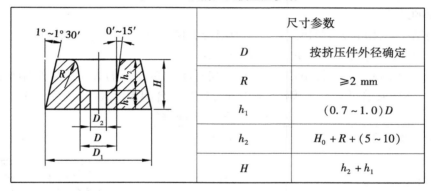

| | 尺寸参数 | |
|---|---|---|
| $D$ | 按挤压件外径确定 | |
| $R$ | $\geqslant 2$ mm | |
| $h_1$ | $(0.7 \sim 1.0)D$ | |
| $h_2$ | $H_0 + R + (5 \sim 10)$ | |
| $H$ | $h_2 + h_1$ | |

注:$H_0$——毛坯高度

2)正挤压凹模

如图 7.57 所示为正挤压凹模的几种结构形式。图 7.57(a)为整体式凹模,它容易发生横向开裂,因而常采用图 7.57(b)、图 7.57(c)、图 7.57(d)等剖分式凹模。正挤压凹模型腔参数如表 7.22 所示。

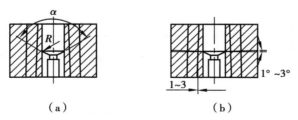

图 7.57　正挤压凹模的基本形式

267

**表 7.22　正挤压凹模型腔参数**

| （图） | 尺寸参数 | | | |
|---|---|---|---|---|
| | $D$ | $D_0 + (0.15 \sim 0.2)$ mm | $R_1$ | $0.5 \sim 1$ mm |
| | $d_1$ | 挤压件杆部直径 | $R_2$ | $>2$ mm |
| | $d_2$ | $d_1 + (0.5 \sim 1.0)$ mm | $h_2$ | $H_0 + R_2 + r + (2 \sim 3)$ mm |
| | $r$ | $2 \sim 3$ mm | $h_3$ | $(0.5 \sim 1)D$ |
| | 注：$D_0$——毛坯直径，mm | | | |
| | 　　　$H_0$——毛坯高度，mm | | | |
| | 挤压材料 | 纯铝 | 低碳钢 | 硬铝、纯铜、黄铜 |
| | $h_1$ | $1.0 \sim 2.0$ mm | $2.0 \sim 4.0$ mm | $1.0 \sim 3.0$ mm |

3）组合凹模

①凹模的结构

凹模的结构总体可分为整体式和预应力组合凹模。组合凹模可分为两层和三层式结构。在实际工作时，必须综合考虑以下 3 个具体问题：

a. 在具体冷挤压工艺设计条件下，根据冷挤压单位挤压力的大小决定采用整体式、二层式或三层式凹模，根据凹模内壁、侧向压力（$p_凹$）选择组合凹模形式（见表 7.23）。

**表 7.23　组合凹模的选择**

| 单位压力 $p_凹$/MPa | 凹模形式 | 简　图 |
|---|---|---|
| $\leq 1\,000 \sim 1\,200$ | 整体凹模 | （图） |
| $1\,200 < p \leq 1\,400 \sim 1\,600$ | 二层组合凹模 | （图） |
| $1\,400 < p \leq 2\,200 \sim 2\,500$ | 三层组合凹模 | （图） |

注：单位挤压力一般指垂直于凸模底面的单位压力 $p_凸 = \dfrac{P}{F}$，而 $p_凸 \neq p_凹$。当变形程度较大（$\varepsilon_s > 30\%$）时，可认为正挤压 $p_凸 \approx p_凹$，反挤压 $p_凹 \approx \varepsilon_s \cdot p_凸$。

b. 在已知凹模内腔孔径 $d_1$ 的条件下，决定各层凹模的直径 $d_2$，$d_3$ 与 $d_4$。

c. 决定各层模圈径向（双向）过盈量 $u$ 与轴向压合量 $C$。

②二层组合凹模

二层组合凹模结构如图 7.58 所示，设计参数如表 7.24 所示。

表 7.24　二层组合凹模设计参数

| 序　号 | $d_1$ | $d_2$ | $\delta_2$ | $\beta_2$ |
|---|---|---|---|---|
| 1 | $4d_1$ | $1.8d_2$ | 0.16 | 0.008 3 |
| 2 | $5d_1$ | $2.0d_2$ | 0.163 | 0.008 5 |
| 3 | $6d_1$ | $2.2d_2$ | 0.166 | 0.008 8 |

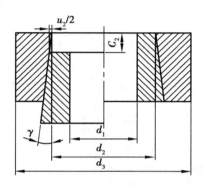

$d_1$—凹模内径(按挤压件最大外径),mm

$$d_3 = (4 \sim 6)d_1$$

$\gamma = 1°30'$(锥度可向上,也可向下)

$C_2 = \delta_2 d_2 - d_2$ 处轴向压合量

$u_2 = \beta_2 d_2 - d_2$ 处径向过盈量

图 7.58　二层组合凹模

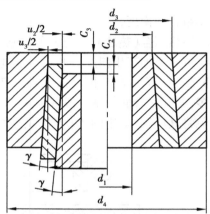

$d_1$—凹模内径(按挤压件最大外径),mm

$$d_4 = (4 \sim 6)d_1$$

$\gamma = 1°30'$(锥度可向上,也可向下)

$C_2 = \delta_2 d_2 - d_2$ 处轴向压合量

$u_2 = \beta_2 d_2 - d_2$ 处径向过盈量

$C_3 = \delta_3 d_3 - d_3$ 处轴向压合量

$u_3 = \beta_3 d_3 - d_3$ 处径向过盈量

图 7.59　三层组合凹模

③三层组合凹模

三层组合凹模结构如图 7.59 所示,设计参数如表 7.25 所示。

表 7.25　三层组合凹模设计参数

| 序　号 | $d_4$ | $d_3$ | $d_2$ | $\delta_2$ | $\beta_2$ | $\delta_3$ | $\beta_3$ |
|---|---|---|---|---|---|---|---|
| 1 | $4d_1$ | $2.45d_1$ | $1.55d_1$ | 0.204 | 0.010 6 | 0.120 | 0.006 0 |
| 2 | $5d_1$ | $2.90d_1$ | $1.70d_1$ | 0.20 | 0.010 5 | 0.090 | 0.004 5 |
| 3 | $6d_1$ | $3.25d_1$ | $1.80d_1$ | 0.195 | 0.010 2 | 0.072 | 0.003 8 |

径向过盈系数与凹模材料有关,可按表 7.26 选用。

**表7.26 组合凹模径向过盈系数经验值**

| 数　值<br>凹模材料 | 径向过盈系数 | |
|---|---|---|
| | $\beta_2$ | $\beta_3$ |
| 硬质合金 | 0.004 5 ~ 0.006 5 | 0.004 ~ 0.006 |
| 合金模具钢 | 0.003 ~ 0.006 | 0.004 ~ 0.008 |

④组合凹模压合方法

a. 加热压合(热装)。将外圈加热到适当温度,套装到内圈上,待外圈冷却后将内圈压紧。热装时可不必加工出斜度。此法用于过盈量较小的情况。

b. 强力压合。将各配合面做成一定的锥度,在室温下用液压机进行压合。目前用强力压合较多,各圈接合面斜度一般取为 $\gamma = 1°30'$。各圈压合顺序如图7.60所示。若中圈硬度高,为避免将其压碎,则用图7.60(b)的顺序。拆卸时的次序应该是先压出凹模,再压出中圈。

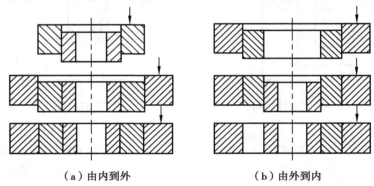

(a)由内到外　　　　　　　(b)由外到内

**图7.60 预应力圈的装法**

### (3)凸、凹模工作部分尺寸计算

凸、凹模工作部分尺寸计算公式如表7.27所示。

**表7.27 挤压凸、凹模工作部分尺寸计算公式**

| 尺寸基准 | 挤压件图 | 计算公式 | 说　明 |
|---|---|---|---|
| 要求外形尺寸制件 | $D^0_{-\Delta}$ , $t$ | $D_{凹} = \left( D - \dfrac{3}{4}\Delta \right)^{+\delta_{凹}}_0$ <br><br> $d_{凸} = \left( D - \dfrac{3}{4}\Delta - 2t \right)^{0}_{-\delta_{凸}}$ <br><br> $\delta_{凹} = \delta_{凸} = \left( \dfrac{1}{5} \sim \dfrac{1}{10} \right)\Delta$ <br><br> $h = h_0 + r + R_0 + (2\sim3)\ \text{mm}$ | $D$ 或 $d$—挤压件基本尺寸<br>$D_{凹}$—凹模尺寸<br>$d_{凸}$—凸模尺寸<br>$\Delta$—挤压件公差<br>$t$—挤压件壁厚<br>$\delta_{凹}$—凹模制造公差<br>$\delta_{凸}$—凸模制造公差<br>$h_0$—毛坯高度<br>$H = (2.5\sim4.0)h$<br>$R_0 = 2\sim3\ \text{mm}$<br>$r = (0.1\sim0.2)D > 0.5\ \text{mm}$ |

续表

| 尺寸基准 | 挤压件图 | 计算公式 | 说　明 |
|---|---|---|---|
| 要求内形尺寸制件 | | $d_{凸} = \left( d + \dfrac{1}{2}\Delta \right)^{0}_{-\delta_{凸}}$ <br> $D_{凹} = \left( d + \dfrac{1}{2}\Delta + 2t \right)^{+\delta_{凹}}_{0}$ <br> $\delta_{凸} = \delta_{凹} = \left( \dfrac{1}{5} \sim \dfrac{1}{10} \right)\Delta$ <br> $h = h_0 + r + R_0 + (2 \sim 3)\text{mm}$ | $D$ 或 $d$—挤压件基本尺寸 <br> $D_{凹}$—凹模尺寸 <br> $d_{凸}$—凸模尺寸 <br> $\Delta$—挤压件公差 <br> $t$—挤压件壁厚 <br> $\delta_{凹}$—凹模制造公差 <br> $\delta_{凸}$—凸模制造公差 <br> $h_0$—毛坯高度 <br> $H = (2.5 \sim 4.0)h$ <br> $R_0 = 2 \sim 3\ \text{mm}$ <br> $r = (0.1 \sim 0.2)D > 0.5\ \text{mm}$ |

**（4）冷挤压凸、凹模材料的选择**

冷挤压凸、凹模材料选择的要求如下：

①凹模与凸模是在 2 500 MPa 的高压下工作，因此必须具有很高的强度和硬度，才能避免本身的塑性变形、破坏和磨损。同时，还应当考虑因冷挤压过程中工作的温度可高达 300 ℃，应如何使模具在这样高的温度下仍能保持足够的强度与硬度。

②凸模与凹模在冲击条件下工作，应具有相当的韧性。

③凸模材料应当有较好的抗弯强度。

④模具是在冷热交变应力的条件下工作，故模具的材料应能经受这种考验。

⑤模具材料必须是较易于切削加工。如表 7.28 所示为冷挤压模常用材料。

**表 7.28　冷挤压模常用材料**

| 模具类型 | | 模具材料 |
|---|---|---|
| 铝件冷挤 | 凸模 | Cr12MoV,Cr12,CrWMn,9SiCr,W18Cr4V |
| | 凹模 | Cr12MoV,CrWMn,T10A,W18Cr4V,YG15,YG20 |
| 锌合金件冷挤 | 凸模 | Cr12MoV,Cr12,W18Cr4V |
| | 凹模 | YG15,YG20,YG25（大量生产） |
| 铜件冷挤 | 凸模 | Cr12MoV,W18Cr4V |
| | 凹模 | Cr12MoV,CrWMn |
| | 凸模 | W6Mo5Cr4V2,W18Cr4V,Cr12MoV,GCr15 |
| | 凹模 | Cr12MoV,CrWMn |
| 有色金属 | 预应力圈 | 30CrMnSiA,40Cr,45 |
| 黑色金属 | | 5CrNiMo,5CrMnMo,35CrMoA |

### 7.6.5 冷挤压模具设计典型案例

**(1)大功率电容器外壳**

大功率电容器外壳的零件图如图 7.61 所示,其材料为纯铝 1050A(L3),料厚 4 mm,大批量生产。

**(2)挤压方式的选择**

由图 7.61 可知,工件的冷挤压成形工艺方案有以下 3 种:

①采用圆柱毛坯,镦粗成形凸缘部分;反挤压成形筒部。

②采用圆柱毛坯,预成形杯形;正挤压达到工件要求。

③采用圆柱毛坯,镦挤一次成形。

比较以上 3 种方案:第一种和第二种方案的挤压力较小。但第一种方案挤压时属法兰镦粗,凸缘 R8 处不易充满,易产生缺陷。第二种方案克服了第一种方案的缺点,但不能同时将底部凹台挤压成形,且模具结构复杂。在实际生产中,一般采用第三种方案,该方案挤压力大,要求模具具有较高的强度。

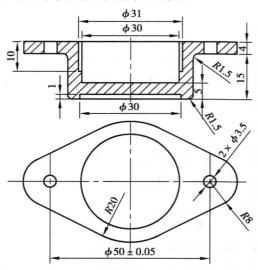

图 7.61 大功率电容器外壳

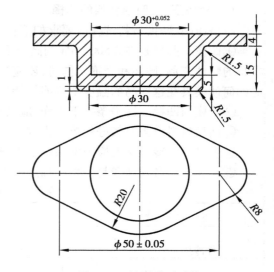

图 7.62 挤压成形形状

**(3)工艺性分析**

根据图 7.61 零件工作图结构形状分析,该零件不能用冷挤压成形的方法完全成形,孔 2×φ3.5 应采用成形后用钻削方法再加工成形。φ31 阶梯孔不利于挤压成形,应在成形后用镗削方法加工成形。因此,将该零件转换成可挤压成形的形状,如图 7.62 所示。

**(4)冷挤压工艺参数计算**

1)毛坯尺寸的确定

①毛坯直径

采用实心圆柱毛坯,其直径为工件筒部外径,则 $D$ = 工件外径 = φ38 mm。

②毛坯体积

毛坯体积计算的原则为等体积法计算,即毛坯体积 = 工件体积。

a. 工件筒部体积:

$$V_1 = (36^2 \times 15 - 30^2 \times 15)\frac{\pi}{4} \text{ mm}^3 = 11\,646.3 \text{ mm}^3$$

b. 筒部凸缘部分体积(见图 7.63):

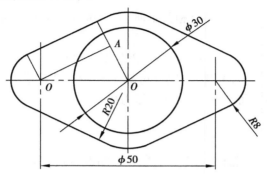

**图 7.63　凸缘部分毛坯尺寸计算**

$$\angle AO_1O = \arcsin\frac{12}{25} = 28.68°$$

$$AO_1 = \frac{12 \text{ mm}}{\tan 28.68°} = 21.9 \text{ mm}$$

$$V_2 = \left\{\left[\frac{1}{2}(12 \times 21.9) + 21.9 \times 8 + \frac{28.68°\pi}{180°} \times 20^2 + \frac{61.32°\pi}{180°} \times 8^2\right] \times \right.$$

$$\left. 4 - \frac{\pi}{4} \times 30^2\right\} \times 4 \text{ mm}^3 = 6\,354.8 \text{ mm}^3$$

c. 毛坯高度尺寸 $H$:

$$\frac{D^2\pi}{4}H = V_1 + V$$

$$H = \frac{V_1 + V_2}{D^2\pi} \times 4 = \frac{11\,646.3 + 6\,354.8}{38^2 \times 3.14} \times 4 \text{ mm} = 15.88 \text{ mm}$$

2)冷挤压变形程度的计算

本案例采用断面缩减率 $\varepsilon_s$ 计算挤压变形程度。

①径向挤压部分的变形程度 $\varepsilon_s$:

$$\varepsilon_s = \frac{S_0 - S_1}{S_0} \times 100\% = \frac{\dfrac{36^2\pi}{4} - 2\,295.5}{\dfrac{36^2\pi}{4}} \times 100\% = -56.1\%$$

注:$S_1$ 的计算见毛坯计算部分。

$\varepsilon_s$——负值说明挤压成形方向是离心的形式。

②反挤压部分的变形程度 $\varepsilon_s'$:

$$\varepsilon_s' = \frac{S_0 - S_1}{S_0} \times 100\% = \frac{\dfrac{36^2\pi}{4} - \left(\dfrac{36^2\pi}{4} - \dfrac{30^2\pi}{4}\right)}{\dfrac{36^2\pi}{4}} \times 100\% = 69.4\%$$

由计算可知,该零件的挤压变形($\varepsilon_s' < \varepsilon_s$)以反挤压变形为主。核算能否挤压成形可查表 7.21 得到。

铝的反挤压一次挤压的许用变形程度 $[\varepsilon_s] = 90\% \sim 99\%$，计算的 $\varepsilon_s' = 69.4\% < [\varepsilon_s]$，故可一次挤压成形。

3）冷挤压力的计算

根据 $\varepsilon_s' = 69.4\%$ 和 $h/d = 0.4$，查相关手册，可得单位挤压力 $p$ 约为 300 MPa。

因此，工件的挤压力为

$$F = p \times S = 300 \times 2\ 295.2 \text{ N} = 688\ 560 \text{ N}$$

关于 $S$ 的计算参见毛坯尺寸确定部分，可知 $S = 2\ 295.2 \text{ mm}^2$

考虑一定的安全系数，可选用 1 000 kN 压力机。

**（5）模具结构设计**

1）凸模结构设计

根据工件特点和挤压工艺特点，考虑实际工作情况，可将凸模结构设计成如图 7.64 所示的形状。

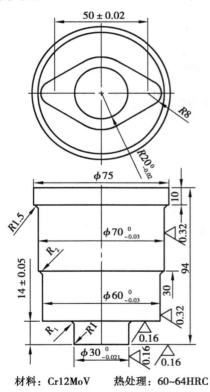

材料：Cr12MoV　　热处理：60~64HRC

**图 7.64　挤压凸模**

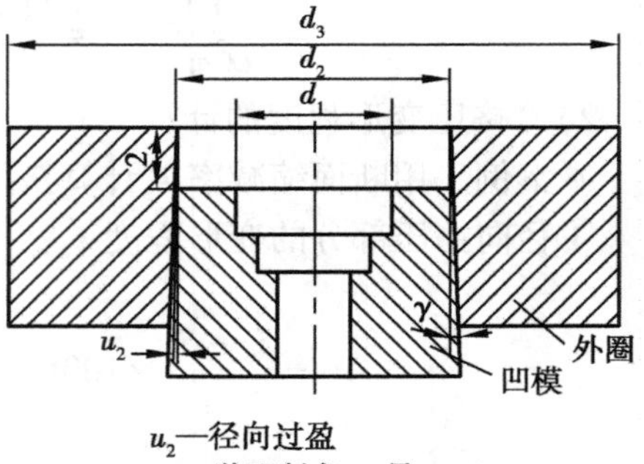

$u_2$—径向过盈

$\gamma$—装配斜角，最 $\gamma = 0.5°$

**图 7.65　实用两层组合凹模结构**

2）凹模结构设计

本案例是镦粗和反挤压的复合加工工序。模具工作时凸模进入凹模后必须形成封闭的模腔。本案例单位挤压力为 300 MPa，按表 7.24 确定应为整体式凹模，但在生产中整体式凹模极易开裂。这主要是由于复合挤压时模具形成封闭的型腔挤压力远远大于查表数值。故实际设计为两层组合式预应力凹模，如图 7.65 所示。

通过计算，可确定凹模各部分结构尺寸，如图 7.66、图 7.67 所示。

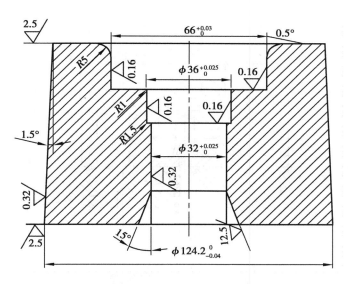

图 7.66　内圈(凹模)工作图

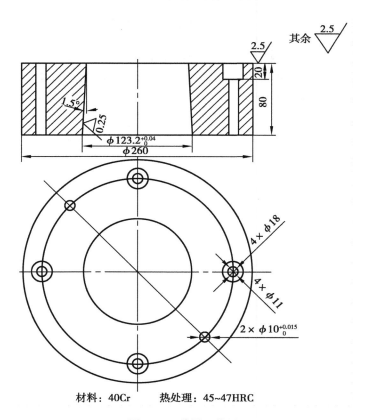

材料：40Cr　　　热处理：45~47HRC

图 7.67　外圈工作图

3)冷挤压模具结构

冷挤压模具结构如图 7.68 所示。

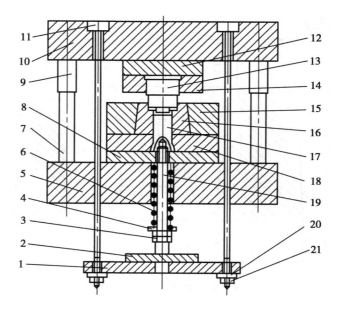

**图 7.68　冷挤压模具结构图**

1,2—拉板;3,21—螺母;4,20—垫圈;5—下模座;6—弹簧;
7—导柱;8,12—垫块;9—导套;10—上模座;11—拉杆;
13—凸模;14—固定板;15—组合凹模外圈;16—凹模内圈;
17—顶件块;18—空心垫块;19—顶杆;20—垫片;21—螺母

# 第 **8** 章
## 冲压模具的修理

### 8.1　冲模修理的原因

冲压模具并不是一经使用,直至报废。因为当模具磨损后,可通过刃磨而得到恢复;或者当模具因拉毛、划伤而不能工作时,可进行修磨而得以修复。因而模具要在使用过程中,视具体情况进行定期和不定期的修理。

模具需进行修理的原因主要有以下两个方面:

**(1)冲模零件的磨损**

冲压时,模具零件长期在压力机的冲击载荷下工作,与冲压材料之间产生摩擦,材料越硬,冲压力越大,对零件表面的压力和摩擦力也随之增大,材料之间的摩擦使冲模零件产生磨损,从而使冲模精度降低,工件质量下降。这种由于材料间的摩擦和由其发热引起的磨损,属于自然磨损,也称为正常磨损。冲模工作零件、导向零件和定位零件等都会产生自然磨损。

当磨损量达到一定值后,模具便不能继续工作,此时需要修理。

如表 8.1 所示列出了不同类型模具的平均寿命;如表 8.2 所示列出了成形模具完全磨损前的总寿命,如表 8.3 所示列出了冷挤压模具完全磨损前的总寿命。冲切过程移动的材料与凸、凹模刃口间的摩擦,使凸、凹模刃口产生磨损。材料越厚、越硬,凸、凹模间隙越小,磨损的程度越大,磨损的速度也越快。只有当凸、凹模间隙合理、均匀,冲压材料厚度、性能均匀,表面质量合格、无污渍,有良好的润滑时,磨损程度才最小。因此,硬料、厚料冲裁时应选用较大的间隙,并应涂抹润滑剂,以减小摩擦力,减缓刃口的磨损。

表 8.1　不同类型模具的平均寿命

| 模具形式 | 材料厚度/mm | 耐用度/万次冲 | |
| --- | --- | --- | --- |
| | | 碳素工具钢 | 合金工具钢 |
| 有导向的落料模和倒装弹顶模 | 0.25 ~ 0.5 | 80 ~ 120 | 120 ~ 160 |
| | >0.5 ~ 1.0 | 60 ~ 80 | 80 ~ 120 |
| | >1.0 ~ 1.5 | 40 ~ 70 | 70 ~ 90 |

续表

| 模具形式 | 材料厚度/mm | 耐用度/万次冲 | |
|---|---|---|---|
| | | 碳素工具钢 | 合金工具钢 |
| 有导向的落料模和倒装弹顶模 | >1.5～2.0 | 40～60 | 60～80 |
| | >2.0～3.0 | 30～50 | 50～70 |
| | >3.0～6.0 | 25～40 | 40～50 |
| 冲孔模 | <4 | 20～30 | 30～45 |
| 简单弯曲模 | <3 | 90～120 | 140～180 |
| 复杂弯曲模 | <3 | 50～80 | 80～120 |
| 拉深模 | <3 | 120～160 | 180～240 |
| 成形模 | <3 | 40～70 | 70～100 |

注:1. 冲压较硬材料,用最小耐用度;冲压较软材料时,用最大耐用度。

2. 无导柱的落料模耐用度,可用有导柱落料模的70%估算。

3. 顺装复合模,因直刃口部分较长,其耐用度可比表中数值高50%。

表8.2 成形模具完全磨损前的总寿命/万冲次

| 工序类别 | 冲压材料 | | | |
|---|---|---|---|---|
| | 软钢 | 黄铜 H68,H62 | 紫铜 | 铝 |
| 平面精压 | 100 | 130 | 160 | 250 |
| 压印 | 12 | 16 | 20 | 30 |
| 顶镦 | 10 | 12 | 16 | 20 |
| 简单形状的立体成形 | 12 | 16 | 20 | 30 |
| 中等复杂形状的立体成形 | 10 | 14 | 18 | 20 |
| 复杂形状的立体成形 | 7 | 9 | 11 | 16 |

表8.3 模具两边刃磨间的平均耐用度/万冲次

| 材料 | 材料厚度/mm | 模具形式 | | |
|---|---|---|---|---|
| | | 简单的 | 中等的 | 复杂的 |
| 铝 | ≤1.5 | 4 | 3.5 | 3 |
| | >1.5～3 | 3 | 2.5 | 2 |
| 软钢($W_c<0.3\%$) | ≤1.5 | 3 | 2.5 | 2 |
| | >1.5～3 | 2.5 | 2 | 1.5 |
| 中等硬度钢($W_c=0.3\%～0.5\%$) | ≤1.5 | 2.5 | 2 | 1.5 |
| | >1.5～3 | 2 | 1.5 | 1 |

注:1 表中数据针对合金钢模具而言。

2. 采用硬质合金模时,其数据要比表中高5～10倍。

3. 采用碳素工具钢模具时,取表中数据的0.5～0.7倍。

新制模具一般取较小的间隙,新模冲压的开始一段时间内磨损较快,经过一段时间的"跑合"后,会进入相对稳定的范围。相对稳定范围内,凸、凹模刃口磨损处于最低值,当冲压到一定数量后,磨损会急剧增大,这时必须对模具进行刃磨。如图 8.1 所示为磨损程度与生产数量的关系曲线。

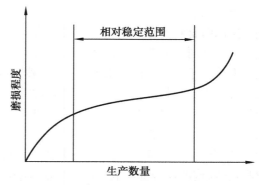

图 8.1　磨损程度与生产数量的关系

表 8.4 中模具两次刃磨间的平均耐用度与图 8.1 所示相对稳定范围内磨损急剧增大的时机基本相应。

表 8.4　模具两次刃磨间的平均耐用度/万冲次

| 正挤压 | | | | 反挤、复合冲剂法 | | | |
|---|---|---|---|---|---|---|---|
| 工件壁厚/mm | 材　料 | | | 工件壁厚/mm | 材　料 | | |
| | 锌、铝 | 紫铜、铝合金 | 黄　铜 | | 锌、铝 | 紫铜、铝合金 | 黄　铜 |
| 0.5 | 5 | | | 0.5 | 4 | | |
| 0.75 | 8 | 4 | | 0.75 | 6 | 4 | |
| 1.0 | 10 | 6 | 3 | 1.0 | 8 | 5 | 2 |
| 1.5 | 12 | 8 | | 1.5 | 9 | 6 | 3 |
| 2.0 | 14 | 12 | 8 | 2.0 | 10 | 8 | 4 |

1)冲裁模凸、凹模刃口磨损

冲裁模凸、凹模刃口磨损的形式是在刃口刃角处出现小的圆角,即刃口变钝,同时型腔侧壁接近刃口处有微量的磨损,这种磨损量对于一般精度的冲裁模,是不会影响工件精度的。

实际生产中是以冲件边缘毛刺增大到一定程度,作为判断是否需刃磨刃口的依据。

减缓冲裁刃口磨损,延长冲裁模刃磨寿命,可采取以下工艺措施:

①选用合理的凸、凹模间隙,并使其均匀。

②冲裁零件结构应避免出现锐角、清角等易磨损的形状。

③凸、凹模刃口部分适当润滑。

④冲压材料性能符合设计、工艺要求,厚度均匀,表面无锈斑、杂质、污渍并擦拭干净。

⑤凸、凹模选材和热处理硬度符合要求。

⑥模具在压力机上的安装、使用正确合理。

2)成形模具工作零件的磨损

弯曲、拉深、成形等模具工作时,材料在成形过程中沿凹模圆角和侧壁的流动大,凹模的磨损比凸模严重。

V 形弯曲模,磨损主要集中在凹模圆角处。U 形弯曲和复杂形状的弯曲模,不仅凹模圆角处有磨损,凹模侧壁、凸模圆角和材料流经的区域都会产生磨损。

圆角半径越小,凸、凹模间隙越小,磨损程度会越大。这种磨损的形式主要是圆角处和凸、凹模工作面被拉毛甚至拉伤,使表面质量恶化,凸、凹模间隙增大,一般情况下凹模磨损比凸模磨损大。

拉深时材料变形和材料流动的状态与弯曲时完全不同,拉深模工作零件的磨损程度要大得多。拉深时材料起皱会加大压边圈和凹模工作表面的磨损。材料厚度不均,表面有杂质、污渍未擦拭干净,涂抹的润滑剂中有灰砂颗粒等都会加大磨损。

拉深模具磨损的表现形式主要是拉毛。压边圈和凹模的压料面、凹模圆角半径处和凹模型腔内壁材料流经处都会产生拉毛。淬火硬度低于58HRC,用工具钢制造的凸模和凹模会很快出现拉毛甚至拉伤。

拉深时材料表面会产生很大的热量,硬材料如不锈钢拉深时,发热量尤其大。大的摩擦力和发热,使凹模表面留有材料的粘连,这种粘连的材料颗粒如不及时清除,不仅会加速凹模工作表面的磨损,还会使工件表面严重划伤,影响其使用性能。

3)非工作零件的磨损。

模具零件除凸模和凹模等工作零件的自然磨损外,其他零件有相对运动的部位也会产生磨损,如导柱和导套、导板和导板槽、斜楔与导轨、送料机构的导向部位、定位零件的定位面等,都会随冲压次数的增加而使磨损增大,导向零件运动部位的磨损会大大降低其导向精度。有的零件可通过调整来恢复导向精度,而如导柱、导套磨损使导向精度降低后则会影响冲模使用性能和冲件质量。

其他定位零件,如侧刃挡块、侧导板等导料面的磨损,会影响送料时的定位精度,使冲模失去原有的工作状态,造成工件质量下降。

**(2)冲模零件的非正常磨损**

冲模零件的非正常损坏主要是人为的误操作造成的,包括冲模装配、安装和操作造成模具的损坏。非正常损坏所带来的影响比正常磨损大得多,如冲裁凸、凹模刃口正常磨损后的一次刃磨量一般为 $0.1 \sim 0.2$ mm,而刃口啃刃或崩刃后的一次刃磨量要达到 $1 \sim 2$ mm,甚至使冲压生产不能正常进行,如发生模具零件裂损或碎裂,则要更换模具零件,严重的会造成模具报废。因此,冲压生产中正确的操作,防止发生非正常损坏,对延长模具寿命,降低生产成本是至关重要的。

造成非正常损坏的原因主要有以下4点:

1)操作方面的原因

①双料、多料冲压或未及时清除废料,产生啃刃、崩刃或胀裂损坏。

②半成品件定位偏斜造成局部重料冲压。

③半成品件、冲压材料或废料误入导向部分,使导向零件胀裂或表面严重破损。

④送料取件工具未及时撤出操作区,造成工件零件或导向零件破裂损坏。

2)安装不正确造成的损坏

①上、下模安装紧固方法不合理,冲压时模具移位,造成不正常损坏。无导向模具因紧固方法不合理,极易造成崩刃、胀裂。

②闭合高度调整不合理,将下模胀裂。或因安装调整时违章作业,造成模具意外损坏。

③打料机构调整不合理,刚性打料时顶杆调节过低,将顶件器损坏。

3)模具制造和装配不合理造成的损坏

①模下料孔漏料孔有台阶,排料不畅,积料过多使凹模胀裂。

②小尺寸凹模型孔有倒锥度(喇叭口),废料无法排出,使凹模受挤压而胀裂。

③顶杆机构的顶料空间尺寸不合理,影响模具工作行程,使凹模或凸模损坏。

④模具加工中的潜在隐患,如热处理裂纹、应力集中、热处理硬度过高或过低等,冲压时造成零件损坏。

⑤送料机构、定位零件调整不合理,使送料不稳定或制件重叠,将凹模胀裂。

4)冲压材料使用不当造成的损坏

①材料力学性能超出过大或用错材料。

②材料厚度超差过大或使用厚材料,使凹模胀裂。

## 8.2　冲模修理的时机

冲模何时需要修理,应当合理掌握,过早或过迟都会影响模具寿命,或者对冲件质量产生不良影响,具体应根据下述原则结合经验加以掌:

①每冲压批次完成后,检查模具正常磨损的程度,结合冲压件在质量检验中发现的问题,决定模具是否需要修理。

②冲压批次量很大,或模具需长期冲压作业时,应定期检查模具正常磨损情况,决定是否需要修理。或参照表 7.4 中所列数据,结合本企业模具的实际使用水平每冲压一定数量后定期修理模具。

③冲压生产中发现啃刃、崩刃、裂损或工作零件表面拉毛、拉伤严重等不正常损坏现象时,应及时修理模具。

④模具在安装、拆卸、运输、存放过程中发生意外损坏,无法正常使用时,应修理完好后待用。

## 8.3　冲模修理的程序

模具修理工在接到修理任务后,一般应按照以下程序完成模具的修理工作内容:

**(1)修理前的准备工作**

①熟悉修理模具的图样,了解其结构特点及动作原理。

②了解冲模修理前所冲工件的质量情况,分析造成冲模修理的原因。

③检查模具裂损情况,观察破损部位和损坏程度。

④制订修理方案和修理的具体工艺方法。修理方案和工艺方法可与工艺人员共同商定。

⑤根据修理工艺,准备必要的备件和修理工具。

**(2)修理实施阶段**

①拆卸模具被损坏的部位。

②将被拆卸的零件擦拭干净,核对修理方案是否正确、可行。

③修理被损坏的零件,使其达到修理工艺要求。

④更换修配后的零件,组装、调整冲模。

⑤对修理后的冲模进行试冲。

# 8.4　冲模修理用备件的准备

一般情况下,冲模检修时间应安排在两个生产批次的间隔期,并尽可能保证库存模具的完好状态。

为达到冲模的快速修理,对冲模易损零件应储备一定的成品或半成品。

**(1)备件准备形式**

冲模常用备件有通用标准件和冲模零件两大类。

①通用标准件。有螺钉、圆销、卸料螺钉、导柱和导套、导板及各类弹簧等。这类零件应根据本企业的工艺标准所规定的规格型号和使用需求进行储备。储备的通用标准件必须保证可靠的互换性,导柱和导套应成对储备,以保证其配合间隙。

②冲模零件。一般以半成品或坯件形式储备,如小圆凸模以热处理淬火后待配磨的方式储备;模块以典型组合中标准模板的方式储备;线切割加工的凹模镶嵌件和凸模是以Cr12MoV模坯淬火件的形式储备的。

对大批量生产中使用的多工位级进模中的快换凸模,可储备一定的成品零件,此时对加工零件的可换性要求较高。

**(2)冲模零件备件的加工方法**

冷冲模的备件,一般多采用配作的方法。所制作的配件要能代替已裂损而无法修复的报废零件,在几何形状、尺寸精度、配合关系及力学性能等方面达到原设计要求,才能保证冲模的使用性能和冲件质量。

在数控线切割与成形磨削技术高速发展和得到普遍应用的今天,正确选用线切割和成形磨削加工,比采用钳工研配、压印修配等方法,更能达到快速、准确的功效。中小尺寸的凸模、冲裁模和其他各类模具的凹模型腔可以选用线切割或成形磨削方法,加工待更换的凸模、凹模或镶嵌件。

定位板、半成品件的定位零件可按前工序冲件进行配制。

# 8.5　冲模主要零件修配要点

**(1)冲裁模工作零件的修复**

冲裁模工作零件常用的修复方法如下:

1)挤捻法修整刃口

对生产批量不大、冲裁料厚较薄的模具,刃口长期使用后其间隙会增大。此类模具的凹模淬火硬度一般为28～35HRC,可采用挤捻法减小间隙。操作时将凸模插入凹模中,因间隙较小无须垫片,沿凹模刃口外侧斜面,用手锤均匀地依次进行敲打挤捻,减小凹模孔的尺寸,最后将凹模刃口刃磨至锋利。

2)修磨法修整刃口

凸、凹模刃口正常磨损后,用几种不同粗细的油石加些煤油,在刃口面上来回研磨,可将刃口面磨得光滑而锋利。此法多应用于不拆卸模具、难以在平面磨床上磨削刃口平面的情况。

3)用油石和风动砂轮修磨刃口

冲裁凸、凹模刃口出现不太严重的崩刃和裂纹,受损伤刃口部位范围较小时,可先用风动砂轮将崩刃或裂纹部位的不规则断面修磨成圆滑过渡的形状,然后用油石研磨修整。要同时研磨刃口面和型孔内壁或外形面。

本法适用于精度要求不高的模具,对精密模具和复杂形状、多工位冲模不适用。

4)镶嵌法修复刃口

冲裁凸、凹模刃口局部损坏(如出现较大的崩刃、裂纹等)而无法使用时,可用与凸、凹模相同或更优的材料,在受损部位镶以镶块,经修配恢复到原来的刃口形状和间隙。具体方法如下:

①采用数控线切割和成形磨削的方法修配,已局部损坏的凸、凹模无须进行退火处理,保持凸、凹模材料原有的热处理硬度和表面质量。

②用数控线切割的方法切去凸、凹模的破损部位。

③镶嵌件用数控线切割或成形磨削的方法加工。加工尺寸可以用原型孔(或外形)切割程序确定,或通过测量孔实际尺寸来确定镶嵌件尺寸。

④制成的镶块嵌镶在凸、凹模中,固定应牢固,沿冲裁轮廓线不得有明显缝隙。

⑤小尺寸镶块可用燕尾槽方法固定,大尺寸镶块用螺钉、圆销紧固定位,小尺寸圆形孔可直接采用镶套的方法,如图 8.2 所示。

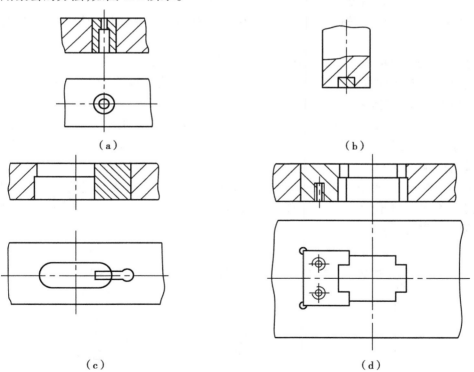

(a)　　　　　　　　　(b)

(c)　　　　　　　　　(d)

图 8.2　镶嵌件固定方式

⑥加工成形的镶块装入凸、凹模后,将刃口面磨成一致。

5)焊补法修复刃口

当冲裁凸、凹模刃口崩刃、裂纹等损伤范围较大,而模具尺寸大、难以使用镶嵌法修复时,可选用焊补法修复刃口。焊补法适用于大尺寸模具刃口损伤的修复。其方法如下:

①将凸、凹模损伤部位用砂轮磨成与刃口平面成30°～45°的斜面,宽度视损伤程度而定,一般可取4～6 mm,如图8.3所示。

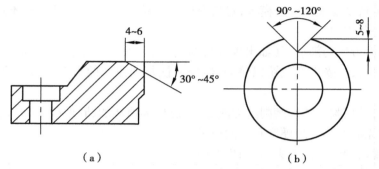

（a） （b）

图8.3 焊补法修磨坡口

②模块预热。Cr12 NiV和9CrSi等材料按回火温度预热,加热速度为0.8～1.0 mm/min,但预热时间不少于45 min。T10A材料的模块可不预热。

③零件预热后应立即焊补。使用直流电焊机焊补,选用与模具材料相同的焊条。补焊时焊条应干燥。焊后立即用锤敲打焊缝,以释放表面应力。

④焊后的零件立即入炉保温,保温时间为30～60 min,然后随炉冷却到100 ℃以下出炉空冷。

⑤补焊后的刃口可用磨削加工到要求尺寸,或用风动砂轮修磨成形。

⑥用堆焊刃口方法加工的大型冲裁模具,可参照刃口堆焊的方法修补损伤刃口。

**（2）弯曲、拉深、成形模工作零件的修复**

成形工序类冲模凸、凹模在冲压过程中的损伤,主要形式是工作表面的拉伤、裂纹等,工作表面包括凸、凹模圆角处、与材料接触的平面和型孔、外形的型面。常用修复方法如下:

1)修磨法修复刃口

如图8.4所示,当凸、凹模圆角半径处损伤较大时,可将凸模或凹模的端平面磨去,磨去量应大于圆角处的磨损量,然后用砂轮修磨成所需的圆角,磨出凸、凹模新的圆角半径处,最后用油石研磨抛光。

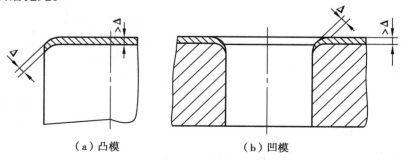

（a）凸模 （b）凹模

图8.4 修磨法修复刃口

当凸、凹模的外形和型孔表面有较大损伤时,不宜采用修磨法修复刃口。

2)镀硬铬法

凸、凹模工作表面正常磨损后,其表面质量、尺寸精度降低,修磨后会使凸、凹模形状尺寸改变、间隙加大,可采用镀硬铬的方法进行修复。本法适用于侧面磨损较大的场合。

镀铬层厚度可达0.02~0.03 mm,可视损伤程度确定。镀铬后,重新加工到要求尺寸。

3)加箍法

对于裂纹损伤不大的凸、凹模可采用加箍法将其紧固,防止裂纹扩大。

另外,还可采用镶嵌法、焊补法修复。

**(3)定位零件的修复**

冲压过程中,定位零件直接和材料接触,很容易被磨损和损坏。定位销和导正销被损坏后,一般都是更换新的,更换后要保证原定位尺寸不变。

级进模的侧导板和侧刃挡块被磨损或变形后,会使送料位置改变,影响送料定位精度和冲件质量。修理时,将侧导板卸下,如挡块配合松动,可由钳工捻修紧固。捻修后,应将侧导板上、下平面磨平,同时磨削挡块的 $B$ 面和侧导板导向面 $A$,并使 $B$ 面与 $A$ 面保持垂直,如图8.5所示。导料面磨损后,可采取磨去磨损量的方法修复。

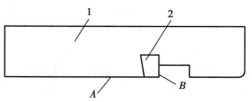

图8.5 侧导板修复
1—侧导板;2—侧刃挡块

侧导板和挡块修复后安装时,应重新调整模具,并进行试冲。

用于半成品成形件定位的定位零件修复时,可采用捻修、补焊、修磨或更换新件等方法修复。

**(4)导向零件的修复**

导柱、导套、导板等导向零件目前已实现标准化、专业化生产和市场化供货,因此,这类导向件磨损或损坏后,一般多采用更换新件的方法修复。

**(5)紧固零件的修复**

冲模的紧固件主要有螺钉和圆柱销。

1)螺钉和螺纹孔的修复

紧固、联接用的螺钉、螺栓发生弯曲或折断时,应更换新件。

冲模零件上的螺纹孔,因长期受振动、冲击和反复使用后会被磨损,失去应有的紧固作用,会影响模具正常使用甚至造成模具损坏。

螺纹孔修复通常采用扩孔修复的方法,即将原螺纹孔规格扩大一号,如M8改为M10,M10改为M12,等等。

经热处理淬硬零件中的螺纹孔磨损后需修复时,不能采取扩孔修复的方法,应改变模具零件的联接紧固方式,将淬硬零件上的螺纹孔用电加工的方法改为螺钉过孔,如将M8孔扩大为 $\phi 9$ 孔,M10孔扩大为近 $\phi 10$ 孔等。

2)圆柱销和柱销孔的修复

圆柱销出现表面拉伤或折断、弯曲时,必须更换新件。

柱销孔长期使用后,会出现孔壁拉伤、孔径增大和孔形变形等现象,会影响孔与圆柱销的

配合关系,降低冲模工作的稳定性和使用性能。其修复方法如下:

①扩孔修复。用圆柱销联接定位的模具中,柱销孔破损程度较大时,可采角扩孔修复的方法,将柱销孔直径规格增大一挡,如 $\phi 8$ 改为 $\phi 10$,$\phi 10$ 改为 $\phi 12$,等等。

扩孔修复的方法定位精度高,牢固可靠,一般只适用于不淬硬零件的柱销孔。

②堵塞修复。淬硬零件的柱销孔损坏,或不适宜采用扩孔修复的柱销孔需修复时,可用电加工或钻孔加工方法将原柱销孔扩大后,堵上一柱塞,将柱塞两端面与零件两平面磨平后,重新钻、铰栓销孔,装入圆柱销。

## 8.6　冲模修理后的检查

修理后的模具和新制模具一样,同样要经过检验和试冲。

①配作加工的凸模、凹模、镶嵌件等冲模零件,在转装配前需经检验认定合格。

②更换修配的零件后,重新组装的模具应经认定合格后再进行试冲。

③小尺寸的简单冲裁模,只采用镶嵌件的方法,修配凸模或凹模的局部冲裁轮廓线,可在模具装配时,用纸板冲样件来检查凸、凹模的间隙是否均匀,即可确定修配质量,可省去在压力机上试冲的过程。

④大尺寸的冲裁、弯曲、拉深等模具,经修配组装后,必须在指定的压力机上试冲调整,冲出合格的工件后才可认定合格返库。

⑤多工序冲压时,个别模具修理后,应视其具体情况决定试冲模具的范围。一般应由提出修模任务的冲压车间施工技术人员确定或厂工艺管理部门确定。

## 8.7　冲模修理工作的组织

在冲压生产现场,大批量生产条件下,中小模具可有 1～2 套的备份模具,而大型模具一般不留有备份模具。

为保证冲压生产的正常进行,冲模修理应安排在生产间歇时间(指模具),并尽量用较少的时间来完成。

一般生产企业都设有模具修理工岗位,大型企业设有专门的模具修理车间,中小企业设有模具维修小组,模具维修小组可设在冲压车间或模具生产车间。

模具修理工应具有模具制造实践经验,能较全面地掌握冲模修理方法,了解各类模具的技术要求和检验、验收及使用方法,善于发现模具质量问题并及时寻找冲模损坏的原因,能在较短时间内使模具恢复到正常使用状态,确保模具的修复质量。

## 8.8　冷冲模允许修理的次数及刃磨量

### (1)冲模允许修理的次数

冲模允许修理的次数也即模具的总寿命,它指制造质量完好、使用符合要求的模具,在完全磨损前的平均修理次数。

冲模允许修理的次数大致如下(具体应根据模具设计结构而定):

| | |
|---|---|
| 冲裁模(碳素工具钢) | 18~22 次 |
| 冲裁模(合金工具钢) | 25~28 次 |
| 拉深模 | 10~12 次 |
| 弯曲、翻边、翻孔模(($t<1$ mm 时) | 30~35 次 |

**(2)模具的刃磨量**

冷冲压模具在每次修理时,需要控制刃磨量,这既可防止过度刃磨而降低冲模的寿命,又可避免因刃磨量不足而影响修复质量。

冲裁模凸模和凹模刃口刃磨量如表 8.5 所示。弯曲、拉深、成形模具的刃磨量应视凸模和凹模圆角等处需修复的程度而定。

**表 8.5 冲裁凸、凹模刃口刃磨量/mm**

| 材料厚度 | 凸模允许刃磨量 | 凹模允许刃磨量 |
|---|---|---|
| ≤0.3 | 0.06 | 0.05 |
| >0.3~0.5 | 0.08~0.11 | 0.05~0.09 |
| >0.5~1.0 | 0.12~0.15 | 0.08~0.12 |
| >1.0~1.5 | 0.15~0.19 | 0.12~0.16 |
| >1.5~2.0 | 0.19~0.22 | 0.16~0.19 |
| >2.0~3.0 | 0.22~0.25 | 0.19~0.22 |

表中数据为经验值,可供参考,具体情况需具体对待。

## 8.9 对冲压工和模具修理工的素质要求

一般来说,冷冲压模具制造周期长、成本较高。因此,一定要正确地使用、保管、维护、修理好模具,尽量延长模具的使用寿命。而要做到这些,冲压工和模具修理工是关键,对他们提出规范要求是必需的。

**(1)对冲压工的要求**

冲压工直接使用模具,他们的操作是否得当,报修是否及时,保养和润滑是否规范,对冲压制品的质量和模具寿命至关重要。另外,冲压工自身的人身安全、冲压设备及模具的安全,也需要冲压工在操作过程中加以注意。为此,对冲压工应提出如下要求:

①应当接受过初中以上的教育,具备基本的基础知识。

②上岗前应接受素质教育,具备良好的职业素养。

③上岗前应进行技术培训,具备冲压方面的必备知识。

④上岗前应接受操作培训,熟知工艺规程、操作内容、操作要领、模具结构,能根据工件的质量状况准确判断模具的状况,及时采取润滑、维护保养或报修等措施,使模具始终处于最佳使用状态。

⑤上岗前应接受安全教育,懂得如何在操作中确保自身安全和设备、模具安全,牢记操作守则和安全要领。

⑥应具备以下技能:

a. 熟悉所使用设备冲压设备的型号、规格、性能、主要构造以及设备的使用要求。

b. 熟悉所使用冲模的结构、动作过程、冲压原理以及使用方法。

c. 能熟练地将冲模正确地安装到所选用的冲压设备上,并能调整压机和冲模,冲制出合格零件。

d. 冲压过程中,能熟练地掌握操作技艺,正确地送、退料及安全地取放制品。

⑦在生产作业期间,除按工艺规程正确操作外,还应仔细观察压机及冲模的工作情况,保证良好的润滑和维护。

⑧对冲制的零件要进行检查、检验,若发现问题或质量缺陷,应及时分析原因,采取对策或向相关人员报告解决。

⑨工前应查看交班记录,认真检查冲压设备、冲压模具、冲压坯料、工作场地周边情况等;工后应填写交班记录,关闭电源、清理工作场所。

⑩按照"5S"管理要求做好整洁文明生产工作。

**(2)对模具修理工的要求**

模具修理工是冲压企业的关键性工种,他们对于模具的使用情况、维护、维修、保养负有直接责任,他们工作的好坏,将直接决定冲压生产的秩序、产品质量、模具的寿命、工艺生产成本等。因此,应加强对模具修理工的管理,对他们提出尽责要求。

①应当接受过中等以上的职业教育,具备基本的基础知识和模具专业技能。

②上岗前应接受素质教育,具备良好的职业素养。

③具备冲压操作、模具维护、维修、保养、模具零件加工等方面的操作技能。

④对所负责范围的冲压设备的型号、规格、性能、主要构造以及设备的使用要求非常了解并能调整和操作。

⑤熟悉所负责范围的各种冲模的结构、动作过程、冲压原理以及使用方法,能熟练地进行冲模的拆装、调试、维护、维修及保养。

⑥熟悉本企业产品所用冲模的种类和每种产品零件基本冲压工艺流程、所用模具套数和使用状况。

⑦建立模具技术档案,注明冲模开始使用的时间及后续修理后各次使用的情况、刃磨维修次数和各次使用效果。标明各零部件磨损情况及需要更换备件的程度,确定是否需要制订检修方案。

⑧掌握所修冲模的结构特点、动作原理和使用性能特点,以及易损部位、零件,能及时、有针对性地确定修理方案和具体方法。对冲模进行机械修理和调整工作。

⑨冲模工作过程中,不断进行巡视,对发现或接到报告的问题模具及时进行检查、维护或修理。

⑩做好冲模易损件的配制和更换,负责维护和检修工作。

# 第**9**章
# 冲压件质量控制与管理

## 9.1 冲压企业的质量控制

### 9.1.1 冲压企业的质量控制体系

当设计冲压加工工艺时,做好质量控制的准备是非常必要的。冷冲压车间的质量控制包括对所领原材料的质量控制;冲压加工前,对模具安装和调整的检查;半成品和成品的检验与验收。

产品检验是由操作工人和工厂质量管理部门的检验员来执行的。

工厂质量管理部门的负责人直接在厂长的领导下进行工作。质量控制部门包括原材料、半成品和产品验收工段;坯料准备车间、加工车间和装配车间的质量控制工段;还包括设有次品分析的技术室。车间质量控制部门的领导直接对工厂质量管理部门的负责人或其助手负责。高级质量控制工长负责他们值班期间的质量,并领导车间各工段、小组、生产线的质量控制人员及质量检验员。质量控制部门的专职人员不受车间管理机构和工厂生产机构与技术部门的管理。

组织现代生产的必要条件是每个工人必须对产品的质量负责,而质量控制部门的检验员,要全面分析生产过程中影响质量的各种因素,并进行预防和监督,以避免出现低质量的产品。

从事冲压生产的操作工人和工长,在将自己生产的半成品和成品交专职人员检验之前,应先做自检,如果控制部门的检验在验收时,发现一批零件上都有缺陷,则应把整批零件全部退回给操作工人。

在冲压生产中,质量控制的检验次数取决于零件的形状和尺寸、精度要求和表面粗糙度。生产过程越复杂,对半成品的检验次数就越频繁。检验次数也取决于零件是由流水方法生产,还是各工序间隔时间很长。在第1种情况下,只在调整模具和生产开始时进行操作检查。在冲压生产过程中,通常只检查成品件;如果发现零件有缺陷,就检查上一道工序。在第2种情况下,对所有的工序都要检查半成品,以防止在最后加工阶段出现次品。

当检查到一个有缺陷的工件时,检验员应通知工人停止工作,并与工长和工人一道,找出产生缺陷的原因,只有消除了产生缺陷的原因之后,方可重新操作。

在设计冲压工艺时,必须在工艺上写明需要检验的数据和检验时所应使用的工量具。如果被检验的零件形状复杂,就需要一些特殊的量具,这些量具必须在模具加工前制造出来,以便于模具的调试和最后精修。

### 9.1.2 冲压产品检验的类型

检验工序随着检验方法、检验地点、检验时间及检验规模的不同而不同。

检验方法包括实验室分析、检验零件的几何形状和尺寸、加工性能试验和验收检验等。实验室分析是确定待加工材料的机械、物理、化学和其他性能。几何检验是检查零件的形状和尺寸。材料或零件的外观检验是用肉眼或简单的光学仪器来判断它的一般情况和表面粗糙度。

如果实验室分析的数据不能确定材料是否适合于某种加工工序,就需要进行相应的加工性能试验。其中包括拉伸试验和弯曲试验等。

根据检验完成的时间,检验工序可分为预检、中检和终检。预检是在加工之前检验待加工材料或半成品的质量,如进行机械性能测试和加工性能测试等。中检是一个工序或几个工序完成之后进行的,其目的是为了防止下一步加工出现废品。终检用于检验要送往其他车间或仓库的成品件。

按检验完成的地点,检验工序可分为固定检验和流动检验。前者是在固定的检验地点完成的,而后者是在加工现场各工位直接进行的。

根据检验的规模,检验工序可分为全部检验和部分检验。所谓全部检验,是对所有的零件都要进行检验,而部分检验是在一批零件中只对重要的零件才全部进行质量检验。

检验从形式上分,有例行的预防性检验、巡视检验和统计检验。例如,例行的预防性检验是指在安装一套新模具后,对第一批冲压件进行的检验。它包括对材料、模具、工艺条件和工件质量的检验。巡视检验是由质量管理部门的检验员在他所负责的加工工段内,周期性地来回进行检验。统计检验是对工件进行周期性的随机检验,其目的是发现在正常生产情况下,零件是否超差,以防止下道工序出现次品或废品。

外观检查是控制冲压件质量最常用的方法,如零件表面是否有裂纹、折叠、划痕、皱纹以及其他能用肉眼观察到的缺陷等,也可借助于多种测量工具和仪器来检验其尺寸。

为了确定金属的化学成分、控制热处理质量以及检验金属内部是否有缺陷,通常采用化学分析、金相分析、磁粉检验、荧光检验、X 射线检验以及其他检验缺陷的方法。

化学分析用于确定金属中各种元素的含量,它是利用不同的化学反应进行的。

金相分析用于检验材料的宏观和微观组织、热处理的深度和质量,它是通过观察微磨片进行分析的。这种磨片是从被检验的零件上切下来,经研磨、抛光后,放进 4% 的硝酸酒精溶液中腐蚀后制成的。显微磨片放在显微镜下观察,而宏观磨片则用肉眼观看。

磁粉和荧光检验用于检测肉眼看不见的细活微裂纹。磁粉检验是使工件磁化后,将铁粉撒在工件表面上,于是工件上的裂纹或小孔的轮廓就会变得很清晰,用肉眼即可看见。荧光检验是将零件先用矿物油溶液或煤油加以清洗,然后洗净晾干,并在上面撒满磁粉,在紫外线下观察,裂纹和凹凸坑处就会呈现出白亮点。

X 射线和超声波检测用于检测工件的内部缺陷(裂纹、小洞和凹坑等)。工件经 X 射线照射后,获得射线照片,照片上的黑点和条纹即为内部缺陷。超声波检测所依据的原理是超声波能够从不同介质的界面处反射。短超声波脉冲进入金属后,反射波脉冲被转换成电脉冲,电脉冲被放大后,能够在示波器的荧光屏上观察到。图形上出现尖峰信号,就是存在裂纹的反映。

磁粉、荧光、X射线及超声波等方法的检验都是不破坏零件而达到检验目的的,故称不非破坏性检验。

冲压件的质量检验,也可使用自动检验设备,它可大大提高质量检测的效率。

对大型及精密冲压件,必借专业检具对冲压件进行检测。

### 9.1.3　冲压加工中废品的检查

冲压加工的废品通常是由以下原因造成的:

①原材料有缺陷。原材料的机械性能不符合要求;材料的塑件低、组织和晶粒不符合要求、厚度不均匀和内部存在缺陷都可能引起工件的破裂和损坏。

②厚薄不一、加工性差或表面粗糙度大造成零件不适于冲压加工。

③模具设计不合理或模具的使用不正确;壁厚不匀、折痕、毛刺、未充满、破裂和其他缺陷,都可能是由于冲压模具的不合理装配及不正确安装所造成的。

④违反操作规程。例如,不合理的操作顺序或不恰当的操作方法,某些工序(如中间退火)操作有误,使用了尺寸不正确的坯料以及坯料定位疏忽等。为防止出现这类废品,工人和工段长必须严格遵守工艺规程。

⑤粗心大意地装运和存放半成品与成品等。大型冲压件经常因翘曲、压痕、裂口及刮伤等缺陷而成为次品或废品,这些缺陷大多是由于粗心大意工作、不合理的装运和存放而造成的。

如果次品能够被纠正(称为可补救次品),工件拿回车间返工。如是不可补救次品(称为废品),只有报废重新熔炼。

潜藏在零件内部的裂纹是非常危险的,它们只能通过X射线、超声波等检验方法检查该零件时才有可能发现。

质量管理部门的检验员发现次品后,应仔细检查和分析,找出责任人并制度预防措施。

次品分析和统计由专门的次品分选工来完成,根据相应的规程对次品按类型、起因和责任性质进行分类。

检验次品的检验员应将检查零件的日期、次品情况、次品产生原因以及责任人姓名等资料收集在一起,写成次品报告单。不可补救的次品(废品)还应涂上涂料,标以特殊标记等。

# 9.2　冲裁件质量分析及提高冲裁件质量的措施

### 9.2.1　冲裁件断面质量

**(1)冲裁断面的毛刺**

1)毛刺大的主要原因

①凸、凹模之间的间隙不当。

②刃口由于磨损和其他原因而变钝。

2）减少毛刺的措施

在实际生产中为了减小毛刺可以从以下3个方面注意：

①保证凸、凹模加工精度和装配精度，保证凸模的垂直度和承受侧压的刚性；整个模具要有足够的刚度。在模具使用中经常检查凸、凹模刃口的锋利程度，发现磨损后，及时修理。

②保证模具安装后上模与下模的间隙均匀；安装要牢固，防止在冲压加工过程中松动；要保证模具与压力机的平行度。

③压力机的刚性好，弹性变形小；滑块导轨精度高，滑块运动平稳，垫板与滑块底面平行；要有足够大的工作压力。

对于工件上的毛刺也可以通过后处理的方法去除，最常用的方法就是利用滚光处理。

**（2）冲裁断面及其表面粗糙度**

冲裁加工的断面由圆角带、光亮带、断裂带及毛刺4部分组成。所谓断面粗糙，就是指光亮带窄，圆角带、断裂带和毛刺部分大。在实际生产中提高冲裁断面的质量就是要增大光亮带，减少圆角带、断裂带和毛刺。常用的方法如下：

①凸、凹模采用尽量小的合理间隙。间隙对光亮带大小的影响最为重要，采用较小的间隙可以明显地增大光亮带在断面上所占的比例。

②压紧凹模上的材料。一般采用弹性卸料板可以在冲裁时起到压紧凹模上的材料的作用。因此，采用弹性卸料板时断面质量要好于采用固定卸料板。

③对凸模下面的材料施加反向压力，这样可改变断裂部分的受力情况，使光亮带增大。

④使用整修方法。对于断面粗糙的冲裁工件也可以通过整修的方法来提高断面质量。整修是利用模具沿工件外缘或内缘刮削去一层薄薄的切屑，除去普通冲裁时在切断面上留下的圆角带、剪裂带和毛刺，得到光滑且垂直的断面。整修过程实际上是一个切削的过程。工件经整修后，尺寸精度可达到 IT6—IT7 级，表面粗糙度 $R_a$ 可达到 $0.8 \sim 0.4\mu m$。

### 9.2.2　工件的挠曲

板料冲裁过程是一个复杂的受力过程，板料在与凸模、凹模刚接触的瞬间首先要拉深、弯曲，然后剪断、撕裂。即冲裁时，板料除了受垂直方向的冲裁力外，还会受到拉、弯、挤压力的作用，这些力使工件产生挠曲。影响工件挠曲的因素有很多方面。

①凸、凹模的影响。首先是凸凹模间隙影响，当间隙过大时，材料冲裁时受到的拉力部分变大；当间隙过小时，材料冲裁时受到的挤压力部分变大。这都会使工件产生挠曲。其次当凸、凹模刃口不锋利时，也会使工件产生较大的挠曲。另外，凹模刃口部位的反锥面也会引起工件的挠曲，如图9.1所示。

②工件形状的影响。当工件形状复杂时，工件周围的冲裁力因而会不均匀，因此产生了由周围向中心的力，使工件出现挠曲。在冲制直径接近板厚的细长

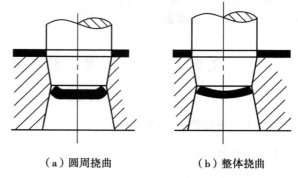

（a）圆周挠曲　　　　（b）整体挠曲

**图9.1　凹模反锥引起的挠曲**

孔时,工件周围的挠曲集中在两端,使其不能成为平面。解决这类挠曲的办法首先是考虑冲裁力合理、均匀地分布,这样可以防止挠曲的产生。另外增大压料力,用较强的弹簧、橡胶等,通过压料板、顶料器等将板料压紧,便能得到良好的效果。

③材料内部应力的影响。作为工件原料的板料或卷料,其本身存在一定的挠曲,而在冲压成工件时,这种挠曲就表现得更为明显了。因为板料或卷料在轧制、卷绕时产生的内部应力,这时就会转移到材料的表面,从而增加了工件的挠曲情况。要消除这类挠曲,应在冲裁前消除这种材料的内应力,这可以通过矫平或热处理退火等方法来进行。当然,根据工件形状也可在冲裁加工后进行校平。

④油、空气的影响。在冲裁过程中,在凸模、凹模与工件之间,或工件与工件之间,如果有油、空气不能及时排出而压迫工件时,工件会产生挠曲。特别是对薄料、软材料更为明显。因此,在冲裁过程中如需加润滑油时,应尽可能均匀地涂油,或者在模具的结构中开设油、气的排出孔,都可以消除这类挠曲现象。同时,在模具以及板料的工作表面注意清除脏物也是十分必要的。

⑤运输和保管过程中的影响。

### 9.2.3　刃口磨损与寿命

模具的正常磨损受到许多因素的影响,因此它是一个模糊的概念。想要单纯地处理和研究模具的正常磨损是相当困难的。例如,即使模具的设计合理、制造正确,符合所要求的加工精度,但在冲裁工作中,单是压力机的精度就有相当大的影响,这一因素对工件尺寸的影响有时甚至要比凸、凹模本身的磨损引起的变化还要多。因此在考虑正常磨损时,只能在排除外部因素影响的情况下进行。如采用精度较高的压力机,凸、凹模均采用优质的合金工具钢,并经过正确的热处理加工,把在这种情况下进行冲裁加工时的自然磨损称为正常磨损。在正常使用情况下,凸、凹模刃口磨损过程如图9.2所示。模具刃口的磨损往往存在这样 3 个阶段:刚使用初期,磨损量增加较快,这时称为初期磨损,也称

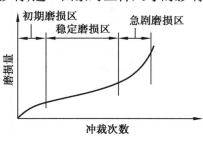

图 9.2　冲模刃口的磨损曲线

为第一次磨损。曲线的这一区域称为初期磨损区域;以后在一个相当长的工作时间里,磨损量几乎不发生变化,这时该磨损曲线的区域称为稳定磨损区域;此后,刃口的磨损量又急剧增加,该曲线的区域称为急剧磨损区域,也称为第二磨损区域,应尽可能地增加稳定磨损区域和推迟第二磨损区域的到来,这样就能延长冲模第一次刃磨前的使用寿命。

润滑与磨损有很大的关系,良好的润滑能有效地减少磨损,提高模具的使用寿命。

对于初期磨损值非常大或尺寸公差要求高的工件,可在模具制造时就将刃口事先做成初期磨损状态,以便在使用时就能够在稳定磨损区域正常工作,也可以将初期磨损区域内加工的这部分工件报废,然后在稳定磨损区域进行正常加工,以保证工件的尺寸要求。

### 9.2.4　冲裁条件对冲裁质量的影响

在冲压生产中,冲裁质量受到多方面因素影响。冲裁条件包括了模具、压力机和工件本身的材料。

**(1)模具的影响**

合理的模具结构是保证冲裁质量的前提条件。在模具中凸、凹模应具有足够的强度、刚度和尺寸、形状精度。坯料在模具中要有可靠的定位,这样才能保证送料定位的准确性。模具的其他部分也应该满足不同的使用要求,这样才能够保证工件的质量。

**(2)压力机的影响**

模具通过压力机进行工作。压力机的优劣直接影响冲裁的质量。首先压力机的机身要具有足够的刚度,机身导轨的精度要求高,滑块运动平稳;其次压力机能提供足够的冲裁力和合适的行程次数;此外压力机还应操作灵活,安全可靠。

**(3)工件的材料**

工件所选择的材料应具有良好的冲压性能,即有高的伸长率、高的屈强比和合适的硬度。有了良好的材料,才能保证高的冲裁质量。

### 9.2.5 解决和提高冲裁件产品质量的工艺措施和方法

**(1)冲裁件质量问题的分析及解决措施**

关于冲裁件质量问题的分析及解决措施如表9.1所示。

表9.1 冲裁件质量分析及解决措施

| | 质量问题 | 原因分析 | 防止措施 |
|---|---|---|---|
| 一般冲裁件 | 剪切断面好,只带有很小毛刺,断面有一定斜度 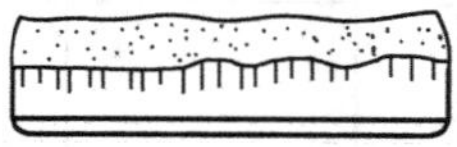 | 间隙合理、均匀、凸凹模刃口锋利、裂纹重合 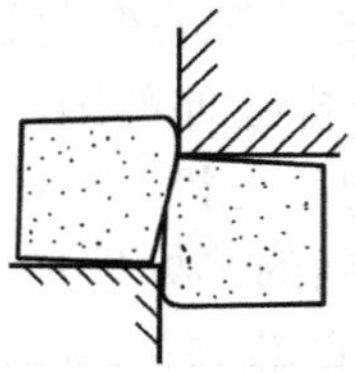 | |
| | 剪切断面为带有裂口和较大毛刺的双层断面 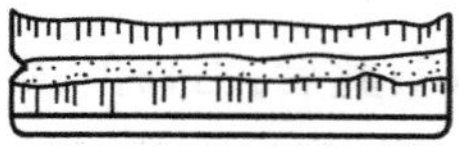 | 间隙小于合理间隙,凸、凹模刃口处的裂纹不重合 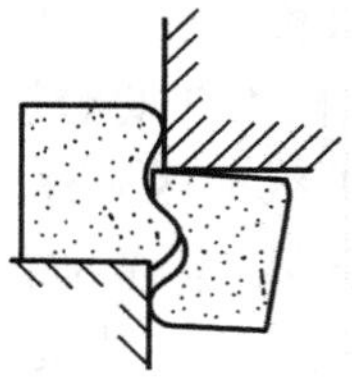 | 修磨凸、凹模间隙 |
| | 断面斜度大、形成拉断的毛刺、圆角带处的圆角增大 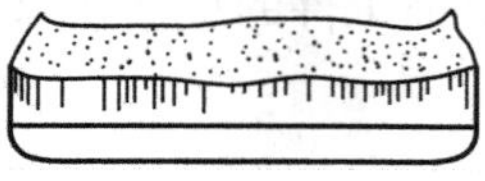 | 间隙过大、裂纹不重合 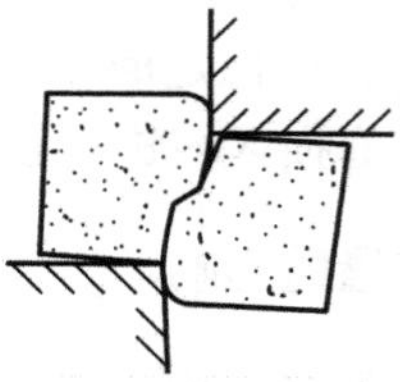 | 更换新的工作零件 |

| 质量问题 | 原因分析 | 防止措施 |
|---|---|---|
| 冲孔件孔边毛刺大,落料件圆角带圆角增大 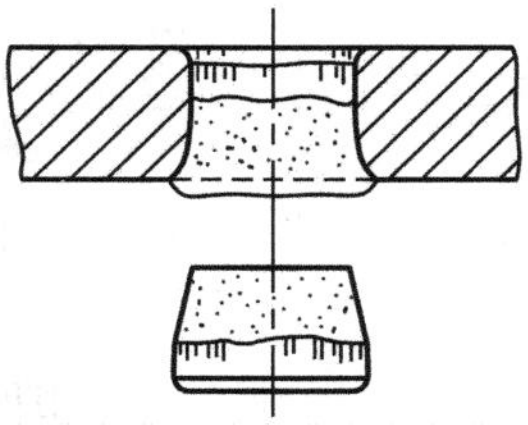 | 凹模刃口磨钝 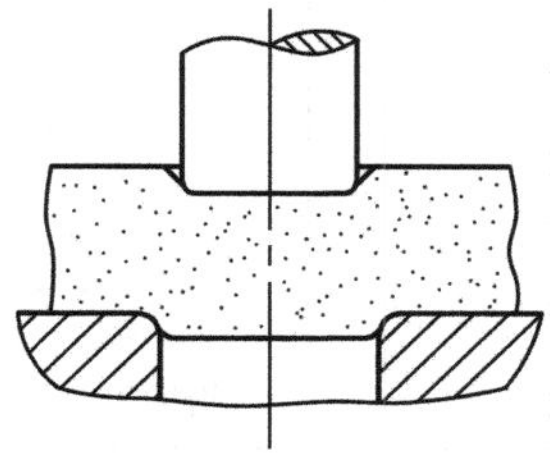 | 修磨凹模刃口 |
| 落料件上产生毛刺,冲孔件产生大圆角 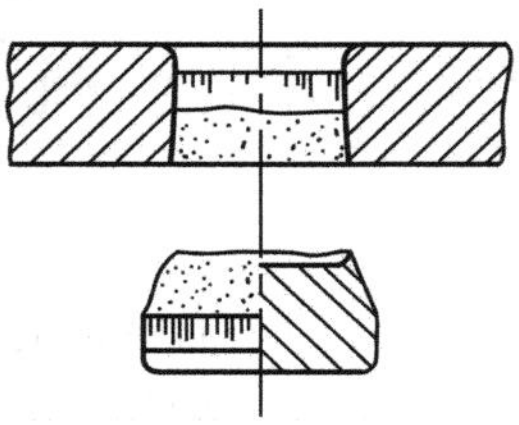 | 凸模刃口磨钝 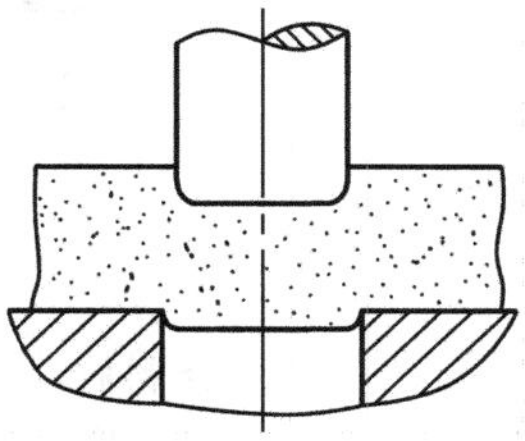 | 修磨凸模刃口 |
| 落料、冲孔件上产生毛刺、圆角大 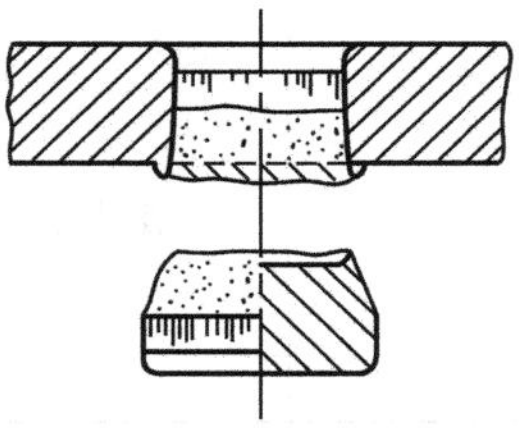 | 冲裁凸、凹模刃口磨钝 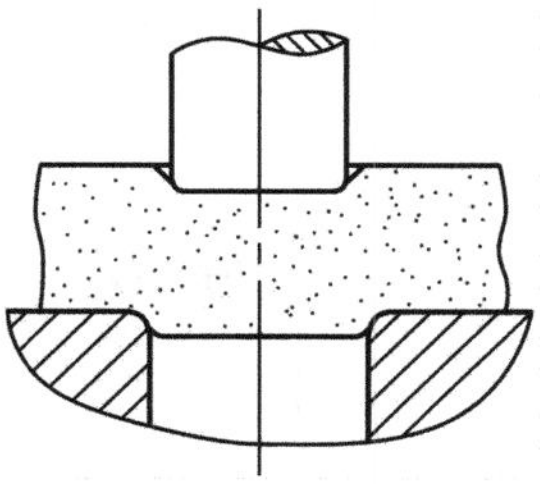 | 修磨凸、凹模刃口 |
| 冲件有凹形弯曲面 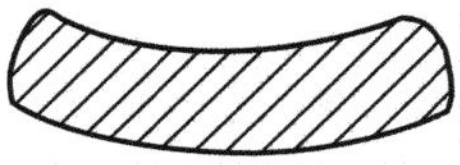 | 1.凹模孔口有反锥 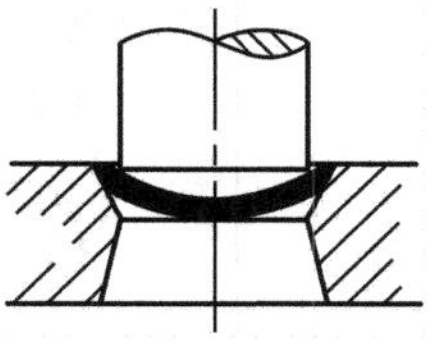 | 修磨凹模刃口 |
| | 2.顶料杆与工件接触面过小 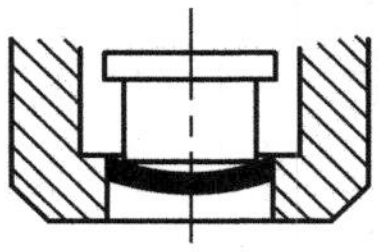 | 更换顶件板 |
| | 3.高弹性材料、薄材料容易弯曲 | |

(左侧纵列:一般冲裁件)

295

续表

| 质量问题 | | 原因分析 | 防止措施 |
|---|---|---|---|
| 一般冲裁件 | | 4.固定卸料扳 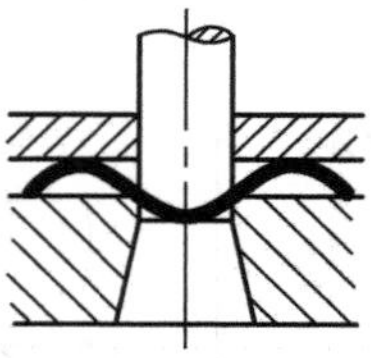 | 改用弹性卸料板 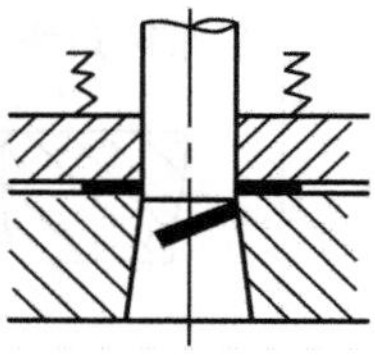 |
| | | 5.凹模孔落料的模具 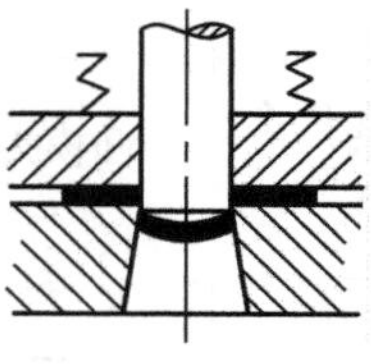 | 凹模内改用顶出装置 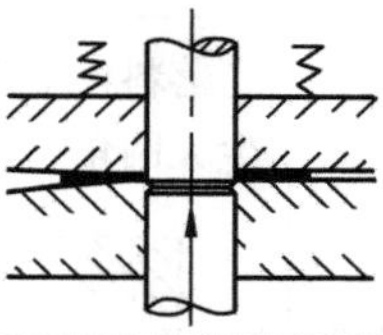 |
| | 缺口 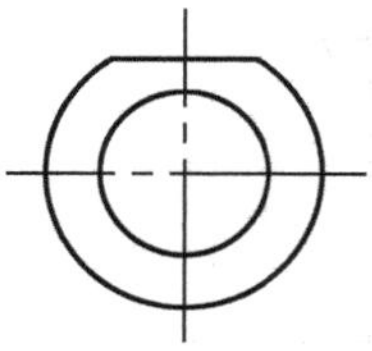 | 1.条料放得不正确<br>2.条料宽度不够 | 调整定位装置,改用较宽的条料 |
| | 有一个孔未冲出 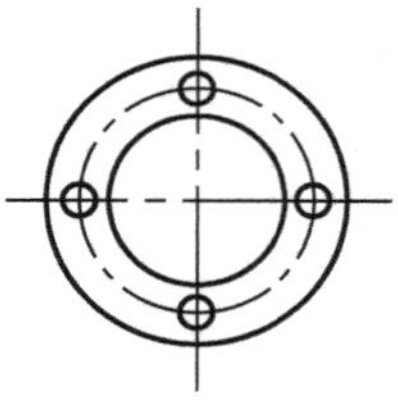 | 冲裁过程中冲孔凸模折断 | 更换新凸模 |
| | 工件内孔偏移 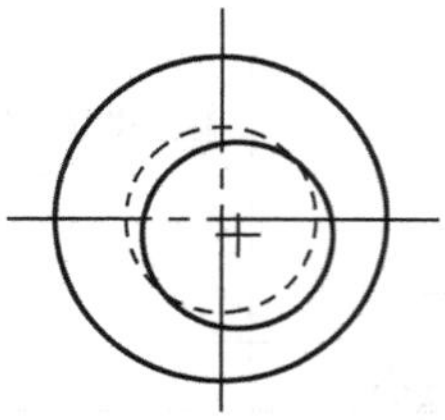 | 定位圈与凹模不同心 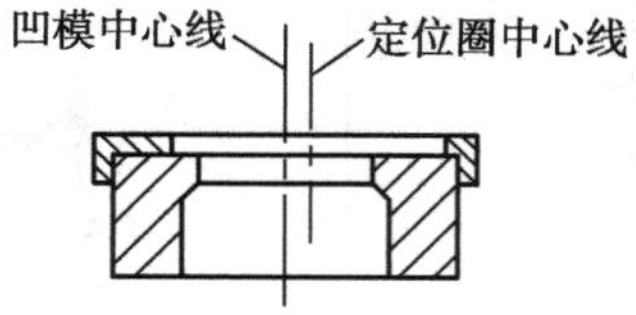<br>凹模中心线　定位圈中心线 | 改作定位圈 |
| | 毛刺分布不均 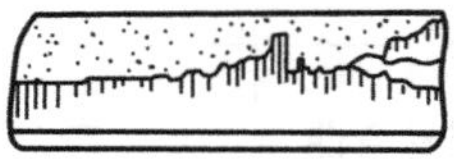 | 1.凸模不同心 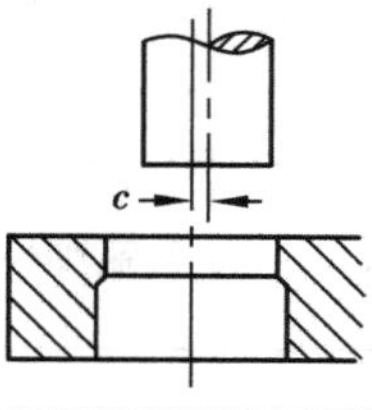 | 调整凸模、凹模间隙,使其尽量均匀 |

| | 质量问题 | 原因分析 | 防止措施 |
|---|---|---|---|
| 一般冲裁件 | | 2.凸、凹模不垂直 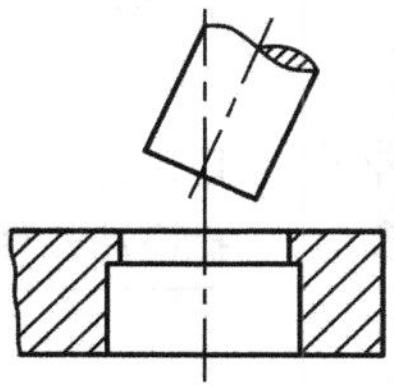 | 重新调整安装凸、凹模 |
| 精冲件 | 表面质量好  | 冲模间隙合适;凹模圆角半径合适;材料合适 | |
| | 撕裂 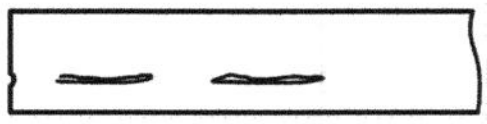 | 冲裁间隙合适,但凹模圆角半径太小 | 修整凹模圆角半径 |
| | 剪切面上有断裂 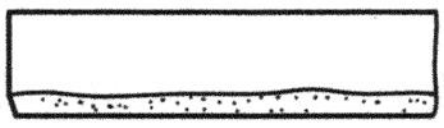 | 凹模圆角半径合适,冲裁间隙太大 | 制造新凸模 |
| | 工件凸模一面有毛刺(凸瘤)冲裁面是斜的 | 凹模圆角半径合适,冲裁间隙太大 | 制造新凸模 |
| | 剪切面和靠凸模一面有凸瘤 | 凹模圆角半径太大,冲裁间隙太小 | 重磨凹模,缩小凹模圆角半径,增大模具的冲裁间隙 |
| | 剪面上有断裂和波浪形 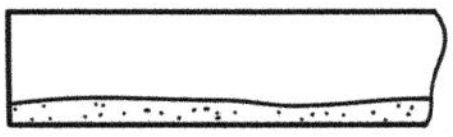 | 凹模圆角半径太大,冲裁间隙太大 | 重磨凹模,缩小凹模圆角半径,制造新凸模 |
| | 工件上毛刺太大  | 凹模圆角半径合适,但冲裁间隙太小,凸模的刃口磨钝 | 重磨凸模,增大冲模间隙 |
| | 工件一边撕裂、一边呈波浪形并有凸瘤 | 凹模圆角半径合适,但断裂一边的冲裁间隙太大,有凸瘤一边的冲裁间隙太小 | 凸模重新定位,磨圆压边圈使之同心 |
| | 工件断面好,但毛刺面不平  | 反向压力太小,带料上涂油太多 | 加大反向压力,在压边圈内磨削一条缺口,使多余的油能挤进缺口 |

**（2）提高冲裁件质量和精度的工艺方法**

用普通冲裁所得到的工件，剪切断面上有塌角、断裂面和毛刺，还带有明显锥度，表面粗糙度 $R_a$ 为 6.3～12.5 μm，同时制件尺寸精度也很低。当要求冲裁件的剪切面作为工作表面或配合表面时，采用一般冲裁工艺不能满足零件的技术要求，这时，必须采用提高冲裁件质量和精度的工艺方法。

提高冲裁件质量的常见几种冲压工艺方法如表 9.2 所示。

表 9.2　提高冲裁件质量的常见工艺

| 工艺名称 | 简　图 | 方法要点 | 主要优缺点 |
|---|---|---|---|
| 整修 | 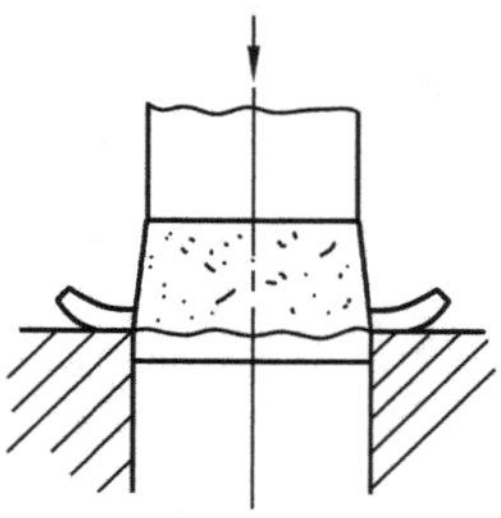 | 切除不光洁表面，单边间隙 0.006～0.01 mm 或负间隙，按材料厚度和形状决定整修余量和次数 | 精度和光洁度高，塌角和毛刺小。定位要求高，不易除屑，效率低于精冲 |
| 挤光 | 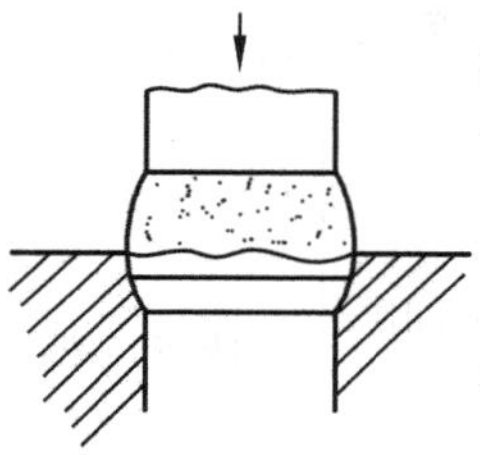 | 锥形凹模挤光余量单边小于 0.04～0.06 mm<br>凸、凹模的间隙，一般取 0.1～0.2t | 质量低于整修和精冲，只适用于软材料，效率低于精冲 |
| 负间隙冲裁 | 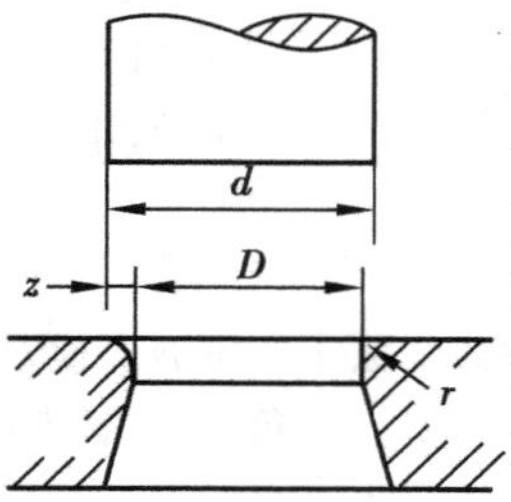 | 凸模尺寸大于凹模尺寸 (0.05～0.3)t，凹模圆角(0.05～0.1)t | 光洁度较高，适用于软的有色金属及合金、软钢等 |
| 小间隙圆角刃口冲裁 | 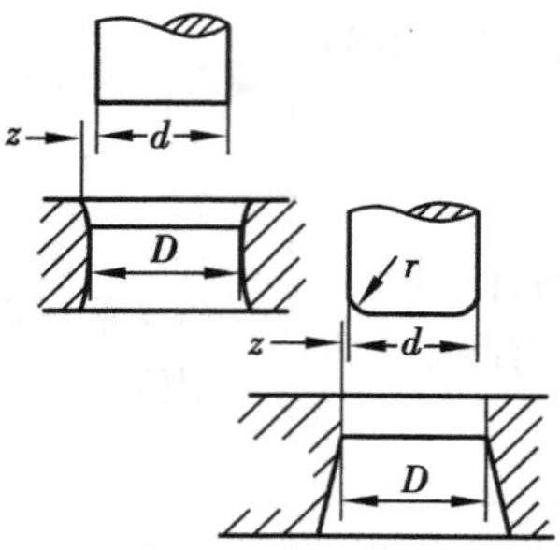 | 间隙小于 0.02 mm，落料凹模刃口圆角半径为 0.1t | 光洁度较高，塌角和毛刺较大 |

续表

| 工艺名称 | 简　图 | 方法要点 | 主要优缺点 |
|---|---|---|---|
| 上下冲裁 | 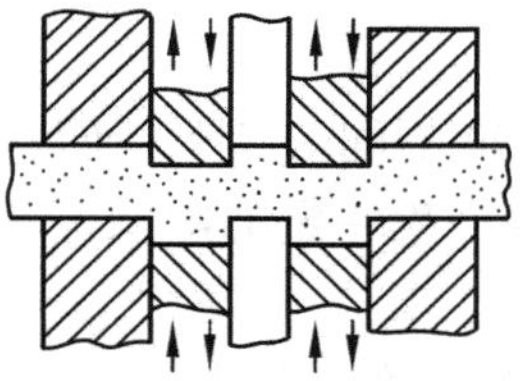 | 第1步(压凸):凸模压入深度(0.15~0.30)$t$<br>第2步:反向分离工件 | 上下侧无毛刺,面有塌角,仍有断裂面,运动复杂 |
| 对向凹模冲裁 | 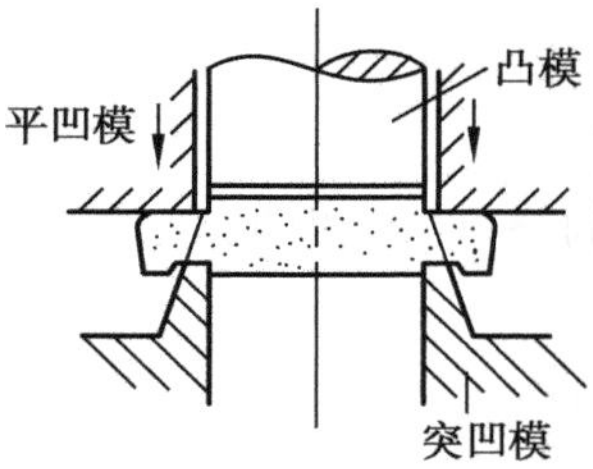 | 突凹模:<br>突起高度(0.1~0.2)$t$<br>突起平顶宽度(0.1~0.2)$t$<br>突起倾角25°~30°<br>突起压入深度0.75$t$<br>冲裁凸模与突凹模之间间隙(0.01~0.03)$t$ mm<br>凸模与平凹模间间隙(0.01~0.05)$t$ mm | 能得到无毛刺、光洁断面,对材料的适应性强 |

注:$t$ 为料厚。

## 9.3　弯曲件质量分析及提高弯曲件质量的措施

### 9.3.1　弯曲件形状与精度

弯曲件形状与精度受多种因素的影响,其中主要因素有以下6个方面:

**(1)模具对弯曲件形状与精度的影响**

弯曲模具是弯曲工件的工具,通常弯曲工件的形状和尺寸取决于模具工作部分的尺寸精度。模具制造精度越高,弯曲件的形状尺寸精度就越高。另外,模具结构中采用的压料装置和定位装置的可靠性,对弯曲件的形状与尺寸精度也会有较大的影响。

**(2)材料对弯曲件形状与精度的影响**

弯曲件所采用的材料不同也会影响弯曲件的形状与精度。这主要有两方面的原因:一方面是材料的力学性能、成分分布不均,则对于同一板料所弯曲的工件,由于压力及回弹值不同,而使形状和尺寸精度产生偏差;另一方面,材料的厚度不均,也会使弯曲的工件在尺寸与形状上有所差异。

**(3)弯曲工艺顺序对弯曲件形状与精度的影响**

当弯曲工件的工序增多时,由各工序的偏差所引起的累积误差也会增大。此外,工序前后安排顺序不同,也会对精度有很大影响。例如,对于有孔的弯曲件,当先弯曲后冲孔时,孔的形状和位置精度比先冲孔后弯曲时要高得多。

**（4）工艺操作对弯曲件形状与精度的影响**

模具的安装、调整以及生产操作的熟练程度都会对弯曲件的形状和精度产生一定的影响。例如，送料时的准确性，坯料定位的可靠性，都会对弯曲件形状及精度产生影响。

**（5）压力机对弯曲件形状与精度的影响**

在弯曲时，由于压力机型号不同、吨位大小不同、工作速度不同等，都会使弯曲件尺寸发生变化。此外压力机本身的精度也会对弯曲件的形状和精度产生一定的影响。

**（6）弯曲件本身对形状与精度的影响**

弯曲件形状不对称，或者其外形尺寸较大都会在弯曲过程中产生较大的偏差。

根据以上的主要原因，在实际生产中加以预防和修正，就能够生产出具有较高精度的弯曲件。

### 9.3.2 弯曲件的翘曲与扭曲

弯曲时的翘曲是指被弯曲件在垂直于加工方向产生的挠度；而扭曲则往往是在翘曲的基础上发生的扭转变形。

为了尽可能消除翘曲和扭曲现象，应注意以下4个方面：

**（1）弯曲件材质均匀**

弯曲件材料的成分、组织、力学性能等如果不均匀，则在弯曲变形过程中由于材料内部的滑移情况不同，就容易产生翘曲和扭曲。

**（2）板料纤维方向应与弯曲方向有合理夹角**

通常应尽可能使弯曲方向垂直于板料纤维方向。但如果必须在两个方向上同时进行弯曲时，则应采取斜排样，使弯曲方向与板材纤维方向成一定夹角。

**（3）弯曲板料的平整度**

如果弯曲所用的板料不平整，则会产生严重的翘曲和扭曲现象。因此在此种情况下，应在弯曲加工前采用校平机或退火来改善板料的平整度。

**（4）弯曲件形状的合理性**

如图9.3所示的弯曲件，弯曲后内应力不均匀，会使切口部位向左右张开，结果使弯曲部位产生翘曲，如图9.3a所示。为了防止这类情况发生，可采用如图9.3（b）所示工艺，在工件落料时切口暂不切开，弯曲后再切掉连接部位。

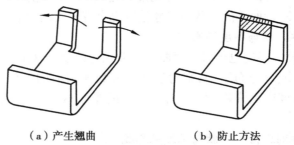

（a）产生翘曲　　　　　　　（b）防止方法

**图9.3　弯曲件形状的合理性**

此外，对于横向尺寸较大的弯曲件，在模具内弯曲时，由于模具的刚性不好，也会产生翘曲、扭曲。因此，必须保证模具要有较高的刚性。

总之,对于弯曲加工来说,尽管已经采取了必要的措施,但不同程度的翘曲或扭曲还会发生。如果工件要求的几何形状精度较高,则在弯曲后采用校正的方法加以修正。

### 9.3.3　弯曲件的表面质量

许多弯曲件是作为外观件使用的,如面板、外壳等。这就需要弯曲件有较高的表面质量,防止擦伤、裂痕等缺欠的发生,为此要注意以下两个方面:

（1）材料

在进行弯曲加工时,应注意材料的性质。特别是对于铜、铝等软性材料进行连续生产时,由于某些脱落的金属微粒会附在模具工作部位的表面上,致使工件出现较大的擦伤,这时必须及时用压缩空气或油清理,以保证清洁、良好的工作条件。

此外,应尽量减少裂痕产生的可能性,要注意弯曲线与板料纤维的方向性;以防止冲裁毛刺引起的裂痕。有些弯曲件在弯曲时,底部将不可避免地产生裂纹,可采用在弯曲部位加防裂切口的方法,这样可有效地防止裂纹出现。

（2）模具

弯曲模的凸模和凹模材料应具有高的硬度、韧性和耐磨性。这些材料的淬火硬度可达 60HRC 以上。淬火后,应对凸、凹模的工作表面进行高质量的抛光,以保证弯曲时不擦伤弯曲件的表面。

在模具的因素中,对弯曲件擦伤影响最大的原因是凹模的圆角半径。凹模圆角半径决定了板料能否光滑地过渡进入凹模,若圆角半径过小,则弯曲部位会出现擦伤痕迹。因此凹模圆角半径不应小于 3 mm。必要时,还可将模具的过渡部分制成便于弯曲件向凹模内滑入的几何形状。

此外,凸、凹模间隙过小时,也会产生变薄擦伤,因此要选择合理的间隙值。

### 9.3.4　弯曲模的磨损与寿命

在大批量的弯曲件生产中,由于模具的磨损引起的产品质量问题,是实际生产中经常遇到的,为解决这个问题,应注意以下 3 个方面。

（1）弯曲件的材料、厚度及形状

对于加工精度要求高的工件,其所用材料的加工性必须良好。如果材料的加工硬化情况严重、热传导性不好,在弯曲过程中黏附模具工作表面等,都会导致模具产生严重的磨损,甚至损坏。

板料厚度对弯曲件尺寸精度有很大影响。对于精度要求较高的弯曲件,最好使用误差小、厚度均匀一致的材料进行加工。特别是 3～4 mm 以上厚度的弯曲件,弯曲时模具的工作压力较大,易于磨损。

弯曲件的形状也会引起模具各部位的不均匀磨损。此外弯曲毛坯上的冲裁毛刺等缺陷会加速模具的磨损。因此在生产中必须注意。

（2）模具结构及材料

为了提高模具工作部分承受磨损的能力,应选择合适的模具材料。模具材料应具有必要的硬度、强度和耐磨性,机械加工性能好,易于热处理,并且在热处理中的变形小。

在模具结构上,对于凸模、凹模等易磨损件,在磨损后应能方便地调整、更换,以延长模具的使用寿命。

**（3）润滑条件**

采用适当的润滑方法，可以有效地改善模具的工作条件，对减少磨损非常有利。例如，将润滑油涂在模具和毛坯表面，形成润滑油膜。弯曲时，模具与毛坯表面不直接接触，从而避免了金属之间的干摩擦，减少了模具的磨损，提高了模具的使用寿命。

常用的润滑油为全损耗系统用油（见 GB 443—1998）、锭子油等矿物性润滑油。

### 9.3.5　弯曲件质量分析及解决措施

在实际生产中，弯曲件出现的质量问题有回弹、弯裂和偏移等，其提高弯曲件质量的措施和方法参见第 5 章内容。弯曲生产上如果出现了废品，应及时找出产生废品的原因，并采取相应措施加以消除。常见的弯曲生产中废品类型、产生原因及消除方法如表 9.3 所示。

表 9.3　弯曲件质量分析及解决措施

| 序 号 | 废品或缺陷 | 产生的原因 | 消除的方法 |
|---|---|---|---|
| 1 | 弯裂 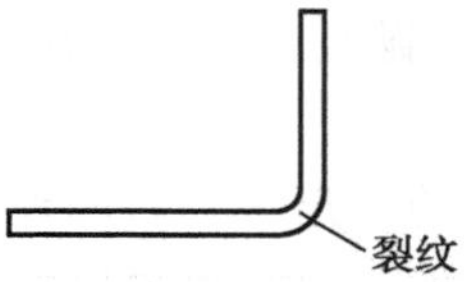<br> | 凸模弯曲半径过小<br>毛坯毛刺的一面处于弯曲外侧<br>板材的塑性较低<br>下料时毛坯硬化层过大 | 适当增大凸模圆角半径<br>将毛刺一面处于弯曲内侧<br>用经退火或塑性较好的材料<br>弯曲线与纤维方向垂直或成 45°角方向 |
| 2 | U 形弯曲件底面不平 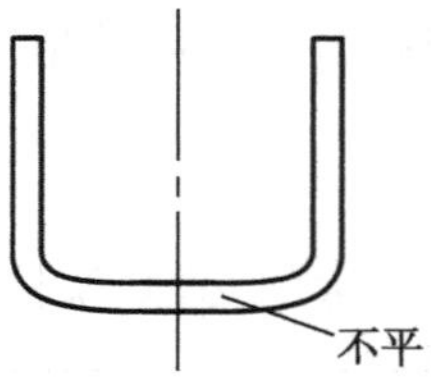<br> | 压弯时板料与凸模底部没有靠紧 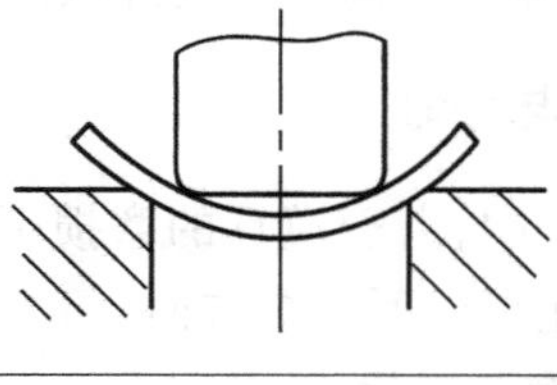 | 采用带有压料顶板的模具，在压弯开始时顶板便对毛坯施加足够的压力 |
| 3 | 翘曲 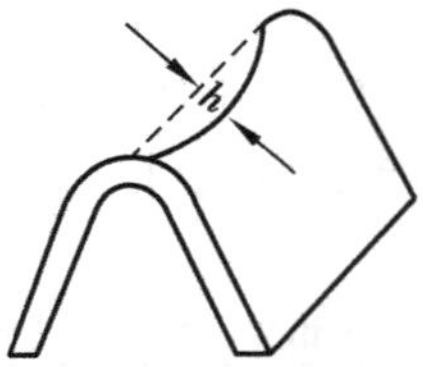<br> | 由于变形区应变状态引起的，横向应变（沿弯曲线方向）在中性层外侧是压应变，中性层内侧是拉应变，故横向便形成翘曲 | 采用校正弯曲，增加单位面积压力<br>根据预定的弹性变形，修正凸凹模 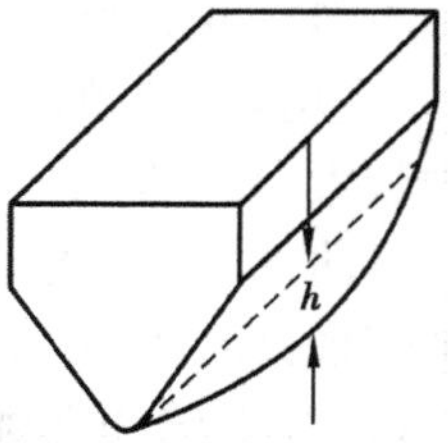<br> |

| 序 号 | 废品或缺陷 | 产生的原因 | 消除的方法 |
|---|---|---|---|
| 4 | 孔不同心 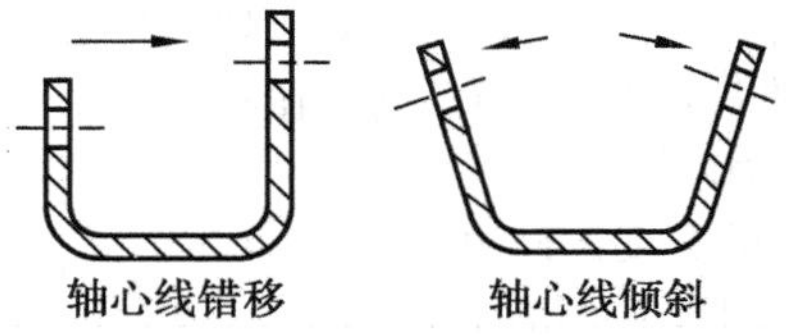<br><br>轴心线错移　　轴心线倾斜 | 弯曲时毛坯产生了滑动,故引起孔中心线错移<br>弯曲后的弹复使孔中心线倾斜 | 毛坯要准确定位,保证左右弯曲高度一致<br>设置防止毛坯窜动的定位销或压料顶板<br>减小工件弹复 |
| 5 | 弯曲线和两孔中心线不平行 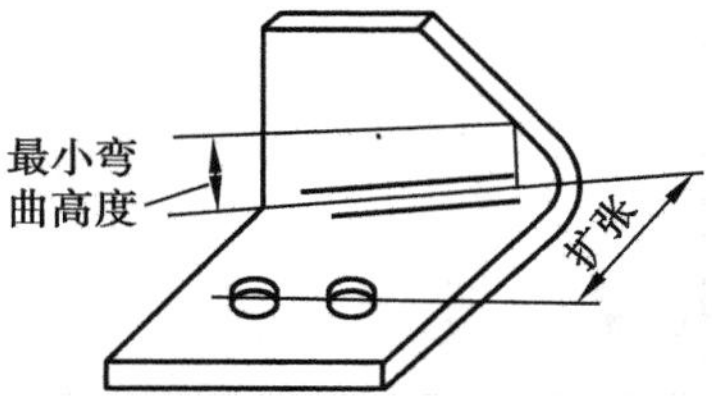<br><br>最小弯曲高度　　扩张 | 弯曲高度小于最小弯曲高度,在最小弯曲高度以下的部分出现张口 | 在设计工件时应保证大于或等于最小弯曲高度<br>当工件出现小于最小弯曲高度时,可将小于最小弯曲高度的部分去掉后再弯曲 |
| 6 | 弯曲件擦伤 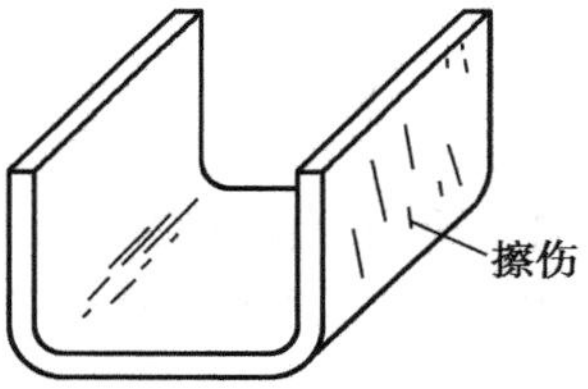<br><br>擦伤 | 金属的微粒附在工作部分的表面上<br>凹模的圆角半径过小<br>凸凹模的间隙过小 | 适当增大凹模圆角半径<br>提高凸、凹模表两光洁度<br>采用合理凸凹模间隙值<br>消除工作部分表面脏物 |
| 7 | 弯曲件尺寸偏移 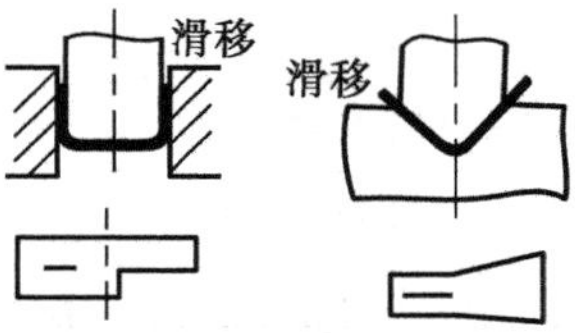<br><br>滑移　　滑移 | 毛坯在向凹模滑动时,两边受到的摩擦阻力不相等,故发生尺寸偏移,以不对称形状件压弯为显著 | 采用压料顶板的模具<br>毛坯在模具中定位要准确<br>在有可能的情况下,采用对称性弯曲 |
| 8 | 弯曲端部鼓起 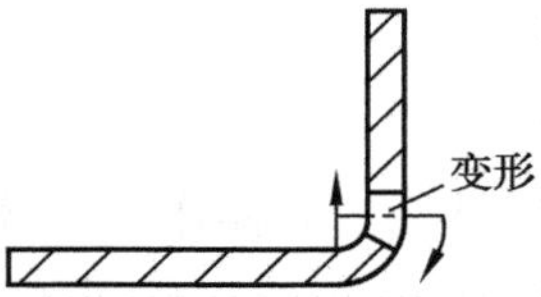<br><br>变形 | 孔边距弯曲线太近,在中性层内侧为压缩变形,而外侧为拉伸变形,故孔发生了变形 | 保证从孔边到弯曲半径 $r$ 中心的距离大于一定值<br>在弯曲部位设置辅助孔,以减轻弯曲变形应力 |
| 9 | 弯曲角度变化 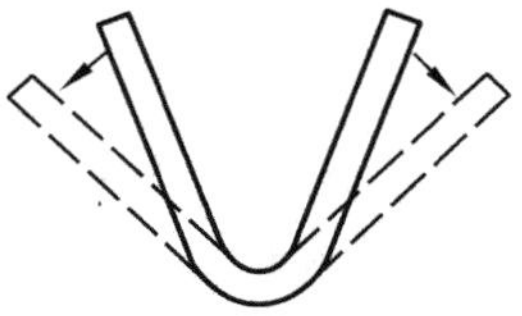 | 塑性弯曲时伴随着弹性变形,当压弯的工件从模具中取出后便产生了弹性恢复,从而使弯曲角度发生了变化 | 以校正弯曲代替自由弯曲<br>以预定的弹复角度来修正凸凹模的角度 |

续表

| 序号 | 废品或缺陷 | 产生的原因 | 消除的方法 |
|------|-----------|-----------|-----------|
| 10 | 孔的变形 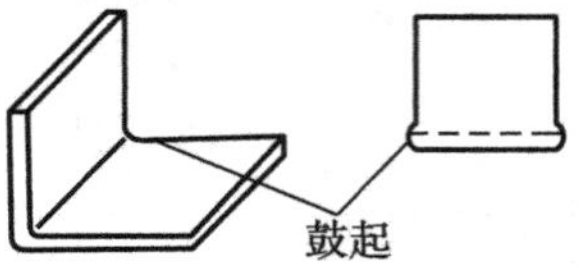<br>鼓起 | 弯曲时中性层内侧的金属层,纵向被压缩而缩短,宽度方向则伸长,故宽度方向边缘出现凸起,以厚板小角度弯曲为明显 | 在弯曲部位两端预先做成圆弧切口将毛坯毛刺一边放在弯曲内侧 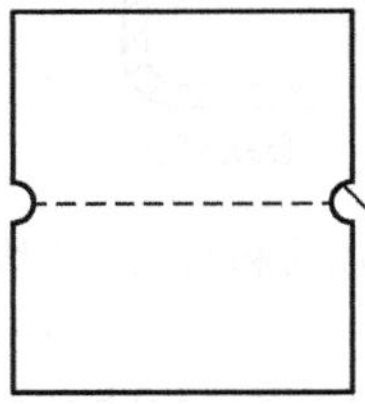<br>圆弧切口 |

# 9.4 拉深件质量分析及提高拉深件质量的措施

## 9.4.1 拉深件质量分类

拉深件的质量问题有两类情况:

①在试模或生产过程中出现的,因模具设计制造或操作管理不当而产生的缺陷如表9.4所示。出现这类问题时,首先应分析其具体原因。然后针对具体缺陷及具体原因,及时采取相应措施与对策,一般能获得解决。

表9.4 一般缺陷分析

| 缺 陷 | 原 因 |
|------|------|
| 法兰边起皱严重 | 压边力太小、间隙太大,材料太软或错用 |
| 中途拉裂、局部开裂 | 压边力太大、间隙太小,材料太硬或错用 |
| 工件一边高一边低 | 定位不同中心或坯料未放正或拉深模间隙不均匀 |
| 直壁不直、形状歪扭 | 间隙太大、凹模圆角太大及排气不好 |
| 壁部拉毛、划伤 | 模具不光滑、润滑剂不干净等 |

②板料拉深变形的根本特征所致,不能简单地从模具调整或注意操作方面轻而易举地得到解决。例如,表现在成形极限、凸耳、弹复及时效开裂等。这些特征质量问题,有的要正确地认识、合理地设计,有的可巧妙地利用、科学地控制;有的须采取后续的工序加以消除。

## 9.4.2 改善拉深件产品质量的工艺措施和方法

在拉深过程中,拉深件的质量问题表现有起皱、拉裂、材料变薄、表面划痕、形状歪扭及回弹等。在这些现象中,以起皱及拉裂对拉深件质量影响最大,发生的机会也最多。据统计,由于起皱及拉裂而产生的废品占拉深件总废品率的80% ~90%。本书第6章已详细地阐述了起皱和拉裂产生的原因和控制措施。本节给出提高拉深件产品质量的工艺措施和方法。

普通中小型拉深件的废品种类、产生原因及预防方法如表 9.5 所示。大型覆盖件拉深时常见质量缺陷及其解决途径如表 9.6 所示。

**表 9.5　中小型拉深件的疵病分析**

| 序号 | 疵病特征 | 图　形 | 产生原因 | 预防方法 |
|---|---|---|---|---|
| 1 | 零件壁部破裂,凸缘起皱 |  | 压边力太小,凸缘部分起皱,无法进入凹模型腔而拉裂 | 加大压边力 |
| 2 | 壁部拉裂 |  | 材料承受的径向拉应力太大,造成危险断面的拉裂 | 减小压边力,增大凹模圆角半径,加用润滑,或是增加材料塑性 |
| 3 | 凸缘起皱 | 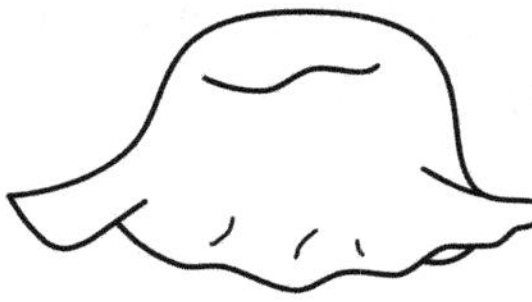 | 凸缘部分压边力太小,无法抵制过大的切向压应力造成的切向变形,失去稳定,形成皱纹 | 增加压边力或适当地增加材料厚度 |
| 4 | 零件边缘呈锯齿状 |  | 毛坯边缘有毛刺 | 修整毛坯落料模刃口以消除毛坯边缘毛刺 |
| 5 | 零件边缘高低不一 | 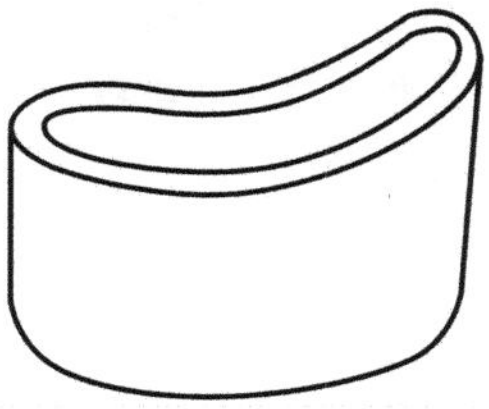 | 毛坯与凸、凹模中心不合或材料厚薄不匀以及凹模圆角半径,模具间隙不匀 | 调整定位,校匀模具间隙和凹模圆角半径 |
| 6 | 危险断面显著变薄 | 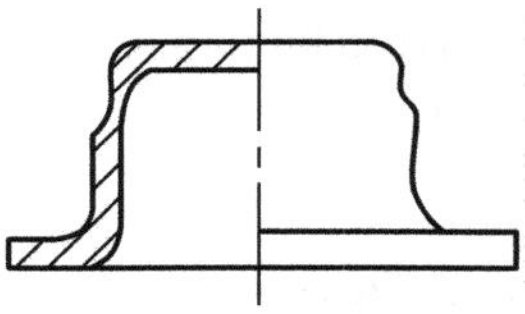 | 模具圆角半径太小,压边力太大,材料承受的径向拉应力接近 $\sigma_s$ 引起 | 危险断面缩颈,加大模具圆角半径和间隙,毛坯涂上合适的润滑剂 |
| 7 | 零件底部拉脱 |  | 凹模半径太小,材料实质上处于切割状态(一般发生在拉深的初始阶段) | 加大凹模圆角半径 |

305

续表

| 序 号 | 疵病特征 | 图 形 | 产生原因 | 预防方法 |
|---|---|---|---|---|
| 8 | 零件口缘折皱 | 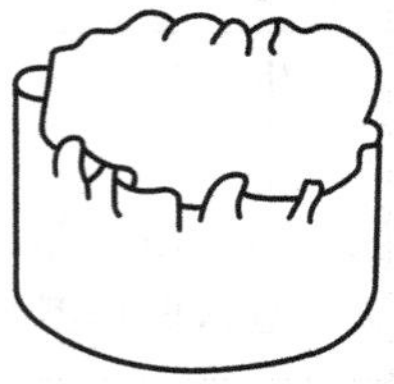 | 凹模圆角半径太大,在拉伸过程的末阶段,脱离了凹模压边圈但尚未越过凹模圆角的材料,压边圈压不到,起皱后被继续拉入凹模,形成口缘折皱 | 减小凹模圆角半径或采用弧形压边圈 |
| 9 | 锥形件的斜面或半球形件的腰部起皱 |  | 拉深开始时,大部分材料处于悬空状态,加之压边力太小。凹模圆角半径太大或润滑油过多,使径向拉应力小,材料在切向压应力的作用下,势必失去稳定而起皱 | 增加压边力或采用拉深筋,减小凹模圆角半径;也可加厚材料或几片毛坯叠在一起拉深 |
| 10 | 盒形件角部破裂 | 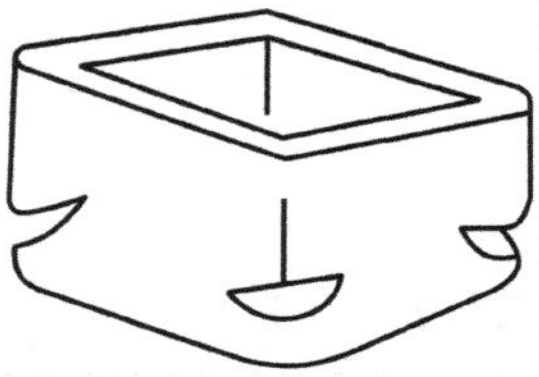 | 模具圆角半径太小,间隙太小或零件角部变形程度太大,导致角部破裂 | 加大模具角部圆角半径及间隙,或增加拉深次数(包括中间退火工序) |
| 11 | 零件底部不平 | 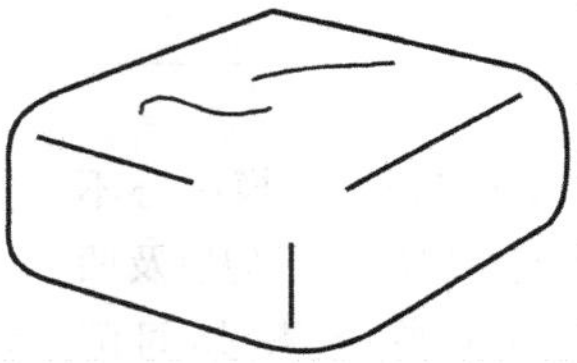 | 毛坯不平整,顶料件与零件接触面积太小或缓冲器弹力不够 | 平整毛坯,改善顶料装置 |
| 12 | 盘形件直壁部分不挺直 | 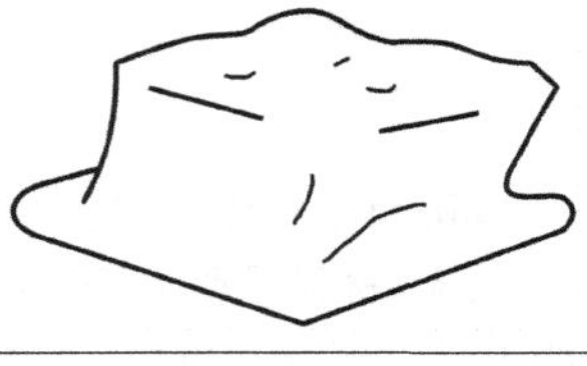 | 角部间隙太小,多余材料向内侧壁挤压,失去稳定,产生皱曲 | 放大角部间隙,减小直壁部分间隙 |
| 13 | 零件壁部拉毛 |  | 模具工作平面或圆角半径上有毛刺,毛坯表面或润滑油中有杂质,拉伤零件表面,一般称"拉丝" | 须研磨抛光模具的工作平面和圆角,清洁毛坯,使用干净的润滑剂 |

续表

| 序号 | 疵病特征 | 图形 | 产生原因 | 预防方法 |
|---|---|---|---|---|
| 14 | 盒形件角部向内折拢,局部起皱 | 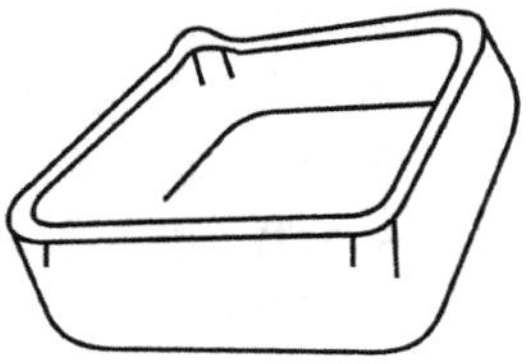 | 材料角部压边力太小,起皱后拉入凹模型腔,所以局部起皱 | 加大压边力或增大角部毛坯面积 |
| 15 | 阶梯形零件肩部破裂 | 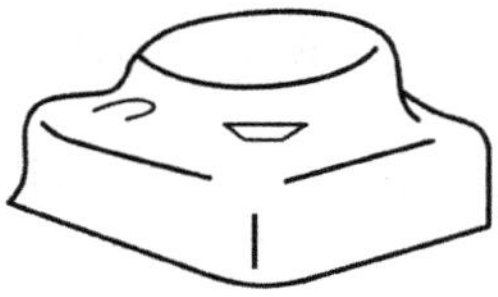 | 凸肩部分成形时,材料在母线方向承受过大的拉应力,导致破裂 | 加大凹模口及凸肩部分圆角,或改善润滑条件,选用塑性较好的材料 |
| 16 | 零件完整,但呈歪扭状 | 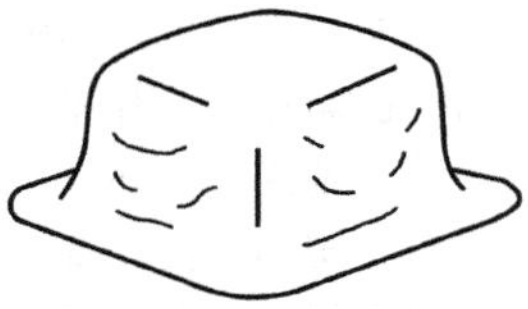 | 模具没有排气孔,或排气孔太小、堵塞以及顶料杆跟零件接触面太小,顶料时间太早(顶料杆过长)等 | 钻、扩大或疏通模具排气孔,整修顶料装置 |

表 9.6 大型覆盖件拉深时常见质量缺陷及解决途径

| 缺陷种类 | 产生原因 | 解决途径 |
|---|---|---|
| 破裂或裂纹 | 1.压边力太大或不均匀<br>2.凸模与凹模间的间隙过小<br>3,拉深筋布置不当<br>4.凹模口或拉深筋槽圆角半径太小<br>5.压边面光洁度不够<br>6.润滑不足或不当<br>7.原材料质量不符合要求(如表面粗糙,晶粒过大,过细或晶粒度不均匀游离碳化铁和非金属夹杂物分布不好),裂口呈锯齿状或很不规则<br>8.材料局部拉伸太大<br>9.毛坯尺寸太大或不准确 | 1.调节外滑块螺栓,减小压边力<br>2.调整模具间隙<br>3.改变拉深筋的数量和位置<br>4.加大凹模或拉深筋槽的圆角半径<br>5.提高压边面光洁度<br>6.改善润滑条件<br>7.更换原材料<br><br><br><br><br>8.加工艺切口或工艺孔<br>9.修正毛坯尺寸或形状 |
| 零件刚性差,弹性畸变 | 1.压边力不够<br>2.毛坯尺寸过小<br>3.拉深筋少或布置不当<br>4.材料塑性变形和加工硬化不足 | 1.加大压边力<br>2.增加毛坯尺寸<br>3.增加拉深筋或改善其分布位置<br>4.采用拉深槛或在制件上增设加强筋 |

续表

| 缺陷种类 | 产生原因 | 解决途径 |
|---|---|---|
| 皱纹或皱摺 | 1. 压边力太小或不均匀<br>2. 拉深筋太少或布置不当<br>3. 凹模口圆角半径太大<br>4. 压边面不平,里松外紧<br>5. 润滑油太多,涂抹位置不当<br>6. 毛坯尺寸太小<br>7. 材料过软<br>8. 压边面形状不当 | 1. 调节外滑块螺栓,加大压边力<br>2. 改变拉深筋数量、位置和松紧<br>3. 减小凹模口圆角半径<br>4. 修磨压边面,使之里紧外松<br>5. 润滑适当<br>6. 加大毛坯尺寸<br>7. 更换材料<br>8. 修改压边面形状 |
| 零件表面有划痕、橘皮纹或滑带等 | 1. 压边面或凹模圆角光洁度不够<br>2. 镶块的接缝太大<br>3. 板料表面有划痕<br>4. 板料晶粒过大<br>5. 板料屈服极限不均匀<br>6. 毛坯表面,模具工作部分有杂物,或润滑油中有杂质<br>7. 模具硬度差,有金属黏附现象<br>8. 模具间隙过小和不均<br>9. 拉深方向选择不当,板料在凸模上有相对移动 | 1. 提高压边面或凹模圆角光洁度<br>2. 消除镶块接合面过大的缝隙<br>3. 更换材料<br>4. 更换材料或进行正火处理<br>5. 拉深前进行辊压处理<br>6. 将模具工作部分和毛坯表面擦拭干净,清理润滑油<br>7. 提高模具硬度或更换模具材料<br>8. 加大或调匀模具间隙<br>9. 改变拉深方向 |

# 第**10**章
# 冲压生产现场管理

冲压生产现场工艺管理是指对冲压生产车间的工艺管理,包括冲压工艺规程的编制(需要时)、冲压生产现场工艺验证、冲压生产现场工艺管理和模具管理。

## 10.1 冲压工艺规程的编制

工艺规程是现代工业生产中不可缺少的指导性文件,在批量生产中尤为重要。对于冲压生产来说,同样是不可或缺的。对于处于一线的冲压生产车间,有时冲压工艺规程是由工厂技术部门编制好后下发的,这种情况下不必再编制冲压工艺规程,对于大型、复杂、精密的冲件,可编制冲压生产作业指导书,对冲压工艺规程进一步细化,以便操作者掌握;有时工厂并未下发冲压工艺规程,这时就需要车间现场技术人员编制冲压工艺规程。因此,各企业往往情况不同,应视具体情况对待。

### 10.1.1 冲压工艺规程编制的依据

冲压工艺规程作为冲压件生产不可缺少的指导性文件,十分重要,因此编制应科学、合理,编制的内容应有比较充分的依据。

冲压工艺规程编制的依据主要包括生产纲领、产品零件图、产品工艺路线、冲压设备资料及工艺标准等。

**(1)生产纲领**

生产纲领就是产品的年生产量,它直接决定所采用的工艺方案、设备配置等,对投资、成本、产品技术要求和质量都有较大影响。

生产纲领的确定,视制品的种类不同而不同。例如,汽车覆盖件与电器接插件的冲压生产纲领的确定就不同。且对于不同的生产类型,其划分方式也不完全一致,应根据企业产品的具体情况而定。常用的两种划分方法为按工作地所担负的工序数或产品的年产量划分,如表 10.1、表 10.2 所示。

表 10.1　按工作地所担负的工序数划分

| 生产类型 | 工作地每月负担的工序数 |
|---|---|
| 单件生产 | 不作规定 |
| 小批生产 | >20 ~ 40 |
| 中批生产 | >10 ~ 20 |
| 大批生产 | >1 ~ 10 |
| 大量生产 | 1 |

表 10.2　按生产产品的年产量划分

| 生产类型 | 产品年产量/台 |
|---|---|
| 单件生产 | 1 ~ 10 |
| 小批生产 | >10 ~ 150 |
| 中批生产 | >150 ~ 500 |
| 大批生产 | >500 ~ 5 000 |
| 大量生产 | >5 000 |

**（2）产品零件图**

产品零件图是编制工艺规程的首要依据。产品零件图中提出零件的各项技术要求,包括零件的形状特点、尺寸大小、设计基准、尺寸公差等级、形状和位置偏差、选用材料、材料热处理要求等。

在编制工艺规程前,应对产品零件图进行生产经济性和工艺性分析。对于生产经济性不好以及工艺性差的设计图,应当与设计人员进行沟通和协商,在不影响产品性能、功能和使用的前提下,可对产品零件图进行改进设计。

1）冲压生产经济性分析

产品零件的生产批量对冲压加工的经济性起着决定性的作用。在一定生产批量的前提下,应考虑产品零件的各项技术要求是否可行,是否有利于生产成本的降低和生产组织。

与生产经济分析评价有关的因素如下:

①冲压件的结构形状和尺寸。

②冲压件尺寸精度和形状位置精度。

③零件加工表面质量要求。

④零件材料选用。

2）冲压工艺性分析

产品零件图中提出的各项技术要求与冲压工艺所能达到的要求是否适应,包括材料厚度及成形后允许的变薄量,材料的力学性能和冲压性能,冲压过程中产生回弹和变形的可能性,以及毛刺大小和方向等方面。上述内容对选定冲压工序及其组合、坯料定位、冲模结构形式及制造精度要求等都有直接关系。

冲压工艺性分析中应提出在冲压加工中的难点和冲压加工与切削加工、焊接、铆接等工序加工衔接的可行性。

**（3）产品工艺路线的制订**

批量生产中,对产品所有零部件(包括外购、外部协作加工)需编制生产工艺路线,标明所有零部件在全厂各生产车间(工段)间的生产流水顺序,它是产品生产组织的必备文件。

冲压工艺规程应根据已确定的产品生产工艺路线编制。

**（4）拟使用的冲压设备资料**

冲压设备资料是编制冲压工艺规程的必备条件,冲压工艺人员应熟练掌握生产现场的设备资料和设备使用技术状况。一般情况下,编制工艺规程应充分发挥现有设备的能力,并均衡大部分设备的负荷,在下列情况下应提出增添或更新设备的建议:

①某些关键设备负荷过大,已难以组织正常生产,需增添新设备来均衡负荷。

②某些设备规格、参数难以满足产品工艺要求或设备过于陈旧,对保证冲压件质量有问题,可提出更新要求。

③试制新产品时,认为现有设备不能完全保证新产品批量生产和组织正常生产或对冲压件质量有影响,应提出对生产现场进行技术改造的建议。

**（5）工艺标准**

工艺标准是制订工艺规程的指导性文件,也是进行工艺性审查的依据。目前,我国发布的工艺标准均为推荐标准。企业应根据本企业产品要求和生产条件制订本企业适用的工艺标准。

冲压生产中常用的企业工艺标准有冲压工艺守则、冲压工艺方案等。

在定型产品批量生产的企业,在工艺管理正常化的情况下,应制订工艺守则。冲压工艺守则是对冲压工艺人员和冲压生产现场技术人员执行的通用工艺指导性文件。在冲压工艺守则中,应针对所涉及的产品提出质量保证措施。

**（6）冲压工艺方案**

工艺方案是编制工艺规程的指导性文件,工艺方案是根据产品类型、产品零件分类特征、产品生产纲领和生产场地所拥有的设备能力制订的。工艺方案(包括不同加工方法的工艺方案)是确定产品生产工艺路线的依据。

冲压工艺方案是根据产品冲压件形状、尺寸等技术要求,产品生产批量和生产场地设备能力确定的。编制时,应根据冲压件的类型、形状和尺寸分类,提出适应不同冲压设备的冲压工艺流程。

冲压工艺方案制订后,应经主管工艺的主任工程师、总工艺师(或总工程师)审批后实施。

冲压工艺方案包括冲压毛坯提供方式、冲压工序流程安排、冲压件质量保证措施等。

### 10.1.2　冲压工艺规程编制的步骤

冲压生产中使用的工艺规程主要有冲压工艺卡片、下料卡片和检验卡片等,有时还包括冷冲压生产作业指导书。

冲压工艺卡片是冲压生产现场使用最为广泛的工艺规程,批量生产中都应有冲压工艺卡片,在小批生产时也可采用,内容可酌情简单些。下料卡片和检验卡片只在大批量生产时采用。

冲压工艺规程编制的一般步骤如下:

①生产经济分析。

②对产品零件图的工艺性审查。

③与产品设计人员协商产品的改进设计。

④冲压工艺方案的制订。

⑤确定坯料形状、尺寸。

⑥确定具体冲压工序,包括工序名称、数量和顺序、工序尺寸参数的确定。

⑦冲模类型和结构形式的确定。

⑧冲压设备的选择。

⑨冲压工艺文件的编写。

### 10.1.3 冲压工艺性审查

冲压工艺性是指需进行冲压的零件对冲压工艺的适应性,任何一种加工方法都有它使用的局限性,不同的冲压加工方法,如冲裁、弯曲、拉深、成形等对零件的结构、尺寸等有不同的要求和约束。

产品工艺性审查在完成产品设计,待进行样品或小批试制前进行,由相应专业的工艺人员进行审签。

**(1)冲压工艺性审查的内容**

①零件结构应力求简单对称。

②外形和内孔应尽量避免清角和小于90°的锐角。

③产品零件要求的圆角平径大小应有利于成形。

④符合冲裁、弯曲、拉深等不同加工方法对产品设计工艺性的要求。

⑤冲压件的材料选用应符合工艺要求。

**(2)冲压工艺性审查的依据**

对产品零件图进行冲压工艺性审查的依据是生产纲领、工艺标准和本企业冲压设备的能力。

**(3)工艺性审查中问题的处理**

对冲压工艺性差的产品设计应通过如下途径解决:

①由产品设计人员改进设计。

②改用其他加工方法。

③产品设计中提出的形状、尺寸精度和位置偏差要求,以及对冲压件表面的要求,如冲裁断面、拉深件内外形要求等,用常规冲压工艺难以达到的,应采取特殊工艺方法,如整修、精冲、变薄拉深成形等。

④对某些工艺性差的设计,可采用冲压加工与其他加工方法合作来保证产品设计要求。如图10.1(a)所示,原料弯曲中,太短的边难以保证弯曲质量,可将短边加长弯曲后切去;厚

料铰链卷圆后,两端口部材料畸变,不能保证使用要求,可在卷圆后铣削两端面,保证尺寸 $A$,如图 10.1(b)所示。

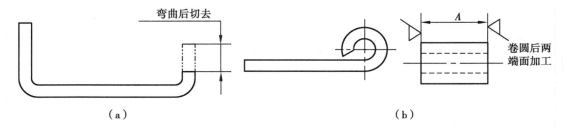

图 10.1　协作实例

### 10.1.4　冲压工艺卡片编制

冷冲压工艺卡片是对某一冲压件提出的工艺过程的要求,是组织冲压件生产的依据。

冷冲压工艺卡片编制的内容包括以下 6 项:

**(1)各冲压工序及其工艺要求**

首先按照确定的冲压工艺方案排定各工艺,然后针对每道冲压工序明确提出具体的工序工艺要求:

①工序应当达到的形状与尺寸要求,用简图表示。

②本工序操作时坯料的定位面和定位要求。

③本工序需检验或控制的质量要求。

④需标注的相关尺寸。

**(2)使用的冲压设备**

冲压各工序使用冲压设备的型号,必要时应标注生产现场的设备编号。

**(3)专用工艺装备——模具**

本工序使用的模具名称、编号。

**(4)量具、检具**

本工序检验时使用的量具、检具(包括通用和专用量、检具)。

**(5)冲压工时定额**

冲压工时定额一般采用单件定额法标注。

**(6)所需操作人员数量**

根据工序操作内容和选用冲压设备的操作规程,确定所需操作人员数量。

如果工艺要求有其他加工工序,如钻、铣、焊接等与冲压工序合作加工时,除在冷冲压工艺卡中标明加工工序和要求外,应另编制加工工序卡。

如表 10.3 所示为冷冲压工艺卡片推荐使用格式。

表 10.3　冲压工艺卡

| 企业名称 | 冷冲压工艺卡片 | | 产品型号 | | 零件图号 | | 文件代号 | |
|---|---|---|---|---|---|---|---|---|
| | | | 产品名称 | | 零件名称 | | 共　页　第　页 | |
| 材料牌号及规格 | 材料技术要求 | | 毛坯尺寸 | 每毛坯可制件数 | 毛坯质量 | 辅助材料 | | |
| | | | | | | | | |
| 工序号 | 工序名称 | 工序内容 | 加工简图 | 设备 | 工艺装备 | 检具 | 工作定额 | 操作人数 |
| | | | | | | | | |
| | | | | | | | | |
| | | | | | | | | |
| | | | | | | | | |
| | | | | | | | | |
| | | | | | | | | |
| | | | | | | | | |
| | | | | | | | | |
| | | | | | | | | |
| | | | | | | | | |
| | | | | | 设计（日期） | 审核（日期） | 标准化（日期） | 会签（日期） |
| 标记 | 处数 | 更改文件号 | 签字 | 日期 | 标记 | 处数 | 更改文件号 | 签字 | 日期 | | | | |

## 10.1.5　下料卡片

下料卡片一般在大批大量生产时采用,主要内容包括如下:

①冲压件使用的材料牌号和材料规格、尺寸。

②单件所需坯料尺寸。

③排样图。

④下料方式。

⑤材料利用率计算。

⑥下料设备型号。

⑦下料工艺工时定额。

### 10.1.6　检验卡片

大批量生产条件下,关键冲压件应编制检验卡片,明确检验要求和所采取的措施。检验卡片是对完成全工序的一个产品零件编制的。检验卡片的主要内容包括如下:

①冲压件检验项目和技术要求。

②检验手段,除常规测量工具外,还包括专用检具、量具和三坐标测量机等。

③检验方案和操作要求。

④标明冲压件检验要求的零件简图、标明需检验的尺寸和检验测量基准等。

冲压工艺规程中文件的格式、内容和填写规则可参照原国家机械工业部标准 JB/T 9165.2—1998 等指导性技术文件。

## 10.2　工 艺 验 证

产品零件的冲压工艺规程必须经实践验证。对批量生产的产品,在小批试生产时进行工艺验证,以考核工艺规程是否正确,选用的工艺装备(包括冲模)是否合理和适应,保证以后的批量生产中产品质量稳定、工艺成本低,并符合安全生产和环境保护的要求。通过验证证明冲模能否投入批量生产使用。

新制模具装配后经检验合格进行试冲是冲压工艺验证必不可少的步骤。

### 10.2.1　工艺验证的内容

工艺验证的内容包括如下:

①关键件的工艺路线、工艺要求是否合理、可行。

②所选用的设备和工艺装备是否满足工艺要求。

③工艺规程提出的检验要求和方法能否满足产品零件的质量要求。

④冲压件的尺寸精度等质量要求能否得到保证。

⑤是否符合劳动安全方面的规定和要求。

### 10.2.2　工艺验证的组织

工艺验证由企业的生产准备部门组织,设计、工艺、检验、生产等部门和冲压、模具生产单位派员参加。

工艺验证一般是在新制模具试冲时进行。

工艺验证时应有相应的验证记录,并由相关部门作出验证认定或评价意见。进行工艺验证可解决以下问题:

**(1)确定零件的工艺成形条件**

冲模经试冲制出合格的冲压件,可掌握模具的使用性能、零件工艺成形条件和方法,对能保证批量生产使用的冲压工艺规程确定可靠的实践依据。可通过试冲对已提出的工艺规程进行修正和完善。

**(2)确定成形零件的毛坯形状、尺寸和用料标准**

形状复杂的弯曲、拉深、成形零件,工艺设计时难以准确地提出成形前毛坯形状和尺寸,需通过试冲出合格零件后才能确定。

**(3)确定冲压工序尺寸和模具参数**

零件的冲压工序和工序尺寸,以及复杂模具的工艺参数,可在模具试冲过程中进行调整、修正后确定,并纳入工艺规程,作为生产和检验的依据。

# 10.3　冲压生产现场工艺管理

冲压生产现场工艺管理内容主要为生产用产品图纸及现场工艺文件的管理、工艺规程的落实、工艺纪律的监督、质量改进与监控、安全生产与整洁文明生产的监督管理等。

## 10.3.1　生产用产品图纸及现场工艺文件的管理

①生产用产品图纸及现场工艺文件应统一由工厂技术部门归口发放,图纸及文件上应有明显的管理标志和发放日期,确保图纸及文件使用的正确性和有效性。

②为保证生产各方面协调一致,产品图纸及冲压工艺规程应同时发放到生产调度部门、采购部门、销售及售后服务部门、检验部门和相关联的生产车间。

③生产用产品图纸应由车间技术人员专门保管;工艺规程及操作指导书应按工序将工艺卡片发至各工位,在现场张挂或由操作者妥善保管。

④图纸及工艺文件的更改和更换应按质量管理文件规定的要求进行。

## 10.3.2　工艺规程的落实与工艺纪律的监督

工艺规程编制并发放后,如何落实,以及监督工艺纪律的严格执行,是生产现场工艺管理的重要内容,主要应抓好以下工作:

①应当对操作人员进行上岗前的工艺培训,并经考试合格后方准上岗。

②每当新产品投产时,工艺技术人员应当亲临现场,参与从模具安装调试到首件的冲制、检验、确认全过程。

③正常生产中,现场工艺技术人员也应经常巡视,及时发现可能存在的问题。

④现场工艺技术人员应当担负起工艺纪律督查的责任,要求操作者按制订的工艺规程和操作守则严格执行,对于违反工艺纪律的现象和人员提出处理意见。

⑤负责倾听和收集对于产品、工艺、质量的改进意见和建议,提出并实施改进方案。

## 10.3.3　质量改进与监控

现场工艺技术人员担负着冲压生产质量改进与监控的重任,应做好以下工作:

①参与"三检制"的实施,掌控好日常生产的产品质量。

②每日对各生产工序进行巡视,及时发现问题和解决问题。

③负责策划产品质量改进计划,推进产品质量改进计划的落实。

④组织和开展"QC"小组活动,不断推进产品质量的改进和提高。

⑤对关键工序做到日日巡视、周周分析,确保关键工序质量优良。

⑥做好质量记录的收集、整理、分析和分类管理、保存工作。

### 10.3.4　安全生产与整洁文明生产的监督管理

现场工艺技术人员是安全生产与整洁文明生产的"守护神",应着重抓好以下工作:

①负责对各冲压工序的安全装置从设置、配备、安装、使用情况进行核查。

②从工艺操作角度对安全操作情况进行巡查。

③协助工厂或车间安全员对安全生产情况进行定期或不定期的检查。

④根据车间要求进行产品生产定置管理方案的拟订,并绘制订置管理图。

⑤每日巡查车间各工段生产定置管理的遵守与执行情况,发现违反者,向车间负责人提出处理意见。

⑥参与对操作者每日的"5S"管理,做到"日清、日高"。

# 第**11**章
## 冲压生产过程中的安全要求

冲压生产是一个相当不安全甚至危险的工种,冲压生产是否安全直接影响操作者的人身安全。在冲压安全事故中,有 30% ~35% 是由于操作者送、取料时操作不当所造成的。

冲压安全事故的发生主要源自以下 4 种情况:

①操作者疏忽大意,压力机滑块下行时,操作者身体的一部分进入了模具的危险界限。例如,滑块下行时,发现工件定位不合适,无意地伸过手去;因清除模具上残留的工件或废料时,不合理地移开使用者的安全装置等引发事故。

②模具结构上的缺陷引发的事故。未能避免在滑块下行时使材料落到危险界限内;由于模具制作的破损和废料的飞散等造成的事故。

③模具安装、搬运不当引起的事故。

④冲压设备及安全装置等发生故障或破损而引发的事故。

为给劳动者创造一个符合劳动卫生要求、保护工人健康的生产环境和条件,应将《冲压车间安全生产通则》这一强制性国家标准中所规定的各项安全规则和要求作为安全生产和安全管理的规范和依据。冲压操作者应熟知这些内容。

## 11.1  冲压生产的环境要求

冲压生产场地应为操作者提供在生理上和心理上的良好作业环境,生产场地的温度、通风、照明和噪声等符合劳动卫生要求,不仅有利于劳动者的安全和健康,还有助于提高劳动生产率,对保证冲压件质量起到促进作用。

### 11.1.1  冲压生产环境

**(1)温度**

①室内工作地点的冬季空气温度应符合下列要求:轻作业不低于 15 ℃;中作业不低于 12 ℃;轻作业与中作业交混的车间不低于 15 ℃。

②室内工作地点的夏季空气温度,一般不应超过 32 ℃。当超过 32 ℃时,工厂应采取有效降温措施;当超过 35 ℃时,工厂应有确保安全的措施,以保障压力机操作者继续工作。

（2）通风

室内工作地点需有良好的空气循环。应以自然通风为主，必要时增设机械通风设施。

有烟雾、粉尘和其他污秽空气时，应在污染源处装设有效的局部抽风装置，必要时加以净化处理。

对加热、清洗、烘干设备，应装设通风装置。

车间空气中有害物质浓度，不得超过国家有关规定。

（3）光照度

车间工作空间应有良好的光照度，一般工作面不应低于 50 lx，各工作面工作照度不足时应采用局部照明。点的光照度不应低于如表 11.1 所示数值。照度不足时，应采用局部照明。

表 11.1　冲压车间光照度

| 工作面和工作点 | 光照度/lx（勒克斯） |
|---|---|
| 剪切机的工作台面，水平光照度 | 75 |
| 压力机上的下模，水平光照度 | 75 |
| 压力机上的上模，垂直光照度 | 75 |
| 压力机控制按钮，垂直光照度 | 50 |
| 压力机启动踏板，水平光照度 | 20 |
| 车间内部仓库的地面上光照度 | 20 |

采用天然光照明时，不允许太阳光直接照射工作空间；采用人工照明时，不得干扰光电保护装置，并应防止产生频闪效应。

除安全灯和指示灯外，不应采用有色光源照明。

（4）噪声

车间噪声级应符合卫生部和劳动部批准的《工业企业噪声卫生标准》。

压力机、剪板机等设备空运转时的噪声值不得超过 90 dB。冲压设备各部位（如压力机滑块下）的噪声值应符合相应的规定要求。

我国工业企业噪声卫生标准如表 11.2 所示，强噪声的安全限度如表 11.3 所示。

表 11.2　我国工业企业噪声卫生标准

| 新建、扩建、改建企业的噪声卫生标准 | | 现有企业暂时达不到标准时 |
|---|---|---|
| 每个工作口接触噪声时间/h | 允许噪声/dB | 允许噪声参考值/dB |
| 8 | 85 | 90 |
| 4 | 88 | 93 |
| 2 | 91 | 96 |
| 1 | 94 | 99 |
| 最高不得超过 | 115 | 115 |

工厂必须采取有效措施消减车间噪声，减少噪声源及噪声传播，可采取以下措施：

①控制压缩空气吹扫的气压和流量。

②采用吸音墙或隔音板吸收噪声并防止向四周传播。

表 11.3　强噪声的安全限度

| 耳朵无保护 | | 耳朵有保护 | |
|---|---|---|---|
| 噪声声压级/dB | 最大允许暴露时间 | 噪声声压级/dB | 最大允许暴露时间 |
| 108 | 1 h | 112 | 8 h |
| 120 | 5 min | 120 | 1 h |
| 130 | 30 s | 132 | 5 min |
| 135 | <10 s | 142 | 30 s |
| | | 147 | 10 s |

③采用减振基础吸收振动。

④把产生强烈噪声的压力机封闭在隔音室或隔音罩中。

⑤避免剪切或冲裁时产生强烈振动和噪声,当冲压力较大选用压力机时,应使冲裁力不超过设备公称力的 $\frac{2}{3}$,采用斜刃冲模或装设避振器等。

⑥噪声级超过 90 dB 的工作场所,应采取措施加以改造。在改造之前,工厂应为操作者配备耳塞、耳罩或其他防护用品。常用防护用品及效果如表 11.4 所示。

表 11.4　常用防护用具及效果

| 种　类 | 使用说明 | 质量/g | 衰减值/dB |
|---|---|---|---|
| 棉花 | 塞在耳内 | 1～5 | 5～10 |
| 棉花加蜡 | 塞在耳内 | 1～5 | 15～30 |
| 伞形耳塞 | 塑料或人造橡胶 | 1～5 | 15～35 |
| 柱形耳塞 | 乙烯套充蜡 | 3～5 | 20～35 |
| 耳罩 | 罩壳上衬海绵 | 250～300 | 15～35 |
| 防声头盔 | 头盔上衬海绵 | 1 500 | 30～50 |

**(5)人机工程**

工位结构和各部分组成应符合人机工程学和生理学的要求及工作特点。

在压力机旁操作的操作者可以坐、立或坐立交替,但剪板机操作者不允许坐着操作。

①坐着工作

坐着工作时,一般应符合下列要求:

a. 坐椅高度应为 400～430 mm,高度可调并能止动,坐椅应有靠背。

b. 压力机操纵按钮离地高度应为 700～1 100 mm,操作者离工作台边缘较近时,高度可为 500 mm。

c. 工作台高度应为 700～750 mm,超高时应垫以脚踏板。

②站立工作

站立工作时,应符合下列要求:

a. 压力机操纵按钮离地高度为 800 ~ 1 500 mm。

b. 压力机工作面的高度应为 930 ~ 980 mm。

c. 剪板机工作台面高度应为 750 ~ 900 mm。

（6）工作地面

①车间工作地面（包括通道）必须平整、整洁、防滑,地面上不允许有与生产无关的障碍物,不允许有黄油、油液和水存在。

②地面必须坚固,能承受规定的荷重。

③压力机基础或地坑的盖板,必须是花纹钢板,或在平板上焊以防滑筋。

### 11.1.2　冲压工作场地

工作场地应符合安全和卫生规定,工艺设备的平面布置除满足工艺要求外,压力机的排列间距应有利于安全操作,车间通道的宽度有利于材料、模具和冲压件的运输,不至于影响冲作者的安全。

（1）车间通道

车间通道必须畅通,通道宽度应符合如表 11.5 所示的规定。通道边缘 200 mm 以内不允许存放任何物体。

表 11.5　主间通道宽度

| 通道名称 | | 宽度/m |
|---|---|---|
| 车间主通道 | | 3.5 ~ 5 |
| 压力机生产线之间的通道 | 大型压力机（大于 8 000 kN 单点、6 300 kN 双点） | 4 |
| | 中型压力机（1 800 ~ 6 300 kN 单点,1 600 ~ 4 000 kN 双点） | 3 |
| | 小型压力机（小于等于 1 000 kN 压力机） | 2.5 |
| 车间过道 | | 2 |

为保证生产工艺流程顺畅,各区域之间应以区域线分开。区域线应用白色或黄色涂料或其他材料涂覆或镶嵌在车间地坪上。区域线的宽度需在 50 ~ 100 mm 范围内,区域线可以是连续或断续的。

（2）压力机和其他工艺装备

压力机和其他工艺装备,最大工作范围的边缘距建筑物的墙壁、支柱和通道壁至少为 800 mm,这个工作范围不包括工位器具、箱柜等可移动物品。

各型压力机排列间距、压力机与厂房构件的距离应符合有关规定,有利于生产中物流和安全操作。

（3）冲模库

生产场地使用的所有模具（含夹具）应整齐有序地存放在冲模库或固定的存放地。

模具入库前必须清理干净,在工作面上、活动或滑动部分加注润滑或防锈油脂。

各种冲模必须稳定地水平放置,不得直接垛放在地坪上。

①大型冲模应垛放在楞木或垫铁上,每垛不得超过 3 层,垛高不应超过 2.3 m。

楞木或垫铁应平整、坚固,承重后不允许产生变形和破裂。

多层垛放的模具应是有安全栓或限位器的冲模,并不得因多层垛放而影响冲模精度。无导向的模具不宜多层垛放。

②小型冲模应存放在专用钢模架上,模架最上一层平面不应高于1.7 m。

③中型冲模可视其体积和质量,按大型或小型冲模存放方法和要求进行存放。但垛放高度不应超过2 m。

④垛堆或钢模架之间应有0.8 m宽的通道。

⑤大量生产条件下,可采用高架仓库存放冲模,配备巷道堆垛起重机作业。

⑥生产中使用的夹具、检具应有固定的存放地,但不宜多层存放。

⑦质量超过50 kg的模具运送时,应采用起重运输设备。

**(4)材料库**

材料(包括板料、卷料和带料)应按品种、规格分别存放,存放的有效负重(t/m²)不得超过地坪设计允许的数值。

①成包的板料应堆垛存放,垛包存放高度一般不应超过2.3 m。

垛间应有通道,当垛高不超过2 m时,通道宽度至少应为0.8 m;当垛高超过2 m时,通道宽度至少应为1 m。

同一垛堆的板料,每包之间应垫以垫木。散装的板料应每隔100~200 mm垫以垫木,根据板料长度不同,可垫2~4根垫木。

垫木的厚度不小于50 mm,长度应与板料宽度相等。垫木应平整、坚固,承重时不应有变形和破裂。

板料存放方式如图11.1所示。

②卷料可多层存放,并以存放在楞木上为宜。多层存放的总高不应超过4 m。

同一垛堆的钢卷料,每卷卷径应一致。为防止卷料滚动,应备有专门固定角支撑,或在垛堆底层首末两卷垫以专门的止推块,并每隔3~4卷加垫相同的止推块,如图11.2所示。

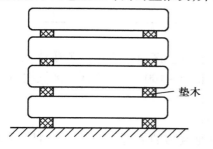

图11.1　板料存放方式

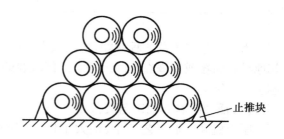

图11.2　卷料堆垛存放

止推块应有与同卷料外径一致的接触面或使其断面为等腰三角形,其高度不应小于卷径的1/4,长度等于卷料宽度。止推块应坚固平整。

③多列存放时,列间应有通道。当卷料垛堆高度在2 m以下时,通道宽度应不小于0.8 m;当垛高超过2 m时,通道宽度不应小于1 m。

④其他金属或非金属材料存放和储存时,可采用上述方法。当材料数量不多时,应采用金属货架形式存放。

## 11.2　冲压生产中的安全保护

### 11.2.1　冲压设备的安全装置

冲压设备的安全装置是生产工人操作安全的必要保证。操作者要正确使用和维护设备的安全装置,确保其正常运行,切不可图操作方便,追求生产效率率而将其拆除或关闭。

**(1)安全装置的要求**

冲压设备的安全装置应符合下列要求之一:

①工作行程时,应能阻止操作者身体任何部分进入或停留于工作危险区。

②工作行程时,当操作者身体任何部分进入危险区之前,应受到保护。

③工作行程时,当操作者的手一旦放开操作按钮,并伸至工作危险区之前应受到保护。

**(2)安全装置的类别**

工厂必须在压力机危险区内,为操作者选择、提供并强制使用安全装置。

安全装置包括安全保护装置和安全控制装置两大类。

1)安全保护装置。

安全保护装置包括活动栅栏式、固定栅栏式、遮挡式等。

安全保护装置一般为冲压设备外部增添的安全设施,可保护操作者的手不能从其周围伸入危险区内。

活动栅栏安装时与设备的控制系统联锁。

2)安全控制装置。

安全控制装置本身并不直接对人身进行保护,而是对操作者实现间接保护。当操作者的手、手指或身体其他部分误入操作危险区时,安全控制装置即对压力机制动器进行控制,使滑块停止运行。

安全控制装置包括双手操作式和非接触式等。它是通过发出信号达到控制保护的目的。

①双手操作式。常用的有双手操作按钮和双手操作杠杆等,在冷冲压设备中后者使用已不多见。

双手操作按钮具有同步性的功能。大吨位的冲压设备(机械压力机和液压机),两人或两人以上操作时,对每个操作者都提供双手操作按钮。使用双手操作按钮时,不允许同时使用脚踏操作装置。

②非接触式安全控制装置。它有光电、红外控制、感应控制等方式。

非接触式安全控制装置是由光束、光幕、感应区等形成保护区,其保护长度最大可达400 mm。当装置处于保护状态时,操作者身体任何部分或其他物品进入保护区时,冲压设备的滑块会立即停止下行。

3)紧急停止按钮。

冲压设备上安装的红色紧急停止按钮,可在发生紧急情况时使用。紧急停止按钮是自锁的,在重新启动前有一恢复工作的操作程序。

紧急停止控制是超控于任何操作的控制。设备有多个操作点时,各操作点上一般均应设有紧急停止按钮。

4）防护罩和防护隔栏。

防护罩和防护隔栏应用透明材料制成。当用金属材料制成时应具有垂直透明孔,当采用铁丝编织网或拉伸网片,透明孔不应采取菱形斜孔。

防护罩和防护隔栏在压力机上的安装位置必须满足如图 11.3 和图 11.4 所示尺寸要求。

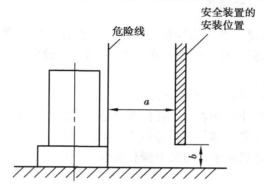

**图 11.3　安全装置与模具**

$a$—安全装置至危险线距离;$b$—安全装置开口尺寸

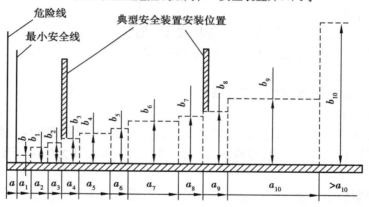

**图 11.4　防护罩或防护隔栏的安装尺寸**

如图 11.4 所示防护罩或防护隔栏的尺寸 $a,b$ 数值如表 11.6 所示。

从图 11.3、图 11.4 和表 11.6 可知,安全保护装置的最小开口为 6 mm。保护装置离危险区域线的距离越远,允许其开口尺寸越大。

当保护装置安装在距离危险线 85 mm 以外的位置时,开口尺寸 $b$ 为 16 mm。如开口尺寸为 150 mm 时,保护装置必须安装在距离危险线 785 mm 以外的位置。

**表 11.6　防护罩和防护隔栏的安装尺寸/mm**

| $a$ | 13 | $b$ | 6 |
|---|---|---|---|
| $>a \sim a_1$ | $>13 \sim 35$ | $b$ | 6 |
| $>a_1 \sim a_2$ | $>35 \sim 60$ | $b_1$ | 10 |
| $>a_2 \sim a_3$ | $>60 \sim 85$ | $b_2$ | 12 |

| $a$ | 13 | $b$ | 6 |
|---|---|---|---|
| $> a_3 \sim a_4$ | $> 85 \sim 135$ | $b_3$ | 16 |
| $> a_4 \sim a_5$ | $> 135 \sim 160$ | $b_4$ | 20 |
| $> a_5 \sim a_6$ | $> 160 \sim 185$ | $b_5$ | 22 |
| $> a_6 \sim a_7$ | $> 185 \sim 310$ | $b_6$ | 32 |
| $> a_7 \sim a_8$ | $> 310 \sim 385$ | $b_7$ | 38 |
| $> a_8 \sim a_9$ | $> 385 \sim 435$ | $b_8$ | 46 |
| $> a_9 \sim a_{10}$ | $> 435 \sim 785$ | $b_9$ | 54 |
| $> a_{10}$ | $> 785$ | $b_{10}$ | 150 |

**(3)设备安全装置的选用**

①工厂采用的冲压设备、安全装置和冲模必须互相匹配,不得构成危险或不安全因素。

②选择生产设备和机械化、自动化装置,必须首先考虑安全。无安全保护装置的压力机不得购置和安装使用。危险区应设置防护隔栏。

③剪切长度为 2 500 mm 以上的剪板机,在每个立柱上应装设紧急开关装置。

④剪板机应在压料器前面装设防护隔栏。

⑤在压力机危险区内,应为操作者选择、提供并强制使用各种安全装置。

⑥与压力机配套使用的机械手、机器人,应在其工作范围外缘设置防护隔栏。

### 11.2.2　冲压现场安全保护

**(1)作业安全标志**

冲压生产区域、部门和设备,凡可能危及人身安全时,应按《安全标志》(GB 2894—1996)中有关规定,在醒目处设标志牌。

标志牌应平整、清楚,大小、比例、颜色必须符合 GB 2894—1996 的规定。

**(2)手工操作工具**

在小吨位开式压力机上冲压时,因设备原因往往难以安装安全保护装置。小吨位压力机行程速度快,在使用单件毛坯冲压时,操作者严禁用手伸入冲模内放置毛坯和取出工件,必须使用手工工具操作,也可用手持式电磁盘。

常用手工工具如表 11.7 所示。为防止手工工具误入凸模下面而损坏冲模,手工工具需用软金属制作。

**表 11.7　常用手工工具**

| 序　号 | 简　　图 | 用　　途 |
|---|---|---|
| 1 | | 用于拉深工序毛坯的送、取 |

续表

| 序 号 | 简 图 | 用 途 |
|---|---|---|
| 2 | | 用于小型薄片工件 |
| 3 | | 用于半成品的单个毛坯冲孔、弯曲、整形等工序 |
| 4 | | 用于中间工序圆形拉深件的夹、送 |
| 5 | | 用于清除凹模面上的废料、废屑和薄片 |
| 6 | | 用于清理和去除冲裁废料 |

### 11.2.3 冲压工安全操作

冲压生产现场采取各项安全措施的同时,操作者必须进行安全操作。

压力机的操作工、冲模安装调整工和设备维修人员,工作前4 h内不得酗酒。

操作者应按要求穿戴工作服、工作鞋、帽,不得穿凉鞋、高跟鞋、拖鞋或赤脚进入车间。

操作时操作者必须戴好防护手套。

冲压操作者需遵守安全操作规程,冲压安全操作规程如下:

①冲压工必须了解冲压设备的型号、规格、性能及主要构造。

②开机前,必须检查设备(包括压力机、制动器、前切机等)。安全防护装置应齐全、有效,离合器、制动器及控制装置应灵敏可靠,紧固件(如轴承瓦盖、螺栓、调节螺杆的锁紧螺母等)应不松动,电器的接地保护应可靠。

③操作前,必须准备好个人防护用品,工具准备齐全,机床周围清理整洁,毛坯材料整齐平稳。

④严禁在冲床、液压机等工作台面和模具上放置量具及其他物件。

⑤当设备、模具和其他有关装置发生故障时,必须停机检查。设备无人操作时,应切断电源。

⑥两人以上同时操作一台设备时,要分工明确,配合协调,避免动作失误。

⑦做好交接班工作。开机前,应查看交班记录,了解上一班次设备的运行情况。如上一

班次运转正常,则按设备操作规程的要求加油润滑,经试车运转正常后方可正式开机。

⑧规定用工具取放冲压件(或毛坯)的作业,不得用手直接操作。

⑨规定用单冲的作业,不得连冲。单冲时,冲一次踏一次,并随即脱开脚踏板。

⑩作业期间,发生下列情况时应停机

a. 滑块停点不准或停止后自动滑下。

b. 设备发出不正常的声响。

c. 冲压件出现不允许的毛刺或其他质量问题。

d. 冲压件或废料卡在模具内,模具工作面上有多个毛坯或废料未及时清除。

e. 控制装置失灵。

### 11.2.4　冲压安全管理的要点

①工艺设计时,应考虑有可能给操作者带来危害和伤害的因素,在设计中采取有效措施加以预防。可能因素包括如下:

a. 原材料或毛坯状态。

b. 废料排除和处理方式。

c. 工件给进或取出方式。

d. 吹扫工件时的噪声。

e. 工件或成品摆放方式和器具。

f. 冲裁时产生的振动和噪声。

g. 工件的尖棱和毛刺。

h. 劳动生产率(件/min 或件/h)。

i. 工件搬移频率((t/h)和移动距离。

②工艺文件中应包括有关安全内容,如每小时产量(或班产量)、作业要点、采用的保护装置或措施等。

③设计冲模时,应在冲模结构和强度上避免和减少对操作者产生伤害的因素,采取相应措施保护操作者的安全操作。

④工厂和冲压车间应设置安全检查机构,安全检查机构由专职和兼职安全检查人员组成,负责生产现场安全工作的检查和督促。

## 11.3　冲压模具的安全技术

### 11.3.1　冲压模具技术安全状态

冲模技术安全状态参照《安全色》(GB 2893—2001)第 2.1 条和第 4.2 条有关规定,在上下模板正面和后面应涂以安全色以示区别。

安全模具为绿色;一般模具为黄色;必须使用手动送料的模具为蓝色;危险模具为红色。不同涂色的模具在使用中应采取的防护措施和允许的行程操作规范如表 11.8 所示。

表 11.8 冲模涂色、含义和防护措施以及允许的行程操作规范

| 涂色标志 | 相应的含义和防护措施 | 允许的行程操作规范 |
|---|---|---|
| 绿色 | 安全状态 | 连续行程 |
| | 有防护装置或双手无进入操作危险区的可能 | 单次行程 |
| 蓝色 | 指令,必须采用手动工具 | 连续行程 |
| | | 单次行程 |
| 黄色和绿色 | 注意,有防护装置 | 连续行程 |
| | | 单次行程 |
| 黄色 | 警告,有防护装置 | 单次行程 |
| 红色 | 危险,无防护装置且不能使用手动工具 | 禁止使用 |

### 11.3.2 冲压模具安全化措施

**(1)冲模结构的安全措施**

冲模结构的安全措施主要是指冲模各零件的结构和冲模装配完后有关零件的相关尺寸以及冲模运动零件可靠性等方面的安全措施。

如图 11.5 所示为一些常见冲模结构的安全措施。

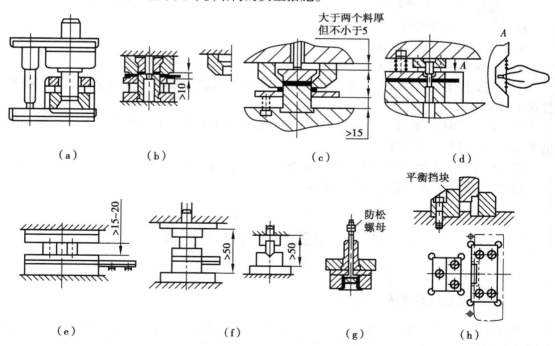

图 11.5 常见冲模的安全措施

图 11.5(a)表示凡与模具工作需要无关的角部都应倒角或有一定的铸造圆角,以避免划伤或碰伤操作工人;图 11.5(b)表示在卸料板与凹模之间应做成凹槽或斜面,并减少卸料板

前后的宽度；图 11.5(c)表示冲模闭合时，顶件器上部空隙应不小于 5 mm；图 11.5(d)表示为操作安全与取件方便，冲模上应开设空手槽；图 11.5(e)表示为避免压手，卸料板与凸模固定板之间应有足够的间隙，一般不小于 15~20 mm；图 11.5(f)表示在压力机上使用的模具，从下模座上平面至上模座下平面或压力机滑块底平面的最小间距应不小于 50 mm；图 11.5(g)表示为避免使用过程中顶件器损坏而下落造成事故，必要的部位应设置防松装置；图 11.5(h)表示在单面冲裁时，应尽量将凸模的凸起部分和平衡挡块安排在模具的后面。

以上列举的实例只是冷冲模结构上的一些常用安全措施，其他结构安全措施可参阅有关技术安全资料，设计时应尽量按国家标准设计或选用。

**(2)冲模的其他安全措施**

①在手工操作中，为防止操作者接触危险区，应将冲模工作区用防护板或防护罩封闭起来，但不能妨碍观察冲压工作情况。如图 11.6 所示，在操作者手容易接触的模具可动部分等危险处，应加上防护板或防护套筒。

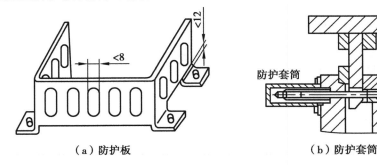

（a）防护板　　　（b）防护套筒

**图 11.6　防护板和防护套筒**

②设置安装块和限位套。如图 11.7 所示，大型模具设置安装块给模具的安装、调整带来方便。在模具存放时，还可使工作零件保持一定距离，以防止模具倾斜和碰伤刃口。限位套则可限制模具工作时上模的最低位置，避免凸模进入凹模太深，从而防止模具的过早磨损。

③开设冲模的起重孔和起重腿。冷冲模中 25 kg 以上的零件都应开设起重孔或起重螺孔，同一套模具中起重孔（或螺孔）的类型和规格应尽可能一致，如图 11.8 所示。

对于大中型冲模，模座上设置的起重腿应放在长度方向，便于模具在压力机上的安装，也便于模具的翻转，如图 11.9 所示。

除以上冲模的安全措施外，自动模和半自动模的送料、出件都属于冲模的安全保护装置。此外，努力实现冲压生产自动化，努力提高冲压生产技术水平也能防止发生安全事故。

对于冷冲模手工操作时，还应配备必要的安全工具，如夹子、电磁吸铁、撬棍等，以减少手进入模具工作区间。

冲压模具设计时，应该考虑的安全措施可参照本书第 3 章 3.6.2 小节的内容。

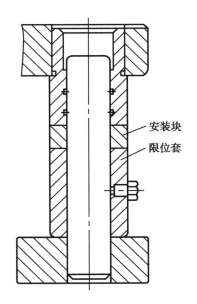

安装块
限位套

**图 11.7　冲模的安装块和限位套**

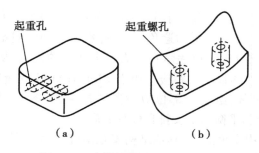

图 11.8　冲模的起重孔和起重螺孔

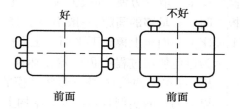

图 11.9　冲模的起重腿

# 参考文献

[1] 徐正坤. 冲压模具及设备[M]. 北京:机械工业出版社,2008.

[2] 陈剑鹤. 冷冲压模具工艺与模具设计[M]. 北京:机械工业出版社,2001.

[3] 王孝培. 冲压手册[M].2 版. 北京:机械工业出版社,1990.

[4] 朱光力. 模具设计与制造实训[M]. 北京:高等教育出版社,2004.

[5] 周斌兴. 冲压模具设计与制造实训教程[M]. 北京:国防工业出版社,2006.

[6] 沈兴东,韩森和. 冲压工艺与模具设计[M]. 济南:山东科学技术出版社,2009.

[7] 李双义. 冷冲模具设计[M].2 版. 北京:清华大学出版社,2008.

[8] 刘建超,张宝忠. 冲压模具设计与制造[M]. 北京:高等教育出版社,2004.

[9] 贾崇田,李名望. 冲压工艺与模具设计[M]. 北京:人民邮电出版社,2006.

[10] 张正修. 冲压技术实用数据速查手册[M]. 北京:机械工业出版社,2009.

[11] 秦松祥. 冲压件生产指南[M]. 北京:化学工业出版社,2009.

[12] 赵孟栋. 冷冲模设计[M]. 北京:机械工业出版社,2009.

[13] 江维健,林玉琼,许华昌. 冷冲压模具设计[M]. 广州:华南理工大学出版社,2005.

[14] 王新华. 冲裁模典型结构图册[M]. 北京:机械工业出版社,2011.

[15] 杨占尧. 冲压模具图册[M]. 北京:高等教育出版社,2004.

[16] 杨占尧. 最新模具标准应用手册[M]. 北京:机械工业出版社,2011.

[17] 鄂大辛. 成形工艺与模具设计[M]. 北京:北京理工大学出版社,2007.